清华电脑学堂

Excel 函数与公式标准教程

实战微课版

聂静◎编著

清華大学出版社
北京

内容简介

本书以微型实用办公案例的形式，对Excel中常用的公式与函数进行全面细致的阐述。

全书共11章，首先介绍Excel公式与函数基础知识、公式的检查和错误值处理，然后逐步对各类函数展开介绍，包括统计函数的应用、查找与引用函数的应用、逻辑函数的应用、数学与三角函数的应用、日期与时间函数的应用、文本函数的应用、财务函数的应用、信息函数的应用等，最后介绍函数在条件格式和数据验证中的应用。为了提高可操作性，在每章安排了“动手练”和“案例实战”内容并对常见疑难问题及解决方法进行了汇总。

全书内容丰富，结构清晰，图文并茂，详略得当，让读者可以更轻松地学习和掌握公式与函数的应用。本书适合高等院校相关专业作为教材使用，也适合办公室“小白”作为首选读物，还适合那些希望提高办公效率的职场人士阅读使用。

图书在版编目（CIP）数据

Excel函数与公式标准教程：实战微课版 / 聂静编著. -- 北京：清华大学出版社, 2021.6

（清华电脑学堂）

ISBN 978-7-302-57995-3

Ⅰ.①E… Ⅱ.①聂… Ⅲ.①表处理软件－教材 Ⅳ.①TP391.13

中国版本图书馆CIP数据核字（2021）第071046号

责任编辑：袁金敏

封面设计：杨玉兰

责任校对：徐俊伟

责任印制：杨　艳

出版发行：清华大学出版社

网　　址：http://www.tup.com.cn, http://www.wqbook.com

地　　址：北京清华大学学研大厦A座　　**邮　　编：**100084

社 总 机：010-62770175　　**邮　　购：**010-83470235

投稿与读者服务：010-62776969, c-service@tup.tsinghua.edu.cn

质 量 反 馈：010-62772015, zhiliang@tup.tsinghua.edu.cn

印 装 者：大厂回族自治县彩虹印刷有限公司

经　　销：全国新华书店

开　　本：170mm × 240mm　　**印　　张：**16　　**字　　数：**351千字

版　　次：2021年6月第1版　　**印　　次：**2021年6月第1次印刷

定　　价：59.80元

产品编号：089018-01

前言

本书以理论与实际应用相结合的方式，从易学、易会的角度出发，全面介绍Excel函数与公式相关的内容。

本书特色

- **案例紧贴实际。**本书采用案例的形式对知识点进行讲解，所选案例紧贴工作实际，读者甚至可以在自己的工作中直接借鉴。
- **重视动手操作。**本书安排了大量的“动手练”内容，并在每章的结尾增加了“案例实战”，读者可以边学习边动手操作。
- **编写科学、合理。**本书选取工作中常用的函数进行介绍，先讲解函数的基本原理，再用实例引导，最后进行公式解析，使读者可以快速入门。
- **知识浅显易懂。**本书主要讲解函数的基础用法，不涉及非常复杂的函数公式，读者很容易理解，学习起来不吃力。

内容概述

全书共11章，各章内容如下。

章	内容导读	难点指数
第1章	主要介绍Excel公式与函数基础知识，包括公式的组成、公式中的运算符、输入公式、修改公式、单元格的引用、复制和填充公式、名称的使用、函数的类型和输入方法等	★★☆
第2章	主要介绍公式的检查和错误值处理，包括检查错误公式、查看公式求值步骤、显示或隐藏公式、追踪引用或从属单元格、屏蔽错误值等	★☆☆
第3章	主要介绍统计函数的应用，包括AVERAGE、COUNT、COUNTIF、MAX、MIN、RANK等函数的应用	★★☆
第4章	主要介绍查找与引用函数的应用，包括VLOOKUP、HLOOKUP、MATCH、ADDRESS、INDIRECT、ROW等函数的应用	★★★
第5章	主要介绍逻辑函数的应用，包括AND、OR、NOT、IF等函数的应用	★★☆
第6章	主要介绍数学与三角函数的应用，包括SUM、SUMIF、MOD、INT、ROUND、TRUNC、RAND、RANDBETWEEN等函数的应用	★★☆
第7章	主要介绍日期与时间函数的应用，包括NOW、TODAY、DATE、TIME、HOUR、MINUTE、SECOND、WEEKDAY、WORKDAY等函数的应用	★★☆

（续表）

章	内容导读	难点指数
第8章	主要介绍文本函数的应用，包括LEN、LEFT、RIGHT、MID、UPPER、LOWER、TEXT、FIND、REPLACE、CONCAT等函数的应用	★★☆
第9章	主要介绍财务函数的应用，包括DB、DDB、SYD、SLN、VDB、FV、PV、NPER、IRR等函数的应用	★★★
第10章	主要介绍信息函数的应用，包括CELL、N、ISBLANK、ISTEXT、ISEVEN、ISODD、ISERR、ISERROR等函数的应用	★★☆
第11章	主要介绍函数在条件格式和数据验证中的应用，包括标记重复数据、突出显示不达标业绩、突出显示周末日期、禁止输入重复值、禁止在单元格中输入空格等	★★★

附赠资源

- **案例素材及源文件。**附赠书中所用到的案例素材及源文件，方便读者实践学习。
- **扫码观看教学视频。**本书涉及的疑难操作均配有高清视频讲解，共36个，读者可以边看边学。
- **其他附赠学习资源。**附赠Excel办公模板1000个，Office办公学习视频100集，Excel小技巧动画演示120个，可进QQ群（群号在本书资源下载资料包中）下载。
- **作者在线答疑。**为帮助读者快速掌握书中技能，全书配有专门的答疑QQ群（见本书资源下载资料包），随时为读者答疑解惑。

本书在编写过程中力求严谨细致，但由于时间与水平有限，疏漏之处在所难免，望广大读者批评指正。

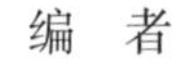

编　者

目录

Excel公式与函数基础知识

公式的检查和错误值处理

统计函数的应用

查找与引用函数的应用

逻辑函数的应用

数学与三角函数的应用

第7章 日期与时间函数的应用

第8章

财务函数的应用

信息函数的应用

函数在条件格式和数据验证中的应用

第1章

Excel公式与函数基础知识

Excel最强大的功能是计算数据，在Excel中不仅可以使用所有的数学公式，而且通过函数功能可以将复杂的公式简单化，提高运算效率。在使用公式与函数计算数据前，用户需要掌握其基础知识。本章将对公式的组成、公式的输入、公式的复制、单元格的引用、函数的类型和输入方法等进行详细介绍。

1.1 认识Excel公式

公式就是Excel工作表中进行数值计算的等式。公式输入是以“=”开始的，要想熟练地使用公式，就要对公式的组成、运算、输入等有所了解。

1.1.1 Excel公式的基础形式

公式通常输入在单元格中，由等号和计算式两部分组成，公式能自动完成设定的计算并在其所在单元格返回计算结果。例如，在A1单元格中输入公式“=1+2+4+6+8”，按Enter键即可在该单元格中计算出求和结果，如图1-1所示。

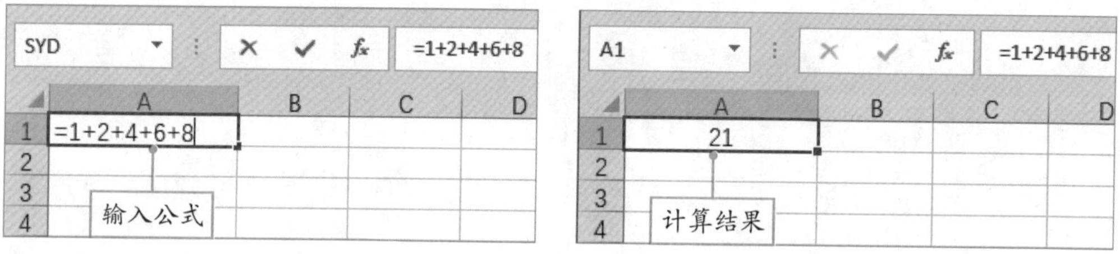

SYD　=1+2+4+6+8

	A	B	C	D
1	=1+2+4+6+8			
2				
3				
4	输入公式			

A1　=1+2+4+6+8

	A	B	C	D
1	21			
2				
3				
4	计算结果			

图 1-1

上述公式“=1+2+4+6+8”是Excel公式的基础形式，“21”是公式的计算结果。

1.1.2 公式的组成

Excel公式通常由“等号”“运算符”“单元格引用”“函数”“数据常量”等组成。例如，为了根据“身份证号码”计算“退休日期”，在单元格中输入公式，如图1-2所示。

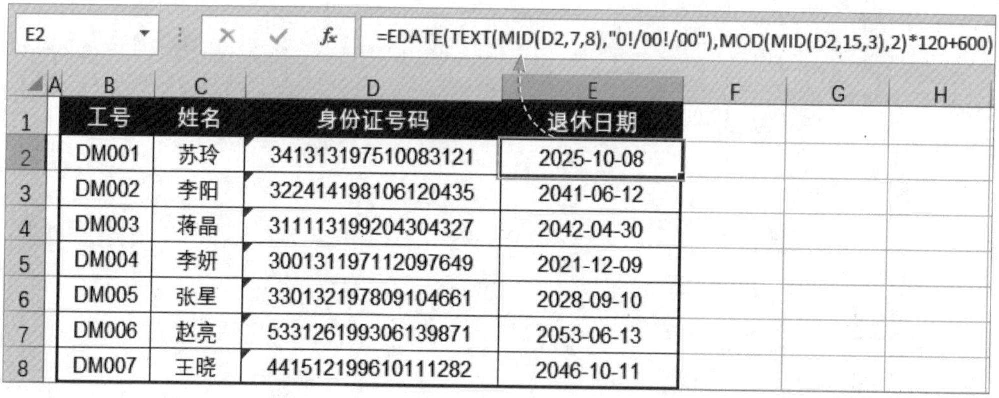

E2　=EDATE(TEXT(MID(D2,7,8),"0!/00!/00"),MOD(MID(D2,15,3),2)*120+600)

工号	姓名	身份证号码	退休日期
DM001	苏玲	341313197510083121	2025-10-08
DM002	李阳	322414198106120435	2041-06-12
DM003	蒋晶	311113199204304327	2042-04-30
DM004	李妍	300131197112097649	2021-12-09
DM005	张星	330132197809104661	2028-09-10
DM006	赵亮	533126199306139871	2053-06-13
DM007	王晓	441512199610111282	2046-10-11

图 1-2

如图1-2公式的组成要素为：

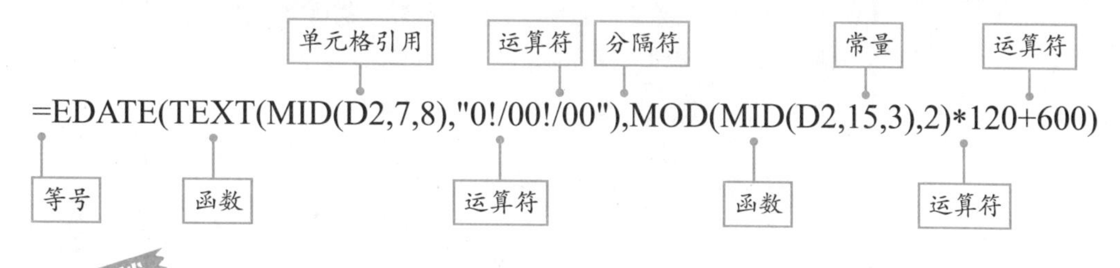

知识点拨

每个函数后都会跟一个括号，用于设置函数参数，当函数有多个参数时，使用半角逗号将其隔开。此外，文本常量必须写在英文半角的双引号中。

此外，为了帮助用户进一步了解公式的组成，列举了一些常见的公式，如表1-1所示。

表 1-1

公式	公式的组成
=(10+5)/5	等号、常量、运算符
=A1*2+B1*5	等号、单元格引用、运算符、常量
=SUM(A1:A12)/3	等号、函数、单元格引用、运算符、常量
=C1	等号、单元格引用
=D1&"元"	等号、单元格引用、运算符、常量

1.1.3 公式中的运算符

运算符是构成公式的基本元素之一，每个运算符分别代表一种运算。Excel包含算术运算符、比较运算符、文本运算符和引用运算符4种类型的运算符。

1. 算术运算符

算术运算符用于执行各种常规的算术运算，主要包含加、减、乘、除、百分比及乘幂等，如表1-2所示。

表 1-2

运算符	符号说明	实例	结果
+	加号：进行加法运算	=3+4	7
−	减号：进行减法运算	=4−1	3
	负号：求相反数	=4*−5	−20
		=−−3	3

运算符	符号说明	实例	结果
*	乘号：进行乘法运算	=3*6	18
/	除号：进行除法运算	=4/2	2
^	乘幂：进行乘方和开方运算	=3^2	9
		=25^(1/2)	5
%	百分号：将一个数缩小100倍	=10%	0.1

2. 比较运算符

比较运算符用于比较数据的大小，包括对文本或数值的比较。主要包括=、<>、>、<、>=、<=等，如表1-3所示。

表 1-3

运算符	符号说明	实例
=	等于：判断=左右两边的数据是否相等	=A1=A2 判断A1与A2是否相等
<>	不等于：判断<>左右两边的数据是否相等	=A1<>C1 判断A1是否不等于C1
>	大于：判断>左边的数据是否大于右边的数据	=6>5 判断6是否大于5
<	小于：判断<左边的数据是否小于右边的数据	=3<4 判断3是否小于4
>=	大于等于：判断>=左边的数据是否大于或等于右边的数据	=C1>=7 判断C1是否大于或等于7
<=	小于等于：判断<=左边的数据是否小于或等于右边的数据	=A1<=3 判断A1是否小于或等于3

3. 文本运算符

文本运算符主要用于将文本字符或字符串进行连接和合并。文本运算符只有一个：&，如图1-3所示。

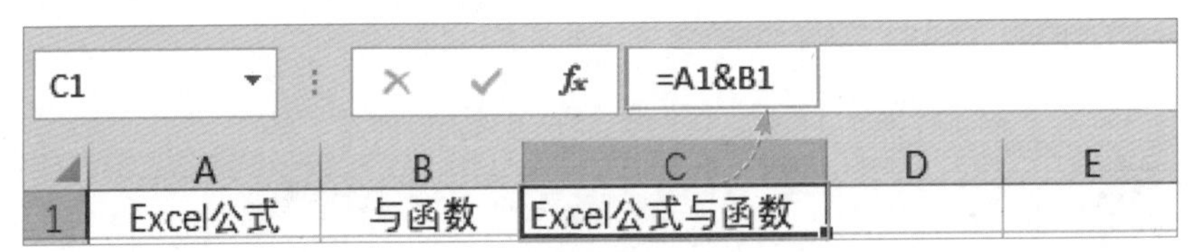

图 1-3

4. 引用运算符

引用运算符是Excel特有的运算符，主要用于在工作表中产生单元格引用。Excel公式中的引用运算符共有3个，冒号（：）、单个空格、逗号（，），如表1-4所示。

表 1-4

运算符	符号说明	实例
:	冒号：引用冒号两边所引用的单元格为左上角和右下角之间的所有单元格组成的矩形区域	A1:D5 返回以A1为左上角、D5为右下角的矩形区域
空格	单个空格：返回空格左、右两边的单元格引用的交叉区域	(A3:D8 B2:C9)返回A3:D8和B2:C9交叉的区域
,	逗号：返回逗号左、右两边的单元格引用的合并区域	(A1:A6,C7:C10)返回A1:A6和C7:C10两个不连续区域组成的合并区域

1.1.4 输入公式

在单元格中输入公式的方法很简单，用户可以选择手动输入或者自动引用，这里以计算销售金额为例进行讲解。

1. 手动输入

手动输入公式只需3个步骤，选择D2单元格，如图1-4所示。输入等号和计算式，如图1-5所示。按Enter键确认，计算出结果，如图1-6所示。

	A	B	C	D
1	商品名称	销量	单价	金额
2	电脑	10	¥2,500	
3	打印机	20	¥1,900	
4	扫描仪	15	¥2,400	
5	空调	9		
6	饮水机	20		

选择单元格

图 1-4

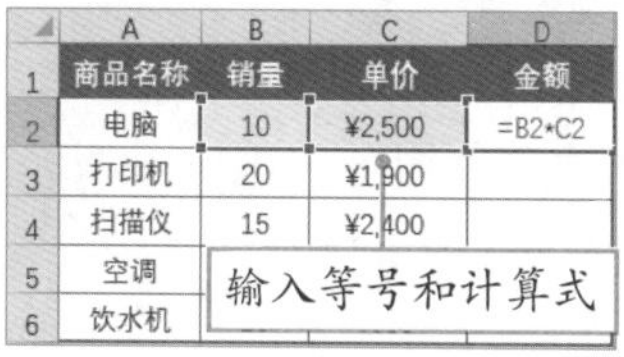

	A	B	C	D
1	商品名称	销量	单价	金额
2	电脑	10	¥2,500	=B2*C2
3	打印机	20	¥1,900	
4	扫描仪	15	¥2,400	
5	空调			
6	饮水机			

输入等号和计算式

图 1-5

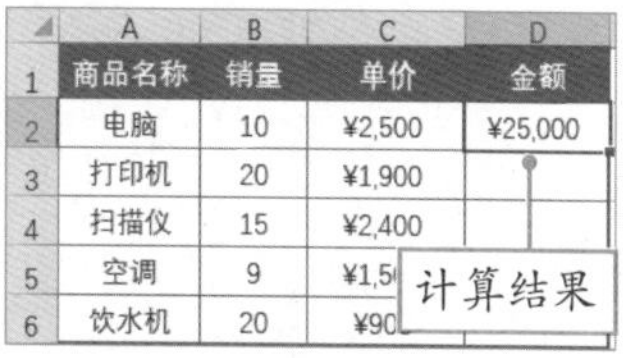

	A	B	C	D
1	商品名称	销量	单价	金额
2	电脑	10	¥2,500	¥25,000
3	打印机	20	¥1,900	
4	扫描仪	15	¥2,400	
5	空调	9	¥1,5	
6	饮水机	20	¥90	

计算结果

图 1-6

2. 自动引用

在D3单元格中先输入“=”，如图1-7所示，然后单击需要引用的B3单元格，如图1-8所示。再输入“*”，单击C3单元格，如图1-9所示。按Enter键确认，即可计算出结果。

	A	B	C	D
1	商品名称	销量	单价	金额
2	电脑	10	¥2,500	¥25,000
3	打印机	20	¥1,900	=
4	扫描仪	15	¥2,400	
5	空调	9	¥1,500	
6	饮水机	20	¥900	

图 1-7

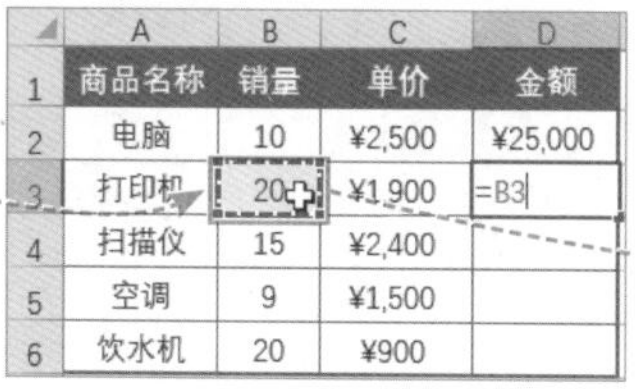

	A	B	C	D
1	商品名称	销量	单价	金额
2	电脑	10	¥2,500	¥25,000
3	打印机	20	¥1,900	=B3
4	扫描仪	15	¥2,400	
5	空调	9	¥1,500	
6	饮水机	20	¥900	

图 1-8

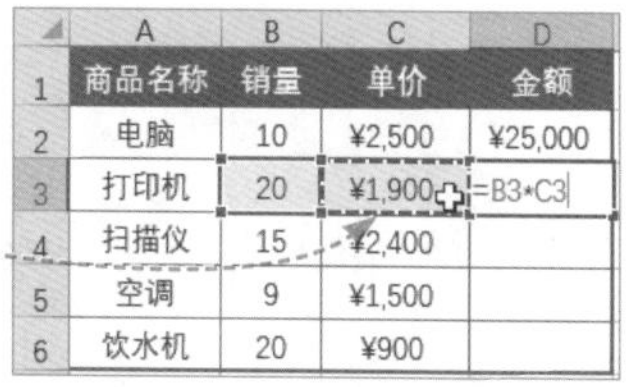

	A	B	C	D
1	商品名称	销量	单价	金额
2	电脑	10	¥2,500	¥25,000
3	打印机	20	¥1,900	=B3*C3
4	扫描仪	15	¥2,400	
5	空调	9	¥1,500	
6	饮水机	20	¥900	

图 1-9

注意事项 在单元格中输入公式时，切记不要输入像“=10*2500”这样的公式，因为这种公式只能计算当前数值，无法通过复制计算其他数值。

1.1.5 修改公式

如果需要重新编辑或修改单元格中的公式，则可以通过编辑栏、快捷键或双击进行修改。

1. 通过编辑栏修改

选择公式所在的单元格，如图1-10所示，将光标插入到“编辑栏”中，修改公式即可，如图1-11所示。

D2 =B2*C3

	A	B	C	D
1	商品名称	销量	单价	金额
2	电脑	10	¥2,500	¥19,000
3	打印机	20	¥1,900	¥38,000
4	扫描仪	15	¥2,400	

图 1-10

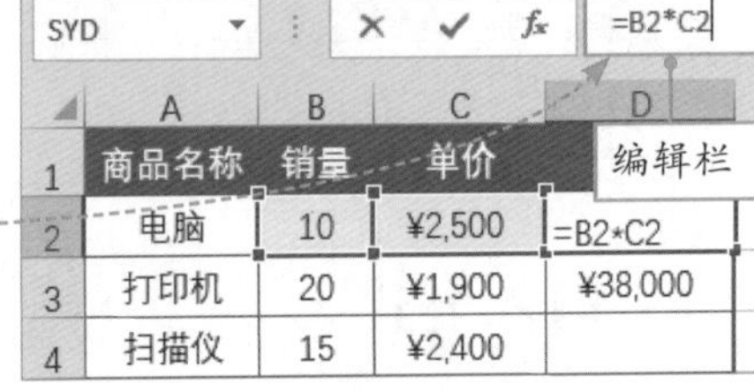
SYD =B2*C2

	A	B	C	D
1	商品名称	销量	单价	金额
2	电脑	10	¥2,500	=B2*C2
3	打印机	20	¥1,900	¥38,000
4	扫描仪	15	¥2,400	

图 1-11

2. 通过快捷键修改

选择公式所在的单元格，按F2键进入编辑状态，如图1-12所示。修改公式后按Enter键返回新的计算结果，如图1-13所示。

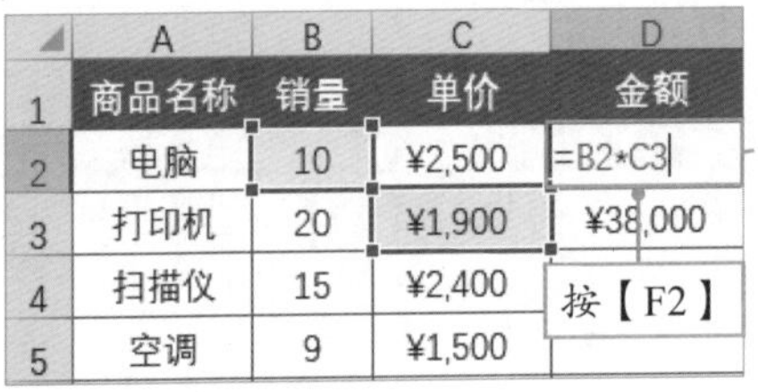

	A	B	C	D
1	商品名称	销量	单价	金额
2	电脑	10	¥2,500	=B2*C3
3	打印机	20	¥1,900	¥38,000
4	扫描仪	15	¥2,400	
5	空调	9	¥1,500	

按【F2】

图 1-12

D2 =B2*C2

	A	B	C	D
1	商品名称	销量	单价	金额
2	电脑	10	¥2,500	¥25,000
3	打印机	20	¥1,900	¥38,000
4	扫描仪	15	¥2,400	

图 1-13

3. 通过双击修改

将光标移至公式所在的单元格上方，如图1-14所示。双击即可进入公式编辑状态，接着修改公式即可，如图1-15所示。

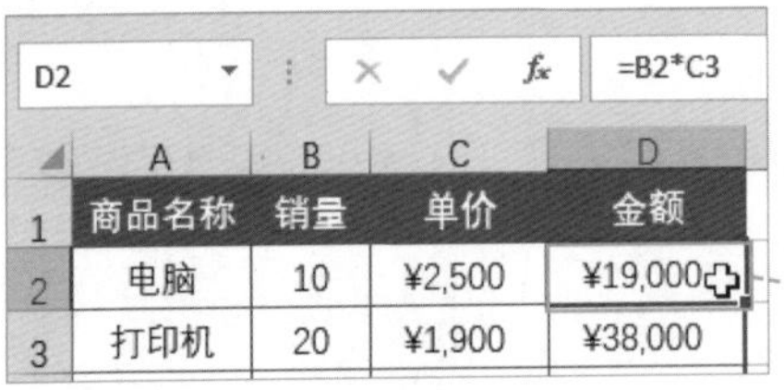

D2 =B2*C3

	A	B	C	D
1	商品名称	销量	单价	金额
2	电脑	10	¥2,500	¥19,000
3	打印机	20	¥1,900	¥38,000

图 1-14

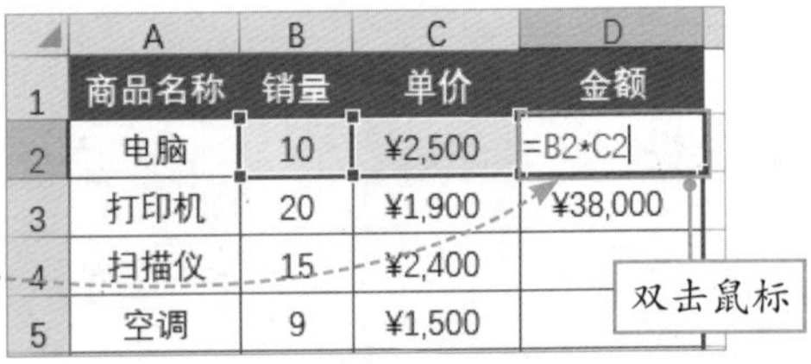

	A	B	C	D
1	商品名称	销量	单价	金额
2	电脑	10	¥2,500	=B2*C2
3	打印机	20	¥1,900	¥38,000
4	扫描仪	15	¥2,400	
5	空调	9	¥1,500	

双击鼠标

图 1-15

知识点拨

如果用户需要删除公式，则可以选择公式所在的单元格，按Delete键即可，或者将光标插入到编辑栏中，按Backspace键删除。

1.2 单元格的引用

在公式中使用坐标方式表示单元格在工作表中的“地址”，实现对存储于单元格中的数据的调用，这种方法称为单元格引用，其可以分为相对引用、绝对引用和混合引用。

1.2.1 相对引用

在公式中，所有类似“A1”的单元格地址都是相对引用。如果在公式中使用相对引用的单元格地址，则引用的是相对于公式所在单元格的某个位置的单元格。例如，在D2单元格中输入公式“=C2*1500”，如图1-16所示。C2使用相对引用计算时，公式将引用自己所在的单元格左边第一个单元格中的数据参与计算。

将公式向下复制，新公式始终引用自己所在单元格左边第一个单元格中的数据参与计算，例如，D6左边第一个单元格是C6，如图1-17所示。为了保证始终引用到公式左边第一个单元格的数据，原公式中的单元格地址会自动切换为对应的单元格地址。

SYD　=C2*1500

	A	B	C	D
1	日期	商品名称	销量	金额
2	2020/11/1	平板电脑	10	=C2*1500
3	2020/11/2	平板电脑	15	
4	2020/11/3	平板电脑	9	
5	2020/11/4	平板电脑	4	
6	2020/11/5	平板电脑	12	
7	2020/11/6	平板电脑	20	

C2为相对引用

图 1-16

D6　=C6*1500

	A	B	C	D
1	日期	商品名称	销量	金额
2	2020/11/1	平板电脑	10	15000
3	2020/11/2	平板电脑	15	22500
4	2020/11/3	平板电脑	9	13500
5	2020/11/4	平板电脑	4	6000
6	2020/11/5	平板电脑	12	18000
7	2020/11/6	平板电脑	20	30000

图 1-17

1.2.2 绝对引用

单元格地址的行号和列标前都加上了“$”，如“$A$1”“$D$5”，则表示该单元格地址使用绝对引用。使用绝对引用，无论将公式复制到哪里，引用的单元格都不会发生改变，例如，在A5单元格中输入公式“=$A$1”，如图1-18所示，将公式向右复制或向下复制，公式引用的单元格地址没有改变，如图1-19所示。

A5　=$A$1

	A	B	C	D
1	10	20	30	40
2	15	25	35	45
3	50	60	70	80
4				
5	10			

图 1-18

A5　=$A$1

	A	B	C	D	E
1	10	20	30	40	
2	15	25	35	45	
3	50	60	70	80	
4					
5	10	10	10	10	
6	10	10	10	10	
7	10	10			
8					

向右复制公式

向下复制公式

图 1-19

1.2.3 混合引用

混合引用就是既包含相对引用又包含绝对引用的单元格引用样式。如果只在行号或列标前面加上“$”，如“$B1”“C$5”，则加上“$”的行号或列标使用绝对引用，没有加“$”的行号或列标使用相对引用。例如，在A5单元格中输入公式“=$A1”，该引用在列方向上使用绝对引用，在行方向上使用相对引用。将公式向右填充时，由于列的位置被固定，所以只能引用到A列的数据，如图1-20所示。将公式向下填充时，由于行的位置没有固定，所以引用第2行、第3行的数据，如图1-21所示。

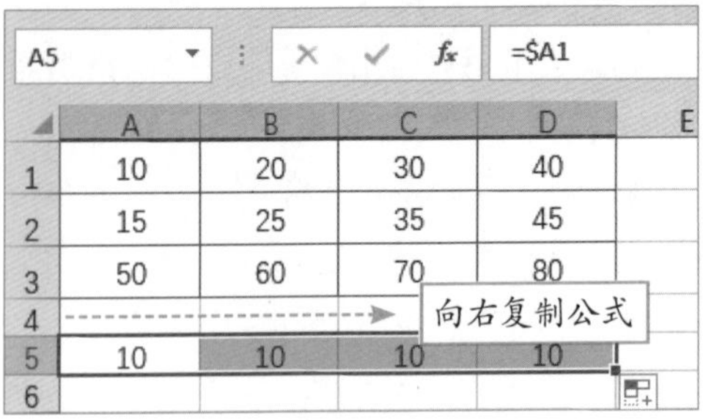

A5 | =$A1

	A	B	C	D	E
1	10	20	30	40	
2	15	25	35	45	
3	50	60	70	80	
4					
5	10	10	10	10	
6					

图 1-20

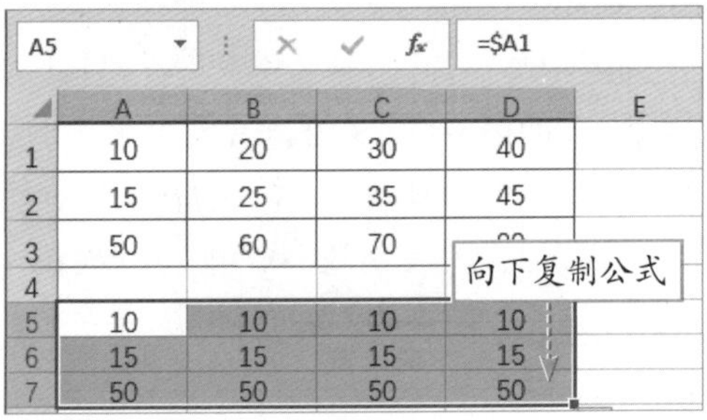

A5 | =$A1

	A	B	C	D	E
1	10	20	30	40	
2	15	25	35	45	
3	50	60	70		
4					
5	10	10	10	10	
6	15	15	15	15	
7	50	50	50	50	

图 1-21

此外，在A5单元格中输入公式“=A$1”，该引用在列的方向上使用相对引用，在行的方向上使用绝对引用。将公式向右填充，如图1-22所示，向下填充，如图1-23所示，公式都只引用第1行的单元格数据。

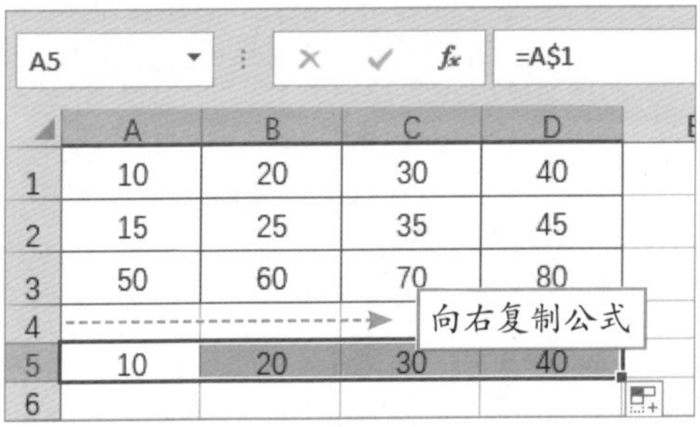

A5 | =A$1

	A	B	C	D	E
1	10	20	30	40	
2	15	25	35	45	
3	50	60	70	80	
4					
5	10	20	30	40	
6					

图 1-22

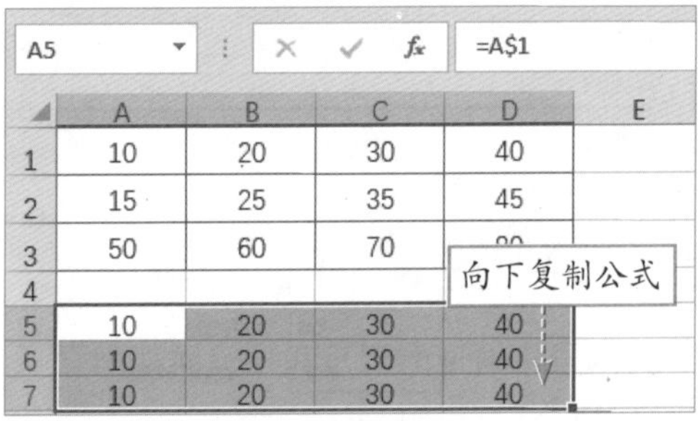

A5 | =A$1

	A	B	C	D	E
1	10	20	30	40	
2	15	25	35	45	
3	50	60	70		
4					
5	10	20	30	40	
6	10	20	30	40	
7	10	20	30	40	

图 1-23

知识点拨

如果用户想要快速切换引用类型，则可以在“编辑栏”中选择单元格地址“=A1”，按F4键，依次变为“=$A$1”“=A$1”“=$A1”“=A1”。

动手练 使用公式计算销售净利润

扫码看视频

一般计算销售净利润需要在销售收入的基础上去掉成本和费用，用户可以通过公式快速计算，如图1-24所示。

店名	销售收入	成本	费用	净利润
淘宝小铺	57000	49050	1475	6475
8号鞋仓	58000	49500	1606	6894
女王当铺	59000	49950	1737	7313
爱尚	56000	47000	1344	7656

图 1-24

Step 01 选择F3单元格，输入公式“=C3-D3-E3”，按Enter键确认，计算出净利润，如图1-25所示。

Step 02 选择F3单元格，将光标移至该单元格右下角，当光标变为十字形时，按住左键不放并向下拖动光标填充公式，如图1-26所示。

F3 =C3-D3-E3

店名	销售收入	成本	费用	净利润
淘宝小铺	57000	49050	1475	6475
8号鞋仓	58000	49500	1606	
女王当铺	59000	49950	1737	
爱尚	56000	47000	1344	
时尚丽人	60000	50400	1868	
简尚男装	61000	50850	1999	
大牌女人	62000	51300	2130	

图 1-25

F3 =C3-D3-E3

店名	销售收入	成本	费用	净利润
淘宝小铺	57000	49050	1475	6475
8号鞋仓	58000	49500	1606	
女王当铺	59000	49950	1737	
爱尚	56000	47000	1344	
时尚丽人	60000	50400	1868	
简尚男装	61000	50850	1999	
大牌女人	62000	51300	2130	

填充公式

图 1-26

1.3 复制和填充公式

当表格中多个单元格所需公式的计算规则相同时，可使用复制和填充功能进行计算。

1.3.1 复制公式

用户可以通过Ctrl+C和Ctrl+V组合键复制粘贴公式。选择公式所在的单元格，按Ctrl+C组合键进行复制，如图1-27所示。然后选择目标单元格区域，如图1-28所示，按Ctrl+V组合键粘贴公式，公式被粘贴到目标单元格中，自动修改其中的单元格引用并完成计算，如图1-29所示。

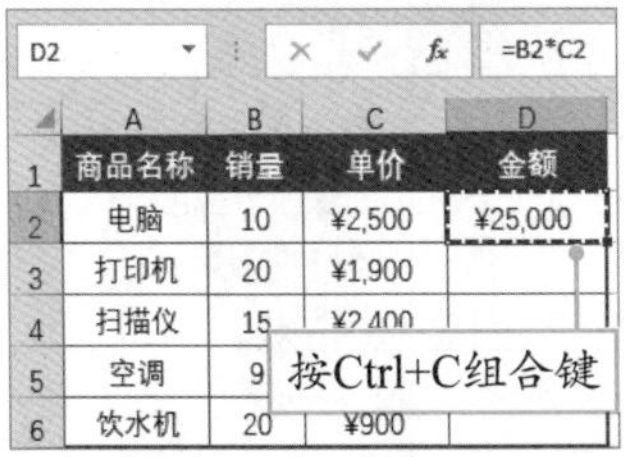

D2 =B2*C2

商品名称	销量	单价	金额
电脑	10	¥2,500	¥25,000
打印机	20	¥1,900	
扫描仪	15	¥2,400	
空调	9		
饮水机	20	¥900	

按Ctrl+C组合键

图 1-27

图 1-28

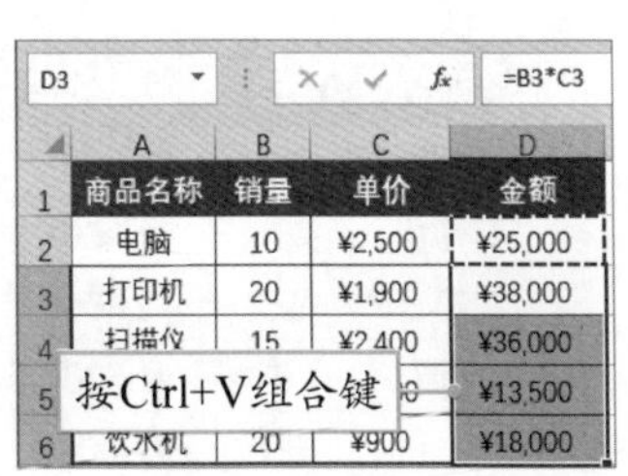

图 1-29

此外，用户也可以选择公式所在的单元格右击，在弹出的快捷菜单中选择“复制”命令，如图1-30所示。然后选择目标单元格区域右击，在弹出的快捷菜单中选择“粘贴选项”下的“公式”命令即可，如图1-31所示。

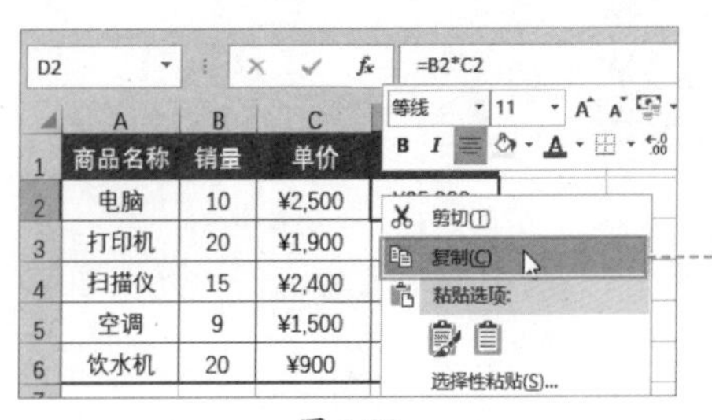

图 1-30

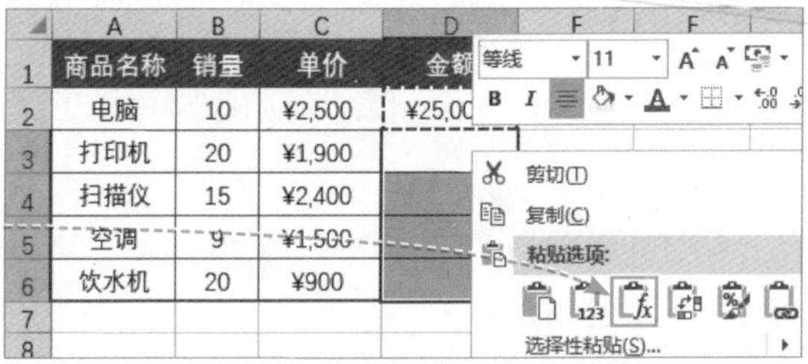

图 1-31

1.3.2 填充公式

除了直接复制公式外，“填充”是另一种更方便的方法，其中最常用的方法为，拖曳填充柄、双击填充柄、快捷键填充。

1. 拖曳填充柄

选择公式所在的单元格，将光标移至该单元格右下角，当光标变为十字形时，如图1-32所示，按住左键不放并向下拖动光标填充公式，如图1-33所示，即可将公式复制到其他单元格并自动完成计算，如图1-34所示。

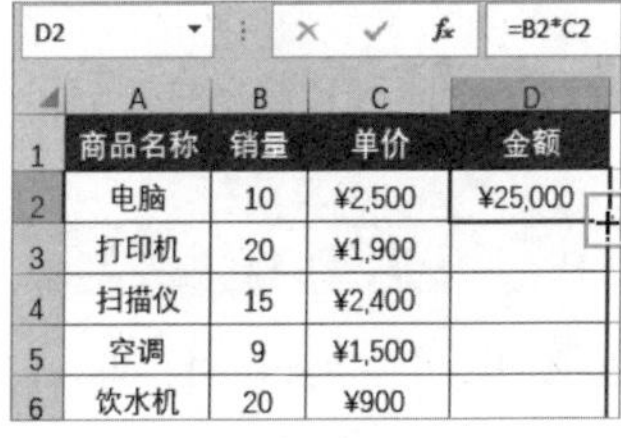

图 1-32

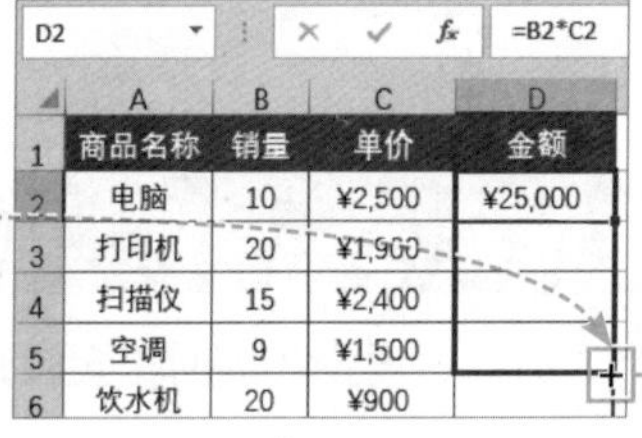

图 1-33

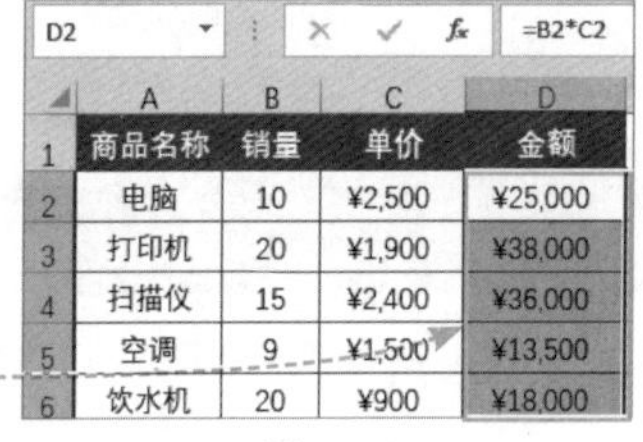

图 1-34

2. 双击填充柄

选择公式所在的单元格，将光标移至该单元格右下角，如图1-35所示，然后双击，公式将向下填充到其他单元格中，如图1-36所示。

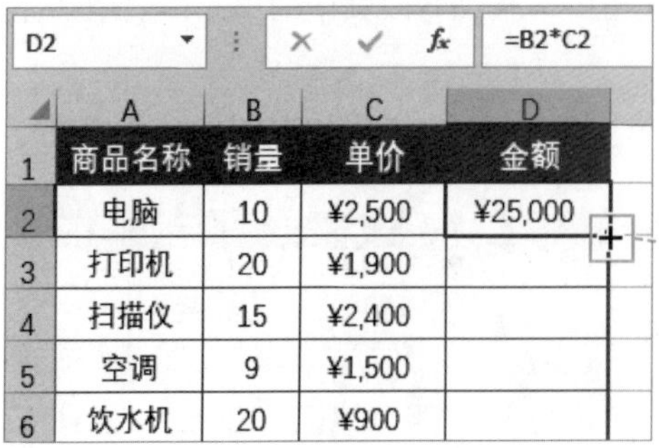

图 1-35

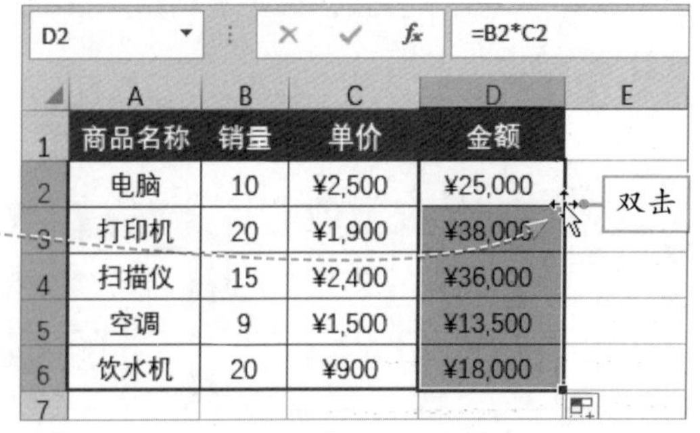

图 1-36

3. 快捷键填充

选择包含公式的单元格区域，如图1-37所示。按Ctrl+D组合键，或在“开始”选项卡中单击“编辑”选项组的“填充”下拉按钮，在弹出的列表中选择“向下”选项，如图1-38所示，即可将公式向下填充，如图1-39所示。

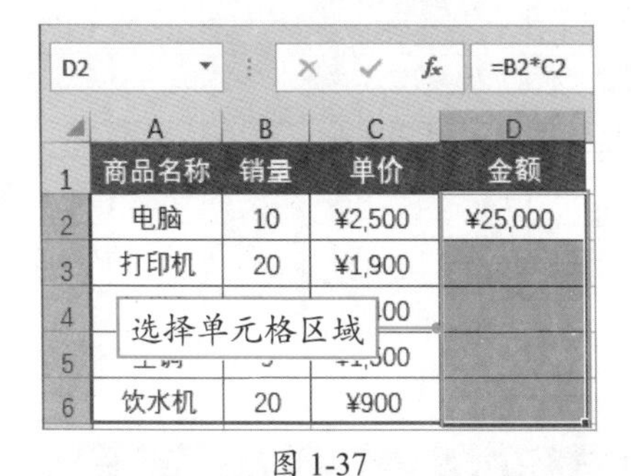

图 1-37

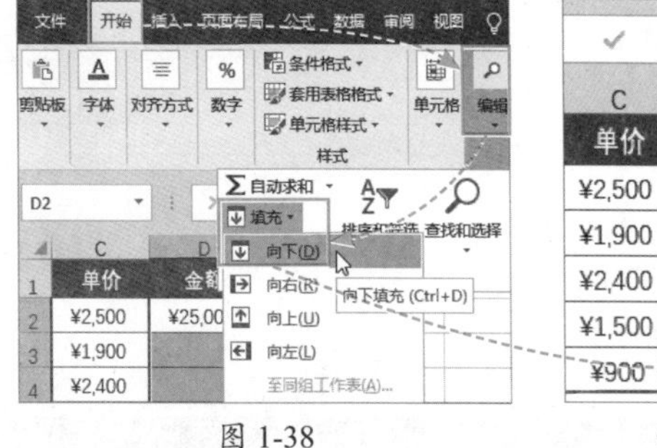

图 1-38

单价	金额
¥2,500	¥25,000
¥1,900	¥38,000
¥2,400	¥36,000
¥1,500	¥13,500
¥900	¥18,000

图 1-39

注意事项 使用填充方法，复制的只是公式的计算规则，而非公式本身。如果用户想要复制公式本身，则可以选择公式所在的单元格，在“编辑栏”中选择并复制公式。

动手练 批量计算所有商品的销售额

在员工销售额统计表中，通常需要将所有商品的销售额统计出来，以便分析销售情况，用户可以通过快捷键批量计算销售额，如图1-40所示。

序号	销售日期	销售员	所属部门	销售商品	销售量	单价	销售金额	备注
1	2020/8/1	李萌	销售部	空调	28	¥1,200	¥33,600	
2	2020/8/2	张源	服务部	冰箱	24	¥800	¥19,200	
3	2020/8/3	赵菲	市场部	相机	25	¥1,100	¥27,500	
4	2020/8/4	刘珂	综合部	电脑	35	¥4,500	¥157,500	
5	2020/8/5	马红	销售部	彩电	35	¥3,200	¥112,000	
6	2020/8/6	孙杨	服务部	空调	24	¥1,200	¥28,800	
7	2020/8/7	刘涛	市场部	冰箱	14	¥800	¥11,200	
8	2020/8/8	赵敏	综合部	相机	25	¥1,100	¥27,500	
9	2020/8/9	钱勇	综合部	电脑	35	¥4,500	¥157,500	
10	2020/8/10	刘雯	销售部	彩电	35	¥3,200	¥112,000	
11	2020/8/11	王晓	服务部	空调	36	¥1,200	¥43,200	

图 1-40

选择K3:K13单元格区域，在“编辑栏”中输入公式“=I3*J3”，如图1-41所示。

销售商品	销售量	单价	销售金额	备注
空调	28	¥1,200	=I3*J3	
冰箱	24	¥800		
相机	25	¥1,100		
电脑	35	¥4,500		
彩电	35	¥3,200		
空调	24	¥1,200		
冰箱	14	¥800		
相机	25	¥1,100		
电脑	35	¥4,500		
彩电	35	¥3,200		
空调	36	¥1,200		

图 1-41

按Ctrl+Enter组合键，即可一次性将所有商品的销售额计算出来，如图1-42所示。

K3 =I3*J3

	I	J	K	L
2	销售量	单价	销售金额	备注
3	28	¥1,200	¥33,600	
4	24	¥800	¥19,200	
5	25	¥1,100	¥27,500	
6	35	¥4,500	¥157,500	
7	35	¥3,200	¥112,000	
8			¥28,800	
9			¥11,200	
10	25	¥1,100	¥27,500	
11	35	¥4,500	¥157,500	
12	35	¥3,200	¥112,000	
13	36	¥1,200	¥43,200	

按Ctrl+Enter组合键

图 1-42

1.4 名称的使用

在Excel中，名称是一种较为特殊的公式，多数由用户自行定义，可以使用名称代替单元格引用，以便简化公式的运算。

1.4.1 定义名称

名称可以由常量数据、常量数组、单元格引用、函数与公式等元素组成，且每个名称都具有一个唯一的标识，可以方便在其他名称或公式中使用。用户可以在“新建名称”对话框中定义名称，或使用名称框快速创建名称。

1. 通过“新建名称”对话框定义名称

选择需要定义名称的单元格区域，在“公式”选项卡中单击“定义名称”按钮，如图1-43所示。打开“新建名称”对话框，在“名称”文本框中输入定义的名称，“引用位置”文本框中默认显示选择的单元格区域，单击“确定”按钮，如图1-44所示，即可将所选单元格区域定义为“销售量”名称。

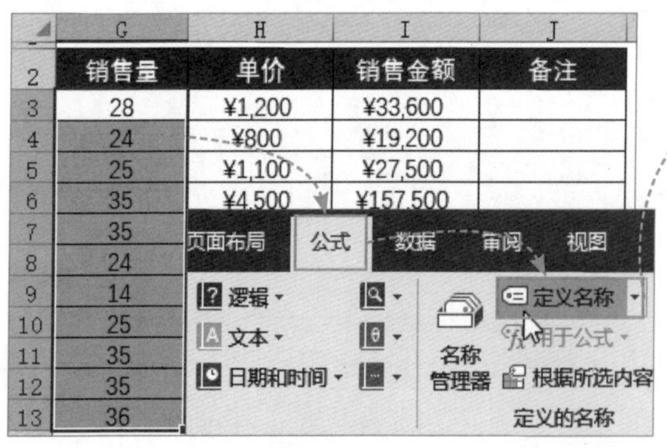

图 1-43

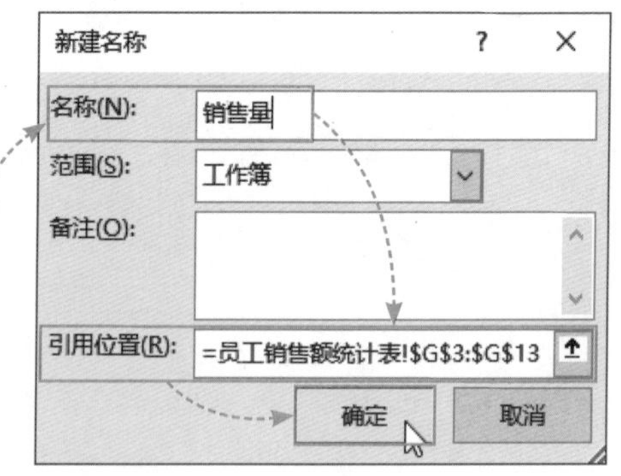

图 1-44

此外，在“公式”选项卡中单击“名称管理器”按钮，打开“名称管理器”对话框，单击“新建”按钮，在弹出的“新建名称”对话框中定义名称即可，如图1-45所示。

2. 通过“名称框”定义名称

选择单元格区域，在“名称框”中直接输入名称，按Enter键确认，即可为所选单元格区域定义名称，如图1-46所示。

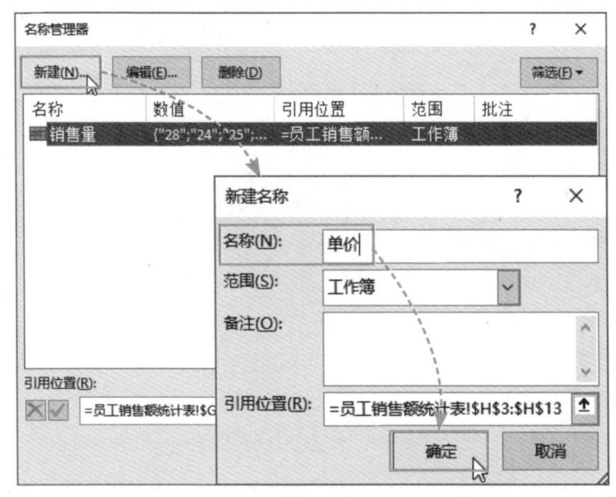

图 1-45

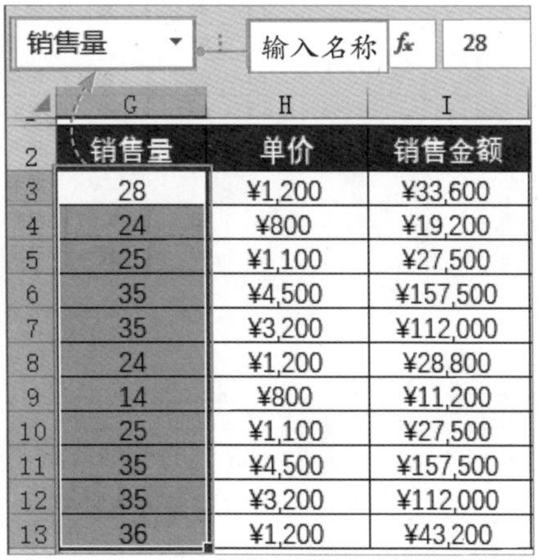

销售量 | 输入名称 | 28

	G	H	I
2	销售量	单价	销售金额
3	28	¥1,200	¥33,600
4	24	¥800	¥19,200
5	25	¥1,100	¥27,500
6	35	¥4,500	¥157,500
7	35	¥3,200	¥112,000
8	24	¥1,200	¥28,800
9	14	¥800	¥11,200
10	25	¥1,100	¥27,500
11	35	¥4,500	¥157,500
12	35	¥3,200	¥112,000
13	36	¥1,200	¥43,200

图 1-46

1.4.2 使用名称

一般情况下，定义的名称能够在同一工作簿的各工作表中直接调用，用户可以在公式中使用名称或在图表中使用名称。

1. 在公式中使用名称

选择单元格，在“公式”选项卡中单击“用于公式”下拉按钮，在弹出的列表中选择相应的名称，如图1-47所示。输入计算净利润的公式“=销售收入-成本-费用”，如图1-48所示，按Enter键即可计算出结果。

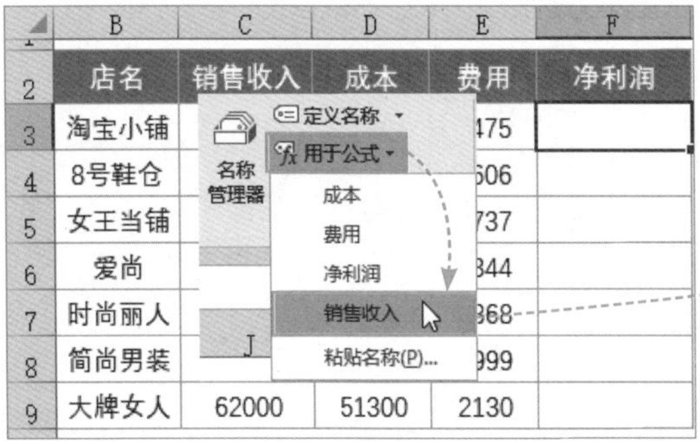

	B	C	D	E	F
2	店名	销售收入	成本	费用	净利润
3	淘宝小铺	[illegible]	[illegible]	[illegible]475	
4	8号鞋仓	[illegible]	[illegible]	[illegible]606	
5	女王当铺	[illegible]	[illegible]	[illegible]737	
6	爱尚	[illegible]	[illegible]	[illegible]344	
7	时尚丽人	[illegible]	[illegible]	[illegible]868	
8	简尚男装	[illegible]	[illegible]	[illegible]999	
9	大牌女人	62000	51300	2130	

定义名称　名称管理器　用于公式　成本　费用　净利润　销售收入　粘贴名称(P)...

图 1-47

图 1-48

2. 在图表中使用名称

选择图表，在“图表工具-设计”选项卡中单击“选择数据”按钮，如图1-49所示。打开“选择数据源”对话框，单击“添加”按钮，弹出“编辑数据系列”对话框，在“系列名称”文本框中直接输入系列名称“成本”，在“系列值”文本框中输入“=原始表!成本”，单击“确定”按钮，如图1-50所示，即可在图表中增加“成本”数据系列。

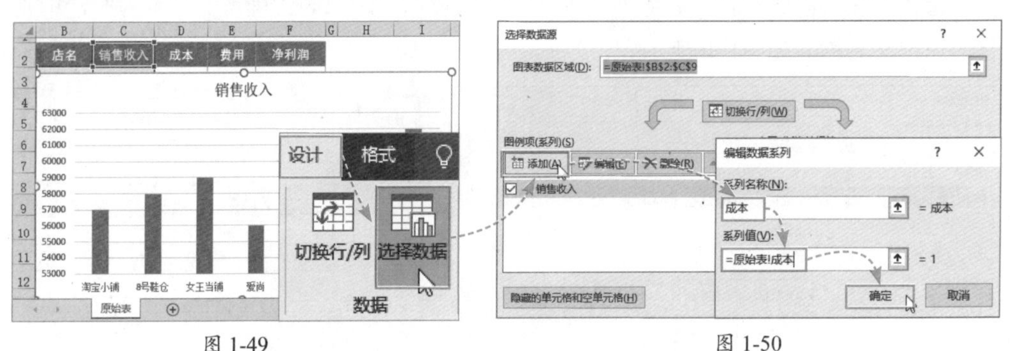

图 1-49　　　　图 1-50

注意事项 在“系列值”文本框中必须输入完整的名称格式，即工作表名称+感叹号+名称。

1.4.3　删除名称

当不需要使用名称或名称出现错误无法正常使用时，可以在“名称管理器”对话框中进行删除操作。

在“公式”选项卡中单击“名称管理器”按钮，如图1-51所示。打开“名称管理器”对话框，选择需要删除的名称，单击“删除”按钮，弹出一个提示对话框，直接单击“确定”按钮即可，如图1-52所示。

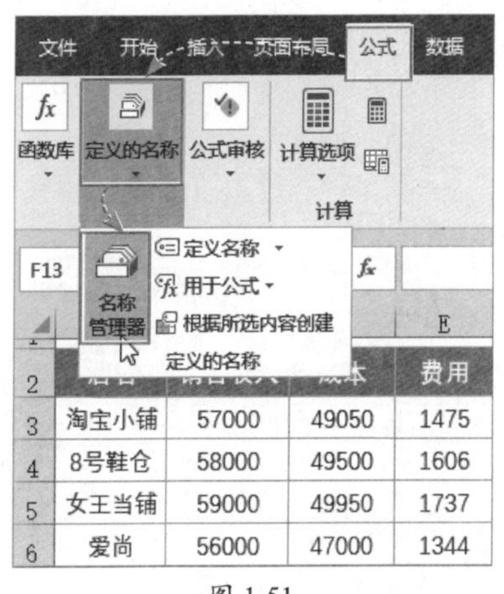

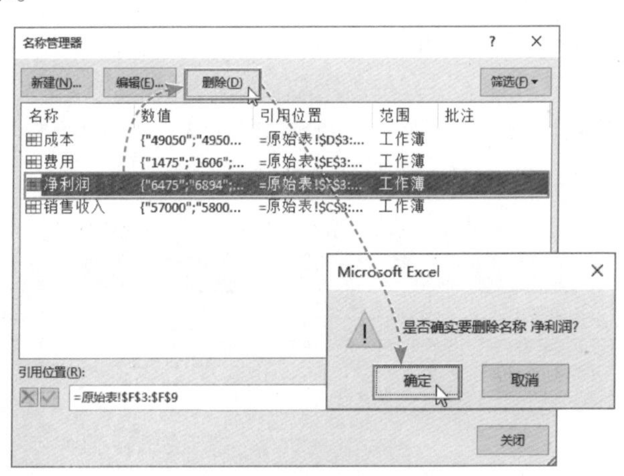

图 1-51　　　　图 1-52

动手练 制作疫情发展动态图表

如果用户需要每天在表格中添加新数据，想要图表动态显示最新数据，则可以通过定义名称制作动态图表，让图表动态显示最近七天的疫情发展数据，如图1-53所示。

图 1-53

Step 01 打开“疫情发展图表”工作表，在“公式”选项卡中单击“定义名称”按钮，如图1-54所示。打开“新建名称”对话框，在“名称”文本框中输入“累计确诊人数”，在“引用位置”文本框中输入“=OFFSET(疫情发展图表!$B$1,COUNTA(疫情发展图表!$B:$B)-7,,7)”，单击“确定”按钮，如图1-55所示。

	A	B	C
1	日期	累计确诊人数	
2	2020/1/20	291	
3	2020/1/21	440	
4	2020/1/22	571	
5	2020/1/23	830	
6	2020/1/24	1287	
7	2020/1/25	1975	
8	2020/1/26	2744	

疫情发展图表

公式 数据 审阅 视图

定义名称

用于公式

名称管理器

根据所选内容创建

时间

定义的名称

图 1-54

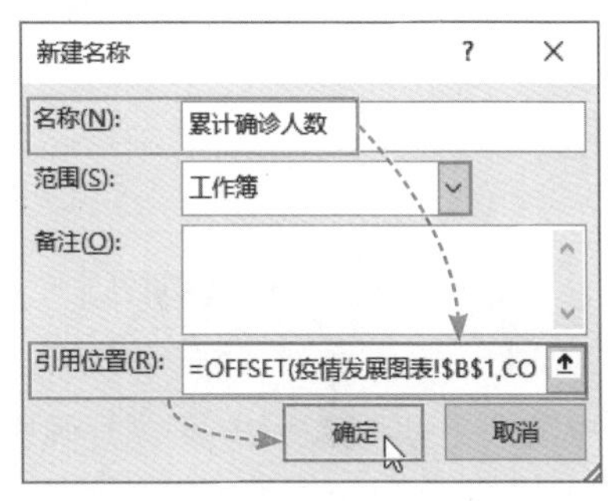

图 1-55

Step 02 再次单击“定义名称”按钮，打开“新建名称”对话框，在“名称”文本框中输入“日期”，在“引用位置”文本框中输入“=OFFSET (累计确诊人数,,-1)”，单击“确定”按钮，如图1-56所示。

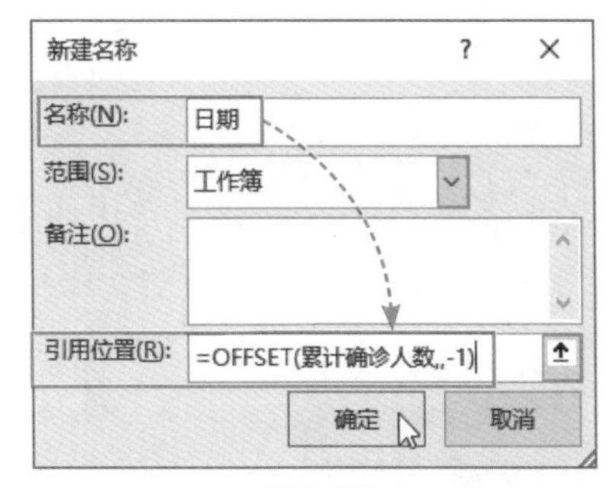

图 1-56

Step 03 打开“插入”选项卡，单击“插入折线图或面积图”下拉按钮，在弹出的列表中选择“带数据标记的折线图”选项，如图1-57所示。

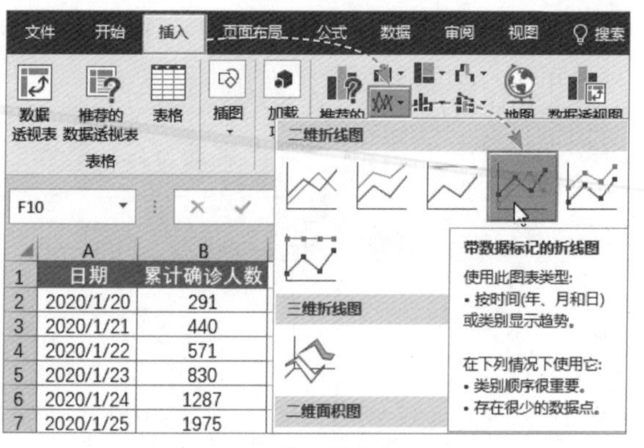

图 1-57

Step 04 即可创建一个空白图表，然后选中图表，右击，在弹出的快捷菜单中选择“选择数据”选项，如图1-58所示。

图 1-58

Step 05 打开“选择数据源”对话框，单击“添加”按钮，弹出“编辑数据系列”对话框，在“系列名称”文本框中输入“=疫情发展图表!$B$1”，在“系列值”文本框中输入“=疫情发展图表!累计确诊人数”，然后单击“确定”按钮，如图1-59所示。

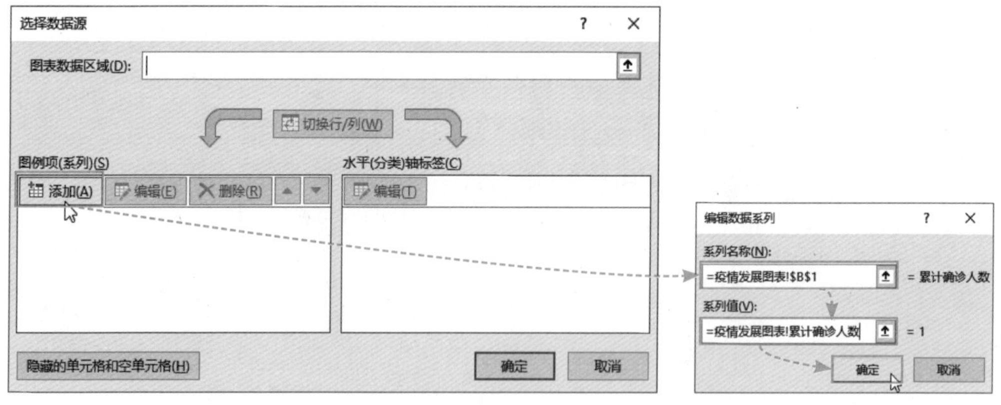

图 1-59

Step 06 返回“选择数据源”对话框，单击“编辑”按钮，打开“轴标签”对话框，在“轴标签区域”文本框中输入“=疫情发展图表!日期”，单击“确定”按钮，如图1-60所示。

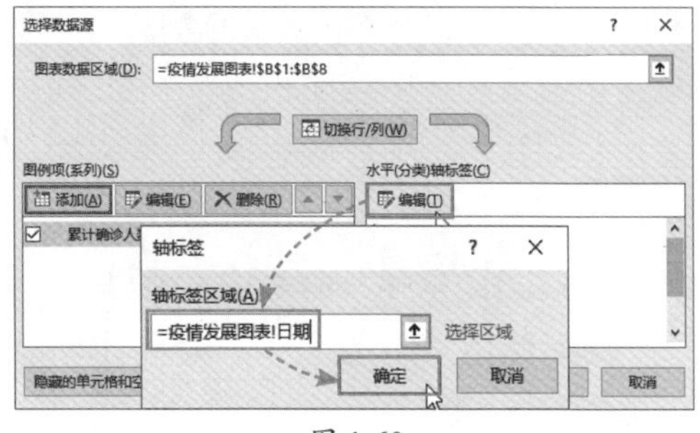

图 1-60

Step 07 再次返回“选择数据源”对话框，直接单击“确定”按钮，即可创建一个折线图表，用户可以为图表设置图表标题，添加数据标签和图例等，适当美化图表，如图1-61所示。

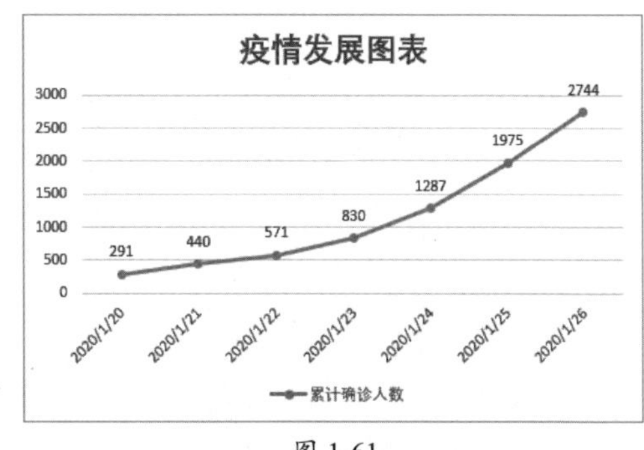

图 1-61

1.5 函数的类型和输入方法

Excel函数是由Excel内部预先定义并按照特定的顺序、结构来执行计算、分析等数据处理任务的功能模块，每个函数都有特定的功能和用途。

1.5.1 函数的类型

由于Excel的版本不同，所包含的函数类型也不同。在Excel 2019版本中，函数的类型可分为逻辑函数、文本函数、日期和时间函数、查找与引用函数、数学和三角函数、统计函数、信息函数、财务函数等，如图1-62所示。

图 1-62

1.5.2 函数的输入技巧

了解函数的类型后，用户可以使用以下几种函数的输入方法来编写公式，计算相关数据。

1. 使用“自动求和”命令输入函数

例如使用“自动求和”命令计算最大销量。选择B9:G9单元格区域，在“公式”选项卡中单击“自动求和”下拉按钮，在弹出的列表中选择“最大值”选项，如图1-63所示。

文件
开始
插入
页面布局
公式
数据
审阅
视图
搜索
插入函数
自动求和
最近使用的函数
财务
逻辑
文本
日期和时间
查找与引用
数学和三角函数
函数库
求和(S)
平均值(A)
计数(C)
最大值(M)
最小值(I)
其他函数(F)...
B9
最大销量

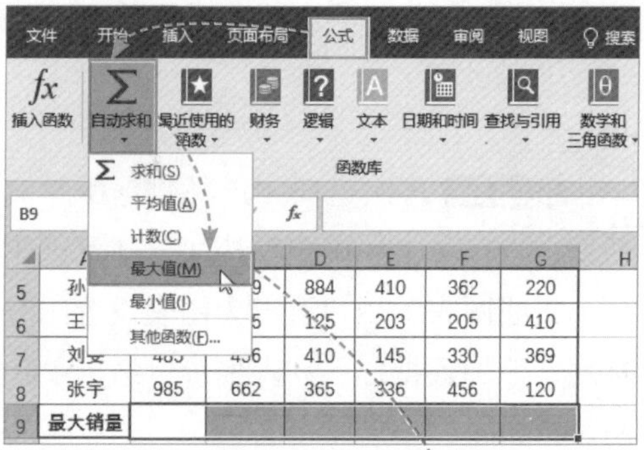

图 1-63

即可在B9:G9单元格中输入“=MAX(B2:B8)”公式，如图1-64所示。

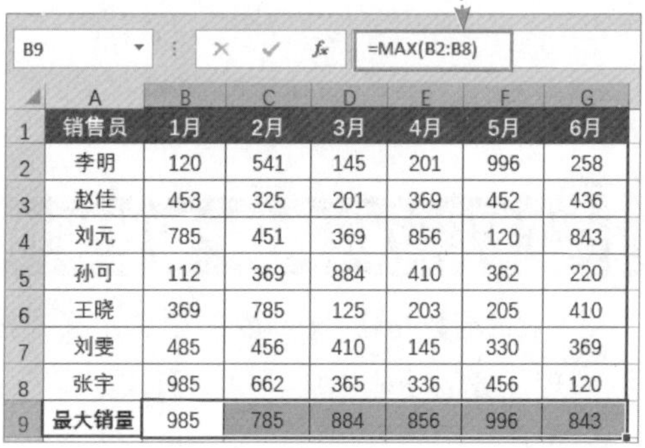

B9
=MAX(B2:B8)
销售员 1月 2月 3月 4月 5月 6月
李明 120 541 145 201 996 258
赵佳 453 325 201 369 452 436
刘元 785 451 369 856 120 843
孙可 112 369 884 410 362 220
王晓 369 785 125 203 205 410
刘雯 485 456 410 145 330 369
张宇 985 662 365 336 456 120
最大销量 985 785 884 856 996 843

图 1-64

2. 使用“函数库”输入函数

例如使用“函数库”计算总分成绩。选择E2单元格，在“公式”选项卡中单击“函数库”选项组中的“数学和三角函数”下拉按钮，在弹出的列表中选择“SUM”函数，如图1-65所示。

文件
开始
插入
页面布局
公式
数据
审阅
视图
插入函数
自动求和
最近使用的函数
财务
逻辑
文本
日期和时间
查找与引用
数学和三角函数
函数库
E2
责任感得分
积极性得分
总分
ROMAN
ROUND
ROUNDDOWN
ROUNDUP
SEC
SECH
SERIESSUM
SIGN
SIN
SINH
SQRT
SQRTPI
SUBTOTAL
SUM

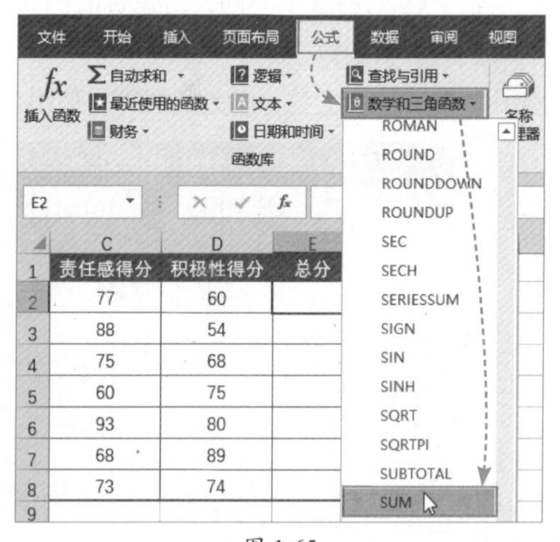

图 1-65

打开“函数参数”对话框，设置参数后单击“确定”按钮，即可在E2单元格中输入“=SUM(B2:D2)”公式，如图1-66所示。

E2 =SUM(B2:D2)

	A	B	C	D	E
1	员工	工作能力得分	责任感得分	积极性得分	总分
2	李明	60	77	60	197
3	赵佳	56	88	54	
4	刘元	89	75	68	
5	孙可	85	60	75	

函数参数
SUM
Number1 B2:D2 = {60,77,60}
Number2 = 数值
= 197
计算单元格区域中所有数值的和
Number1: number1,number2,... 1 到 255 个待求和的数值。单元格中的逻辑值和文本将被忽略。但当作为参数键入时，逻辑值和文本有效
计算结果 = 197
有关该函数的帮助(H)
确定 取消

图 1-66

3. 使用“插入函数”向导输入函数

如果用户对函数所属的类别不太熟悉，则可以使用“插入函数”向导选择或搜索所需函数。选择E2单元格，在“公式”选项卡中单击“插入函数”按钮，如图1-67所示。

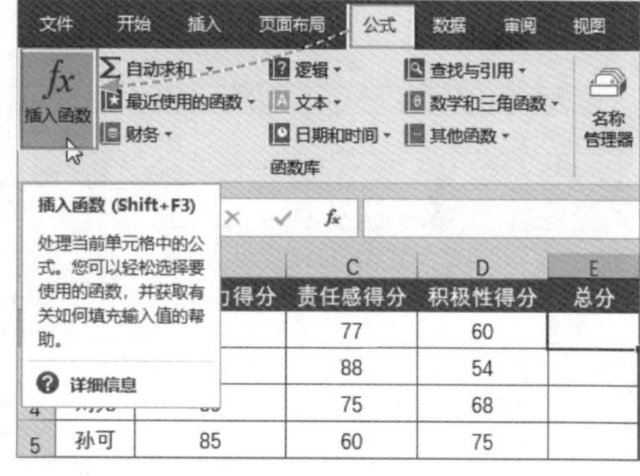

图 1-67

打开“插入函数”对话框，在“或选择类别”列表中选择“数学与三角函数”选项，在“选择函数”列表框中选择“SUM”函数，单击“确定”按钮，如图1-68所示。

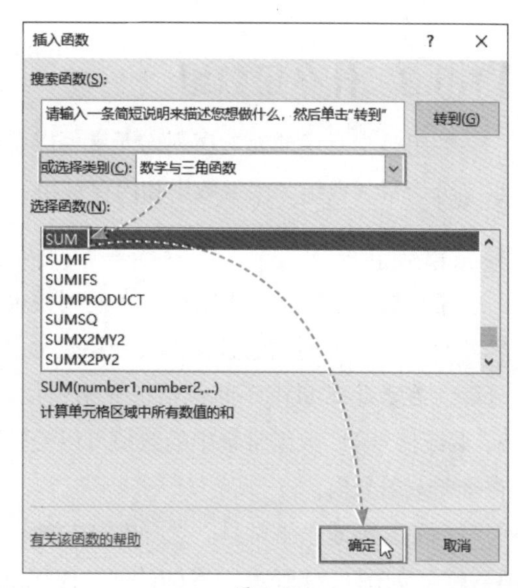

图 1-68

弹出“函数参数”对话框，设置参数后单击“确定”按钮，即可在E2单元格中输入“=SUM(B2:D2)”公式。

知识点拨

用户通过单击“编辑栏”左侧的“插入函数”按钮，或按Shift+F3组合键，也可以打开“插入函数”对话框。

4. 使用公式记忆手动输入函数

如果知道所需函数的全部或开头部分字母正确的拼写，可以直接在单元格中手动输入函数。选择E2单元格，在其中输入“=SU”后，Excel将自动在下拉菜单中显示所有以“SU”开头的函数，如图1-69所示。在菜单中双击“SUM”函数，即可将该函数输入到单元格中，接着输入相关参数，按Enter键确认即可，如图1-70所示。

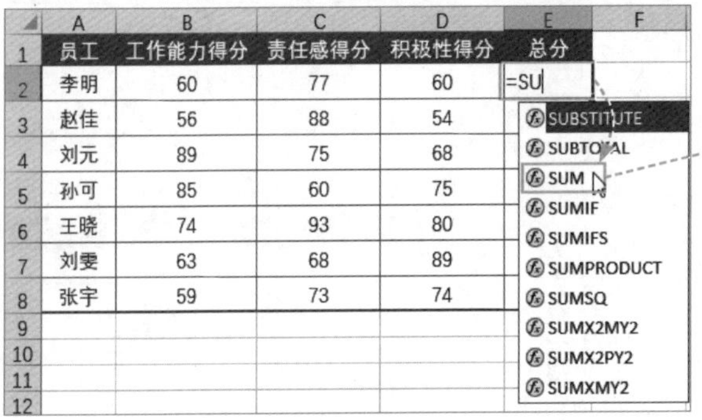

图 1-69

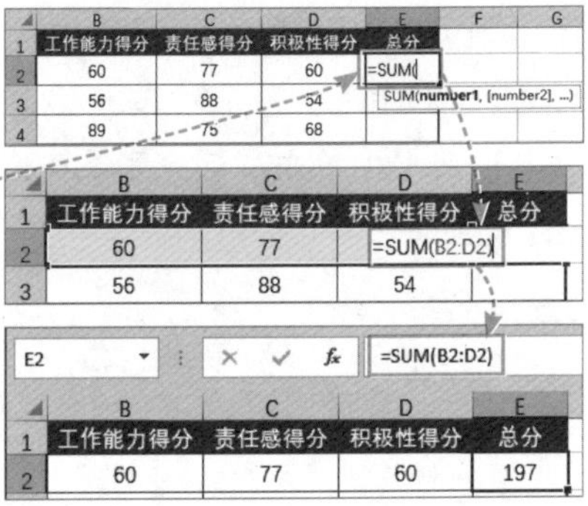

图 1-70

1.5.3 什么是数组

数组是指有序的元素序列。元素可以是数值、文本、日期、错误值、逻辑值等。数组又分为常量数组、区域数组和内存数组三类。

1. 常量数组

常量数组由常量数据组成。在使用数组常量时，应该注意数组常量必须放置在大括号“{}”中。不同列的数值需要使用逗号“,”来分隔，不同行的数值使用分号“;”来分隔。在数组常量中不能包括单元格引用、长度不等的行或列、公式或特殊符号（如$、%或括号）。数组常量中的数值可以是整数、小数或科学记数格式，而文本必须放置在半角双引号内。

例如，创建水平常量。选择A1:E1单元格区域，在“编辑栏”中输入公式“={1,2,3,4,5}”，如图1-71所示，按Ctrl+Shift+Enter组合键确认即可，如图1-72所示，其中{1,2,3,4,5}就是常量数组。

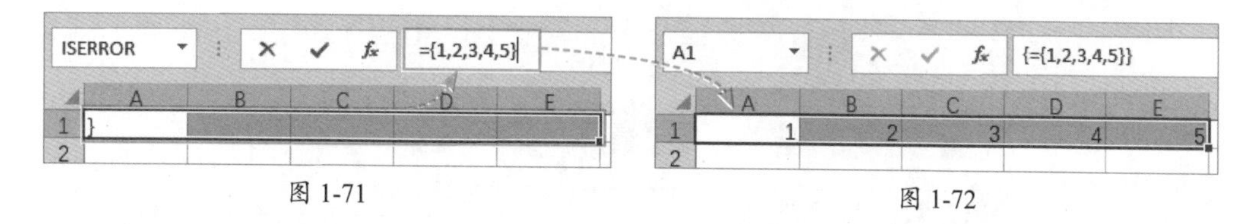

图 1-71　　　　图 1-72

例如，创建垂直常量。选择A1:A5单元格区域，在“编辑栏”中输入公式“={1;2;3;4;5}”，如图1-73所示，按Ctrl+Shift+Enter组合键确认即可，如图1-74所示，其中{1;2;3;4;5}就是常量数组。

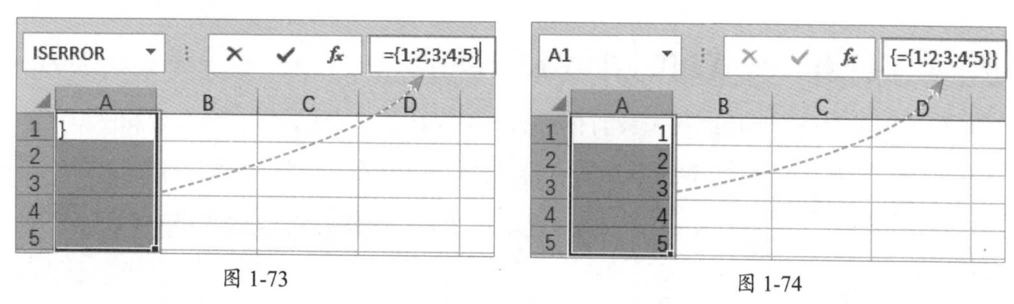

图 1-73　　　　图 1-74

2. 区域数组

区域数组实际上是单元格区域，数据存储在单元格中，公式必须引用单元格才能调用数据。例如，计算总金额的公式“{=SUM(D2:D7*E2:E7)}”中，如图1-75所示，D2:D7和E2:E7都是区域数组。

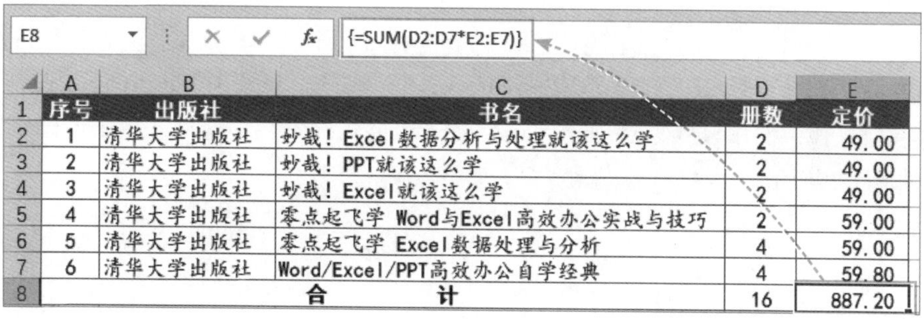

E8　{=SUM(D2:D7*E2:E7)}

	A	B	C	D	E
1	序号	出版社	书名	册数	定价
2	1	清华大学出版社	妙哉！Excel数据分析与处理就该这么学	2	49.00
3	2	清华大学出版社	妙哉！PPT就该这么学	2	49.00
4	3	清华大学出版社	妙哉！Excel就该这么学	2	49.00
5	4	清华大学出版社	零点起飞学 Word与Excel高效办公实战与技巧	2	59.00
6	5	清华大学出版社	零点起飞学 Excel数据处理与分析	4	59.00
7	6	清华大学出版社	Word/Excel/PPT高效办公自学经典	4	59.80
8	合计			16	887.20

图 1-75

3. 内存数组

内存数组实际上包含常量数组，但主要指某个公式的计算结果是数组，且作为整体嵌入其他公式中继续参与计算。内存数组不在人们的视觉范围内，内存数组通过公式计算返回的结果在内存中临时构成。例如，公式“{=COUNT(MATCH(A2:A7,B2:B7,0))}”中“MATCH(A2:A7,B2:B7,0)”得到的结果是内存数组，可以作为整体嵌入COUNT公式中继续参与计算，如图1-76所示。

D2 　{=COUNT(MATCH(A2:A7,B2:B7,0))}

	A	B	C	D
1	姓名1	姓名2		相同个数
2	赵璇	吴勇		2
3	王晓	孙俪		
4	刘雯	曹兴		
5	徐佳	张宇		
6	李梅	周进		
7	孙俪	王晓		

图 1-76

动手练 启用“公式记忆式键入”功能

如果用户在单元格中输入函数的开头部分字母时，没有出现备选的函数和已定义的名称列表，如图1-77所示，则需要启用“公式记忆式键入”功能，如图1-78所示。

	A	B	C	D	E	F	G
1	销售员	1月	2月	3月	4月	5月	6月
2	李明	120	541	145	201	996	258
3	赵佳	453	325	201	369	452	436
4	刘元	785	451	369	856	120	843
5	孙可	112	369	884	410	362	220
6	王晓	369	785	125	203	205	410
7	刘雯	485	456	410	145	330	369
8	张宇	985	662	365	336	456	120
9	最大销量	=MA					

图 1-77

	A	B	C	D	E	F	G	H
1	销售员	1月	2月	3月	4月	5月	6月	
2	李明	120	541	145	201	996	258	
3	赵佳	453	325	201	369	452	436	
4	刘元	785	451	369	856	120	843	
5	孙可	112	369	884	410	362	220	
6	王晓	369	785	125	203	205	410	
7	刘雯	485	456	41	返回符合特定值特定顺序的项在数组中的相对位置			
8	张宇	985	662	365	336	456	120	
9	最大销量	=MA						
10		MATCH						
11		MAX						
12		MAXA						
13		MAXIFS						
14								

图 1-78

单击“文件”按钮，选择“选项”选项，打开“Excel选项”对话框，选择“公式”选项，在“使用公式”选项中勾选“公式记忆式键入”复选框，单击“确定”按钮，如图1-79所示。

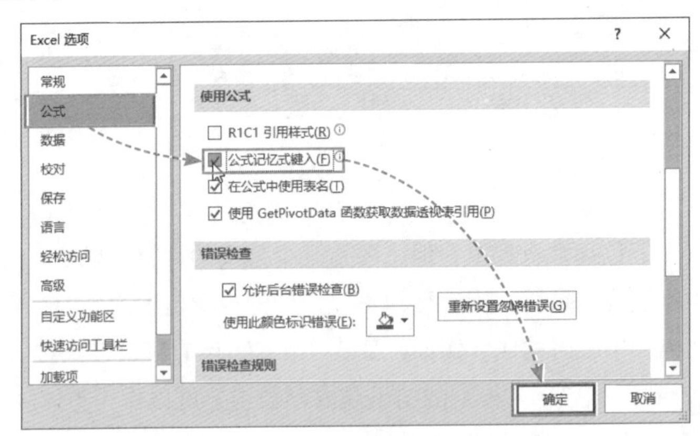

图 1-79

案例实战：计算车间生产合计

一般生产车间需要对一周的产量或每日的产量进行合计，如图1-80所示，用户可以使用快捷键一键求和。

车间	生产型号	周一	周二	周三	周四	周五	周六	周日	合计
电极车间	CD50B正	123	135	120	143	103	145	158	927
	CD80C负	452	464	449	472	432	474	487	3230
	CD80C正	102	114	99	122	82	124	137	780
	CD50B负	365	377	362	385	345	387	400	2621
小计		1042	1090	1030	1122	962	1130	1182	7558
电芯车间	CD80B	112	124	109	132	92	134	147	850
	CD105B	103	115	100	123	83	125	138	787
	CD105A	321	333	318	341	301	343	356	2313
	CD105C	154	166	151	174	134	176	189	1144
小计		690	738	678	770	610	778	830	5094
装配车间	CD50B	230	242	227	250	210	252	265	1676
	CD80C	225	237	222	245	205	247	260	1641
	CD80A	269	281	266	289	249	291	304	1949
小计		724	760	715	784	664	790	829	5266

图 1-80

Step 01 打开“车间周产量”工作表，选择C2:J15单元格区域，在“开始”选项卡中单击“查找和选择”下拉按钮，在弹出的列表中选择“定位条件”选项，如图1-81所示。

车间	生产型号	周一	周二	周三	周四	周五	周六	周日	合计
电极车间	CD50B正	123	135	120	143	103	145	158	
	CD80C负	452	464	449	472	432	474	487	
	CD80C正	102	114	99	122	82	124	137	
	CD50B负	365	377	362	385	345	387	400	
小计									
电芯车间	CD80B	112	124	109	132	92	134	147	
	CD105B	103	115	100	123	83	125	138	
	CD105A	321	333	318	341	301	343	356	
	CD105C	154	166	151	174	134	176	189	
小计									
装配车间	CD50B	230	242	227	250	210	252	265	
	CD80C	225	237	222	245	205	247	260	
	CD80A	269	281	266	289	249	291	304	
小计									

车间周产量

排序和筛选 查找和选择
查找(F)...
替换(R)...
转到(G)...
定位条件(S)...
公式(U)
批注(M)
条件格式(C)
常量(N)
数据验证(V)

图 1-81

Step 02 打开“定位条件”对话框，选择“空值”单选按钮，然后单击“确定”按钮，如图1-82所示。

Step 03 此时所选区域的空单元格被一次性选中，接着按Alt+=快捷键进行求和，如图1-83所示。

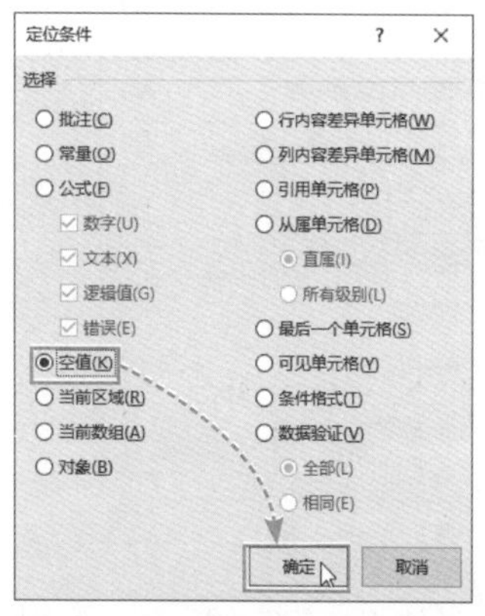

图 1-82

C6 =SUM(C12:C14)

周一	周二	周三	周四	周五	周六	周日	合计
123	135	120	143	103	145	158	927
452	464	449	472	432	474	487	3230
102	114	99	122	82	124	137	780
365	377	362	385	345	387	400	2621
1042	1090	1030	1122	962	1130	1182	7558
112	124	109	132	92	134	147	850
103	115	100	123	83	125	138	787
321	333	[illegible]	[illegible]	[illegible]	343	356	2313
154	166	[illegible]	[illegible]	[illegible]	176	189	1144
690	738	678	770	610	778	830	5094
230	242	227	250	210	252	265	1676
225	237	222	245	205	247	260	1641
269	281	266	289	249	291	304	1949
724	760	715	784	664	790	829	5266

按Alt+=快捷键

图 1-83

新手答疑

1. Q：如何在“插入函数”对话框中快速搜索需要的函数？

A：在“公式”选项卡中单击“插入函数”按钮，打开“插入函数”对话框，在“搜索函数”文本框中输入“平均”，单击“转到”按钮，如图1-84所示。在“选择函数”列表框中将显示“推荐”的函数列表，如图1-85所示，用户选择需要的函数即可。

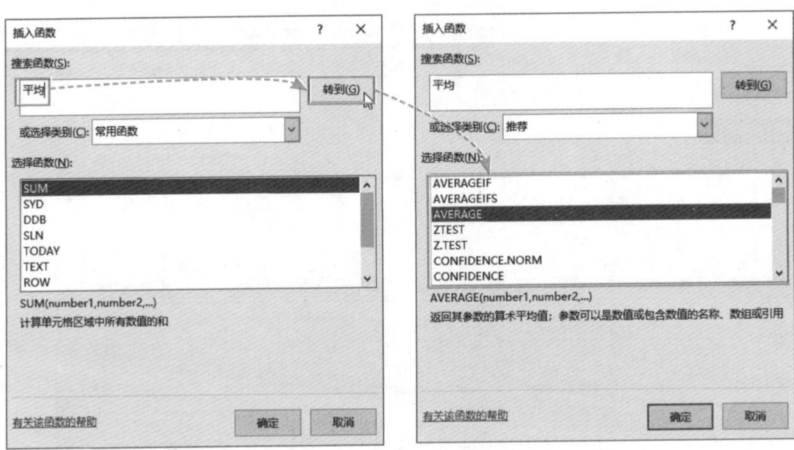

图 1-84　　图 1-85

2. Q：什么是数组公式？

A：数组公式是指区别于普通公式并以按下Ctrl+Shift+Enter组合键来完成编辑的特殊公式。作为标识，Excel会自动在编辑栏中给数组公式的首尾加上大括号（{}）。数组公式的实质是单元格公式的一种书写形式。

3. Q：如何根据所选内容批量创建名称？

A：选择C2:F9单元格区域，在“公式”选项卡中单击“根据所选内容创建”按钮，如图1-86所示。打开“根据所选内容创建名称”对话框，勾选“首行”复选框，单击“确定”按钮即可，如图1-87所示。

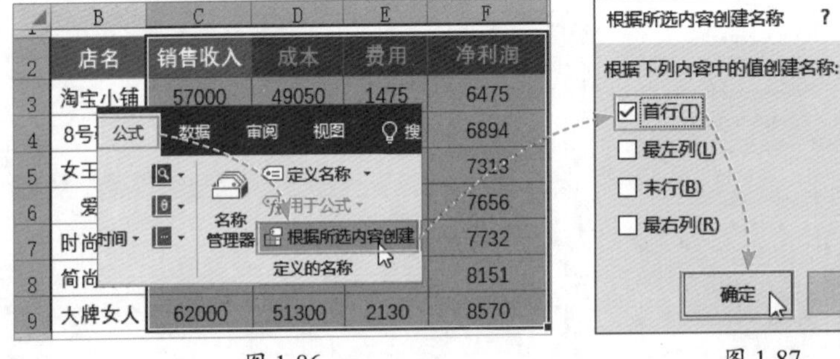

图 1-86　　图 1-87

第 2 章

公式的检查和错误值处理

使用公式进行计算时，为了防止输入错误的公式，需要对公式进行检查。当公式的结果返回错误值时，应该及时查找错误原因并解决问题。本章将对公式的审核以及错误值处理进行详细介绍。

2.1 公式审核

如果表格中存在公式，为了保证数据的准确性，需要对公式进行审核。例如，自动检查错误公式、手动检查错误公式、显示或隐藏公式等。

2.1.1 自动检查错误公式

Excel提供了后台检查错误的功能，用户只需单击“文件”按钮，选择“选项”选项，打开“Excel选项”对话框，在“公式”选项卡的“错误检查”区域勾选“允许后台错误检查”复选框，在“错误检查规则”区域勾选相应的规则选项，如图2-1所示。

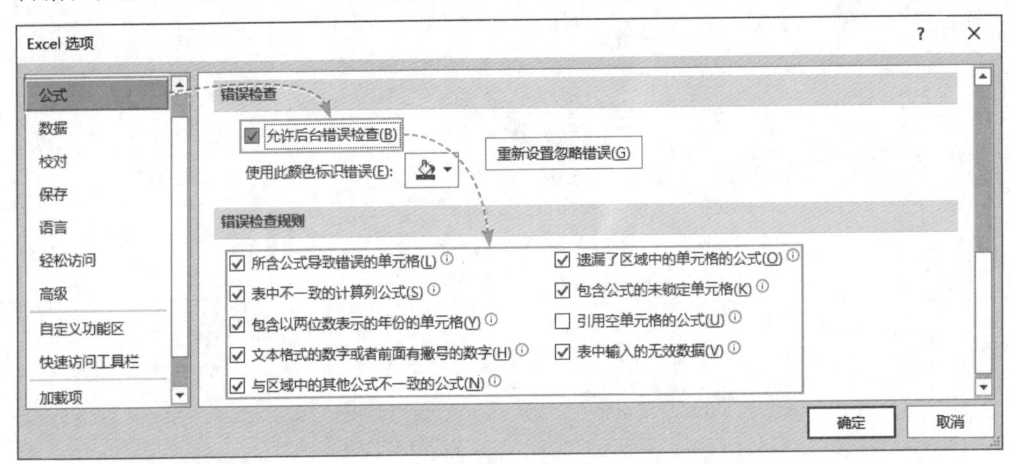

图 2-1

当单元格中的公式出现与“错误检查规则”选项中相符的情况时，单元格左上角会显示绿色小三角，如图2-2所示。选择该单元格，在其左侧会出现感叹号形状的“错误指示器”，如图2-3所示。单击“错误指示器”下拉按钮，在弹出的列表中可以查看公式错误的原因，列表中第一个选项表示错误原因，这里选择“从上部复制公式”选项，如图2-4所示，可以修改错误公式。

	B	C	D	E	F	G
1	销售日期	客户	产品名称	数量	单价	总额
2	2020/10/1	美达科技	电脑	8	2,500.00	20,000.00
3	2020/10/2	德胜科技	打印机	14	1,800.00	25,200.00
4	2020/10/3	华夏科技	扫描仪	20	2,100.00	0.01
5	2020/10/4	美达科技	打印机	5	1,700.00	8,500.00
6	2020/10/5	德胜科技	电脑	15	[illegible]	[illegible]
7	2020/10/6	美达科技	扫描仪	18	[illegible]	[illegible]
8	2020/10/7	德胜科技	打印机	22	2,300.00	50,600.00
9	2020/10/8	华夏科技	扫描仪	13	1,500.00	19,500.00

显示绿色小三角

图 2-2

G4 =E4/F4

	E	F	G	H
1	数量	单价	总额	
2	8	2,500.00	20,000.00	
3	14	1,800.00	25,200.00	
4	20	[illegible]	0.01	
5	5	1,700.00	8,500.00	
6	[illegible]	[illegible]	[illegible]	
7	[illegible]	[illegible]	[illegible]	
8	22	2,300.00	50,600.00	
9	13	1,500.00	19,500.00	
10	25	4,800.00	120,000.00	

错误指示器

图 2-3

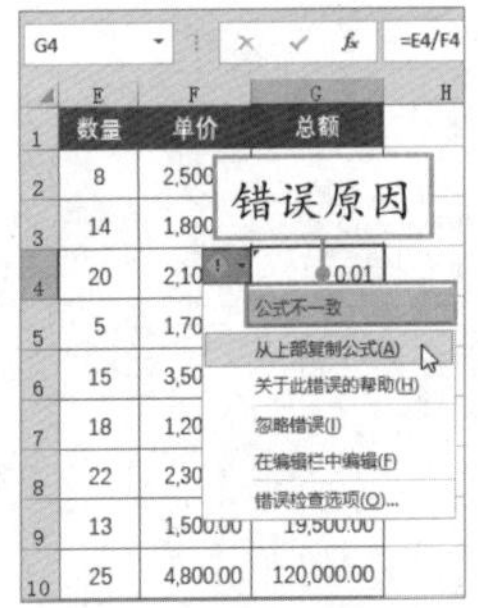

图 2-4

2.1.2 手动检查错误公式

用户可以通过“错误检查”功能手动检查错误公式。在“公式”选项卡中单击“错误检查”按钮，如图2-5所示。打开“错误检查”对话框，在该对话框中显示出错的单元格及出错原因，用户在对话框的右侧可以进行“关于此错误的帮助”“显示计算步骤”“忽略错误”“在编辑栏中编辑”等操作，这里选择“在编辑栏中编辑”选项，如图2-6所示。

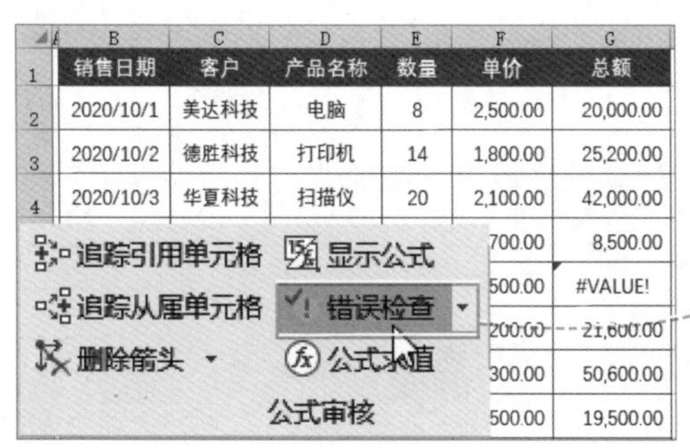

图 2-5

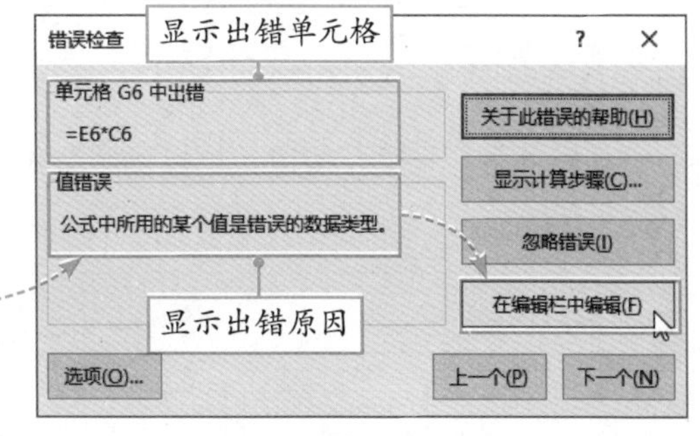

图 2-6

在“编辑栏”中修改公式后，单击“继续”按钮，继续检查其他错误公式，检查并修改完成后会弹出一个提示对话框，提示已完成对整个工作表的错误检查，单击“确定”按钮即可，如图2-7所示。

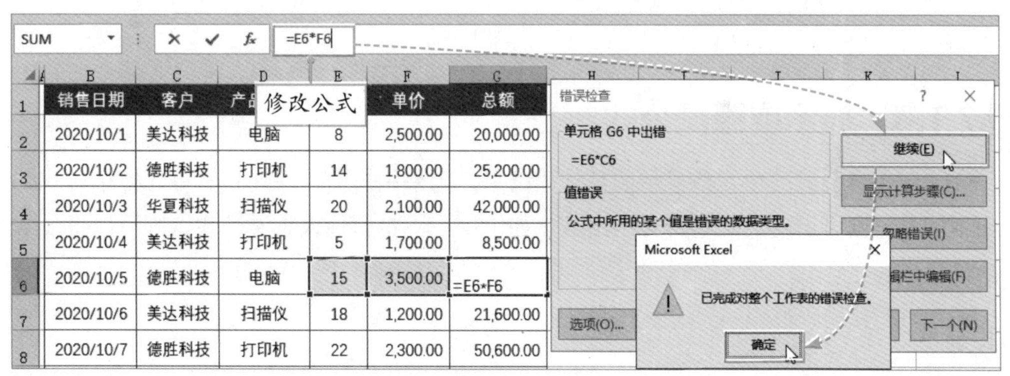

图 2-7

2.1.3 查看公式求值步骤

如果用户需要一步步地查看公式求值的步骤，则需要选择包含公式的单元格，在“公式”选项卡中单击“公式求值”按钮，如图2-8所示。打开“公式求值”对话框，单击“求值”按钮，将显示带下画线的表达式的结果，且结果以斜体显示，如图2-9所示。

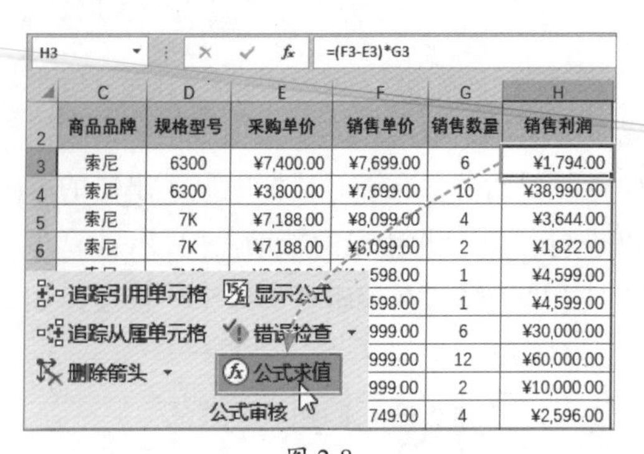

图 2-8

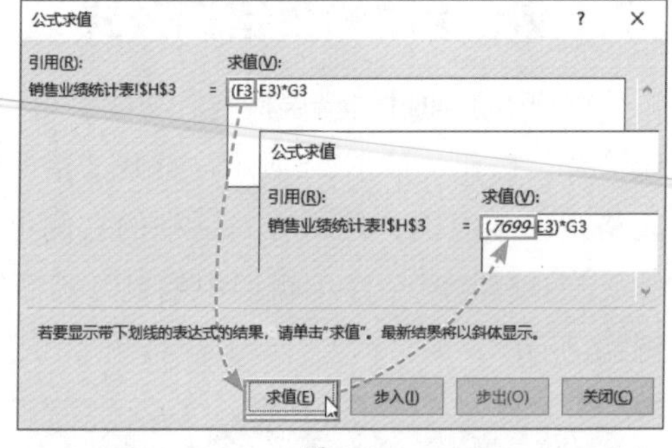

图 2-9

继续单击“求值”按钮，可以按照公式的运算顺序依次查看公式的分步计算结果，如图2-10所示。

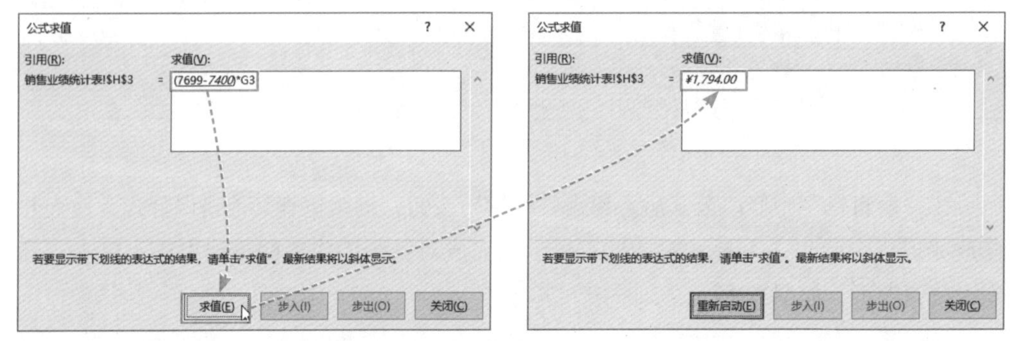

图 2-10

2.1.4　显示或隐藏公式

一般带有公式的单元格显示的是计算结果，如果用户需要快速查看单元格中公式的使用情况，则可以将公式本身显示出来。如果用户不希望他人查看公式，则可以将公式隐藏起来。

1. 显示公式

在“公式”选项卡中单击“显示公式”按钮，如图2-11所示，即可将单元格中的公式显示出来，如图2-12所示。

客户	产品名称	数量	单价	总额
美达科技	电脑	8	2,500.00	20,000.00
德胜科技	打印机	14	1,800.00	25,200.00
华夏科技	扫描仪	20	2,100.00	42,000.00
美达科技	打印机	5	1,700.00	8,500.00
			3,500.00	52,500.00
			1,200.00	21,600.00
			2,300.00	50,600.00

追踪引用单元格　显示公式　追踪从属单元格　错误检查　删除箭头　公式求值　公式审核

图 2-11

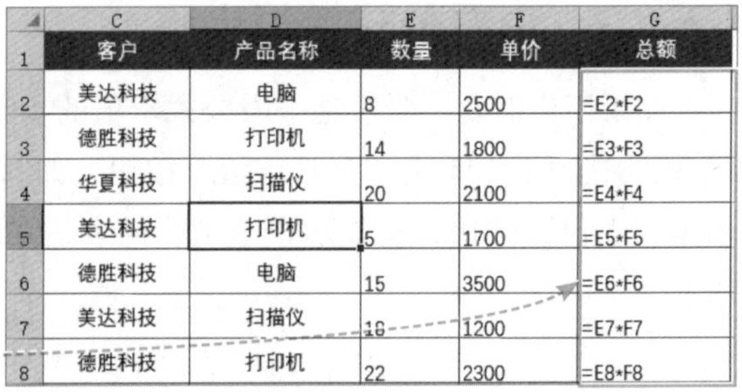

客户	产品名称	数量	单价	总额
美达科技	电脑	8	2500	=E2*F2
德胜科技	打印机	14	1800	=E3*F3
华夏科技	扫描仪	20	2100	=E4*F4
美达科技	打印机	5	1700	=E5*F5
德胜科技	电脑	15	3500	=E6*F6
美达科技	扫描仪	18	1200	=E7*F7
德胜科技	打印机	22	2300	=E8*F8

图 2-12

在“公式”选项卡中再次单击“显示公式”按钮，取消其选中状态，即可恢复显示计算结果。

2. 隐藏公式

选择包含公式的单元格区域，右击，在弹出的快捷菜单中选择“设置单元格格式”选项，如图2-13所示。打开“设置单元格格式”对话框，在“保护”选项卡中勾选“隐藏”复选框，如图2-14所示，单击“确定”按钮。

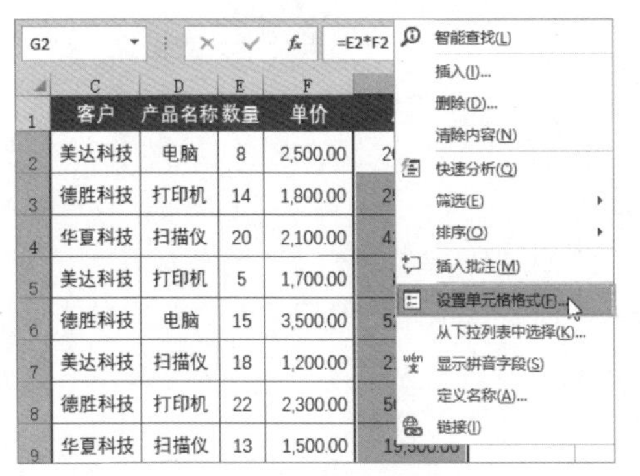

图 2-13

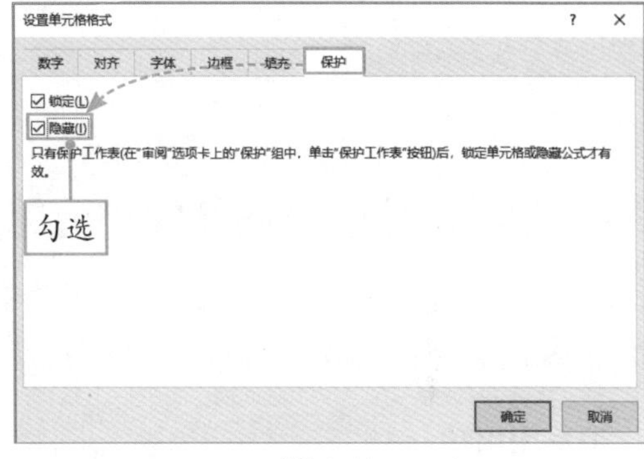

图 2-14

打开“审阅”选项卡，单击“保护工作表”按钮，打开“保护工作表”对话框，在“取消工作表保护时使用的密码”文本框中输入密码“123”，单击“确定”按钮，弹出“确认密码”对话框，重新输入密码“123”，单击“确定”按钮，如图2-15所示。此时选择包含公式的单元格，在编辑栏中无法查看公式，公式被隐藏了，如图2-16所示。

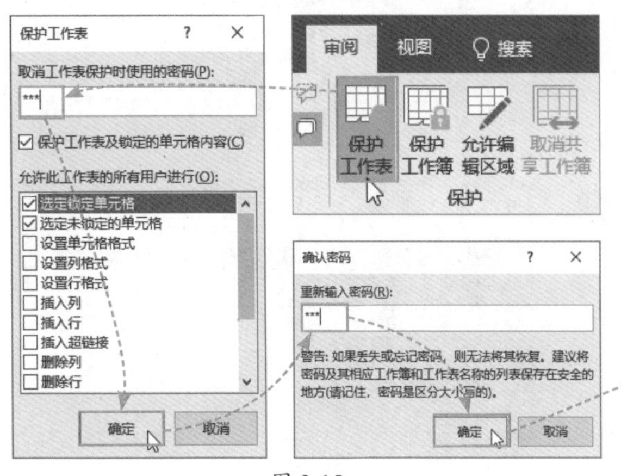

图 2-15

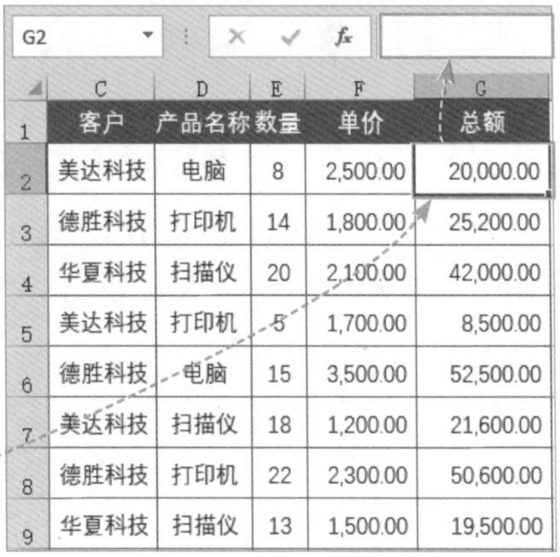

	C	D	E	F	G
1	客户	产品名称	数量	单价	总额
2	美达科技	电脑	8	2,500.00	20,000.00
3	德胜科技	打印机	14	1,800.00	25,200.00
4	华夏科技	扫描仪	20	2,100.00	42,000.00
5	美达科技	打印机	5	1,700.00	8,500.00
6	德胜科技	电脑	15	3,500.00	52,500.00
7	美达科技	扫描仪	18	1,200.00	21,600.00
8	德胜科技	打印机	22	2,300.00	50,600.00
9	华夏科技	扫描仪	13	1,500.00	19,500.00

图 2-16

如果用户想要双击公式所在的单元格来查看公式，则会弹出一个提示对话框，提示需要输入密码才能进行更改操作，如图2-17所示。

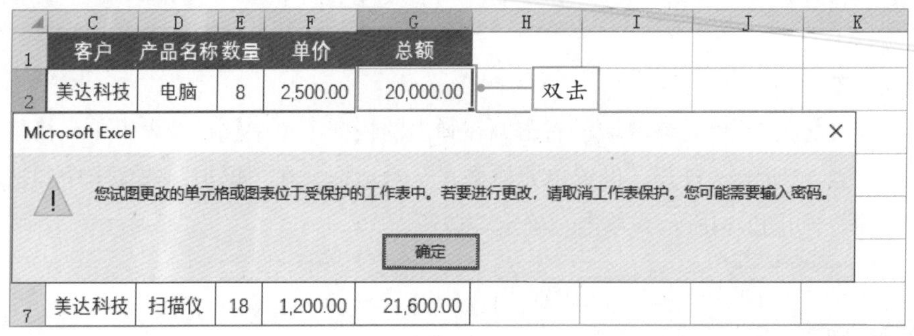

图 2-17

2.1.5 追踪引用或从属单元格

追踪引用单元格用于指示哪些单元格会影响当前所选单元格的值，而追踪从属单元格用于指示哪些单元格受当前所选单元格的值影响。

1. 追踪引用单元格

选择单元格，在“公式”选项卡中单击“追踪引用单元格”按钮，如图2-18所示。

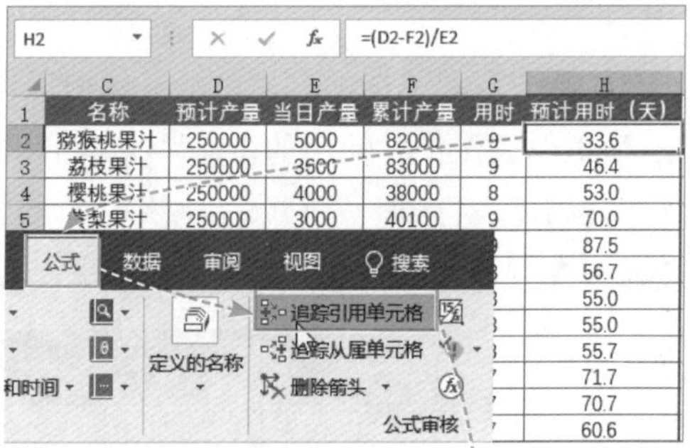

图 2-18

此时出现箭头，指明当前所选单元格引用了哪些单元格，如图2-19所示。

H2 =(D2-F2)/E2

	C	D	E	F	G	H
1	名称	预计产量	当日产量	累计产量	用时	预计用时（天）
2	猕猴桃果汁	250000	5000	82000	9	33.6
3	荔枝果汁	250000	3600	83000	9	46.4
4	樱桃果汁	250000	4000	38000	8	53.0
5	黄梨果汁	250000	3000	40100	9	70.0
6	菠萝果汁	250000	2400	40050	9	87.5
7	哈密瓜果汁	250000	3000	80000	8	56.7
8	西瓜果汁	250000	3000	85000	8	55.0
9	椰子果汁	250000	3000	85000	8	55.0
10	橙子果汁	250000	3000	83000	8	55.7
11	草莓果汁	300000	3000	85000	7	71.7
12	蓝莓果汁	300000	3000	88000	7	70.7
13	凤梨味饮料	300000	3500	88000	7	60.6

图 2-19

2. 追踪从属单元格

选择单元格，在“公式”选项卡中单击“追踪从属单元格”按钮，如图2-20所示，出现箭头，指向受当前所选单元格影响的单元格，如图2-21所示。

图 2-20

销售单价	销售数量	销售利润		销售员	销售利润
¥7,699.00	10	¥51,990.00		邓超	¥51,990.00
¥7,699.00	25	¥25,000.00		康小明	¥9,099.00
¥8,099.00	10	¥9,110.00		李梦	¥7,689.00
¥8,099.00	9	¥8,199.00			
¥14,598.00	15	¥68,985.00			
¥14,598.00	12	¥55,188.00			
¥17,999.00	14	¥70,000.00			
¥2,749.00	16	¥10,384.00			
¥2,749.00	22	¥14,278.00			
¥3,499.00	11	¥7,689.00			
¥3,499.00	5	¥3,495.00			
¥11,499.00	7	¥10,577.00			
¥7,199.00	9	¥9,099.00			

图 2-21

知识点拨

如果用户想要删除追踪单元格的箭头，在“公式”选项卡中单击“删除箭头”按钮即可。

动手练 解决公式不能自动计算的问题

当在单元格中输入公式后，显示的是公式本身，而不是计算结果，如图2-22所示。

序号	班组	生产数量	合格数量	合格率
1	班组A	1500	1352	=E3/D3
2	班组B	1620	1420	=E4/D4
3	班组C	1480	1300	=E5/D5
4	班组D	1400	1320	=E6/D6
5	班组E	1700	1530	=E7/D7
6	班组F	1530	1420	=E8/D8
7	班组G	2540	2210	=E9/D9

图 2-22

如果没有设置“显示公式”，通常是因为输入公式的单元格被设置为“文本”格式，用户可以通过“查找和替换”功能让公式自动计算，如图2-23所示。

序号	班组	生产数量	合格数量	合格率
1	班组A	1500	1352	90.13%
2	班组B	1620	1420	87.65%
3	班组C	1480	1300	87.84%
4	班组D	1400	1320	94.29%
5	班组E	1700	1530	90.00%
6	班组F	1530	1420	92.81%
7	班组G	2540	2210	87.01%

图 2-23

Step 01 选择F3:F9单元格区域，在“开始”选项卡中单击“查找和选择”下拉按钮，在弹出的列表中选择“替换”选项，如图2-24所示。

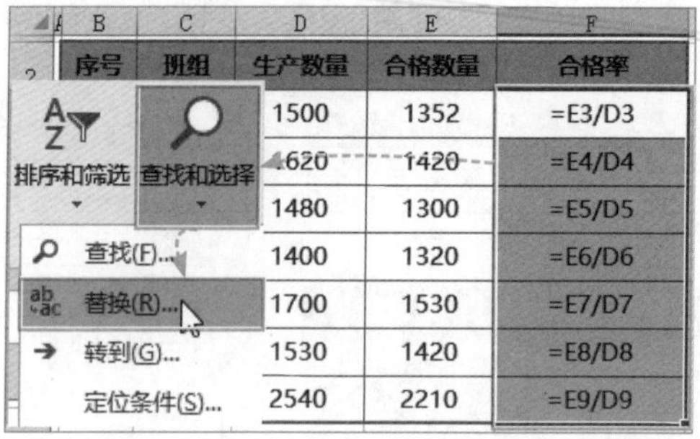

B
C
D
E
F
序号
班组
生产数量
合格数量
合格率
排序和筛选
查找和选择
查找(F)...
替换(R)...
转到(G)...
定位条件(S)...
1500
1352
=E3/D3
1620
1420
=E4/D4
1480
1300
=E5/D5
1400
1320
=E6/D6
1700
1530
=E7/D7
1530
1420
=E8/D8
2540
2210
=E9/D9

图 2-24

Step 02 打开“查找和替换”对话框，选择“替换”选项卡，在“查找内容”文本框中输入“=”，在“替换为”文本框中输入“=”，单击“全部替换”按钮，如图2-25所示，即可让公式自动计算。

查找和替换
查找(D)
替换(P)
查找内容(N): =
替换为(E): =
选项(T) >>
全部替换(A)
替换(R)
查找全部(I)
查找下一个(F)
关闭

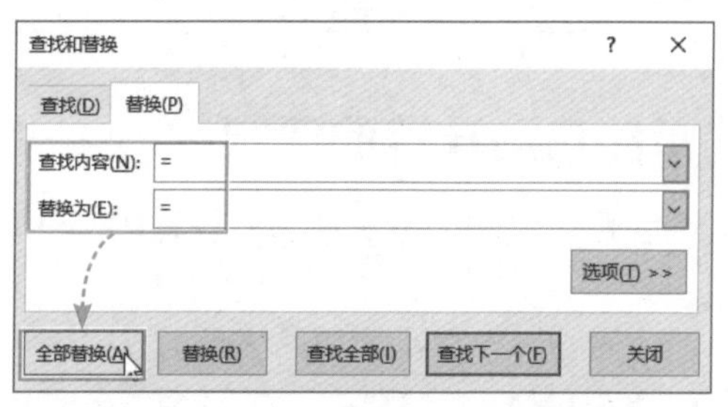

图 2-25

Step 03 此外，用户也可以选择F列，在“数据”选项卡中单击“分列”按钮，如图2-26所示。打开“文本分列向导-第1步”对话框，单击“下一步”按钮，如图2-27所示。

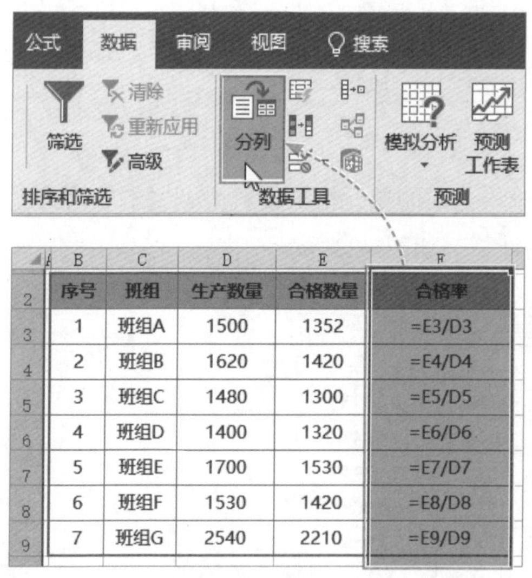

公式
数据
审阅
视图
搜索
筛选
清除
重新应用
高级
排序和筛选
分列
数据工具
模拟分析
预测工作表
预测
序号
班组
生产数量
合格数量
合格率
1
班组A
1500
1352
=E3/D3
2
班组B
1620
1420
=E4/D4
3
班组C
1480
1300
=E5/D5
4
班组D
1400
1320
=E6/D6
5
班组E
1700
1530
=E7/D7
6
班组F
1530
1420
=E8/D8
7
班组G
2540
2210
=E9/D9

图 2-26

文本分列向导 - 第 1 步，共 3 步
文本分列向导判定您的数据具有分隔符。
若一切设置无误，请单击“下一步”，否则请选择最合适的数据类型。
原始数据类型
请选择最合适的文件类型:
分隔符号(D) - 用分隔字符，如逗号或制表符分隔每个字段
固定宽度(W) - 每列字段加空格对齐
预览选定数据:
单击
取消
< 上一步(B)
下一步(N) >
完成(F)

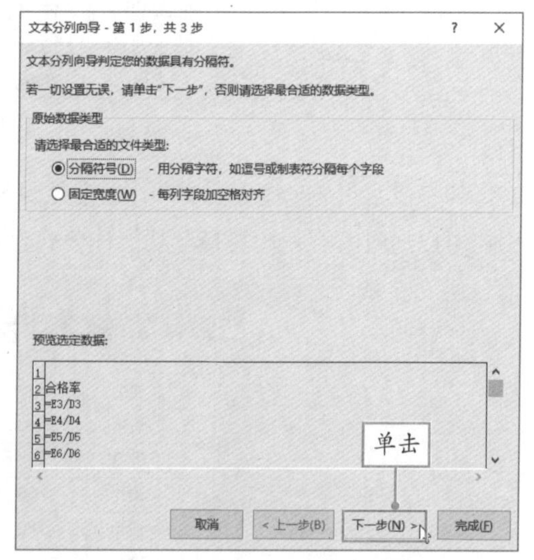

图 2-27

Step 04 在“文本分列向导-第2步”对话框中，取消勾选“分隔符号”中各复选框，单击“下一步”按钮，如图2-28所示。

Step 05 在“文本分列向导-第3步”对话框中，选择“列数据格式”选项中的“常规”单选按钮，单击“完成”按钮，如图2-29所示，即可让该列的所有公式都自动计算。

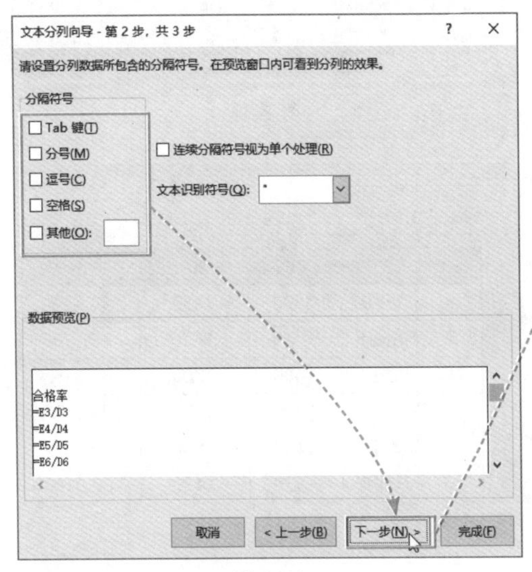

图 2-28

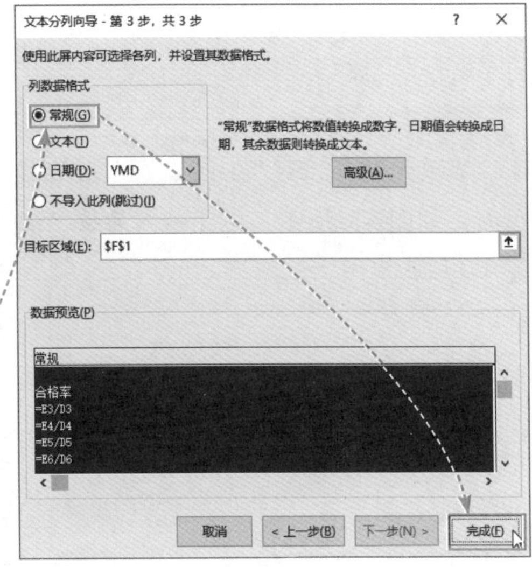

图 2-29

2.2 公式返回的错误值

在单元格中输入公式后，可能会因为某种原因而无法得到或显示正确的结果，因而返回错误值信息，用户需要分析错误值产生的原因或屏蔽错误值。

2.2.1 分析错误值产生的原因

当单元格中出现“#####”错误值类型时，如图2-30所示，可能是因为列宽不够显示数字或使用了负的日期或负的时间。

G2 =E2*F2

列宽太窄

	B	C	D	E	F	G
1	销售日期	客户	产品名称	数量	单价	总额
2	2020/10/1	美达科技	电脑	8	2,500.00	#####
3	2020/10/2	德胜科技	打印机	14	1,800.00	#####
4	2020/10/3	华夏科技	扫描仪	20	2,100.00	#####
5	2020/10/4	美达科技	打印机	5	1,700.00	#####
6	2020/10/5	德胜科技	电脑	15	3,500.00	#####
7	2020/10/6	美达科技	扫描仪	18	1,200.00	#####

图 2-30

当单元格中出现“#VALUE!”错误值类型时，如图2-31所示，可能是因为使用的参数类型错误。

C2单元格中是文本

	B	C	D	E	F	G
1	销售日期	客户	产品名称	数量	单价	总额
2	2020/10/1	美达科技	电脑	8	2,500.00	#VALUE!
3	2020/10/2	德胜科技	打印机	14	1,800.00	25,200.00
4	2020/10/3	华夏科技	扫描仪	20	2,100.00	42,000.00
5	2020/10/4	美达科技	打印机	5	1,700.00	8,500.00
6	2020/10/5	德胜科技	电脑	15	3,500.00	52,500.00
7	2020/10/6	美达科技	扫描仪	18	1,200.00	21,600.00
8	2020/10/7	德胜科技	打印机	22	2,300.00	50,600.00

图 2-31

当单元格中出现“#DIV/0!”错误值类型时，如图2-32所示，可能是因为数字被零（0）除。

F4 =E4/0

	B	C	D	E	F
2	序号	班组	生产数量	合格数量	合格率
3	1	班组A	1500	1352	90.13%
4	2	班组B	1620	1420	#DIV/0!
5	3	班组C	1480	1300	87.84%
6	4	班组D	1400	1320	94.29%
7	5	班组E	1700	1530	90.00%
8	6	班组F	1530	1420	92.81%

图 2-32

当单元格中出现“#NAME?”错误值类型时，如图2-33所示，可能是因为Excel未识别公式中的文本，如未加载宏或定义名称。

使用了不存在的名称 =合格数/生产数量

	B	C	D	E	F
2	序号	班组	生产数量	合格数量	合格率
3	1	班组A	1500	1352	#NAME?
4	2	班组B	1620	1420	87.65%
5	3	班组C	1480	1300	87.84%
6	4	班组D	1400	1320	94.29%
7	5	班组E	1700	1530	90.00%
8	6	班组F	1530	1420	92.81%

图 2-33

当单元格中出现“#N/A”错误值类型时，如图2-34所示，可能是因为数值对函数或公式不可用。

E2单元格中没有可用数值 E2,A2:B9,2,FALSE)

	A	B	C	D	E	F
1			定价		书名	出版社
2	Photoshop CS6商业应用案例实战	清华大学出版社	99.00			#N/A
3	PPT2016实战技巧精粹词典	中国青年出版社	79.90			
4	Word/Excel/PPT高效办公自学经典	清华大学出版社	59.80			
5	夜行物语（1）	中国青年出版社	36.00			
6	Excel2013实战技巧精粹词典	中国青年出版社	59.00			
7	Office2013实战技巧精粹词典	中国青年出版社	59.00			

图 2-34

当单元格中出现“#REF!”错误值类型时，如图2-35所示，可能是因为单元格引用无效。

			品名称	单价	总额
2	2020/10/1	美达科技	电脑	2,500.00	#REF!
3	2020/10/2	德胜科技	打印机	1,800.00	#REF!
4	2020/10/3	华夏科技	扫描仪	2,100.00	#REF!
5	2020/10/4	美达科技	打印机	1,700.00	#REF!
6	2020/10/5	德胜科技	电脑	3,500.00	#REF!
7	2020/10/6	美达科技	扫描仪	1,200.00	#REF!
8	2020/10/7	德胜科技	打印机	2,300.00	#REF!

图 2-35

当单元格中出现“#NUM!”错误值类型时，如图2-36所示，可能是因为公式或函数中使用了无效数字值。

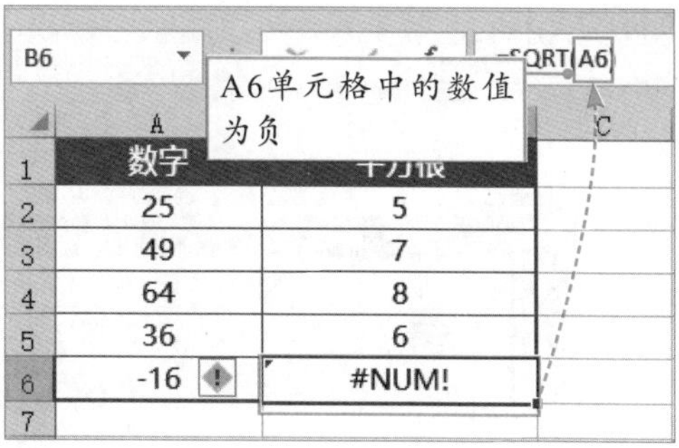

	A	B
1	数字	平方根
2	25	5
3	49	7
4	64	8
5	36	6
6	-16	#NUM!
7		

图 2-36

当单元格中出现“#NULL!”错误值类型时，如图2-37所示，可能是因为用空格表示两个引用单元格之间的相交运算符，但指定并不相交的两个区域的交点。

			称	数量	单价	总额
2	2020/10/1	美达科技	电脑	8	2,500.00	20,000.00
3	2020/10/2	德胜科技	打印机	14	1,800.00	25,200.00
4	2020/10/3	华夏科技	扫描仪	20	2,100.00	42,000.00
5	2020/10/4	美达科技	打印机	5	1,700.00	8,500.00
6	2020/10/6	美达科技	扫描仪	18	1,200.00	21,600.00
7	2020/10/7	德胜科技	打印机	22	2,300.00	50,600.00
8	2020/10/9	华夏科技	电脑	25	4,800.00	120,000.00
9					总	#NULL!

图 2-37

2.2.2 屏蔽错误值

当单元格中返回错误值时，如果不希望错误值显示在单元格中，则可以使用IFERROR函数屏蔽错误值。

例如，使用VLOOKUP函数，通过G列的姓名在B:E列单元格中查找对应的基本工资，但是姓名“刘梅”在B:E列单元格区域中不存在，因此返回了错误值“#N/A”，如图2-38所示。

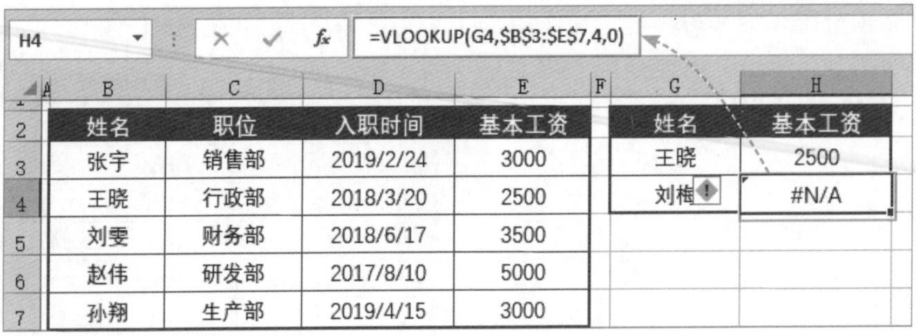

H4 =VLOOKUP(G4,$B$3:$E$7,4,0)

姓名	职位	入职时间	基本工资
张宇	销售部	2019/2/24	3000
王晓	行政部	2018/3/20	2500
刘雯	财务部	2018/6/17	3500
赵伟	研发部	2017/8/10	5000
孙翔	生产部	2019/4/15	3000

姓名	基本工资
王晓	2500
刘梅	#N/A

图 2-38

如果要让出现的错误值显示为空，则在H4单元格中输入公式“=IFERROR(VLOOKUP(G4,$B$3:$E$7,4,0),"")”，如图2-39所示。

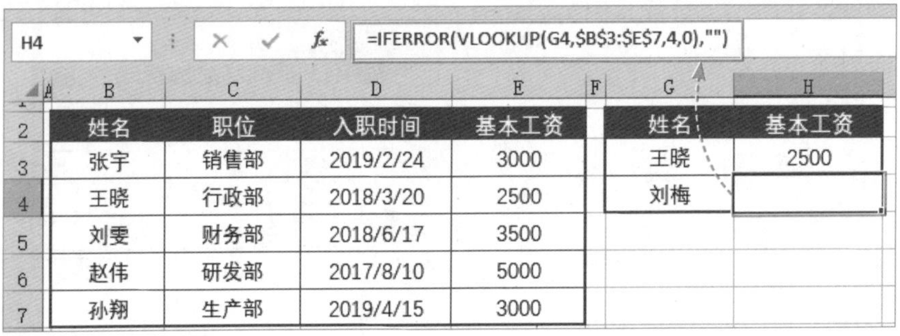

H4 =IFERROR(VLOOKUP(G4,$B$3:$E$7,4,0),"")

姓名	职位	入职时间	基本工资
张宇	销售部	2019/2/24	3000
王晓	行政部	2018/3/20	2500
刘雯	财务部	2018/6/17	3500
赵伟	研发部	2017/8/10	5000
孙翔	生产部	2019/4/15	3000

姓名	基本工资
王晓	2500
刘梅	

图 2-39

知识点拨

IFERROR的语法格式为，=IFERROR(value,value_if_error)，其中参数value表示表达式。参数value_if_error表示如果表达式有错误，则返回value_if_error，否则返回表达式本身。

动手练 设置不打印错误值

扫码看视频

对表格进行打印时，如果表格中存在错误值，会将错误值也打印出来，如图2-40所示。

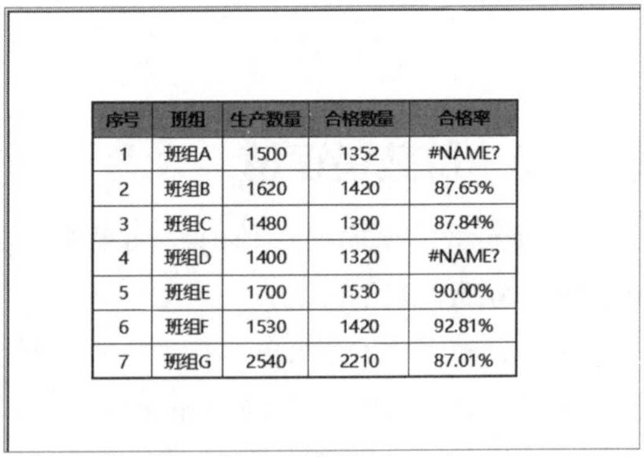

序号	班组	生产数量	合格数量	合格率
1	班组A	1500	1352	#NAME?
2	班组B	1620	1420	87.65%
3	班组C	1480	1300	87.84%
4	班组D	1400	1320	#NAME?
5	班组E	1700	1530	90.00%
6	班组F	1530	1420	92.81%
7	班组G	2540	2210	87.01%

图 2-40

可以通过设置不打印错误值，如图2-41所示。

序号	班组	生产数量	合格数量	合格率
1	班组A	1500	1352	
2	班组B	1620	1420	87.65%
3	班组C	1480	1300	87.84%
4	班组D	1400	1320	
5	班组E	1700	1530	90.00%
6	班组F	1530	1420	92.81%
7	班组G	2540	2210	87.01%

图 2-41

打开“页面布局”选项卡，单击“页面设置”选项组的对话框启动器按钮，如图2-42所示。

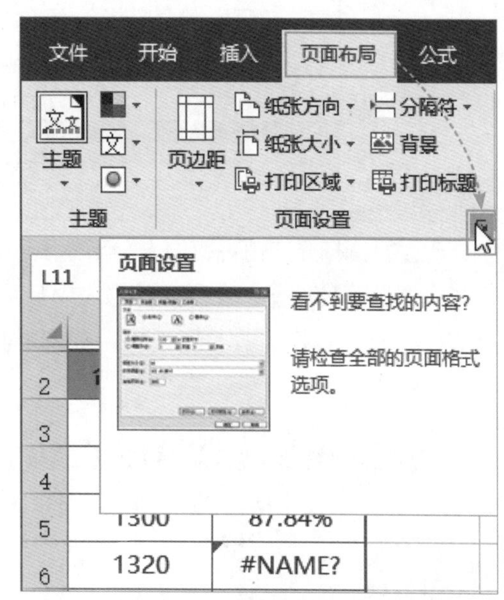

图 2-42

打开“页面设置”对话框，选择“工作表”选项卡，单击“错误单元格打印为”下拉按钮，在弹出的列表中选择“空白”选项，单击“确定”按钮即可，如图2-43所示。

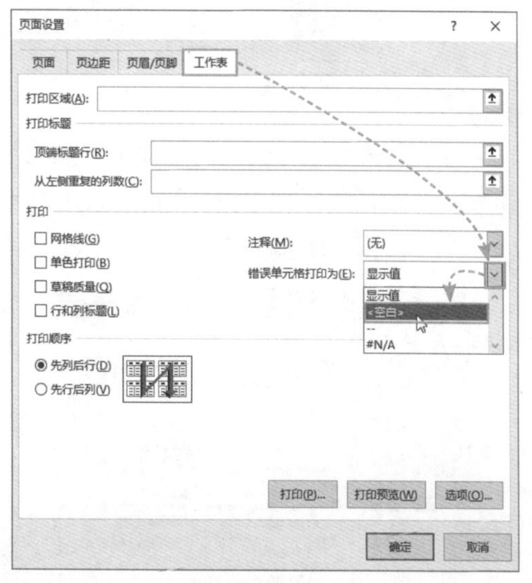

图 2-43

案例实战：检查销售明细表中的错误公式并修改

在销售明细表中存在多处计算错误，如在H13单元格中合计值为0，在J5单元格中显示错误值“#VALUE!”，如图2-44所示。用户通过检查并修改错误公式，使销售明细表显示正确数据。

序号	日期	产品名称	单位	进货价格	销售价格	销售数量	单品利润	合计利润	备注
1	2020-04-07	手机	台	3,500.00	3,694.00	363	194.00	70,422.00	
2	2020-04-07	配件	台	1,800.00	1,990.00	300	190.00	57,000.00	
3	2020-04-07	笔记本	台	4,800.00	4,923.00	150	123.00	#VALUE!	
4	2020-04-07	台式机	台	5,600.00	5,900.00	160	300.00	48,000.00	
5	2020-04-11	手机	台	4,200.00	4,328.00	325	128.00	41,600.00	
6	2020-04-12	配件	台	1,200.00	1,462.00	229	262.00	59,998.00	
7	2020-04-13	笔记本	台	3,600.00	3,858.00	156	258.00	40,248.00	
8	2020-04-14	台式机	台	7,800.00	8,185.00	270	385.00	103,950.00	
9	2020-04-15	手机	台	6,300.00	6,622.00	500	322.00	161,000.00	
10	2020-04-16	配件	台	1,000.00	1,144.00	300	144.00	43,200.00	
合计						0	2,306.00	#VALUE!	

图 2-44

Step 01 打开“销售明细表”工作表，选择H3:H12单元格区域，单击左上角的“错误指示器”下拉按钮，在弹出的列表中显示该区域存在“以文本形式存储的数字”，在列表中选择“转换为数字”选项，如图2-45所示，则H13单元格中显示正确的求和结果，如图2-46所示。

销售价格	销售数量	单品利润	合计利润
3,69	363	194.00	70,422.00
1,990		90.00	57,000.00
4,92		23.00	#VALUE!
5,900		00.00	48,000.00
4,328		28.00	41,600.00
1,462		62.00	59,998.00
3,858.00	156	258.00	40,248.00
8,185.00	270	385.00	103,950.00
6,622.00	500	322.00	161,000.00

以文本形式存储的数字
转换为数字(C)
关于此错误的帮助(H)
忽略错误(I)
在编辑栏中编辑(F)
错误检查选项(O)...

图 2-45

进货价格	销售价格	销售数量	单品利润	合计利润
3,500.00	3,694.00	363	194.00	70,422.00
1,800.00	1,990.00	300	190.00	57,000.00
4,800.00	4,923.00	150	123.00	#VALUE!
5,600.00	5,900.00	160	300.00	48,000.00
4,200.00	4,328.00	325	128.00	41,600.00
1,200.00	1,462.00	229	262.00	59,998.00
3,600.00	3,858.00	156	258.00	40,248.00
7,800.00	8,185.00	270	385.00	103,950.00
6,300.00	6,622.00	500	322.00	161,000.00
1,000.00	1,144.00	300	144.00	43,200.00
		2753	2,306.00	#VALUE!

图 2-46

Step 02 打开“公式”选项卡，单击“错误检查”按钮，如图2-47所示。打开“错误检查”对话框，提示J13单元格公式中所用的某个值是错误的数据类型，单击“忽略错误”按钮，如图2-48所示。

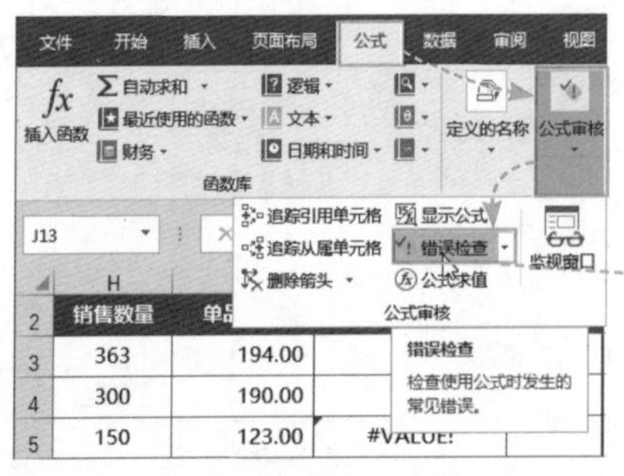

图 2-47

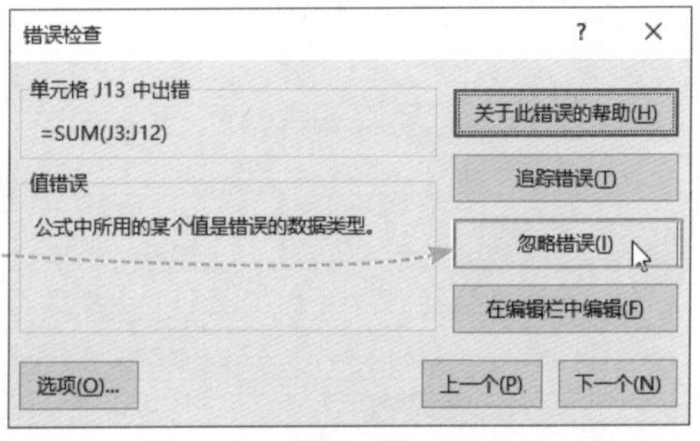

图 2-48

Step 03 接着提示J5单元格中出错，单击“在编辑栏中编辑”按钮，如图2-49所示。

Step 04 将光标插入到编辑栏中，将公式修改为“=H5*I5”，如图2-50所示。

图 2-49　　　　图 2-50

Step 05 修改公式后，在“错误检查”对话框中单击“继续”按钮，弹出提示对话框，提示已完成对整个工作表的错误检查，单击“确定”按钮，如图2-51所示。

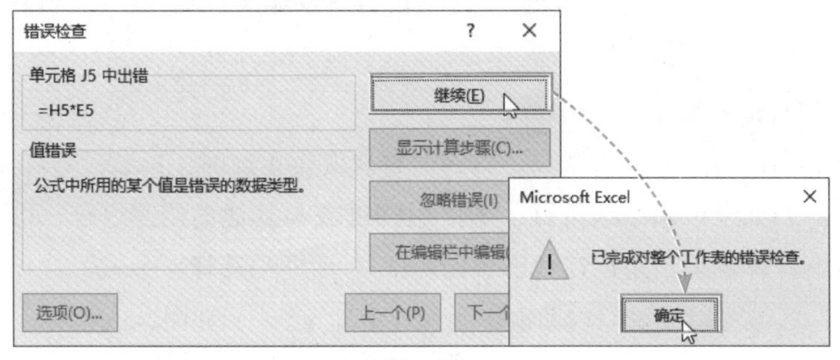

图 2-51

Step 06 此时，销售明细表中的所有错误公式被修改过来，得出正确的计算结果，如图2-52所示。

序号	日期	产品名称	单位	进货价格	销售价格	销售数量	单品利润	合计利润	备注
1	2020-04-07	手机	台	3,500.00	3,694.00	363	194.00	70,422.00	
2	2020-04-07	配件	台	1,800.00	1,990.00	300	190.00	57,000.00	
3	2020-04-07	笔记本	台	4,800.00	4,923.00	150	123.00	18,450.00	
4	2020-04-07	台式机	台	5,600.00	5,900.00	160	300.00	48,000.00	
5	2020-04-11	手机	台	4,200.00	4,328.00	325	128.00	41,600.00	
6	2020-04-12	配件	台	1,200.00	1,462.00	229	262.00	59,998.00	
7	2020-04-13	笔记本	台	3,600.00	3,858.00	156	258.00	40,248.00	
8	2020-04-14	台式机	台	7,800.00	8,185.00	270	385.00	103,950.00	
9	2020-04-15	手机	台	6,300.00	6,622.00	500	322.00	161,000.00	
10	2020-04-16	配件	台	1,000.00	1,144.00	300	144.00	43,200.00	
合计						2753	2,306.00	643,868.00	

图 2-52

新手答疑

1. Q：如何查找包含循环引用的单元格？

A： 打开“公式”选项卡，单击“错误检查”下拉按钮，在弹出的列表中选择“循环引用”选项，在其级联菜单中将显示包含循环引用的单元格，单击“$J$13”选项，如图2-53所示，将跳转到对应的单元格，如图2-54所示。

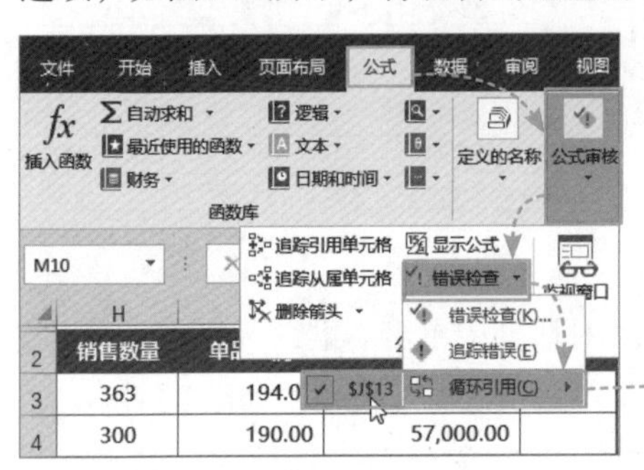

图 2-53

J13　=SUM(J3:J13)

	F	G	H	I	J	K
2	进货价格	销售价格	销售数量	单品利润	合计利润	备注
3	3,500.00	3,694.00	363	194.00	70,422.00	
4	1,800.00	1,990.00	300	190.00	57,000.00	
5	4,800.00	4,923.00	150	123.00	18,450.00	
6	5,600.00	5,900.00	160	300.00	48,000.00	
7	4,200.00	4,328.00	325	128.00	41,600.00	
8	1,200.00	1,462.00	229	262.00	59,998.00	
9	3,600.00	3,858.00	156	258.00	40,248.00	
10	7,800.00	8,185.00	270	385.00	103,950.00	
11	6,300.00	6,622.00	500	322.00	161,000.00	
12	1,000.00	1,144.00	300	144.00	43,200.00	
13			2753	2,306.00	-	

图 2-54

2. Q：什么是自动重算和手动重算？

A： 如果启用自动重算，则影响公式的值每次发生更改时，Excel都会自动重新计算工作簿。如果启用手动重算，则使用F9键或与其他功能键组合，可以执行不同的重新计算效果。用户在“Excel选项”对话框中选择“公式”选项，在“计算选项”区域可以设置“自动重算”和“手动重算”，如图2-55所示。

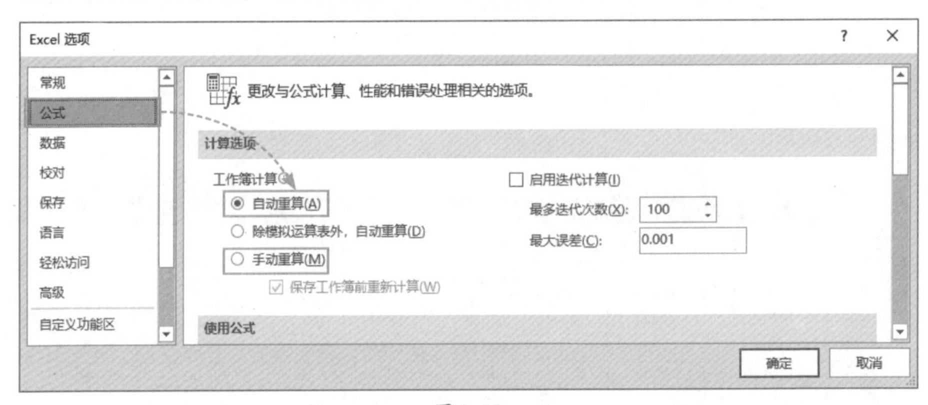

图 2-55

3. Q：公式字符限制为多少？

A： 在Excel中，公式内容的最大长度为8192个字符，内部公式的最大长度为16384字节。

第3章 统计函数的应用

统计函数是从各种角度去分析统计数据并捕捉统计数据的所有特征。从简单的计数与求和，到多区域中多种条件下的计数与求和，统计函数能够帮助用户解决报表中的绝大多数问题。本章将以案例的形式对统计函数的应用进行详细介绍。

3.1 使用函数完成平均值计算

Excel提供了几种计算平均值的函数，例如AVERAGE函数、AVERAGEA函数、AVERAGEIF函数、AVERAGEIFS函数、GEOMEAN函数、HARMEAN函数等。

3.1.1 计算所有考生平均成绩

AVERAGE函数用于求参数的平均值，其语法格式为：

AVERAGE（number1,number2,...）

参数说明： number1,number2,...是要计算平均值的 1～255 个参数。参数可以是数字，或者是涉及数字的名称、数组或引用，如果数组或单元格引用参数中有文字、逻辑值或空单元格，则忽略其值，如果单元格包含0值则计算在内。

示例：使用AVERAGE函数计算所有考生的平均成绩。

选择E2单元格，单击“编辑栏”左侧的“插入函数”按钮，如图3-1所示。打开“插入函数”对话框，在“或选择类别”列表中选择“统计”选项，然后在“选择函数”列表框中选择“AVERAGE”选项，单击“确定”按钮，如图3-2所示。

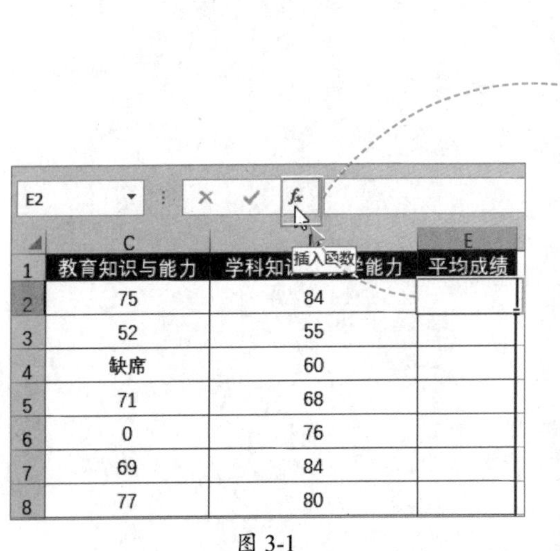

图 3-1

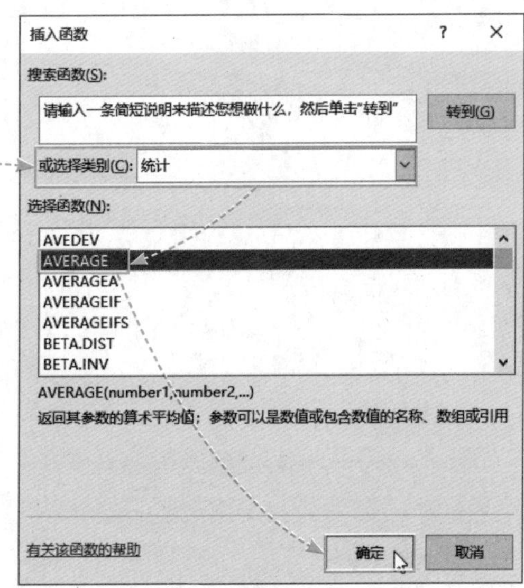

图 3-2

弹出“函数参数”对话框，设置参数后单击“确定”按钮，如图3-3所示，即可在E2单元格中计算出平均成绩，将E2单元格中的公式向下填充，计算出所有考生的平均成绩，如图3-4所示。

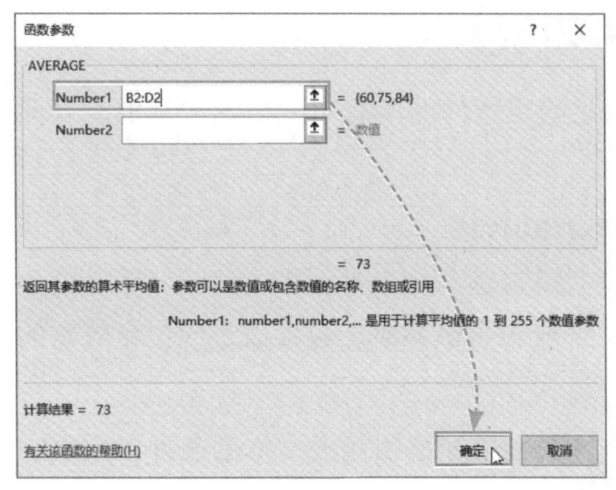

图 3-3

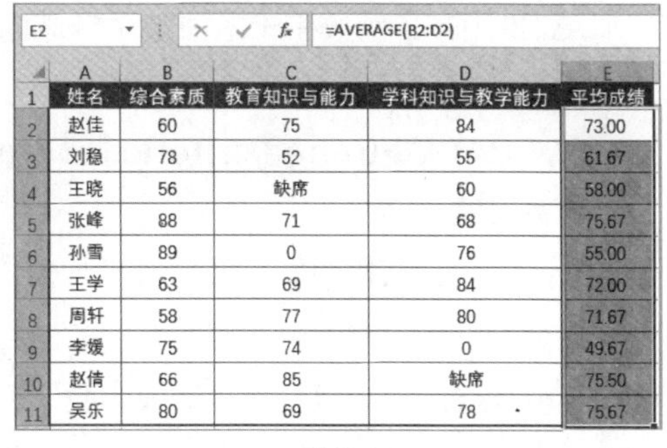

E2 =AVERAGE(B2:D2)

	A	B	C	D	E
1	姓名	综合素质	教育知识与能力	学科知识与教学能力	平均成绩
2	赵佳	60	75	84	73.00
3	刘稳	78	52	55	61.67
4	王晓	56	缺席	60	58.00
5	张峰	88	71	68	75.67
6	孙雪	89	0	76	55.00
7	王学	63	69	84	72.00
8	周轩	58	77	80	71.67
9	李媛	75	74	0	49.67
10	赵倩	66	85	缺席	75.50
11	吴乐	80	69	78	75.67

图 3-4

3.1.2 计算全班学生平均成绩

AVERAGEA函数用于计算参数列表中非空单元格中数值的平均值，其语法格式为：

AVERAGEA(value1,value2,...)

参数说明： value1,value2,... 为需要计算平均值的1 ~ 255个参数、单元格区域或数值。参数可以是数值，包含数值的名称、数组或引用，数字的文本表示，或者引用中的逻辑值，例如TRUE和FALSE。

知识点拨

逻辑值和直接键入到参数列表中代表数字的文本被计算在内。

包含TRUE的参数作为1计算；包含FALSE的参数作为0计算。

包含文本的数组或引用参数将作为 0计算，空文本（""）也作为0计算。

如果参数为数组或引用，则只使用其中的数值，数组或引用中的空白单元格和文本值将被忽略。

如果参数为错误值或为不能转换为数字的文本，将会导致错误。

如果要使计算不包括引用中的逻辑值和代表数字的文本，请使用AVERAGE函数。

示例：使用AVERAGEA函数计算全班学生的平均成绩。

选择G2单元格，输入公式“=AVERAGEA(B2:D11)”，如图3-5所示。按Enter键确认，计算出全班学生的平均成绩，如图3-6所示。

	A	B	C	D	E	F	G
1	姓名	语文	数学	英语	平均成绩		全班学生平均成绩
2	赵佳	60	75	84	73.00		=AVERAGEA(B2:D11)
3	刘稳	78	52	55	61.67		
4	王晓	56	缺考	60	58.00		
5	张峰	88	71		79.50		
6	孙雪	89	0	76	55.00		
7	王学	63	69	84	72.00		
8	周轩	58		80	69.00		
9	李媛	75	74	0	49.67		
10	赵倩	66	85	缺考	75.50		
11	吴乐	80	69	78	75.67		

图 3-5

G2 =AVERAGEA(B2:D11)

	A	B	C	D	E	F	G
1	姓名	语文	数学	英语	平均成绩		全班学生平均成绩
2	赵佳	60	75	84	73.00		61.61
3	刘稳	78	52	55	61.67		
4	王晓	56	缺考	60	58.00		
5	张峰	88	71		79.50		
6	孙雪	89	0	76	55.00		
7	王学	63	69	84	72.00		
8	周轩	58		80	69.00		
9	李媛	75	74	0	49.67		
10	赵倩	66	85	缺考	75.50		
11	吴乐	80	69	78	75.67		

图 3-6

3.1.3 计算所有男生/女生的平均成绩

AVERAGEIF函数用于返回某个区域内满足给定条件的所有单元格的平均值，其语法格式为：

AVERAGEIF(range,criteria,[average_range])

参数说明：

- **range：** 必需参数。要计算平均值的一个或多个单元格，包含数字或包含数字的名称、数组或引用。
- **criteria：** 必需参数。形式为数字、表达式、单元格引用或文本的条件，用来定义将计算平均值的单元格。例如，条件可以表示为 12、>12、苹果或C4。
- **average_range：** 可选参数。计算平均值的实际单元格组，如果省略，则使用range。

示例：使用AVERAGEIF函数计算所有男生/女生的平均成绩。

选择E2单元格，输入公式“=AVERAGEIF(B2:B11,"男",C2:C11)”，如图3-7所示。按Enter键确认，计算出男生平均成绩，如图3-8所示。

	A	B	C	D	E
1	姓名	性别	成绩		男生平均成绩
2	赵佳	男	=AVERAGEIF(B2:B11,"男",C2:C11)		
3	刘稳	女	78		
4	王晓	女	56		
5	张峰	男	88		
6	孙雪	女	89		
7	王学	女	63		
8	周轩	男	58		
9	李媛	女	75		
10	赵倩	女	66		
11	吴乐	男	80		

输入公式

图 3-7

E2 =AVERAGEIF(B2:B11,"男",C2:C11)

	A	B	C	D	E	F
1	姓名	性别	成绩		男生平均成绩	
2	赵佳	男	60		71.50	
3	刘稳	女	78			
4	王晓	女	56			
5	张峰	男	88			
6	孙雪	女	89			
7	王学	女	63			
8	周轩	男	58			
9	李媛	女	75			
10	赵倩	女	66			
11	吴乐	男	80			

图 3-8

3.1.4 计算90分以上男生/女生平均成绩

AVERAGEIFS函数用于返回多重条件所有单元格的平均值，其语法格式为：

AVERAGEIFS(average_range,criteria_range1,criteria1,...)

参数说明：

- **average_range：** 表示求平均值区域。
- **criteria_range1：** 表示条件1区域。
- **criteria1,...：** 表示条件1（形式可以是数字、表达式、单元格引用或文本的条件。用来定义将计算平均值的单元格）。

示例：使用AVERAGEIFS函数计算90分以上男生/女生平均成绩。

选择E2单元格，输入公式“=AVERAGEIFS(C2:C11,$B$2:$B$11,"男",$C$2:$C$11,">90")”，如图3-9所示。按Enter键确认，计算出90分以上男生平均成绩，如图3-10所示。

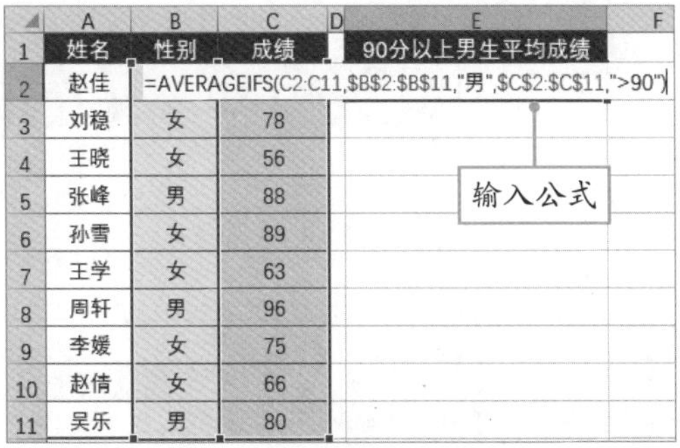

	A	B	C	D	E	F
1	姓名	性别	成绩		90分以上男生平均成绩	
2	赵佳	=AVERAGEIFS(C2:C11,$B$2:$B$11,"男",$C$2:$C$11,">90")				
3	刘稳	女	78			
4	王晓	女	56			
5	张峰	男	88			
6	孙雪	女	89			
7	王学	女	63			
8	周轩	男	96			
9	李媛	女	75			
10	赵倩	女	66			
11	吴乐	男	80			

输入公式

图 3-9

	A	B	C	D	E
1	姓名	性别	成绩		90分以上男生平均成绩
2	赵佳	男	92		94.00
3	刘稳	女	78		
4	王晓	女	56		
5	张峰	男	88		
6	孙雪	女	89		
7	王学	女	63		
8	周轩	男	96		
9	李媛	女	75		
10	赵倩	女	66		
11	吴乐	男	80		

图 3-10

知识点拨

上述公式中C2:C11表示求平均值区域；$B$2:$B$11表示条件1区域；"男"表示条件1；$C$2:$C$11表示条件2区域；">90"表示条件2。

3.1.5 计算过去一年产量的平均增长率

GEOMEAN函数用于求数值数据的几何平均值，其语法格式为：

GEOMEAN(number1,number2,...)

参数说明： number1,number2,...可用于计算平均数的1～255个参数，也可以不使用这种用逗号分隔参数的形式，而用单个数组或数组引用的形式。

- 参数可以是数字，或者是包含数字的名称、数组或引用。
- 如果数组或引用参数包含文本、逻辑值或空白单元格，则这些值将被忽略；但包含0值的单元格将计算在内。
- 如果任何数据点小于0，则函数GEOMEAN返回错误值#NUM!。

示例：使用GEOMEAN函数计算过去一年产量的平均增长率。

选择F1单元格，输入公式“=GEOMEAN((C2:C5))”，按Enter键确认，计算出几何平均值，如图3-11所示。

选择F2单元格，输入公式“=F1−1”，按Enter键确认，计算出平均增长率，如图3-12所示。

F1 =GEOMEAN((C2:C5))

	A	B	C	D	E	F
1	季度	增长率	上年比		几何平均值	1.021026779
2	第1季度	0.02	1.02		平均增长率	
3	第2季度	0.05	1.05		算术平均值	
4	第3季度	-0.01	0.99			
5	第4季度	0.025	1.025			

图 3-11

F2 =F1-1

	A	B	C	D	E	F
1	季度	增长率	上年比		几何平均值	1.021026779
2	第1季度	0.02	1.02		平均增长率	0.021026779
3	第2季度	0.05	1.05		算术平均值	
4	第3季度	-0.01	0.99			
5	第4季度	0.025	1.025			

图 3-12

选择F3单元格，输入公式“=AVERAGE(C2:C5)”，按Enter键确认，计算出算术平均值，如图3-13所示。

F3 =AVERAGE(C2:C5)

	A	B	C	D	E	F
1	季度	增长率	上年比		几何平均值	1.021026779
2	第1季度	0.02	1.02		平均增长率	0.021026779
3	第2季度	0.05	1.05		算术平均值	1.02125
4	第3季度	-0.01	0.99			
5	第4季度	0.025	1.025			

图 3-13

知识点拨

用“当年/上年”求上年的比例，用“当年−上年/上年”求增长率。因此，增长率加1的值为上年的比例，求出几何平均值后，用几何平均值减去1即为平均增长率。

3.1.6 计算车辆从始发点到终点的平均速度

HARMEAN函数用于求数据集合的调和平均值，其语法格式为：

HARMEAN(number1,number2,...)

参数说明： number1,number2,...用于计算平均值的1～255个参数。各个数值用逗号隔开，也能指定单元格区域。

示例：使用HARMEAN函数计算车辆从始发点到终点的平均速度。

选择B5单元格，输入公式“=HARMEAN((B2:B4))”，如图3-14所示。按Enter键确认，计算出平均速度，如图3-15所示。

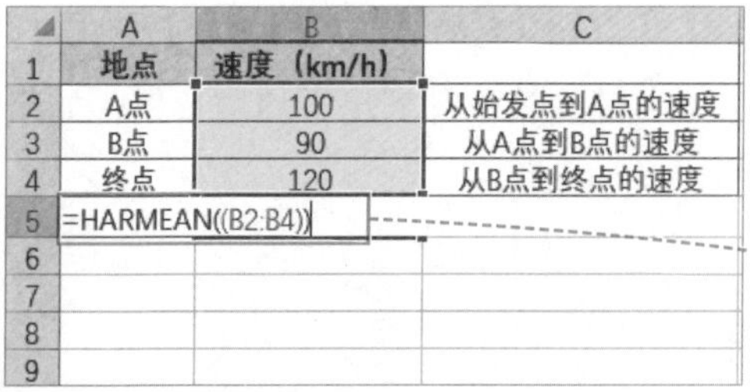

	A	B	C
1	地点	速度（km/h）	
2	A点	100	从始发点到A点的速度
3	B点	90	从A点到B点的速度
4	终点	120	从B点到终点的速度
5	=HARMEAN((B2:B4))		

图 3-14

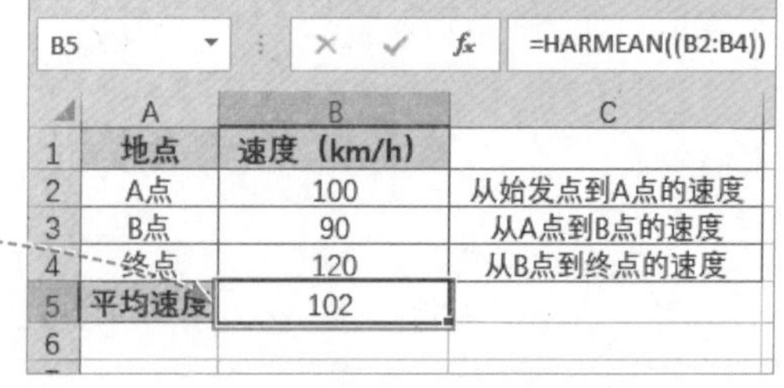

B5 =HARMEAN((B2:B4))

	A	B	C
1	地点	速度（km/h）	
2	A点	100	从始发点到A点的速度
3	B点	90	从A点到B点的速度
4	终点	120	从B点到终点的速度
5	平均速度	102	

图 3-15

动手练 统计员工平均工资

在日常工作中，财务人员通常需要对员工的工资进行统计，计算出实发工资和平均工资，这里使用AVERAGE函数统计员工的平均工资，如图3-16所示。

序号	姓名	部门	基本工资	奖金提成	工龄工资	补贴	医疗保险	生育保险	工伤保险	失业保险	养老保险	住房公积金	考勤扣款	个人所得税	其他扣款	实发工资
1	赵佳	策划部	4500	1560	560	500	125	521	555	222	333	548	0	25	0	4791
2	李明	人事部	4500	1561	561	501	126	522	556	223	334	549	100	26	100	4587
3	孙媛	设计部	3500	1562	562	502	127	523	557	224	335	550	50	27	0	3733
4	刘雯	财务部	3500	1563	563	503	128	524	558	225	336	551	100	28	0	3679
5	王晓	设计部	3500	1564	564	504	129	525	559	226	337	552	50	29	0	3725
6	曹翔	策划部	4500	1565	565	505	130	526	560	227	338	553	50	30	100	4621
7	陈毅	人事部	4500	1566	566	506	131	527	561	228	339	554	100	31	0	4667
8	周涛	策划部	4500	1567	567	507	132	528	562	229	340	555	50	32	100	4613
9	吴乐	财务部	3500	1568	568	508	133	529	563	230	341	556	100	33	0	3659
10	郑敏	设计部	3500	1569	569	509	134	530	564	231	342	557	0	34	0	3755
															平均工资	4183

图 3-16

选择Q12单元格，输入公式“=AVERAGE(Q2:Q11)”，如图3-17所示。按Enter键确认，计算出员工的平均工资，如图3-18所示。

失业保险	养老保险	住房公积金	考勤扣款	个人所得税	其他扣款	实发工资
222	333	548	0	25	0	4791
223	334	549	100	26	100	4587
224	335	550	50	27	0	3733
225	336	551	100	28	0	3679
226	337	552	50	29	0	3725
227	338	553	50	30	100	4621
228	339	554	100	31	0	4667
229	340	555	50	32	100	4613
230	341	556	100	33	0	3659
231	342	557	0	34	0	3755
						=AVERAGE(Q2:Q11)

图 3-17

Q12 =AVERAGE(Q2:Q11)

失业保险	养老保险	住房公积金	考勤扣款	个人所得税	其他扣款	实发工资
222	333	548	0	25	0	4791
223	334	549	100	26	100	4587
224	335	550	50	27	0	3733
225	336	551	100	28	0	3679
226	337	552	50	29	0	3725
227	338	553	50	30	100	4621
228	339	554	100	31	0	4667
229	340	555	50	32	100	4613
230	341	556	100	33	0	3659
231	342	557	0	34	0	3755
					平均工资	4183

图 3-18

3.2 按条件统计单元格数量

COUNT函数、COUNTA函数、COUNTBLANK函数、COUNTIF函数、COUNTIFS函数等都可以用来按条件统计单元格数量。

3.2.1 统计参加考试人数

COUNT函数用于求数值数据的个数，其语法格式为：

COUNT(value1,value2, ...)

参数说明： value1,value2,...是包含或引用各种类型数据的参数（1～255个），但只有数字类型的数据才被计数。如果参数是一个数组或引用，那么只统计数组或引用中的数字；数组中或引用的空单元格、逻辑值、文字或错误值都将被忽略。

示例：使用COUNT函数统计参加考试人数。

选择E1单元格，输入公式“=COUNT(B2:B10)”，如图3-19所示。按Enter键确认，统计出参加考试人数，如图3-20所示。

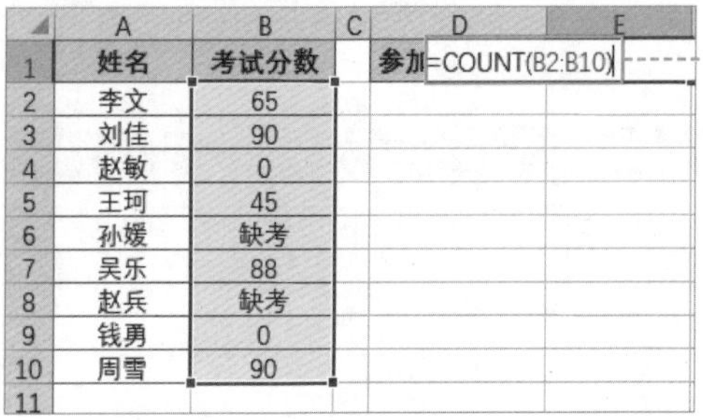

	A	B	C	D	E
1	姓名	考试分数		参加	=COUNT(B2:B10)
2	李文	65			
3	刘佳	90			
4	赵敏	0			
5	王珂	45			
6	孙媛	缺考			
7	吴乐	88			
8	赵兵	缺考			
9	钱勇	0			
10	周雪	90			
11					

图 3-19

E1 =COUNT(B2:B10)

	A	B	C	D	E
1	姓名	考试分数		参加考试人数	7
2	李文	65			
3	刘佳	90			
4	赵敏	0			
5	王珂	45			
6	孙媛	缺考			
7	吴乐	88			
8	赵兵	缺考			
9	钱勇	0			

图 3-20

3.2.2 统计活动报名人数

COUNTA函数用于计算指定单元格区域中非空单元格的个数，其语法格式为：

COUNTA(value1,value2,...)

参数说明： value1,value2,...为所要计算的值，参数个数为1 ~ 255个。在这种情况下，参数值可以是任何类型，包括空字符（""），但不包括空白单元格。如果参数是数组或单元格引用，则数组或引用中的空白单元格将被忽略。

示例：使用COUNTA函数统计活动报名人数。

选择E1单元格，输入公式“=COUNTA(B2:B10)”，如图3-21所示。按Enter键确认，统计出活动报名人数，如图3-22所示。

	A	B	C	D	E
1	姓名	备注		活动	=COUNTA(B2:B10)
2	李文	已报名			
3	刘佳	已报名			
4	赵敏				
5	王珂	已报名			
6	孙媛	已报名			
7	吴乐				
8	赵兵	已报名			
9	钱勇	已报名			
10	周雪	已报名			

图 3-21

E1 =COUNTA(B2:B10)

	A	B	C	D	E	F
1	姓名	备注		活动报名人数	7	
2	李文	已报名				
3	刘佳	已报名				
4	赵敏					
5	王珂	已报名				
6	孙媛	已报名				
7	吴乐					
8	赵兵	已报名				
9	钱勇	已报名				
10	周雪	已报名				

图 3-22

3.2.3 统计缺席活动的人数

COUNTBLANK函数用于计算空白单元格的个数，其语法格式为：

COUNTBLANK(range)

参数说明： range指要计算空单元格数目的区域。只能给COUNTBLANK函数设置一个参数，且参数必须是单元格引用。

示例：使用COUNTBLANK函数统计缺席活动的人数。

选择E1单元格，输入公式“=COUNTBLANK(B2:B10)”，如图3-23所示。按Enter键确认，统计出缺席活动人数，如图3-24所示。

	A	B	C	D	E
1	姓名	备注		缺席	=COUNTBLANK(B2:B10)
2	李文	已报名			
3	刘佳	已报名			
4	赵敏				
5	王珂	已报名			
6	孙媛	已报名			
7	吴乐				
8	赵兵	已报名			
9	钱勇	已报名			
10	周雪	已报名			

图 3-23

E1 =COUNTBLANK(B2:B10)

	A	B	C	D	E	F
1	姓名	备注		缺席活动人数	2	
2	李文	已报名				
3	刘佳	已报名				
4	赵敏					
5	王珂	已报名				
6	孙媛	已报名				
7	吴乐					
8	赵兵	已报名				
9	钱勇	已报名				
10	周雪	已报名				

图 3-24

3.2.4 统计销售额超过5万元的人数

COUNTIF函数用于求满足给定条件的数据个数，其语法格式为：

COUNTIF(range,criteria)

参数说明：

- **range：** 需要计算其中满足条件的单元格数目的单元格区域。
- **criteria：** 确定哪些单元格将被计算在内的条件，其形式可以为数字、表达式或文本。

示例：使用COUNTIF函数统计销售额超过5万元的人数。

选择E2单元格，输入公式“=COUNTIF(C2:C10,">50000")”，如图3-25所示。按Enter键确认，统计出销售额超过5万元的人数，如图3-26所示。

	A	B	C	D	E
1	销售员	商品	销售额		销售额超过5万元的人数
2	李文	洗面奶	52000		=COUNTIF(C2:C10,">50000")
3	刘佳	护发素	42000		
4	赵敏	沐浴露	36000		
5	王珂	沐浴露	58000		
6	孙媛	护发素	32000		
7	吴乐	洗面奶	25600		
8	赵兵	沐浴露	77200		
9	钱勇	洗面奶	85000		
10	周雪	护发素	15200		

图 3-25

E2 =COUNTIF(C2:C10,">50000")

	A	B	C	D	E
1	销售员	商品	销售额		销售额超过5万元的人数
2	李文	洗面奶	52000		4
3	刘佳	护发素	42000		
4	赵敏	沐浴露	36000		
5	王珂	沐浴露	58000		
6	孙媛	护发素	32000		
7	吴乐	洗面奶	25600		
8	赵兵	沐浴露	77200		
9	钱勇	洗面奶	85000		

图 3-26

知识点拨

COUNTIF函数通常和求和函数SUM、求平均值函数AVERAGE等嵌套使用，来计算统计数据个数的总和或平均值。

3.2.5 统计指定商品销售额超过5万元的人数

COUNTIFS函数用于计算多个区域中满足给定条件的单元格的个数，其语法格式为：

COUNTIFS (criteria_range1,criteria1,criteria_range2,criteria2,...)

参数说明：

- **criteria_range1：** 第一个需要计算其中满足某个条件的单元格数目的单元格区域。
- **criteria1：** 第一个区域中将被计算在内的条件，其形式可以为数字、表达式或文本。

示例：使用COUNTIFS函数统计指定商品销售额超过5万元的人数。

选择E2单元格，输入公式“=COUNTIFS(B2:B10,"洗面奶",C2:C10,">50000")”，如图3-27所示。按Enter键确认，统计出洗面奶销售额超过5万元的人数，如图3-28所示。

	A	B	C	D	E
1	销售员	商品	销售额		洗面奶销售额超过5万元的人数
2	李文	洗面奶	=COUNTIFS(B2:B10,"洗面奶",C2:C10,">50000")		
3	刘佳	护发素	42000		
4	赵敏	沐浴露	36000		
5	王珂	沐浴露	58000		
6	孙媛	护发素	32000		
7	吴乐	洗面奶	25600		
8	赵兵	沐浴露	77200		
9	钱勇	洗面奶	85000		
10	周雪	护发素	15200		
11					

图 3-27

E2 =COUNTIFS(B2:B10,"洗面奶",C2:C10,">50000")

	A	B	C	D	E	F
1	销售员	商品	销售额		洗面奶销售额超过5万元的人数	
2	李文	洗面奶	52000		2	
3	刘佳	护发素	42000			
4	赵敏	沐浴露	36000			
5	王珂	沐浴露	58000			
6	孙媛	护发素	32000			
7	吴乐	洗面奶	25600			
8	赵兵	沐浴露	77200			
9	钱勇	洗面奶	85000			
10	周雪	护发素	15200			

图 3-28

动手练 统计员工考勤数据

扫码看视频

在财务工作中需要制作考勤表来统计员工的出勤情况，用户可以使用COUNTIF函数来统计员工的出勤、旷工、病假、事假、迟到、出差等情况，如图3-29所示。

2020 年 5 月　　2020年5月份考勤表

星期	五	六	日	一	二	三	四	五	六	日	一	二	三	四	五	六	日	一	二	三	四	五	六	日	一	二	三	四	五	六	日	考勤							备注
日期 姓名	1	2	3	4	5	6	7	8	9	10	11	12	13	14	15	16	17	18	19	20	21	22	23	24	25	26	27	28	29	30	31	出勤	旷工	病假	事假	迟到	出差	其他	
张佳	√	√	√	√	×	√	√	√	√	√	√	◆	√	√	√	√	√	●	√	√	√	√	√	√	√	√	√	√	√	√	√	28	1	1	0	0	1	0	
李梅	√	√	√	√	√	×	√	√	√	√	√	√	√	√	√	√	√	√	√	√	◆	√	√	√	√	√	√	√	■	√	√	28	1	1	1	0	0	0	
王晓丽	√	√	√	√	√	√	√	√	√	√	√	√	√	√	▼	√	√	√	√	√	√	√	√	√	■	√	√	√	√	√	√	29	0	0	1	0	0	1	
张晓光	√	√	√	√	√	√	◆	√	√	√	√	√	√	√	√	√	√	√	●	√	√	√	√	√	√	√	√	√	√	√	√	29	0	1	0	0	1	0	
朱小兰	√	√	√	◆	√	√	√	√	√	√	√	√	√	√	√	√	√	√	√	√	√	√	√	√	√	√	√	■	√	√	√	29	0	1	1	0	0	0	
高红红	√	√	√	√	√	√	□	√	√	√	√	√	√	▼	√	√	√	√	√	√	√	√	√	√	√	√	√	√	×	√	√	28	1	0	0	1	0	1	
赵倩	√	√	√	√	√	√	√	√	√	√	√	◆	√	√	√	√	√	√	√	□	√	√	√	√	√	●	√	√	√	√	√	28	0	1	0	1	1	0	
孙媛	√	√	√	√	×	√	√	√	√	√	√	√	×	√	√	√	√	√	▼	√	√	√	√	√	√	√	√	√	√	√	√	28	2	0	0	0	0	1	
刘雯	√	√	√	√	√	■	√	√	√	√	√	√	√	√	√	√	√	√	√	√	□	√	√	√	√	√	√	√	×	√	√	28	1	0	1	1	0	0	
曹兴	√	√	√	□	√	√	√	√	√	√	√	√	√	●	√	√	√	√	√	◆	√	√	√	√	√	√	■	√	√	√	√	27	0	1	1	1	1	0	
赵璇	√	√	√	√	×	√	√	√	√	√	√	√	√	√	√	√	√	√	◆	√	√	▼	√	√	√	√	×	√	√	√	√	27	2	1	0	0	0	1	
朱红	√	√	√	√	√	□	√	√	√	√	√	√	●	√	√	√	√	√	√	√	√	√	√	√	√	□	√	√	√	√	√	28	0	0	0	2	1	0	
备注	出勤 √　旷工 ×　病假 ◆　事假 ■　迟到 □　出差 ●　其他 ▼																																						

图 3-29

Step 01 打开“考勤表”工作表，选择AH6单元格，输入公式“=COUNTIF(C6:AG6,"√")”，按Enter键确认，统计出勤情况，如图3-30所示。

图 3-30

Step 02 选择AI6单元格，输入公式“=COUNTIF(C6:AG6,"×")”，按Enter键确认，统计旷工情况，如图3-31所示。

图 3-31

Step 03 选择AJ6单元格，输入公式“=COUNTIF(C6:AG6,"◆")”，按Enter键确认，统计病假情况，如图3-32所示。

图 3-32

Step 04 选择AK6单元格，输入公式“=COUNTIF(C6:AG6,"■")”，按Enter键确认，统计事假情况，如图3-33所示。

图 3-33

Step 05 选择AL6单元格，输入公式“=COUNTIF(C6:AG6,"□")”，按Enter键确认，统计迟到情况，如图3-34所示。

图 3-34

Step 06 选择 AM6单元格，输入公式“=COUNTIF(C6:AG6,"●")”，按Enter键确认，统计出差情况，如图3-35所示。

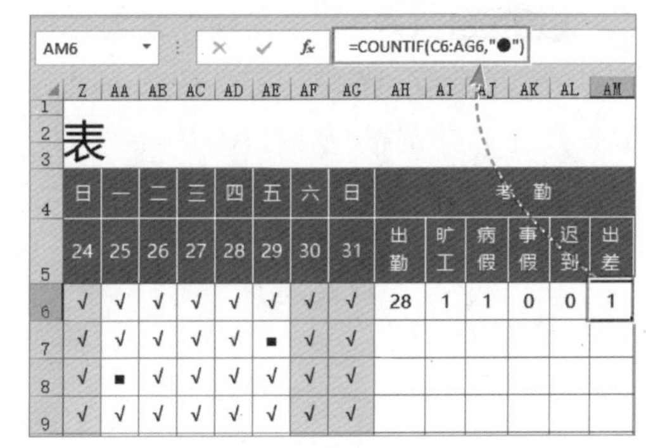

图 3-35

Step 07 选择AN6单元格，输入公式“=COUNTIF(C6:AG6,"▼")”，按Enter键确认，统计其他情况，如图3-36所示。

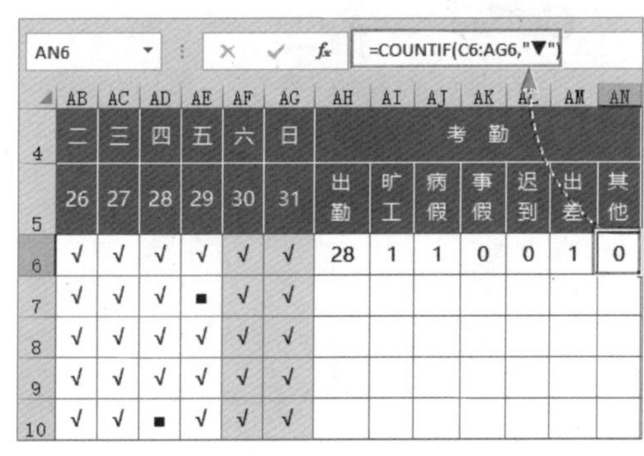

图 3-36

Step 08 选择AH6:AN6单元格区域，将光标移至单元格区域右下角，按住左键不放并向下拖动光标，填充公式即可，如图3-37所示。

图 3-37

3.3 统计最大值和最小值

用户可使用MAX函数、MAXA函数、MIN函数、MINA函数等统计最大值和最小值。

3.3.1 统计单笔消费最高金额

MAX函数用于返回一组值中的最大值，其语法格式为：

MAX(number1,number2,...)

参数说明： number1,number2,...为指定需求最大值的数值或者数值所在的单元格。如果参数为错误值或不能转换成数字的文本，将产生错误。如参数为数组或引用，则只有数组或引用中的数字将被计算。数组或引用中的空白单元格、逻辑值或文本将被忽略。

示例：使用MAX函数统计单笔消费最高金额。

选择E2单元格，输入公式“=MAX(C2:C10)”，如图3-38所示。按Enter键确认，统计单笔消费最高金额，如图3-39所示。

	A	B	C	D	E
1	日期	消费类别	消费金额		单笔消费最高金额
2	2020/7/1	食品	50		=MAX(C2:C10)
3	2020/7/1	服装	600		
4	2020/7/1	娱乐	500		
5	2020/7/2	食品	20		
6	2020/7/2	交通	70		
7	2020/7/2	娱乐	750		
8	2020/7/3	食品	60		
9	2020/7/3	交通	100		
10	2020/7/3	娱乐	120		

图 3-38

E2 =MAX(C2:C10)

	A	B	C	D	E
1	日期	消费类别	消费金额		单笔消费最高金额
2	2020/7/1	食品	50		750
3	2020/7/1	服装	600		
4	2020/7/1	娱乐	500		
5	2020/7/2	食品	20		
6	2020/7/2	交通	70		
7	2020/7/2	娱乐	750		
8	2020/7/3	食品	60		
9	2020/7/3	交通	100		
10	2020/7/3	娱乐	120		

图 3-39

知识点拨

MAX函数通常和查找函数VLOOKUP、LOOKUP等嵌套使用，来计算查找指定数值的最大值。

3.3.2 统计运动员最佳成绩

MAXA函数用于返回参数列表中的最大值，其语法格式为：

MAXA(value1,value2,...)

参数说明： value1,value2,...为指定需求最大值的数值，或者数值所在的单元格。参数可以为数字、空白单元格、逻辑值或数字的文本表达式。如果参数为数组或引用，则只使用数组或引用中的数值。忽略数组或引用中的空白单元格和文本值。包含 TRUE 的参数作为1计算；包含文本或FALSE的参数作为0计算。

示例：使用MAXA函数统计运动员最佳成绩。

选择B10单元格，输入公式“=MAXA(B2:B9)”，如图3-40所示。按Enter键确认，统计出运动员最佳成绩并将公式向右填充，如图3-41所示。

	A	B	C	D	E	F
1	姓名	铅球	跳远	跳高	铁饼	标枪
2	刘佳	50	30	40	60	41
3	王学	缺席	25	70		66
4	赵璇	63	45	78	82	39
5	刘雯	55		41	25	87
6	孙杨	77	54	63	41	40
7	徐艳	90	75	23	缺席	45
8	王晶	64	47	32	20	69
9	李可	88	56	93	45	64
10	=MAXA(B2:B9)					
11						

图 3-40

B10 =MAXA(B2:B9)

	A	B	C	D	E	F
1	姓名	铅球	跳远	跳高	铁饼	标枪
2	刘佳	50	30	40	60	41
3	王学	缺席	25	70		66
4	赵璇	63	45	78	82	39
5	刘雯	55		41	25	87
6	孙杨	77	54	63	41	40
7	徐艳	90	75	23	缺席	45
8	王晶	64	47	32	20	69
9	李可	88	56	93	45	64
10	最佳成绩	90	75	93	82	87

图 3-41

知识点拨

MAXA函数和MAX函数的不同之处在于，文本值和逻辑值也作为数字计算。如果求最大值的数据数值最大值超过1时，函数MAXA和函数MAX返回相同的结果。但是，求最大值的数据数值如果全部小于或等于1，而参数中包含逻辑值TRUE时，函数MAXA和函数MAX将返回不同的结果。

3.3.3 统计最低的商品销量

MIN函数用于返回一组值中的最小值，其语法格式为：

MIN(number1,number2, ...)

参数说明：number1,number2,...是要从中找出最小值的1 ~ 255个数字参数。参数可以是数字、空白单元格、逻辑值或表示数值的文字串。如果参数中有错误值或无法转换成数值的文字时，将引起错误。如果参数是数组或引用，则函数MIN仅使用其中的数字、数组或引用中的空白单元格，而逻辑值、文字或错误值将忽略。

示例：使用MIN函数统计最低的商品销量。

选择E2单元格，输入公式“=MIN(C2:C10)”，如图3-42所示。按Enter键确认，统计出最低商品销量，如图3-43所示。

	A	B	C	D	E
1	销售员	商品名称	销量		最低商品销量
2	李文	电脑	20		=MIN(C2:C10)
3	刘佳	打印机	15		
4	赵敏	扫描仪	5		
5	王珂	洗衣机	60		
6	孙媛	微波炉	45		
7	吴乐	空调	78		
8	赵兵	饮水机	20		
9	钱勇	投影仪	33		
10	周雪	传真机	24		

图 3-42

E2 =MIN(C2:C10)

	A	B	C	D	E	F
1	销售员	商品名称	销量		最低商品销量	
2	李文	电脑	20		5	
3	刘佳	打印机	15			
4	赵敏	扫描仪	5			
5	王珂	洗衣机	60			
6	孙媛	微波炉	45			
7	吴乐	空调	78			
8	赵兵	饮水机	20			
9	钱勇	投影仪	33			
10	周雪	传真机	24			

图 3-43

3.3.4 统计运动员最差成绩

MINA函数用于返回参数列表中的最小值，其语法格式为：

MINA(value1,value2,...)

参数说明：value1,value2,...表示要从中找出最小值的1～255个参数。如果该函数中的参数不包含任何数值，则该函数将会返回0。如果该函数中的参数为直接输入参数值，则该函数将会计算数字，日期、文本格式数字或逻辑值，如果包含文本，该函数将会返回＃VALUE!错误值。如果参数为单元格引用，则该函数仅会计算数字、日期、逻辑值，忽略其他类型的值。

示例：使用MINA函数统计运动员最差成绩。

选择B10单元格，输入公式“=MINA(B2:B9)”，如图3-44所示。按Enter键确认，统计出运动员最差成绩并将公式向右填充，如图3-45所示。

	A	B	C	D	E	F
1	姓名	铅球	跳远	跳高	铁饼	标枪
2	刘佳	50	30	40	60	41
3	王学	缺席	25	70		66
4	赵璇	63	45	78	82	39
5	刘雯	55		41	25	87
6	孙杨	77	54	63	41	40
7	徐艳	90	75	23	缺席	45
8	王晶	64	47	32	20	69
9	李可	88	56	93	45	64
10		=MINA(B2:B9)				
11						

图 3-44

B10　=MINA(B2:B9)

	A	B	C	D	E	F
1	姓名	铅球	跳远	跳高	铁饼	标枪
2	刘佳	50	30	40	60	41
3	王学	缺席	25	70		66
4	赵璇	63	45	78	82	39
5	刘雯	55		41	25	87
6	孙杨	77	54	63	41	40
7	徐艳	90	75	23	缺席	45
8	王晶	64	47	32	20	69
9	李可	88	56	93	45	64
10	最差成绩	0	25	23	0	39

图 3-45

知识点拨

MINA函数和MIN函数的不同之处在于，文本值和逻辑值（如TRUE和FALSE）也作为数字计算。如果参数不包含文本，MINA函数和MIN函数返回值相同。但是，如果数据数值内的最小数值比0大且包含文本值时，MINA函数和MIN函数的返回值不同。

动手练 统计景点不同时段最高和最低人流量

旅游景区为了控制人流量，需要对各个时间段的人流量进行统计，用户可以使用MAX和MIN函数，统计景点不同时段最高和最低人流量，如图3-46所示。

	B	C	D	E	F	G
1	时间	人数		最高人流量	10962	
2	8:00-9:00	2546		最低人流量	896	
3	9:00-10:00	3589				
4	10:00-11:00	4110				
5	11:00-12:00	896				
6	12:00-13:00	2541				
7	13:00-14:00	10962				
8	14:00-15:00	6541				
9	15:00-16:00	3356				
10	16:00-17:00	2001				

图 3-46

Step 01 选择F1单元格，输入公式“=MAX(C2:C10)”，按Enter键确认，统计出最高人流量，如图3-47所示。

F1 =MAX(C2:C10)

	B	C	D	E	F
1	时间	人数		最高人流量	10962
2	8:00-9:00	2546		最低人流量	
3	9:00-10:00	3589			
4	10:00-11:00	4110			
5	11:00-12:00	896			
6	12:00-13:00	2541			
7	13:00-14:00	10962			
8	14:00-15:00	6541			
9	15:00-16:00	3356			
10	16:00-17:00	2001			
11					

图 3-47

Step 02 选择F2单元格，输入公式“=MIN(C2:C10)”，按Enter键确认，统计出最低人流量，如图3-48所示。

F2 =MIN(C2:C10)

	B	C	D	E	F
1	时间	人数		最高人流量	10962
2	8:00-9:00	2546		最低人流量	896
3	9:00-10:00	3589			
4	10:00-11:00	4110			
5	11:00-12:00	896			
6	12:00-13:00	2541			
7	13:00-14:00	10962			
8	14:00-15:00	6541			
9	15:00-16:00	3356			
10	16:00-17:00	2001			

图 3-48

3.4 对数据进行排位统计

通过RANK函数、LARGE函数、SMALL函数、MEDIAN函数等，用户可以对数据进行排位统计。

3.4.1 对员工销售业绩进行排位

RANK函数用于返回一个数值在一组数值中的排位，其语法格式为：

RANK(number,ref,[order])

参数说明：

- **number：** 指定需找到排位的数值，或数值所在的单元格。
- **ref：** 指定包含数值的单元格区域或区域名称，ref区域内的空白单元格或文本、逻辑值将被忽略。
- **order：** 指明排位方式，升序时指定为1，降序时指定为0，如果省略，则用降序排位。

示例：使用RANK函数对员工销售业绩进行排位。

选择G2单元格，输入公式“=RANK(F2,$F$2:$F$10,0)”，如图3-49所示。按Enter键确认，计算出排名并将公式向下填充，如图3-50所示。

	A	B	C	D	E	F	G
1	编号	姓名	1月	2月	3月	总销售额	排名
2	DS001	李佳佳	7,350	9,100	9,500	=RANK(F2,$F$2:$F$10,0)	
3	DS002	杜月兰	7,550	8,250	8,200	24,000	
4	DS003	李成斌	9,500	9,800	5,210	24,510	
5	DS004	张利军	8,260	2,560	2,100	12,920	
6	DS005	张成汉	8,560	5,210	8,210	21,980	
7	DS006	卢红	9,450	8,420	9,900	27,770	
8	DS007	赵佳	6,809	7,854	1,120	15,783	
9	DS008	刘悦	8,854	4,520	3,369	16,743	
10	DS009	张萌	7,423	1,054	7,412	15,889	
11							

图 3-49

G2 =RANK(F2,$F$2:$F$10,0)

	A	B	C	D	E	F	G
1	编号	姓名	1月	2月	3月	总销售额	排名
2	DS001	李佳佳	7,350	9,100	9,500	25,950	2
3	DS002	杜月兰	7,550	8,250	8,200	24,000	4
4	DS003	李成斌	9,500	9,800	5,210	24,510	3
5	DS004	张利军	8,260	2,560	2,100	12,920	9
6	DS005	张成汉	8,560	5,210	8,210	21,980	5
7	DS006	卢红	9,450	8,420	9,900	27,770	1
8	DS007	赵佳	6,809	7,854	1,120	15,783	8
9	DS008	刘悦	8,854	4,520	3,369	16,743	6
10	DS009	张萌	7,423	1,054	7,412	15,889	7

图 3-50

注意事项 在对相同数进行排位时，其排位相同，但会影响后续数值的排位。

3.4.2 提取业绩最佳的3位员工的销售额

LARGE函数用于返回数据集里第k个最大值，其语法格式为：

LARGE(array,k)

参数说明：

- **array：** 需要找到第k个最大值的数组或数字型数据区域。
- **k：** 返回的数据在数组或数据区域里的位置（从大到小）。

示例：使用LARGE函数提取业绩最佳的3位员工的销售额。

选择I1单元格，输入公式“=LARGE(F2:F10,1)”，按Enter键确认，计算出排名第1的销售额，如图3-51所示。

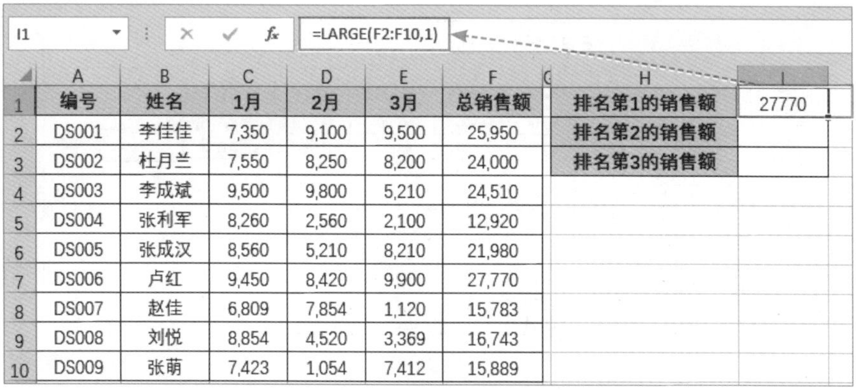

I1 =LARGE(F2:F10,1)

	A	B	C	D	E	F	G	H	I
1	编号	姓名	1月	2月	3月	总销售额		排名第1的销售额	27770
2	DS001	李佳佳	7,350	9,100	9,500	25,950		排名第2的销售额	
3	DS002	杜月兰	7,550	8,250	8,200	24,000		排名第3的销售额	
4	DS003	李成斌	9,500	9,800	5,210	24,510			
5	DS004	张利军	8,260	2,560	2,100	12,920			
6	DS005	张成汉	8,560	5,210	8,210	21,980			
7	DS006	卢红	9,450	8,420	9,900	27,770			
8	DS007	赵佳	6,809	7,854	1,120	15,783			
9	DS008	刘悦	8,854	4,520	3,369	16,743			
10	DS009	张萌	7,423	1,054	7,412	15,889			

图 3-51

选择I2单元格，输入公式“=LARGE(F2:F10,2)”，按Enter键确认，计算出排名第2的销售额，选择I3单元格，输入公式“=LARGE(F2:F10,3)”，按Enter键确认，计算出排名第3的销售额，如图3-52所示。

I3 =LARGE(F2:F10,3)

	A	B	C	D	E	F	G	H	I	J
1	编号	姓名	1月	2月	3月	总销售额		排名第1的销售额	27770	
2	DS001	李佳佳	7,350	9,100	9,500	25,950		排名第2的销售额	25950	
3	DS002	杜月兰	7,550	8,250	8,200	24,000		排名第3的销售额	24510	
4	DS003	李成斌	9,500	9,800	5,210	24,510				
5	DS004	张利军	8,260	2,560	2,100	12,920				
6	DS005	张成汉	8,560	5,210	8,210	21,980				
7	DS006	卢红	9,450	8,420	9,900	27,770				
8	DS007	赵佳	6,809	7,854	1,120	15,783				
9	DS008	刘悦	8,854	4,520	3,369	16,743				
10	DS009	张萌	7,423	1,054	7,412	15,889				

图 3-52

3.4.3 提取业绩最差的3位员工的销售额

SMALL函数用于返回数据集里的第k个最小值，其语法格式为：

SMALL(array,k)

参数说明：

- **array：** 需要找到第k个最小值的数组或数字型数据区域。
- **k：** 返回的数据在数组或数据区域里的位置（从小到大）。

示例：使用SMALL函数提取业绩最差的3位员工的销售额。

选择I1单元格，输入公式“=SMALL(F2:F10,1)”，按Enter键确认，计算出倒数第1名的销售额，选择I2单元格，输入公式“=SMALL(F2:F10,2)”，按Enter键确认，计算出倒数第2名的销售额，选择I3单元格，输入公式“=SMALL(F2:F10,3)”，按Enter键确认，计算出倒数第3名的销售额，如图3-53所示。

I3 =SMALL(F2:F10,3)

	A	B	C	D	E	F	G	H	I	J
1	编号	姓名	1月	2月	3月	总销售额		倒数第1名的销售额	12920	
2	DS001	李佳佳	7,350	9,100	9,500	25,950		倒数第2名的销售额	15783	
3	DS002	杜月兰	7,550	8,250	8,200	24,000		倒数第3名的销售额	15889	
4	DS003	李成斌	9,500	9,800	5,210	24,510				
5	DS004	张利军	8,260	2,560	2,100	12,920				
6	DS005	张成汉	8,560	5,210	8,210	21,980				
7	DS006	卢红	9,450	8,420	9,900	27,770				
8	DS007	赵佳	6,809	7,854	1,120	15,783				
9	DS008	刘悦	8,854	4,520	3,369	16,743				
10	DS009	张萌	7,423	1,054	7,412	15,889				

图 3-53

3.4.4 计算短跑中间成绩

MEDIAN函数用于求数值集合的中值，其语法格式为：

MEDIAN(number1,number2,...)

参数说明： number1,number2,...是要计算中值的1～255个数字。参数可以是数字或者是包含数字的名称、数组或引用。逻辑值和直接键入到参数列表中代表数字的文本被计算在内。如果数组或引用参数包含文本、逻辑值或空白单元格，则这些值将被忽略。但包含0值的单元格将计算在内。如果参数为错误值或为不能转换为数字的文本，将会导致错误。

知识点拨

如果参数集合中包含偶数数字，函数MEDIAN将返回位于中间的两个数的平均值。

示例：使用MEDIAN函数计算短跑中间成绩。

选择D2单元格，输入公式“=MEDIAN(B2:B9)”，如图3-54所示。按Enter键确认，计算出中间成绩，如图3-55所示。

	A	B	C	D
1	试跑次数	成绩（秒）		中间成绩
2	第1次	11.6		=MEDIAN(B2:B9)
3	第2次	11.9		
4	第3次	9.9		
5	第4次	11.3		
6	第5次	10.8		
7	第6次	9.6		
8	第7次	10.3		
9	第8次	11.5		

图 3-54

D2 =MEDIAN(B2:B9)

	A	B	C	D	E
1	试跑次数	成绩（秒）		中间成绩	
2	第1次	11.6		11.05	
3	第2次	11.9			
4	第3次	9.9			
5	第4次	11.3			
6	第5次	10.8			
7	第6次	9.6			
8	第7次	10.3			
9	第8次	11.5			

图 3-55

动手练 对面试应聘成绩进行排名

求职过程中，有时应聘者需要进行笔试和面试，在对同一个岗位竞争时，招聘者要对笔试成绩或面试成绩进行排名，录取成绩优秀的一个，这里使用RANK函数对面试应聘成绩进行排名，如图3-56所示。

面试应聘成绩排名表

姓名	面试岗位	联系电话	面试考评项目（满分100分）						总分	排名
			个人面貌	专业程度	学历	应变能力	创新能力	沟通合作		
张佳	财务总监	187****4061	80	90	60	80	70	80	460	3
李梅	财务总监	185****2378	50	60	91	50	72	50	373	10
刘元	财务总监	187****1236	60	78	63	52	77	65	395	9
赵璇	财务总监	187****2256	66	84	72	66	69	85	442	5
孙杨	财务总监	187****3698	63	88	80	92	78	65	466	2
李晓	财务总监	187****4120	80	78	95	88	82	80	503	1
刘雯	财务总监	187****7785	63	81	84	71	52	66	417	8
周丽	财务总监	187****4136	60	75	64	56	77	98	430	6
吴乐	财务总监	187****7845	56	75	66	78	74	69	418	7
王晓	财务总监	187****1023	66	85	74	63	90	80	458	4

图 3-56

Step 01 选择L4单元格，输入公式“=RANK(K4,$K$4:$K$13,0)”，如图3-57所示。按Enter键确认，即可对总分按照降序进行排序，然后将公式向下填充即可，如图3-58所示。

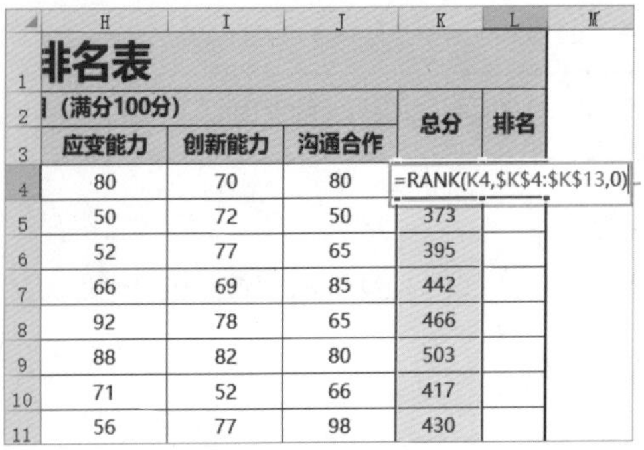

	H	I	J	K	L
1	排名表				
2	(满分100分)			总分	排名
3	应变能力	创新能力	沟通合作		
4	80	70	80	=RANK(K4,$K$4:$K$13,0)	
5	50	72	50	373	
6	52	77	65	395	
7	66	69	85	442	
8	92	78	65	466	
9	88	82	80	503	
10	71	52	66	417	
11	56	77	98	430	

图 3-57

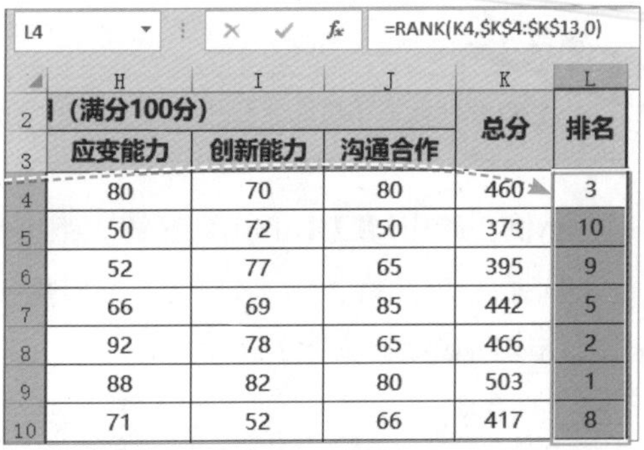

L4 =RANK(K4,$K$4:$K$13,0)

	H	I	J	K	L
2	(满分100分)			总分	排名
3	应变能力	创新能力	沟通合作		
4	80	70	80	460	3
5	50	72	50	373	10
6	52	77	65	395	9
7	66	69	85	442	5
8	92	78	65	466	2
9	88	82	80	503	1
10	71	52	66	417	8

图 3-58

Step 02 此外，在L4单元格中输入公式“=RANK(K4,K:K)”，按Enter键确认，也可以计算出总分的排名，如图3-59所示。

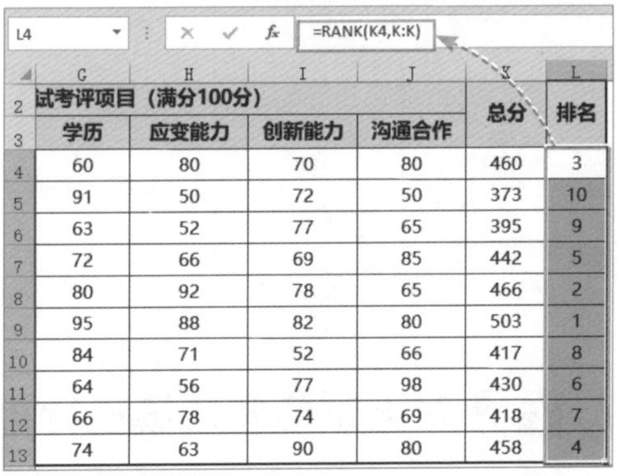

L4 =RANK(K4,K:K)

	G	H	I	J	K	L
2	试考评项目（满分100分）				总分	排名
3	学历	应变能力	创新能力	沟通合作		
4	60	80	70	80	460	3
5	91	50	72	50	373	10
6	63	52	77	65	395	9
7	72	66	69	85	442	5
8	80	92	78	65	466	2
9	95	88	82	80	503	1
10	84	71	52	66	417	8
11	64	56	77	98	430	6
12	66	78	74	69	418	7
13	74	63	90	80	458	4

图 3-59

注意事项 公式“=RANK(K4,$K$4:$K$13,0)”第二个参数必须是区域引用，且应该是绝对引用。

3.5 计算概率分布

用户使用BINOM.DIST函数、BINOM.INV函数、NEGBINOM.DIST函数、F.DIST.RT函数、KURT函数、PROB函数等，可以计算概率分布。

3.5.1 计算试验成功的概率

BINOM.DIST函数用于返回一元二项式分布的概率，其语法格式为：

BINOM.DIST(number_s,trials,probability_s,cumulative)

参数说明：

- **number_s：**必需参数，试验的成功次数。
- **trials：**必需参数，独立试验次数。
- **probability_s：**必需参数，每次试验成功的概率。

- **cumulative：** 必需参数，决定函数形式的逻辑值。如果cumulative为TRUE，则BINOM.DIST返回累积分布函数，即最多存在number_s次成功的概率；如果为FALSE，则返回概率密度函数，即存在number_s次成功的概率。

示例：使用BINOM.DIST函数计算试验成功的概率。

选择C2单元格，输入公式“=BINOM.DIST(A4,A2,A6,FALSE)”，如图3-60所示。按Enter键确认，即可计算出100次中50次成功的概率，如图3-61所示。

	A	B	C
1	总试验次数		100次中50次成功的概率
2	100		=BINOM.DIST(A4,A2,A6,FALSE)
3	成功次数		100次中最多50次成功的概率
4	50		
5	单次成功率		
6	0.5		
7			

图 3-60

C2 =BINOM.DIST(A4,A2,A6,FALSE)

	A	B	C	D
1	总试验次数		100次中50次成功的概率	
2	100		0.079589237	
3	成功次数		100次中最多50次成功的概率	
4	50			
5	单次成功率			
6	0.5			
7				

图 3-61

选择C4单元格，输入公式“=BINOM.DIST(A4,A2,A6,TRUE)”，如图3-62所示。按Enter键确认，即可计算出100次中最多50次成功的概率，如图3-63所示。

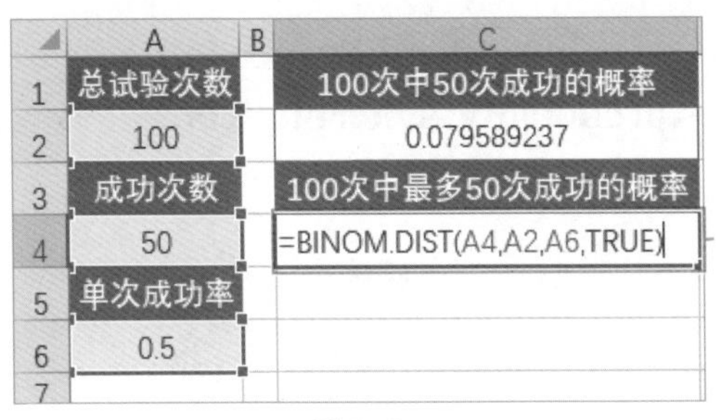

	A	B	C
1	总试验次数		100次中50次成功的概率
2	100		0.079589237
3	成功次数		100次中最多50次成功的概率
4	50		=BINOM.DIST(A4,A2,A6,TRUE)
5	单次成功率		
6	0.5		
7			

图 3-62

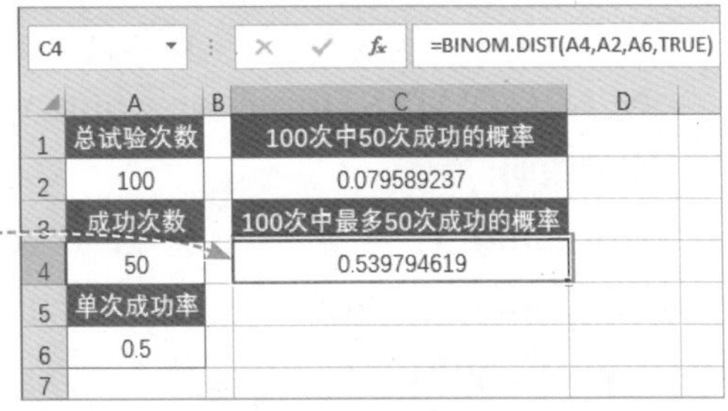

C4 =BINOM.DIST(A4,A2,A6,TRUE)

	A	B	C	D
1	总试验次数		100次中50次成功的概率	
2	100		0.079589237	
3	成功次数		100次中最多50次成功的概率	
4	50		0.539794619	
5	单次成功率			
6	0.5			
7				

图 3-63

3.5.2 计算各概率下应包含合格产品个数

BINOM.INV函数用于返回一个数值，使得累积二项式分布的函数值大于或等于临界值的最小整数，其语法格式为：

BINOM.INV(trials,probability_s,alpha)

参数说明：

- **trials：** 必需参数，贝努利试验次数。
- **probability_s：** 必需参数，一次试验中成功的概率。
- **alpha：** 必需参数，临界值。

示例：使用BINOM.INV函数计算各概率下应包含合格产品个数。

选择E2单元格，输入公式“=BINOM.INV($A$2,$B$2,D2)”，如图3-64所示。按Enter

键确认，即可计算出0.75概率下应包含合格产品个数，然后将公式向下填充，如图3-65所示。

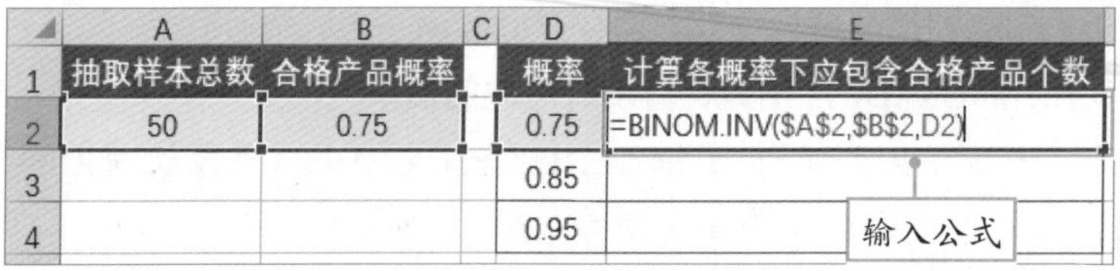

	A	B	C	D	E
1	抽取样本总数	合格产品概率		概率	计算各概率下应包含合格产品个数
2	50	0.75		0.75	=BINOM.INV($A$2,$B$2,D2)
3				0.85	
4				0.95	

输入公式

图 3-64

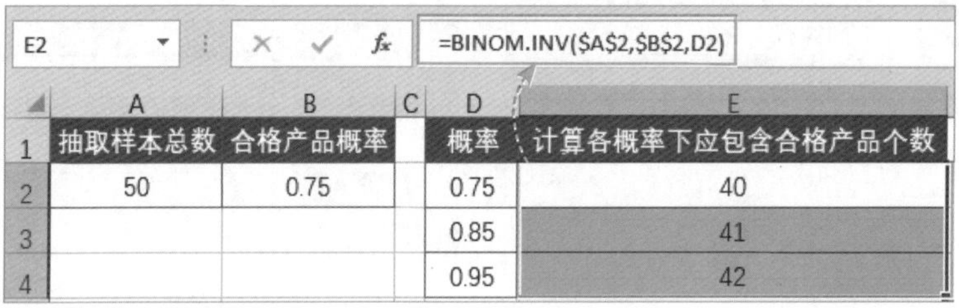

E2　=BINOM.INV($A$2,$B$2,D2)

	A	B	C	D	E
1	抽取样本总数	合格产品概率		概率	计算各概率下应包含合格产品个数
2	50	0.75		0.75	40
3				0.85	41
4				0.95	42

图 3-65

3.5.3　计算累积负二项式分布值

NEGBINOM.DIST函数用于返回负二项式分布函数值，其语法格式为：

NEGBINOM.DIST(number_f,number_s,probability_s,cumulative)

参数说明：

- **number_f：** 必需参数，失败的次数。
- **number_s：** 必需参数，成功次数的阈值。
- **probability_s：** 必需参数，成功的概率。
- **cumulative：** 必需参数，决定函数形式的逻辑值。如果cumulative为TRUE，则NEGBINOM.DIST返回累积分布函数；如果为FALSE，则返回概率密度函数。

示例：使用NEGBINOM.DIST函数计算累积负二项式分布值。

选择B5单元格，输入公式“=NEGBINOM.DIST(B1,B2,B3,TRUE)”，如图3-66所示。按Enter键确认，即可计算出累积负二项式分布值，如图3-67所示。

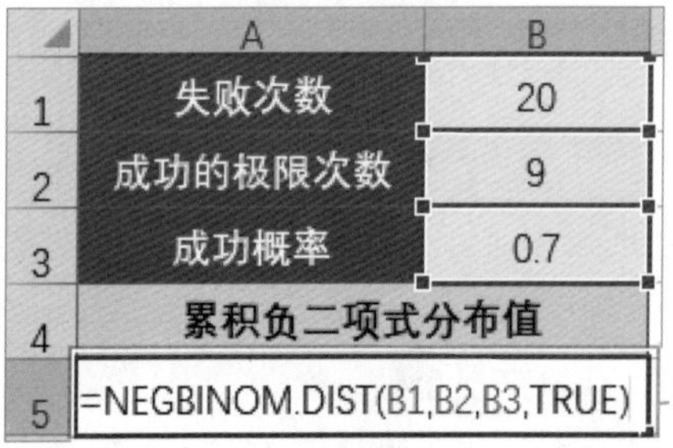

	A	B
1	失败次数	20
2	成功的极限次数	9
3	成功概率	0.7
4	累积负二项式分布值	
5	=NEGBINOM.DIST(B1,B2,B3,TRUE)	

图 3-66

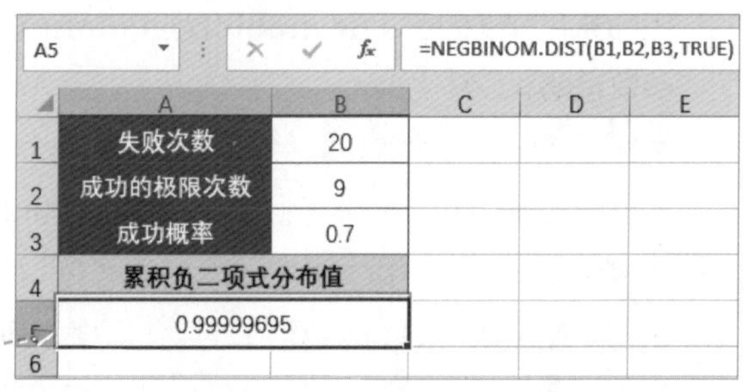

A5　=NEGBINOM.DIST(B1,B2,B3,TRUE)

	A	B	C	D	E
1	失败次数	20			
2	成功的极限次数	9			
3	成功概率	0.7			
4	累积负二项式分布值				
5	0.99999695				
6					

图 3-67

3.5.4 计算F概率分布

F.DIST.RT函数用于返回两组数据的（右尾）F概率分布，其语法格式为：

F.DIST.RT(x,deg_freedom1,deg_freedom2)

参数说明：

- **x：** 必需参数，用来计算函数的值。
- **deg_freedom1：** 必需参数，分子的自由度。
- **deg_freedom2：** 必需参数，分母的自由度。

示例：使用F.DIST.RT函数计算F概率分布。

选择B5单元格，输入公式“=F.DIST.RT(B1,B2,B3)”，如图3-68所示。按Enter键确认，即可计算出F概率分布，如图3-69所示。

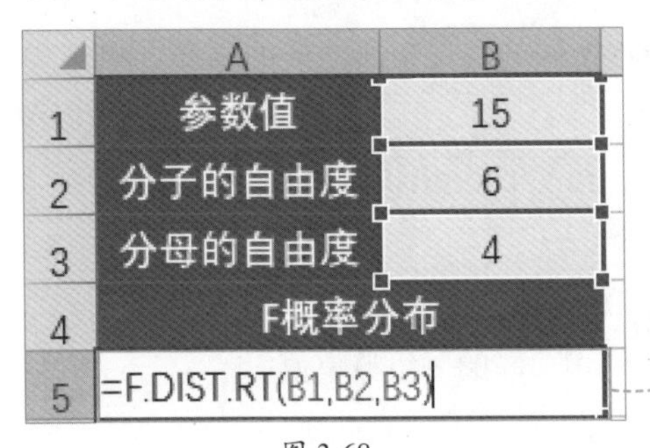

图 3-68

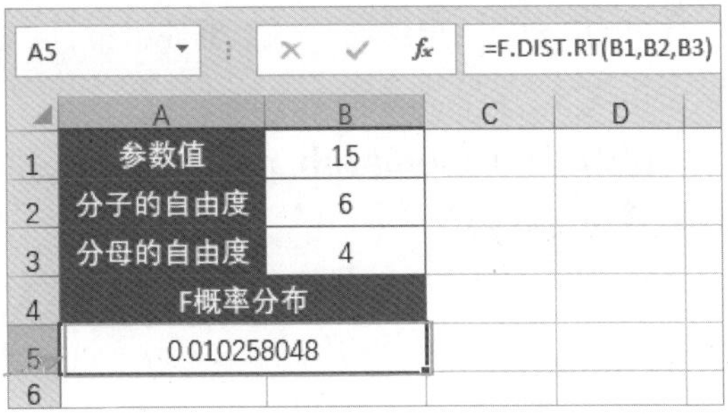

A5 =F.DIST.RT(B1,B2,B3)

	A	B	C	D
1	参数值	15		
2	分子的自由度	6		
3	分母的自由度	4		
4	F概率分布			
5	0.010258048			
6				

图 3-69

3.5.5 计算商品在一段时期内价格的峰值

KURT函数用于返回一组数据的峰值，其语法格式为：

KURT(number1,[number2],...)

参数说明： number1是必需参数，后续数字是可选的。用于计算峰值的1～255个参数。可以是数值、名称、数组或者是数值的引用。

> **知识点拨**
>
> 峰值反映与正态分布相比某一分布的相对尖锐度或平坦度。正峰值表示相对尖锐的分布，负峰值表示相对平坦的分布。

示例：使用KURT函数计算商品在一段时期内价格的峰值。

选择E2单元格，输入公式“=KURT(C2:C10)”，如图3-70所示。按Enter键确认，即可计算出价格的峰值，如图3-71所示。

	A	B	C	D	E
1	日期	商品	价格		峰值
2	2020/8/1	A商品	5.9		=KURT(C2:C10)
3	2020/8/14	A商品	6.7		
4	2020/9/1	A商品	8.6		
5	2020/9/18	A商品	10.23		
6	2020/9/28	A商品	11.55		
7	2020/10/15	A商品	15.28		
8	2020/10/26	A商品	18.33		
9	2020/11/7	A商品	21.58		
10	2020/11/19	A商品	23.12		

图 3-70

	A	B	C	D	E
1	日期	商品	价格		峰值
2	2020/8/1	A商品	5.9		-1.4226706
3	2020/8/14	A商品	6.7		
4	2020/9/1	A商品	8.6		
5	2020/9/18	A商品	10.23		
6	2020/9/28	A商品	11.55		
7	2020/10/15	A商品	15.28		
8	2020/10/26	A商品	18.33		
9	2020/11/7	A商品	21.58		
10	2020/11/19	A商品	23.12		

图 3-71

3.5.6 计算数值在指定区间内的概率

PROB函数用于返回一概率事件组中符合指定条件的事件集所对应的概率之和，其语法格式为：

PROB(x_range,prob_range,lower_limit,[upper_limit])

参数说明：

- **x_range：** 必需参数，具有各自相应概率值的x数值区域。
- **prob_range：** 必需参数，与x_range中的值相关联的一组概率值。
- **lower_limit：** 必需参数，要计算其概率的数值下界。
- **upper_limit：** 可选参数，要计算其概率的可选数值上界。

示例：使用PROB函数计算数值在指定区间内的概率。

选择D2单元格，输入公式"=PROB(A2:A6,B2:B6,5)"，如图3-72所示。按Enter键确认，即可计算出数值为5的概率，如图3-73所示。

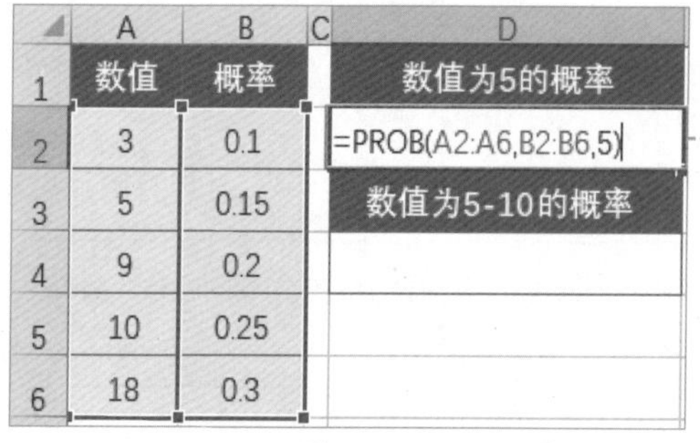

	A	B	C	D
1	数值	概率		数值为5的概率
2	3	0.1		=PROB(A2:A6,B2:B6,5)
3	5	0.15		数值为5-10的概率
4	9	0.2		
5	10	0.25		
6	18	0.3		

图 3-72

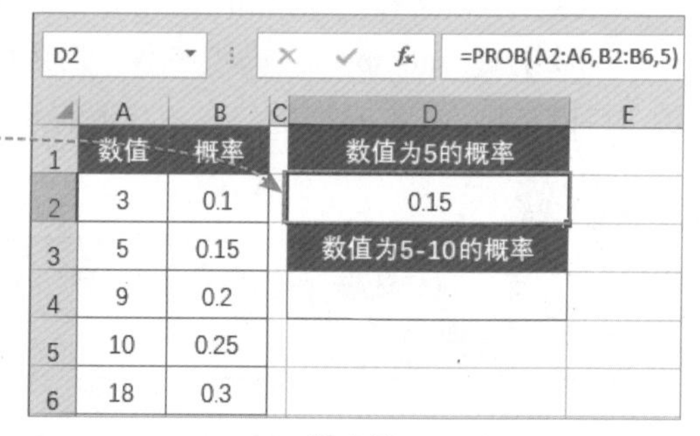

D2 =PROB(A2:A6,B2:B6,5)

	A	B	C	D	E
1	数值	概率		数值为5的概率	
2	3	0.1		0.15	
3	5	0.15		数值为5-10的概率	
4	9	0.2			
5	10	0.25			
6	18	0.3			

图 3-73

选择D4单元格，输入公式"=PROB(A2:A6,B2:B6,5,10)"，如图3-74所示。按Enter键确认，即可计算出数值为5～10的概率，如图3-75所示。

	A	B	C	D
1	数值	概率		数值为5的概率
2	3	0.1		0.15
3	5	0.15		数值为5-10的概率
4	9	0.2		=PROB(A2:A6,B2:B6,5,10)
5	10	0.25		
6	18	0.3		

图 3-74

D4 =PROB(A2:A6,B2:B6,5,10)

	A	B	C	D	E
1	数值	概率		数值为5的概率	
2	3	0.1		0.15	
3	5	0.15		数值为5-10的概率	
4	9	0.2		0.6	
5	10	0.25			
6	18	0.3			

图 3-75

动手练 计算各地区平均气温的峰值

表格中记录了1 ~ 12月份的平均气温，现在需要计算两个地区平均气温的峰值。此时，用户可以使用KURT函数计算，如图3-76所示。

	A	B	C	D	E
1	月份	地区1平均气温	地区2平均气温		地区1平均气温的峰值
2	1月	-12	18		0.511963613
3	2月	-1	19		地区2平均气温的峰值
4	3月	2	22		-1.228429281
5	4月	10	25		
6	5月	15	26		
7	6月	16	29		
8	7月	20	31		
9	8月	23	35		
10	9月	30	36		
11	10月	21	30		
12	11月	18	21		
13	12月	11	20		

图 3-76

Step 01 选择E2单元格，输入公式“=KURT(B2:B13)”，如图3-77所示。按Enter键确认，即可计算出地区1平均气温的峰值。

Step 02 选择E4单元格，输入公式“=KURT(C2:C13)”，如图3-78所示。按Enter键确认，即可计算出地区2平均气温的峰值。

	A	B	C	D	E
1	月份	地区1平均气温	地区2平均气温		地区1平均气温的峰值
2	1月	-12	18		=KURT(B2:B13)
3	2月	-1	19		地区2平均气温的峰值
4	3月	2	22		
5	4月	10	25		
6	5月	15	26		
7	6月	16	29		
8	7月	20	31		
9	8月	23	35		
10	9月	30	36		
11	10月	21	30		
12	11月	18	21		
13	12月	11	20		

输入公式

图 3-77

	A	B	C	D	E
1	月份	地区1平均气温	地区2平均气温		地区1平均气温的峰值
2	1月	-12	18		0.511963613
3	2月	-1	19		地区2平均气温的峰值
4	3月	2	22		=KURT(C2:C13)
5	4月	10	25		
6	5月	15	26		
7	6月	16	29		
8	7月	20	31		
9	8月	23	35		
10	9月	30	36		
11	10月	21	30		
12	11月	18	21		
13	12月	11	20		

输入公式

图 3-78

3.6 使用函数进行数据预测

用户通过FORECAST.ETS函数、GROWTH函数、TREND函数、LINEST函数等，可以对数据进行预测。

3.6.1 根据以往数据预测双十一成交额

FORECAST.ETS函数用指数平滑方法返回特定未来目标日期的预测值，其语法格式为：

FORECAST.ETS(target_date,values,timeline,[seasonality],[data_completion],[aggregation])

参数说明：

- **target_date：** 必需参数，一个需要预测与之对应的值的目标日期（或时间）。
- **values：** 必需参数，一组根据其预测未来值的历史值。
- **timeline：** 必需参数，与历史值相对应的一组日期（或时间）系列。历史日期（或时间）系列的长度必须与历史值一致；系列中，每一个历史日期（或时间）之间的间隔必须相同；系列中，历史日期（或时间）顺序可以是随机的。
- **seasonality：** 可选参数，指示数据的季节性质的一个参数。
- **data_completion：** 可选参数，指示日期（或时间）系列中遗漏数据的补充方式的参数。
- **aggregation：** 可选参数，指示具有相同日期（或时间）的数据的计算方式。

示例：使用FORECAST.ETS函数根据以往数据预测双十一成交额。

选择B12单元格，输入公式“=FORECAST.ETS(A12,$B$2:$B$11,$A$2:$A$11)”，如图3-79所示。按Enter键确认，即可根据以往数据预测双十一成交额，如图3-80所示。

	A	B
1	日期	成交额
2	2020/11/1	152896
3	2020/11/2	854786
4	2020/11/3	325896
5	2020/11/4	745269
6	2020/11/5	201478
7	2020/11/6	963258
8	2020/11/7	1584963
9	2020/11/8	8542123
10	2020/11/9	6987453
11	2020/11/10	9874521
12	**2020/11/11**	=FORECAST.ETS(A12,$B$2:$B$11,$A$2:$A$11)
13		

图 3-79

	A	B
1	日期	成交额
2	2020/11/1	152896
3	2020/11/2	854786
4	2020/11/3	325896
5	2020/11/4	745269
6	2020/11/5	201478
7	2020/11/6	963258
8	2020/11/7	1584963
9	2020/11/8	8542123
10	2020/11/9	6987453
11	2020/11/10	9874521
12	**2020/11/11**	10549727.51

图 3-80

知识点拨

上述语法格式还可以简写为FORECAST.ETS(目标值日期,历史值,历史日期,[季节性],[遗漏数据补充方式],[相同数据计算方式])。

3.6.2　预测未来利润

GROWTH函数用于返回指数回归拟合曲线的一组纵坐标值（y值），其语法格式为：

GROWTH(known_y's,[known_x's],[new_x's],[const])

参数说明：

- **known_y's：**必需参数，关系表达式y=b*m^x中已知的y值集合。
- **known_x's：**可选参数，关系表达式y=b*m^x中已知的x值集合，为可选参数。
- **new_x's：**可选参数，需要GROWTH返回对应y值的新x值。
- **const：**可选参数，一个逻辑值，用于指定是否将常量b强制设为1。

示例：使用GROWTH函数预测未来利润。

选择C8单元格，输入公式“=GROWTH(C2:C6,B2:B6,B8)”，如图3-81所示。按Enter键确认，即可预测出2021年的利润，如图3-82所示。

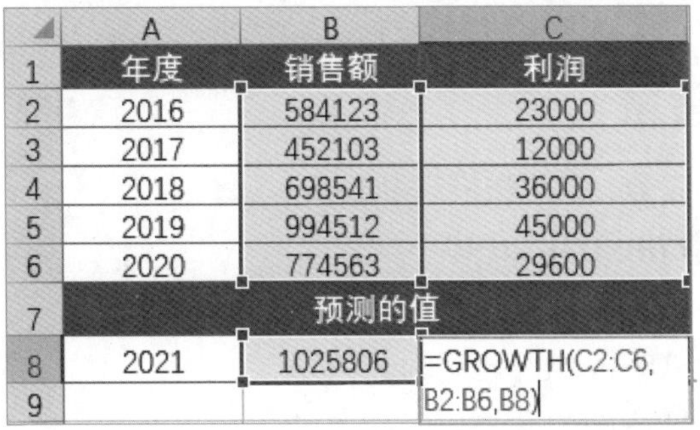

	A	B	C
1	年度	销售额	利润
2	2016	584123	23000
3	2017	452103	12000
4	2018	698541	36000
5	2019	994512	45000
6	2020	774563	29600
7	预测的值		
8	2021	1025806	=GROWTH(C2:C6,B2:B6,B8)
9			

图 3-81

C8　=GROWTH(C2:C6,B2:B6,B8)

	A	B	C	D
1	年度	销售额	利润	
2	2016	584123	23000	
3	2017	452103	12000	
4	2018	698541	36000	
5	2019	994512	45000	
6	2020	774563	29600	
7	预测的值			
8	2021	1025806	55245.51	

图 3-82

3.6.3　预测未来两个月的产品销售额

TREND函数用于返回线性回归拟合线的一组纵坐标值（y值），其语法格式为：

TREND(known_y's,[known_x's],[new_x's],[const])

参数说明：

- **known_y's：**必需参数，满足线性拟合直线y=mx+b的一组已知的y值。
- **known_x's：**可选参数，满足线性拟合直线y=mx+b的一组已知的x值。
- **new_x's：**可选参数，表示给出的新的x值，也就是需要计算预测值的变量x。
- **const：**可选参数，一个逻辑值，用于指定是否将常量b强制设置为0。如果为TRUE或省略，b将按正常计算；如果为FALSE，b将设置为0，m值将被调整以满足y=mx。

示例：使用TREND函数预测未来两个月的产品销售额。

选择B6:B7单元格区域，在“编辑栏”中输入公式“=TREND(B2:B5,A2:A5,A6:A7)”，如图3-83所示。按Ctrl+Shift+Enter组合键确认，即可预测出6、7月份的销售额，如图3-84所示。

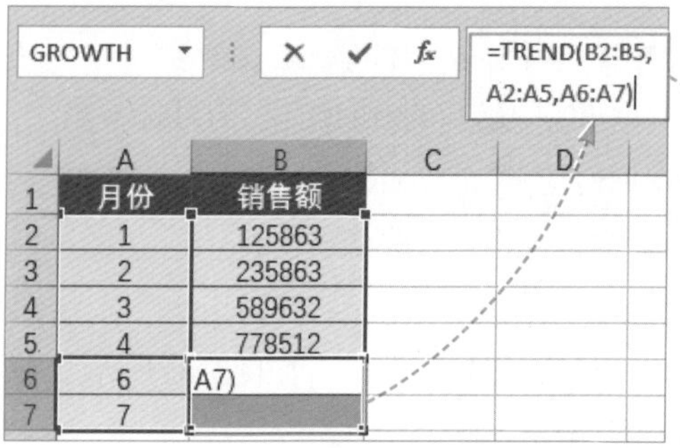

GROWTH　=TREND(B2:B5,A2:A5,A6:A7)

	A	B	C	D
1	月份	销售额		
2	1	125863		
3	2	235863		
4	3	589632		
5	4	778512		
6	6	A7)		
7	7			

图 3-83

B6　{=TREND(B2:B5,A2:A5,A6:A7)}

	A	B	C	D	E
1	月份	销售额			
2	1	125863			
3	2	235863			
4	3	589632			
5	4	778512			
6	6	1241568.1			
7	7	1472739.7			
8					

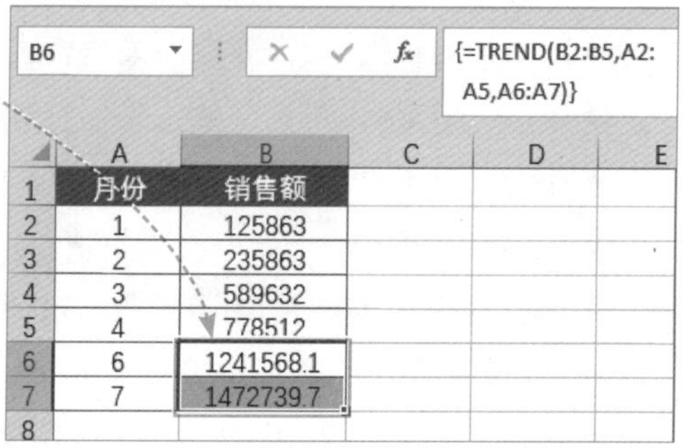

图 3-84

3.6.4　预测9月份的产品销售量

LINEST函数用于返回线性回归方程的参数，其语法格式为：

LINEST(known_y's,[known_x's],[const],[stats])

参数说明：

- **known_y's：** 必需参数，关系表达式y=mx+b中已知的y值集合。
- **known_x's：** 可选参数，关系表达式y=mx+b中已知的x值集合。
- **const：** 可选参数，一个逻辑值，用于指定是否将常量b强制设置为0。
- **stats：** 可选参数，一个逻辑值，用于指定是否返回附加回归统计值。

示例：使用LINEST函数预测9月份的产品销售量。

选择B9单元格，输入公式“=SUM(LINEST(B2:B7,A2:A7)*{9,1})”，如图3-85所示。按Enter键确认，即可预测出9月份的产品销售量，如图3-86所示。

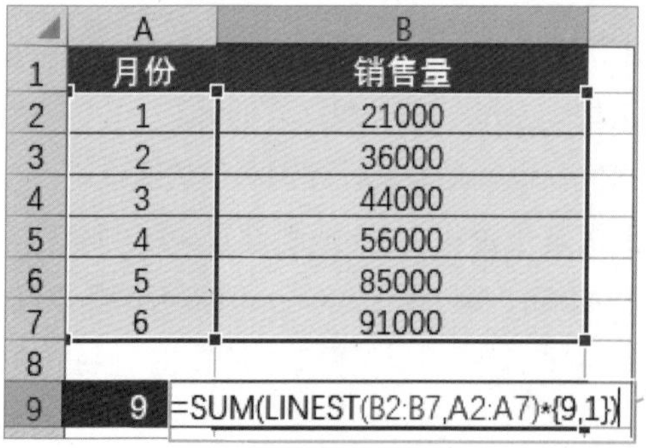

	A	B
1	月份	销售量
2	1	21000
3	2	36000
4	3	44000
5	4	56000
6	5	85000
7	6	91000
8		
9	9	=SUM(LINEST(B2:B7,A2:A7)*{9,1})

图 3-85

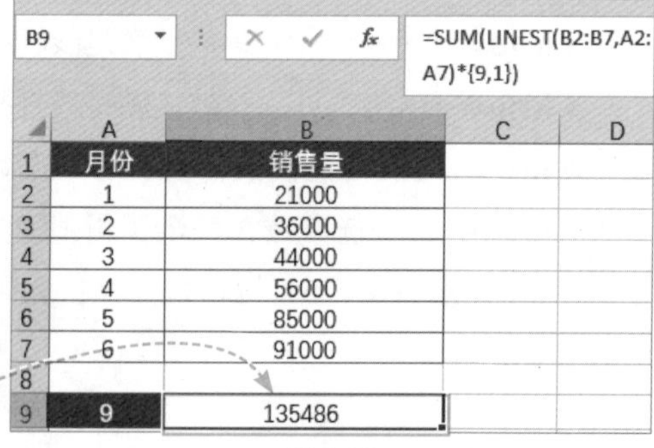

图 3-86

案例实战：统计出入库数据

在进销存管理中，企业需要对产品的出入库情况进行统计，如图3-87所示，以便合理控制库存数量。

日期	产品编码	产品名称	入库/出库	数量	单价	金额
2020/10/1	WE154648	电脑	入库	6	3,500.00	21,000.00
2020/10/2	WE154649	扫描仪	出库	2	2,200.00	4,400.00
2020/10/3	WE154650	打印机	出库	7	2,400.00	16,800.00
2020/10/4	WE154651	传真机	入库	4	3,200.00	12,800.00
2020/10/5	WE154652	投影仪	入库	6	1,700.00	10,200.00
2020/10/6	WE154648	电脑	出库	7	4,000.00	28,000.00
2020/10/7	WE154649	扫描仪	出库	3	1,600.00	4,800.00
2020/10/8	WE154650	打印机	入库	5	2,000.00	10,000.00
2020/10/9	WE154651	传真机	入库	7	3,500.00	24,500.00
2020/10/10	WE154652	投影仪	出库	6	1,900.00	11,400.00

合计产品	5	库存提醒	3	设置安全库存	15
产品编码	产品名称	期初数量	累计入库	累计出库	期末库存
WE154648	电脑	13	6	7	12 ■
WE154649	扫描仪	14	0	5	9 ■
WE154650	打印机	20	5	7	18
WE154651	传真机	8	11	0	19
WE154652	投影仪	14	6	6	14 ■

图 3-87

Step 01 打开“出入库数据统计表”工作表，选择H2单元格，输入公式“=F2*G2”，按Enter键确认计算出金额并将公式向下填充，如图3-88所示。

H2 =F2*G2

产品编码	产品名称	入库/出库	数量	单价	金额
WE154648	电脑	入库	6	3,500.00	21,000.00
WE154649	扫描仪	出库	2	2,200.00	4,400.00
WE154650	打印机	出库	7	2,400.00	16,800.00
WE154651	传真机	入库	4	3,200.00	12,800.00
WE154652	投影仪	入库	6	1,700.00	10,200.00
WE154648	电脑	出库	7	4,000.00	28,000.00

出入库数据统计表

图 3-88

Step 02 选择M3单元格，输入公式“=SUMIFS($F$2:$F$11,$C$2:$C$11,J3,$E$2:$E$11,"入库")”，按Enter键确认计算出累计入库数量并将公式向下填充，如图3-89所示。

M3 =SUMIFS($F$2:$F$11,$C$2:$C$11,J3,$E$2:$E$11,"入库")

合计产品		库存提醒		设置安全库存	
产品编码	产品名称	期初数量	累计入库	累计出库	期末库存
WE154648	电脑	13	6		
WE154649	扫描仪	14	0		
WE154650	打印机	20	5		
WE154651	传真机	8	11		
WE154652	投影仪	14	6		

图 3-89

Step 03 选择N3单元格，输入公式“=SUMIFS($F$2:$F$11,$C$2:$C$11,J3,$E$2:$E$11,"出库")”，按Enter键确认计算出累计出库数量并将公式向下填充，如图3-90所示。

N3　=SUMIFS($F$2:$F$11,$C$2:$C$11,J3,$E$2:$E$11,"出库")

	J	K	L	M	N	O	P
1	合计产品		库存提醒		设置安全库存		
2	产品编码	产品名称	期初数量	累计入库	累计出库	期末库存	
3	WE154648	电脑	13	6	7		
4	WE154649	扫描仪	14	0	5		
5	WE154650	打印机	20	5	7		
6	WE154651	传真机	8	11	0		
7	WE154652	投影仪	14	6	6		
8							

图 3-90

Step 04 选择O3单元格，输入公式“=L3+M3-N3”，按Enter键确认计算出期末库存数量并将公式向下填充，如图3-91所示。

O3　=L3+M3-N3

	J	K	L	M	N	O	P
1	合计产品		库存提醒		设置安全库存		
2	产品编码	产品名称	期初数量	累计入库	累计出库	期末库存	
3	WE154648	电脑	13	6	7	12	
4	WE154649	扫描仪	14	0	5	9	
5	WE154650	打印机	20	5	7	18	
6	WE154651	传真机	8	11	0	19	
7	WE154652	投影仪	14	6	6	14	
8							
9							

图 3-91

知识点拨

使用SUMIFS函数进行多条件求和。上述公式“=SUMIFS($F$2:$F$11,$C$2:$C$11,J3,$E$2:$E$11,"出库")”中，$F$2:$F$11表示求和区域；$C$2:$C$11表示条件1区域；J3表示条件1；$E$2:$E$11表示条件2区域；"出库"表示条件2。

Step 05 在O1单元格中输入设置的安全库存数量“15”，然后选择P3单元格，输入公式“=IF(O3<$O$1,1,"")”，按Enter键确认并将公式向下填充，如图3-92所示，判断期末库存是否小于设置的安全库存数量。

P3　=IF(O3<$O$1,1,"")

	J	K	L	M	N	O	P
1	合计产品		库存提醒		设置安全库存	15	
2	产品编码	产品名称	期初数量	累计入库	累计出库	期末库存	
3	WE154648	电脑	13	6	7	12	1
4	WE154649	扫描仪	14	0	5	9	1
5	WE154650	打印机	20	5	7	18	
6	WE154651	传真机	8	11	0	19	
7	WE154652	投影仪	14	6	6	14	1
8							
9							

图 3-92

Step 06 选择P3:P7单元格区域，在“开始”选项卡中单击“条件格式”下拉按钮，在弹出的列表中选择“新建规则”选项，如图3-93所示。

图 3-93

Step 07 打开“新建格式规则”对话框，在“选择规则类型”列表框中选择“基于各自值设置所有单元格的格式”选项，在“格式样式”列表中选择“图标集”选项，设置根据规则显示各个图标，单击“确定”按钮，如图3-94所示。

Step 08 选择K1单元格，输入公式“=COUNTA(J3:J11)”，按Enter键确认，统计合计产品数量，如图3-95所示。

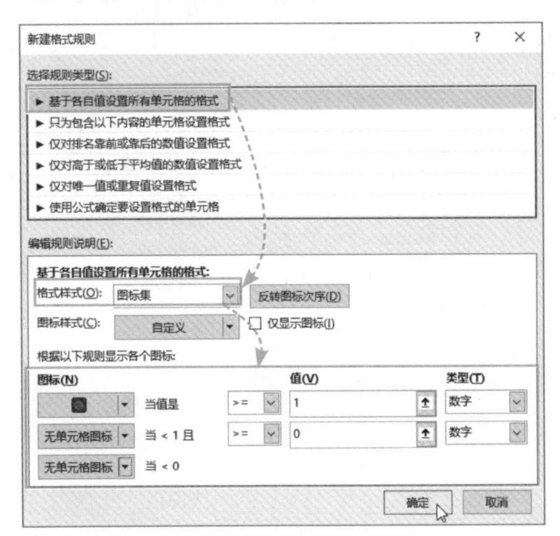

图 3-94

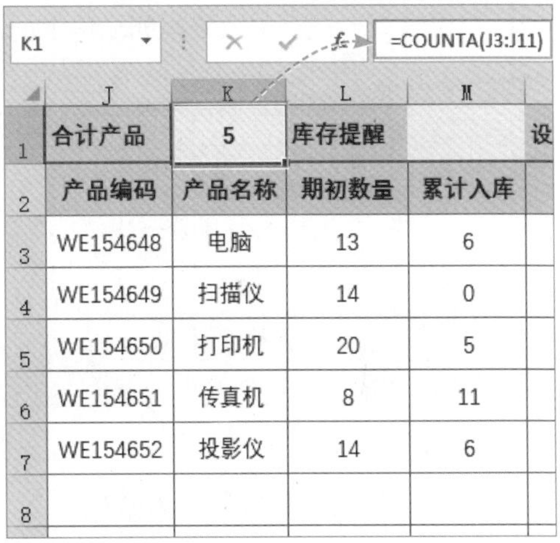

K1　=COUNTA(J3:J11)

	J	K	L	M
1	合计产品	5	库存提醒	
2	产品编码	产品名称	期初数量	累计入库
3	WE154648	电脑	13	6
4	WE154649	扫描仪	14	0
5	WE154650	打印机	20	5
6	WE154651	传真机	8	11
7	WE154652	投影仪	14	6
8				

图 3-95

Step 09 选择M1单元格，输入公式“=COUNTIF(P3:P11,"1")”，按Enter键确认，统计库存提醒数量，如图3-96所示。

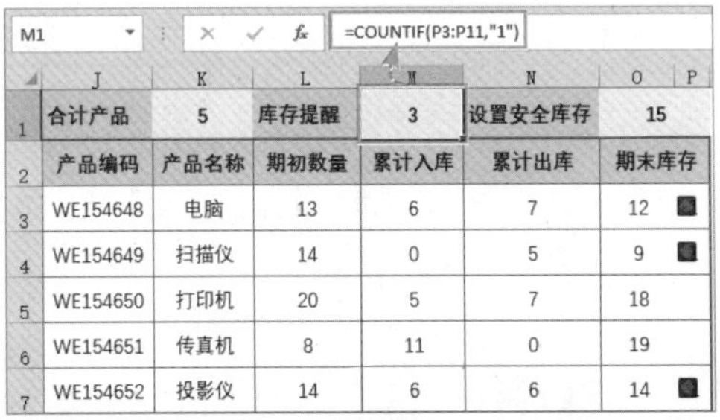

M1　=COUNTIF(P3:P11,"1")

	J	K	L	M	N	O	P
1	合计产品	5	库存提醒	3	设置安全库存	15	
2	产品编码	产品名称	期初数量	累计入库	累计出库	期末库存	
3	WE154648	电脑	13	6	7	12	
4	WE154649	扫描仪	14	0	5	9	
5	WE154650	打印机	20	5	7	18	
6	WE154651	传真机	8	11	0	19	
7	WE154652	投影仪	14	6	6	14	

图 3-96

新手答疑

1. Q：如何统计骚扰电话次数最多的号码？

A：选择D2单元格，输入公式“=MODE(B2:B11)”，如图3-97所示。按Enter键确认，统计出骚扰电话次数最多的号码，如图3-98所示。

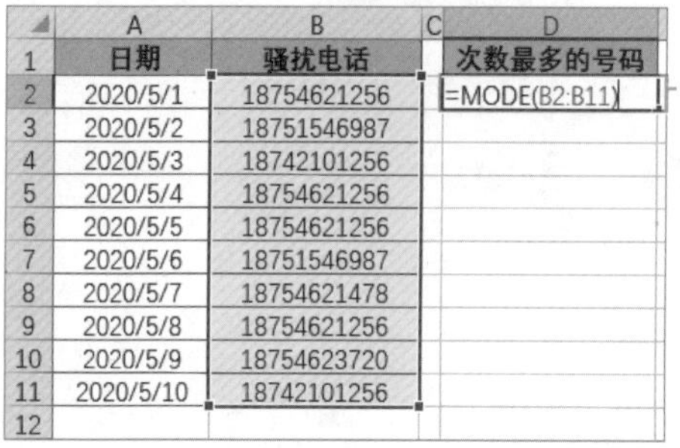

	A	B	C	D
1	日期	骚扰电话		次数最多的号码
2	2020/5/1	18754621256		=MODE(B2:B11)
3	2020/5/2	18751546987		
4	2020/5/3	18742101256		
5	2020/5/4	18754621256		
6	2020/5/5	18754621256		
7	2020/5/6	18751546987		
8	2020/5/7	18754621478		
9	2020/5/8	18754621256		
10	2020/5/9	18754623720		
11	2020/5/10	18742101256		
12				

图 3-97

D2 =MODE(B2:B11)

	A	B	C	D
1	日期	骚扰电话		次数最多的号码
2	2020/5/1	18754621256		18754621256
3	2020/5/2	18751546987		
4	2020/5/3	18742101256		
5	2020/5/4	18754621256		
6	2020/5/5	18754621256		
7	2020/5/6	18751546987		
8	2020/5/7	18754621478		
9	2020/5/8	18754621256		
10	2020/5/9	18754623720		
11	2020/5/10	18742101256		

图 3-98

2. Q：如何统计成绩在 90 分以上的人数？

A：选择F2单元格，输入公式“=COUNTIF(D2:D9,">90")”，如图3-99所示。按Enter键确认，统计出成绩在90分以上的人数，如图3-100所示。

	A	B	C	D	E	F
1	学号	姓名	性别	成绩		90分以上的人数
2	22110731	赵梦	女	88		=COUNTIF(D2:D9,">90")
3	22110732	刘佳	女	60		
4	22110733	孙杨	男	75		
5	22110734	李可	男	96		
6	22110735	周丽	女	56		
7	22110736	吴乐	男	91		
8	22110737	王晓	女	75		
9	22110738	刘雯	女	99		
10						
11						

图 3-99

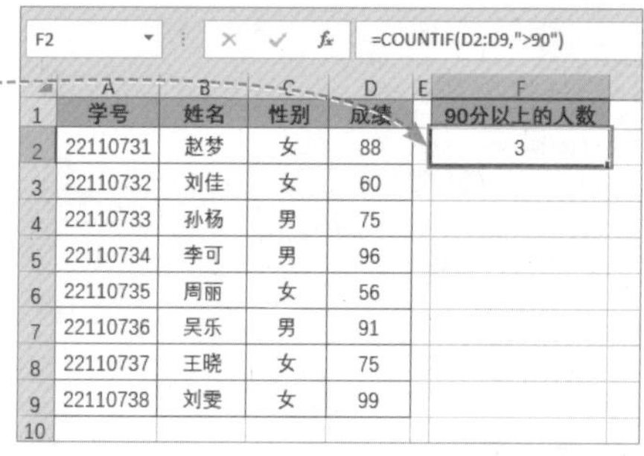

F2 =COUNTIF(D2:D9,">90")

	A	B	C	D	E	F
1	学号	姓名	性别	成绩		90分以上的人数
2	22110731	赵梦	女	88		3
3	22110732	刘佳	女	60		
4	22110733	孙杨	男	75		
5	22110734	李可	男	96		
6	22110735	周丽	女	56		
7	22110736	吴乐	男	91		
8	22110737	王晓	女	75		
9	22110738	刘雯	女	99		
10						

图 3-100

3. Q：为什么统计专科学历人数为 0？

A：因为条件“专科”没有加双引号，如图3-101所示。在单元格或编辑栏内直接指定检索条件时，必须加双引号，如图3-102所示。

D2 =COUNTIF(B2:B9,专科)

	A	B	C	D	E	F
1	姓名	学历		专科学历人数		
2	赵梦	专科		0		
3	刘佳	本科				
4	孙杨	专科				
5	李可	研究生				
6	周丽	专科				
7	吴乐	专科				
8	王晓	研究生				
9	刘雯	本科				

图 3-101

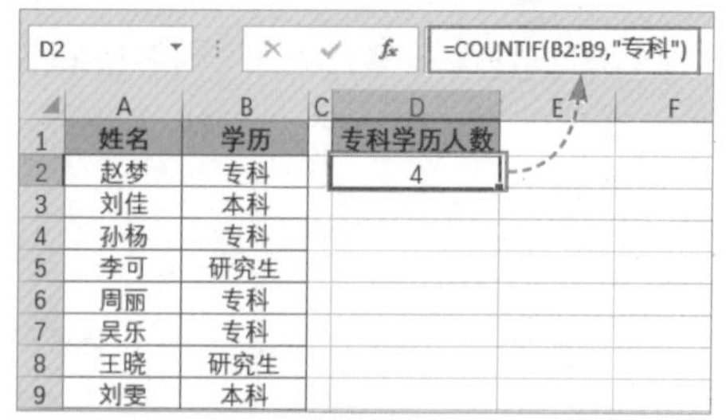

D2 =COUNTIF(B2:B9,"专科")

	A	B	C	D	E	F
1	姓名	学历		专科学历人数		
2	赵梦	专科		4		
3	刘佳	本科				
4	孙杨	专科				
5	李可	研究生				
6	周丽	专科				
7	吴乐	专科				
8	王晓	研究生				
9	刘雯	本科				

图 3-102

第4章 查找与引用函数的应用

如果需要在计算过程中进行查找，或者引用某些符合要求的目标数据，则可以借助查找与引用函数的应用，与多个函数组合使用，进行明确查找。本章将以案例的形式对查找与引用函数的应用进行详细介绍。

4.1 查找指定的数据

用户通过VLOOKUP函数、CHOOSE函数、LOOKUP函数、HLOOKUP函数、MATCH函数、INDEX函数等，可以查找指定的数据。

4.1.1 根据商品名称查询商品价格

VLOOKUP函数用于查找指定的数值并返回当前行中指定列处的数值，其语法格式为：

VLOOKUP(lookup_value,table_array,col_index_num,range_lookup)

参数说明：

- **lookup_value：** 要在数据表第一列中进行查找的数值。lookup_value可为数值、引用或文本字符串。当vlookup函数第一参数省略查找值时，表示用0查找。
- **table_array：** 需要在其中查找数据的数据表。使用对区域或区域名称的引用。
- **col_index_num：** table_array中查找数据的数据列序号。col_index_num为1时，返回table_array第一列的数值，col_index_num为2时，返回table_array第二列的数值，以此类推。
- **range_lookup：** 为逻辑值，指明函数VLOOKUP查找时是精确匹配还是近似匹配。如果为FALSE或0，则返回精确匹配。如果range_lookup为TRUE或1，函数VLOOKUP将查找近似匹配值，如果找不到精确匹配值，则返回小于lookup_value的最大数值。

示例：使用VLOOKUP函数根据商品名称查询商品价格。

选择G2单元格，输入公式“=VLOOKUP(F2,$A$2:$D$10,4,FALSE)”，如图4-1所示。按Enter键确认，即可将商品名称为“马克笔”的价格查找出来，然后将公式向下填充，如图4-2所示。

	A	B	C	D	E	F	G	H
1	商品名称	编码	单位	价格		商品名称	价格	
2	尺子	DS-0021	把	=VLOOKUP(F2,$A$2:$D$10,4,FALSE)				
3	笔记本	DS-0022	本	6.9		圆珠笔		
4	荧光笔	DS-0023	支	5.7				
5	马克笔	DS-0024	支	3.2				
6	削笔器	DS-0025	个	9.5				
7	橡皮擦	DS-0026	块	7.5				
8	文件夹	DS-0027	个	4.5				
9	圆珠笔	DS-0028	支	5.5				
10	中性笔	DS-0029	支	2.5				
11								

图 4-1

G2 =VLOOKUP(F2,$A$2:$D$10,4,FALSE)

	A	B	C	D	E	F	G	H
1	商品名称	编码	单位	价格		商品名称	价格	
2	尺子	DS-0021	把	8.8		马克笔	3.2	
3	笔记本	DS-0022	本	6.9		圆珠笔	5.5	
4	荧光笔	DS-0023	支	5.7				
5	马克笔	DS-0024	支	3.2				
6	削笔器	DS-0025	个	9.5				
7	橡皮擦	DS-0026	块	7.5				
8	文件夹	DS-0027	个	4.5				
9	圆珠笔	DS-0028	支	5.5				

图 4-2

注意事项 VLOOKUP函数的第2个参数必须包含查找值和返回值，且第1列必须是查找值。

4.1.2 根据所选价格查找相关售房信息

VLOOKUP函数除了可以进行精确查找外，还可以进行模糊查找。二者的区别在于是否允许函数返回与查找值近似的结果。

如果使用模糊匹配的方式查找，函数将把等于或接近查找值的数据作为自己的查询结果。因此，就算查找数据中没有与查找值完全相同的数据，函数也能返回查询结果。

示例：使用模糊匹配根据所选价格查找相关售房信息。

选择G2单元格，输入公式“=VLOOKUP(F2,$B$2:$D$6,2,1)”，如图4-3所示。按Enter键确认，即可根据价格查找出对应的户型，然后将公式向下填充，如图4-4所示。

	A	B	C	D	E	F	G	H
1	均价	最低均价	户型	区域		价格	户型	区域
2	9000-10000	9000	一房户型	徐州		=VLOOKUP(F2,$B$2:$D$6,2,1)		
3	10000-20000	10000	二房户型	南京		12000		
4	20000-30000	20000	三房户型	常州		25000		
5	30000-40000	30000	四房户型	南通		21000		
6	40000以上	40000	五房户型	无锡		20000		
7						32000		
8						39000		
9						40000		
10						45000		

图 4-3

G2 =VLOOKUP(F2,$B$2:$D$6,2,1)

	A	B	C	D	E	F	G	H
1	均价	最低均价	户型	区域		价格	户型	区域
2	9000-10000	9000	一房户型	徐州		9600	一房户型	
3	10000-20000	10000	二房户型	南京		12000	二房户型	
4	20000-30000	20000	三房户型	常州		25000	三房户型	
5	30000-40000	30000	四房户型	南通		21000	三房户型	
6	40000以上	40000	五房户型	无锡		20000	三房户型	
7						32000	四房户型	
8						39000	四房户型	
9						40000	五房户型	
10						45000	五房户型	
11								

图 4-4

选择H2单元格，输入公式“=VLOOKUP(F2,$B$2:$D$6,3,1)”，如图4-5所示。按Enter键确认，即可根据价格查找出对应的区域，然后将公式向下填充，如图4-6所示。

	B	C	D	E	F	G	H	I
1	最低均价	户型	区域		价格	户型	区域	
2	9000	一房户型	徐州		9600	=VLOOKUP(F2,$B$2:$D$6,3,1)		
3	10000	二房户型	南京		12000	二房户型		
4	20000	三房户型	常州		25000	三房户型		
5	30000	四房户型	南通		21000	三房户型		
6	40000	五房户型	无锡		20000	三房户型		
7					32000	四房户型		
8					39000	四房户型		
9					40000	五房户型		
10					45000	五房户型		

图 4-5

H2 =VLOOKUP(F2,$B$2:$D$6,3,1)

	A	B	C	D	E	F	G	H
1	均价	最低均价	户型	区域		价格	户型	区域
2	9000-10000	9000	一房户型	徐州		9600	一房户型	徐州
3	10000-20000	10000	二房户型	南京		12000	二房户型	南京
4	20000-30000	20000	三房户型	常州		25000	三房户型	常州
5	30000-40000	30000	四房户型	南通		21000	三房户型	常州
6	40000以上	40000	五房户型	无锡		20000	三房户型	常州
7						32000	四房户型	南通
8						39000	四房户型	南通
9						40000	五房户型	无锡
10						45000	五房户型	无锡

图 4-6

知识点拨

如果按照模糊匹配的方式查找，VLOOKUP函数将把小于或等于查找值的最大值作为自己的查询结果。在上述案例中，当查找的价格为25000时，而在查找数据（9000,10000,20000,30000,40000）中，小于或等于25000的数据有9000、10000、20000，其中最大值为20000，所以函数将20000作为自己的查询结果。

注意事项 按模糊匹配的方式查找时，必须将第二个参数的数据表按首列数据进行升序排序，否则不一定返回正确的结果。

4.1.3 查找工号对应的职务

CHOOSE函数用于根据给定的索引值，返回数值参数清单中的数值，其语法格式为：

CHOOSE(index_num,value1,[value2],...)

参数说明：

- **index_num：** 必需参数，指出所选参数值在参数表中的位置。必须为1～255之间的数据，或者为公式、对包含1～255之间某个数字的单元格的引用。
- **value1,value2,...：** value1是必需的，后续值是可选的。参数可以为数字、单元格引用、已定义名称、公式、函数或文本。

知识点拨

如果index_num为1，函数CHOOSE返回value1；如果为2，函数CHOOSE返回value2，以此类推。如果index_num小于1或大于列表中最后一个值的序号，函数CHOOSE返回错误值#VALUE!。如果index_num为小数，则在使用前将被截尾取整。

示例：使用CHOOSE函数查找工号对应的职务。

选择G2单元格，输入公式“=CHOOSE(5,D2,D3,D4,D5,D6,D7,D8,D9,D10,D11)”，如图4-7所示。按Enter键确认，即可将工号为005的职务查找出来，如图4-8所示。

	A	B	C	D	E	F	G	H
1	序号	工号	姓名	职务		工号	职务	
2	1	001	赵佳	=CHOOSE(5,D2,D3,D4,D5,D6,D7,D8,D9,D10,D11)				
3	2	002	刘雯	技术部长				
4	3	003	李梅	生产部长				
5	4	004	刘元	销售经理				
6	5	005	吴克	采购主管				
7	6	006	周丽	品质主管				
8	7	007	孙杨	车间主任				
9	8	008	赵璇	财务主管				
10	9	009	王晓	人事主管				
11	10	010	曹兴	行政主管				
12								
13								

图 4-7

G2 =CHOOSE(5,D2,D3,D4,D5,D6,D7,D8,D9,D10,D11)

	A	B	C	D	E	F	G	H
1	序号	工号	姓名	职务		工号	职务	
2	1	001	赵佳	总经理		005	采购主管	
3	2	002	刘雯	技术部长				
4	3	003	李梅	生产部长				
5	4	004	刘元	销售经理				
6	5	005	吴克	采购主管				
7	6	006	周丽	品质主管				
8	7	007	孙杨	车间主任				
9	8	008	赵璇	财务主管				
10	9	009	王晓	人事主管				
11	10	010	曹兴	行政主管				

图 4-8

知识点拨

上述案例中，由于序号5对应的是工号005，所以公式中的参数index_num设置为5，则返回value5对应的职务“采购主管”。

注意事项 使用CHOOSE函数能够检索的值为29个，如果超过29个，则不能使用该函数。

4.1.4 根据书名查找书的定价

LOOKUP函数用于从向量中查找一个值，其语法格式为：

LOOKUP(lookup_value,lookup_vector,result_vector)

参数说明：

- **lookup_value：** 查找值，可以使用单元格引用、常量数组和内存数组。
- **lookup_vector：** 查找范围，其数值可以为文本、数字或逻辑值。
- **result_vector：** 要获得的值。

知识点拨

使用向量形式的LOOKUP函数，可以按照输入在单行区域或单列区域中的查找值，返回第二个单行区域或单列区域中相同位置的数值。

示例：使用LOOKUP函数根据书名查找书的定价。

选择I2单元格，输入公式“=LOOKUP(I1,$B$2:$B$10,$F$2:$F$10)”，按Enter键确认，即可将书名为“夏沫与豆瓣”对应的价格查找出来，如图4-9所示。

I2 =LOOKUP(I1,$B$2:$B$10,$F$2:$F$10)

	A	B	C	D	E	F	G	H	I
1	序号	书名	ISBN	出版社	出版日期	定价		书名	夏沫与豆瓣
2	1	北京私家园林志	9787302217084	清华大学出版社	2009/12/1	198.00		定价	49
3	2	不是孩子的问题	9787302225645	清华大学出版社	2010/6/1	38.00			
4	3	第N种危机	9787302207399	清华大学出版社	2009/8/1	38.00			
5	4	管一辈子的教育	9787302215028	清华大学出版社	2010/4/1	39.80			
6	5	杰出青少年自我管理手册	9787302195948	清华大学出版社	2009/3/1	32.00			
7	6	垃圾游乐园	9787302547266	清华大学出版社	2020/6/1	29.80			
8	7	鸟与兽的通俗生活	9787302299004	清华大学出版社	2012/9/1	39.80			
9	8	夏沫与豆瓣	9787302564737	清华大学出版社	2020/11/1	49.00			
10	9	小天使的世界3	9787302548072	清华大学出版社	2020/7/1	68.00			

图 4-9

4.1.5 根据客户名称查找订单信息

LOOKUP函数用于从数组中查找一个值。其语法格式为：

LOOKUP(lookup_value,array)

参数说明：

- **lookup_value：** 要查找的数值，可以是数字、文本、逻辑值或包含数值的名称或引用。
- **array：** 包含文本、数字或逻辑值的单元格区域或数组。数值用于与lookup_value进行比较。

示例：使用LOOKUP函数根据客户名称查找订单信息。

选择I2单元格，输入公式“=LOOKUP($I$1,$B$2:$F$12)”，按Enter键确认，即可将客户名称为“锦和超市”的订单金额查找出来，如图4-10所示。

I2 =LOOKUP($I$1,$B$2:$F$12)

	A	B	C	D	E	F	G	H	I
1	订单编号	客户名称	商品名称	单价	数量	订单金额		客户名称	锦和超市
2	B20200401	德胜批发	隔离霜	79	19	1501		订单金额	2400
3	B20200402	东刘超市	精华乳	110	13	1430			
4	B20200403	凡思小铺	精华水	90	12	1080			
5	B20200404	华夏商贸	口红	100	10	1000			
6	B20200405	锦和超市	精华水	120	20	2400			
7	B20200406	晶鑫批发	洗发水	79	16	1264			
8	B20200407	快乐惠	面膜	99	14	1386			
9	B20200408	美颜小铺	口红	78	18	1404			
10	B20200409	仁和超市	洗面奶	88	15	1320			
11	B20200410	兴旺超市	隔离霜	77	17	1309			
12	B20200411	义乌商贸	隔离霜	88	11	968			

图 4-10

注意事项 array和lookup_vector的数据必须按升序排列，否则函数LOOKUP不能返回正确的结果。

4.1.6 查找销售员对应的提成金额

HLOOKUP函数用于在首行查找指定的数值并返回当前列中指定行处的数值，其语法格式为：

HLOOKUP(lookup_value,table_array,row_index_num,range_lookup)

参数说明：

- **lookup_value：** 需要在数据表第一行中进行查找的数值，可以为数值、引用或文本字符串。
- **table_array：** 需要在其中查找数据的数据表，使用对区域或区域名称的引用。
- **row_index_num：** table_array中待返回的匹配值的行序号。row_index_num为1时，返回table_array第一行的数值，row_index_num为2时，返回table_array第二行的数值，以此类推。
- **range_lookup：** 逻辑值，指明函数HLOOKUP查找时是精确匹配还是近似匹配。如果为TURE或者1，则返回近似匹配值。如果找不到精确匹配值，则返回小于lookup_value的最大数值。如果range_lookup为FALSE或0，函数HLOOKUP将查找精确匹配值，如果找不到，则返回错误值#N/A。如果range_lookup省略，则默认为0（精确匹配）。

示例：使用HLOOKUP函数查找销售员对应的提成金额。

选择B7单元格，输入公式“=HLOOKUP(B6,B1:I4,4,FALSE)”，按Enter键确认，即可将销售员为“徐蚌”的提成金额查找出来，如图4-11所示。

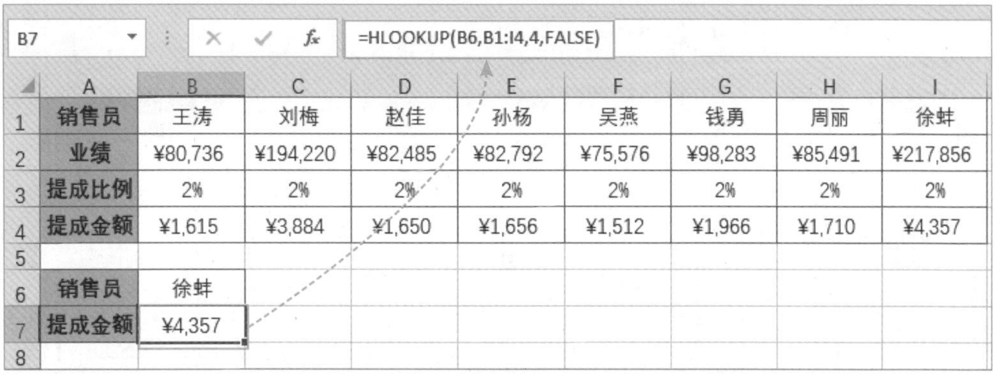

B7 =HLOOKUP(B6,B1:I4,4,FALSE)

	A	B	C	D	E	F	G	H	I
1	销售员	王涛	刘梅	赵佳	孙杨	吴燕	钱勇	周丽	徐蚌
2	业绩	¥80,736	¥194,220	¥82,485	¥82,792	¥75,576	¥98,283	¥85,491	¥217,856
3	提成比例	2%	2%	2%	2%	2%	2%	2%	2%
4	提成金额	¥1,615	¥3,884	¥1,650	¥1,656	¥1,512	¥1,966	¥1,710	¥4,357
5									
6	销售员	徐蚌							
7	提成金额	¥4,357							
8									

图 4-11

知识点拨

除了查询方向不同，HLOOKUP函数的用法与VLOOKUP函数完全相同，都可以进行精确查找和模糊查找。

4.1.7　检索书号所在的位置

MATCH函数用于返回指定方式下与指定数值匹配的元素的相应位置，其语法格式为：

MATCH(lookup_value,lookup_array,[match_type])

参数说明：

- **lookup_value：** 查找值，其参数可以为值（数字、文本或逻辑值）或对数字、文本或逻辑值的单元格引用。
- **lookup_array：** 在一行或一列指定查找值的连续单元格区域。
- **match_type：** 指定检索查找值的方法。

match_type值	检索方法
1或省略	MATCH函数会查找小于或等于lookup_value的最大值，lookup_array参数中的值必须按升序排列
0	MATCH函数会查找等于lookup_value的第一个值，lookup_array参数中的值可以按任何顺序排列
-1	MATCH函数会查找大于或等于lookup_value的最小值，lookup_array参数中的值必须按降序排列

示例：使用MATCH函数检索书号所在的位置。

选择B13单元格，输入公式"=MATCH(B12,A2:A10,0)"，按Enter键确认，即可将书号"9787302299004"所在的位置查找出来，如图4-12所示。

B13　=MATCH(B12,A2:A10,0)

	A	B	C	D	E	F
1	ISBN	书名	出版社	出版日期	定价	
2	9787302217084	北京私家园林志	清华大学出版社	2009/12/1	198.00	
3	9787302225645	不是孩子的问题	清华大学出版社	2010/6/1	38.00	
4	9787302207399	第N种危机	清华大学出版社	2009/8/1	38.00	
5	9787302215028	管一辈子的教育	清华大学出版社	2010/4/1	39.80	
6	9787302195948	杰出青少年自我管理手册	清华大学出版社	2009/3/1	32.00	
7	9787302547266	垃圾游乐园	清华大学出版社	2020/6/1	29.80	
8	9787302299004	鸟与兽的通俗生活	清华大学出版社	2012/9/1	39.80	
9	9787302564737	夏沫与豆瓣	清华大学出版社	2020/11/1	49.00	
10	9787302548072	小天使的世界3	清华大学出版社	2020/7/1	68.00	
11						
12	ISBN（书号）	9787302299004				
13	位置	7				
14	书名					

图 4-12

此外，选择B14单元格，输入公式"=INDEX(B2:B10,MATCH(B12,A2:A10,0))"，然后按Enter键确认，即可根据书号所在位置将对应的书名检索出来，如图4-13所示。

B14　=INDEX(B2:B10,MATCH(B12,A2:A10,0))

	A	B	C	D	E	F
1	ISBN	书名	出版社	出版日期	定价	
2	9787302217084	北京私家园林志	清华大学出版社	2009/12/1	198.00	
3	9787302225645	不是孩子的问题	清华大学出版社	2010/6/1	38.00	
4	9787302207399	第N种危机	清华大学出版社	2009/8/1	38.00	
5	9787302215028	管一辈子的教育	清华大学出版社	2010/4/1	39.80	
6	9787302195948	杰出青少年自我管理手册	清华大学出版社	2009/3/1	32.00	
7	9787302547266	垃圾游乐园	清华大学出版社	2020/6/1	29.80	
8	9787302299004	鸟与兽的通俗生活	清华大学出版社	2012/9/1	39.80	
9	9787302564737	夏沫与豆瓣	清华大学出版社	2020/11/1	49.00	
10	9787302548072	小天使的世界3	清华大学出版社	2020/7/1	68.00	
11						
12	ISBN（书号）	9787302299004				
13	位置	7				
14	书名	鸟与兽的通俗生活				

图 4-13

知识点拨

由于MATCH函数是返回单元格区域内的检索值的相对位置，所以和INDEX函数组合使用，可以进行进一步检索。

4.1.8 查找指定月份指定员工的销售额

INDEX函数用于返回指定行列交叉处引用的单元格，其语法格式为：

INDEX(reference,row_num,[column_num],[area_num])

参数说明：

- **reference：** 必需参数，对一个或多个单元格区域的引用。如果为引用输入一个不连续的区域，必须将其用括号括起来。如果引用中的每个区域只包含一行或一列，则相应的参数row_num或column_num分别为可选项。
- **row_num：** 必需参数，引用中某行的行号，函数从该行返回一个引用。
- **column_num：** 可选参数，引用中某列的列标，函数从该列返回一个引用。
- **area_num：** 可选参数，选择引用中的一个区域，以从中返回row_num和column_num的交叉区域。选中或输入的第一个区域序号为1，第二个为2，以此类推。如果省略area_num，则函数INDEX使用区域1。

示例：使用INDEX函数查找指定月份指定员工的销售额。

选择G3单元格，输入公式“=INDEX((A1:D4,A6:D9,A11:D13,A15:D17),2,2,2)”，如图4-14所示。按Enter键确认，即可将销售员为“吴克”的4月份销售额查找出来，如图4-15所示。

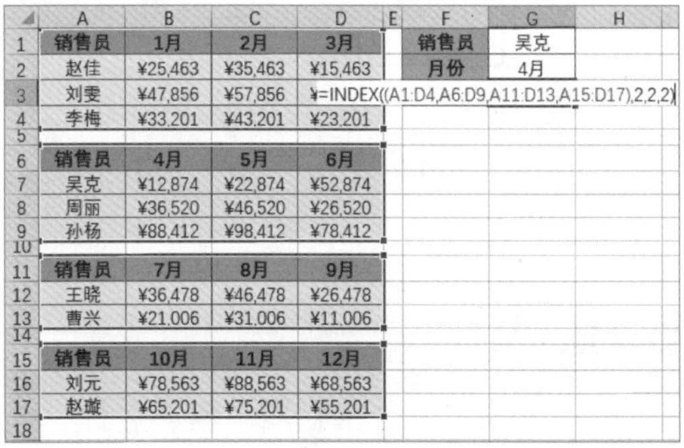

	A	B	C	D	E	F	G	H
1	销售员	1月	2月	3月		销售员	吴克	
2	赵佳	¥25,463	¥35,463	¥15,463		月份	4月	
3	刘雯	¥47,856	¥57,856	¥=INDEX((A1:D4,A6:D9,A11:D13,A15:D17),2,2,2)				
4	李梅	¥33,201	¥43,201	¥23,201				
5								
6	销售员	4月	5月	6月				
7	吴克	¥12,874	¥22,874	¥52,874				
8	周丽	¥36,520	¥46,520	¥26,520				
9	孙杨	¥88,412	¥98,412	¥78,412				
10								
11	销售员	7月	8月	9月				
12	王晓	¥36,478	¥46,478	¥26,478				
13	曹兴	¥21,006	¥31,006	¥11,006				
14								
15	销售员	10月	11月	12月				
16	刘元	¥78,563	¥88,563	¥68,563				
17	赵璇	¥65,201	¥75,201	¥55,201				
18								

图 4-14

G3 =INDEX((A1:D4,A6:D9,A11:D13,A15:D17),2,2,2)

	A	B	C	D	E	F	G	H
1	销售员	1月	2月	3月		销售员	吴克	
2	赵佳	¥25,463	¥35,463	¥15,463		月份	4月	
3	刘雯	¥47,856	¥57,856	¥37,856		销售额	12874	
4	李梅	¥33,201	¥43,201	¥23,201				
5								
6	销售员	4月	5月	6月				
7	吴克	¥12,874	¥22,874	¥52,874				
8	周丽	¥36,520	¥46,520	¥26,520				
9	孙杨	¥88,412	¥98,412	¥78,412				
10								
11	销售员	7月	8月	9月				
12	王晓	¥36,478	¥46,478	¥26,478				
13	曹兴	¥21,006	¥31,006	¥11,006				
14								
15	销售员	10月	11月	12月				
16	刘元	¥78,563	¥88,563	¥68,563				
17	赵璇	¥65,201	¥75,201	¥55,201				

图 4-15

知识点拨

上述公式“=INDEX((A1:D4,A6:D9,A11:D13,A15:D17),2,2,2)”中，(A1:D4,A6:D9,A11:D13,A15:D17)表示由4个单元格引用组成，所有引用都写在括号中；2表示引用第2行；2表示引用第2列；2表示应该返回第1个参数中第2个区域里的单元格。

4.1.9 从所有销售记录中找出指定商品的销售记录

INDEX函数还可以用于返回指定行列交叉处单元格的值，其语法格式为：

INDEX(array,row_num,[column_num])

参数说明：

- **array：** 必需参数，为单元格区域或数组常量。如果数组只包含一行或一列，则相对应的参数row_num或column_num为可选参数。如果数组有多行和多列，但只使用row_num或column_num，函数INDEX返回数组中的整行或整列，且返回值也为数组。
- **row_num：** 必需参数，为选择数组中的某行，函数从该行返回数值。如果省略row_num，则必须有column_num。
- **column_num：** 可选参数，为选择数组中的某列，函数从该列返回数值。如果省略column_num，则必须有row_num。

示例：使用INDEX函数从所有销售记录中找出指定商品的销售记录。

选择J2单元格，输入公式“=INDEX(A1:G9,6,7)”，按Enter键确认，即可将商品名称为“扫描仪”的销售额查找出来，如图4-16所示。

J2 =INDEX(A1:G9,6,7)

	A	B	C	D	E	F	G	H	I	J
1	销售分区	销售日期	销售员	商品名称	数量	单价	销售金额		商品名称	扫描仪
2	北京东区	2020/8/1	赵琦	显示器	77	1,500	115,500		销售金额	60,000
3	北京南区	2020/8/2	刘佳	液晶电视	41	5,000	205,000			
4	北京西区	2020/8/3	王源	电脑	52	3,500	182,000			
5	北京东区	2020/8/4	孙杨	打印机	54	3,000	162,000			
6	北京南区	2020/8/5	李琦	扫描仪	40	1,500	60,000			
7	北京西区	2020/8/6	孙可	微波炉	65	500	32,500			
8	北京东区	2020/8/7	周丽	传真机	5	1,500	7,500			
9	北京南区	2020/8/8	李兵	跑步机	52	2,200	114,400			

图 4-16

动手练 从销售订单表中查找需要的信息

扫码看视频

销售订单明细表中记录了商品的订单编号、订单日期、物料名称、数量、单价、金额等信息，用户可以使用INDEX和MATCH函数，从中查找需要的订单信息，如图4-17所示。

	A	B	C	D	E	F	G	H	I
1	订单编号	订单日期	项目	物料名称	物料规格	单位	数量	单价	金额
2	FBB18006	2020/9/16	包装辅料	叠装小胶袋	31.7cm*40.5cm	个	1235	0.58	716.3
3	FBC18015	2020/9/5	一般辅料	尺码唛XS上装	XS	个	7564	0.06	453.84
4	FBC18016	2020/9/6	一般辅料	尺码唛S上装	S	个	3457	0.06	207.42
5	FBC18017	2020/9/7	一般辅料	尺码唛M上装	M	个	1235	0.06	74.1
6	FBC18018	2020/9/8	一般辅料	尺码唛L上装	L	个	654	0.06	39.24
7	FBQ18002	2020/9/12	包装辅料	空白吊牌	4*10	个	1235	0.2	247
8	FBS18001	2020/9/9	一般辅料	洗水唛	1.3*1.44	个	647	0.025	16.175
9	FTQ18013	2020/9/3	一般辅料	透明条	0.6cm	米	1235	0.04	49.4
10	MFA19078	2020/9/2	面料	人棉罗纹针织	125CM	米	2356	32	75392
11	MGA19029	2020/9/1	面料	人棉拉架2*2灯芯	150CM	米	3245	33	107085
12									
13	订单编号	订单日期	项目	物料名称	物料规格	单位	数量	单价	金额
14	FBQ18002	2020/9/12	包装辅料	空白吊牌	4*10	个	1235	0.2	247

图 4-17

Step 01 打开“销售订单明细表”工作表，如果用户想要查找订单编号为“FBC18016”的相关信息，则选择B14单元格，输入公式“=INDEX(B2:B11,MATCH($A$14,$A$2: $A$11,1))”，按Enter键确认，即可查找出对应的订单日期，如图4-18所示。

B14 =INDEX(B2:B11,MATCH($A$14,$A$2:$A$11,1))

	A	B	C	D	E	F	G	H	I
1	订单编号	订单日期	项目	物料名称	物料规格	单位	数量	单价	金额
2	FBB18006	2020/9/16	包装辅料	叠装小胶袋	31.7cm*40.5cm	个	1235	0.58	716.3
3	FBC18015	2020/9/5	一般辅料	尺码唛XS上装	XS	个	7564	0.06	453.84
4	FBC18016	2020/9/6	一般辅料	尺码唛S上装	S	个	3457	0.06	207.42
5	FBC18017	2020/9/7	一般辅料	尺码唛M上装	M	个	1235	0.06	74.1
6	FBC18018	2020/9/8	一般辅料	尺码唛L上装	L	个	654	0.06	39.24
7	FBQ18002	2020/9/12	包装辅料	空白吊牌	4*10	个	1235	0.2	247
8	FBS18001	2020/9/9	一般辅料	洗水唛	1.3*1.44	个	647	0.025	16.175
9	FTQ18013	2020/9/3	一般辅料	透明条	0.6cm	米	1235	0.04	49.4
10	MFA19078	2020/9/2	面料	人棉罗纹针织	125CM	米	2356	32	75392
11	MGA19029	2020/9/1	面料	人棉拉架2*2灯芯	150CM	米	3245	33	107085
12									
13	订单编号	订单日期	项目	物料名称	物料规格	单位	数量	单价	金额
14	FBC18016	2020/9/6							

图 4-18

Step 02 选择B14单元格，将光标移至该单元格右下角，按住左键不放并向右拖动光标填充公式，接着单击弹出的“自动填充选项”下拉按钮，在弹出的列表中选择“不带格式填充”选项，如图4-19所示。

Step 03 此时，如果想要查找订单编号为“FBQ18002”的订单信息，则在A14单元格中输入“FBQ18002”，如图4-20所示。

	F	G	H	I	J	K
3	个	7564	0.06	453.84		
4	个	3457	0.06	207.42		
5	个	1235	0.06	74.1		
6	个	654	0.06	39.24		
7	个	1235	0.2	247		
8	个	647	0.025	16.175		
9	米	1235	0.04	49.4		
10	米	2356	32	75392		
11	米	3245	33	107085		
12						
13	单位	数量	单价	金额		
14	个	1909/6/18	1900/1/0	1900/7/25		
15						

复制单元格(C)
仅填充格式(F)
不带格式填充(O)

图 4-19

	A	B	C	D
3	FBC18015	2020/9/5	一般辅料	尺码唛XS上装
4	FBC18016	2020/9/6	一般辅料	尺码唛S上装
5	FBC18017	2020/9/7	一般辅料	尺码唛M上装
6	FBC18018	2020/9/8	一般辅料	尺码唛L上装
7	FBQ18002	2020/9/12	包装辅料	空白吊牌
8	FBS18001	2020/9/9	一般辅料	洗水唛
9	FTQ18013	2020/9/3	一般辅料	透明条
10	MFA19078	2020/9/2	面料	人棉罗纹针织
11	MGA19029	2020/9/1	面料	人棉拉架2*2灯芯
12				
13	订单编号	订单	项目	物料名称
14	FBQ18002	2020	包装辅料	空白吊牌

输入

图 4-20

4.2 引用单元格

用户通过ADDRESS函数、AREAS函数、OFFSET函数、INDIRECT函数、ROW函数、ROWS函数、COLUMN函数、COLUMNS函数等，可以对单元格进行引用。

4.2.1 查找最高订单数量所在单元格

ADDRESS函数用于按给定的行号和列标建立文本类型的单元格地址，其语法格式为：

ADDRESS(row_num,column_num,abs_num,a1,sheet_text)

参数说明：

- **row_num：** 在单元格引用中使用的行号。
- **column_num：** 在单元格引用中使用的列标。
- **abs_num：** 用1 ~ 4或5 ~ 8的整数指定返回的单元格引用类型，如表4-1所示。

表 4-1

abs_num值	返回的引用类型
1或省略	绝对引用
2	绝对行号，相对列标
3	相对行号，绝对列标
4	相对引用

- **a1：** 用以指定A1或R1C1引用样式的逻辑值。如A1为TRUE或省略，函数ADDRESS返回A1样式的引用；如果A1为FALSE，函数ADDRESS返回R1C1样式的引用。
- **sheet_text：** 指定作为外部引用的工作表的名称的文本，如果省略sheet_text，则不使用任何工作表名。

示例：使用ADDRESS函数查找最高订单数量所在单元格。

选择M1单元格，输入公式“=MAX(E2:E10)”，按Enter键确认，计算出最高订单数量，如图4-21所示。

M1 =MAX(E2:E10)

	A	B	C	D	E	F	G	H	I	J	K	L	M
1	订单号	名称	规格	单位	订单数量	单价	金额	预计出库时间	交货时间	备注		最高订单数量	990
2	GBL123	面粉	20L	袋	150	60	9000	2020/11/1	2020/11/3	已装货		位置	
3	GBL124	大米	20L	袋	204	78	15912	2020/11/2	2020/11/4	已装货			
4	GBL125	包谷珍	20L	袋	120	85	10200	2020/11/3	2020/11/5	已装货			
5	GBL126	小米	20L	袋	990	88	87120	2020/11/4	2020/11/6	已装货			
6	GBL127	红豆	20L	袋	85	60	5100	2020/11/5	2020/11/7	已装货			
7	GBL128	黑豆	20L	袋	99	45	4455	2020/11/6	2020/11/8	已装货			
8	GBL129	绿豆	20L	袋	452	52	23504	2020/11/7	2020/11/9	已装货			
9	GBL130	黑米	20L	袋	652	58	37816	2020/11/8	2020/11/10	已装货			
10	GBL131	豌豆	20L	袋	890	63	56070	2020/11/9	2020/11/11	已装货			

图 4-21

然后选择M2单元格，输入公式“{=ADDRESS(MAX(IF(E2:E10=MAX(E2:E10),ROW(2:10))),5)}”，按Ctrl+Shift+Enter组合键确认，查找出最高订单数量所在单元格的位置，如图4-22所示。

M2 | {=ADDRESS(MAX(IF(E2:E10=MAX(E2:E10),ROW(2:10))),5)}

	A	B	C	D	E	F	G	H	I	J	K	L	M
1	订单号	名称	规格	单位	订单数量	单价	金额	预计出库时间	交货时间	备注		最高订单数量	990
2	GBL123	面粉	20L	袋	150	60	9000	2020/11/1	2020/11/3	已装货		位置	$E$5
3	GBL124	大米	20L	袋	204	78	15912	2020/11/2	2020/11/4	已装货			
4	GBL125	包谷珍	20L	袋	120	85	10200	2020/11/3	2020/11/5	已装货			
5	GBL12	小米	20L	袋	990	88	87120	2020/11/4	2020/11/6	已装货			
6	GBL127	红豆	20L	袋	85	60	5100	2020/11/5	2020/11/7	已装货			
7	GBL128	黑豆	20L	袋	99	45	4455	2020/11/6	2020/11/8	已装货			
8	GBL129	绿豆	20L	袋	452	52	23504	2020/11/7	2020/11/9	已装货			
9	GBL130	黑米	20L	袋	652	58	37816	2020/11/8	2020/11/10	已装货			
10	GBL131	豌豆	20L	袋	890	63	56070	2020/11/9	2020/11/11	已装货			

图 4-22

知识点拨

首先利用IF函数判断E2:E10单元格区域中等于该区域最大值的单元格，然后返回最大值对应的行号，其他不是最大值的则返回FALSE，组成一个包含FALSE和最大值行号的数组，其次使用MAX函数从该数组中取出最大值，即最大值所在的行号，最后使用ADDRESS函数从第5列和最大值所在的行号确定所在的位置。

动手练 通过下拉列表查询不同工作表中的营业额

扫码看视频

用户创建了3张工作表，分别记录了“1月”“2月”和“3月”的营业额，此时可以将INDIRECT、ADDRESS和ROW函数组合使用，通过下拉列表查询不同工作表中的营业额，如图4-23所示。

	A	B
1	工作表	1月
2	名称	营业额
3	美式咖啡	2,400
4	拿铁咖啡	6,000
5	卡布奇诺	4,200
6	摩卡	7,360
7	西瓜汁	12,600
8	猕猴桃汁	4,160
9	抹茶千层	12,040
10	柠檬可乐	6,000
11	柠檬雪碧	3,600

	A	B
1	工作表	1月
2	名称	1月
3	美式咖啡	2月
4	拿铁咖啡	3月
5	卡布奇诺	4,200
6	摩卡	7,360
7	西瓜汁	12,600
8	猕猴桃汁	4,160
9	抹茶千层	12,040
10	柠檬可乐	6,000
11	柠檬雪碧	3,600

	A	B
1	工作表	3月
2	名称	营业额
3	美式咖啡	12,000
4	拿铁咖啡	6,480
5	卡布奇诺	4,480
6	摩卡	10,560
7	西瓜汁	12,880
8	猕猴桃汁	3,840
9	抹茶千层	13,440
10	柠檬可乐	7,400
11	柠檬雪碧	4,400

图 4-23

Step 01 打开并查看“1月”“2月”和“3月”工作表中的数据信息，如图4-24所示。

	A	B	C	D	E
1	名称	单位	价格	数量	营业额
2	美式咖啡	杯	24	100	2,400
3	拿铁咖啡	杯	24	250	6,000
4	卡布奇诺	杯	28	150	4,200
5	摩卡	杯	32	230	7,360
6	西瓜汁	杯	28	450	12,600
7	猕猴桃汁	杯	32	130	4,160
8	抹茶千层	份	28	430	12,040
9	柠檬可乐	杯	20	300	6,000
10	柠檬雪碧	杯	20	180	3,600
11					

1月 | 2月 | 3月 | 查询营业额

	A	B	C	D	E
1	名称	单位	价格	数量	营业额
2	美式咖啡	杯	24	300	7,200
3	拿铁咖啡	杯	24	360	8,640
4	卡布奇诺	杯	28	500	14,000
5	摩卡	杯	32	250	8,000
6	西瓜汁	杯	28	300	8,400
7	猕猴桃汁	杯	32	250	8,000
8	抹茶千层	份	28	600	16,800
9	柠檬可乐	杯	20	450	9,000
10	柠檬雪碧	杯	20	380	7,600
11					

1月 | 2月 | 3月 | 查询营业额

	A	B	C	D	E
1	名称	单位	价格	数量	营业额
2	美式咖啡	杯	24	500	12,000
3	拿铁咖啡	杯	24	270	6,480
4	卡布奇诺	杯	28	160	4,480
5	摩卡	杯	32	330	10,560
6	西瓜汁	杯	28	460	12,880
7	猕猴桃汁	杯	32	120	3,840
8	抹茶千层	份	28	480	13,440
9	柠檬可乐	杯	20	370	7,400
10	柠檬雪碧	杯	20	220	4,400
11					

1月 | 2月 | 3月 | 查询营业额

图 4-24

Step 02 打开“查询营业额”工作表，选择B1单元格，打开“数据”选项卡，单击“数据工具”选项组的“数据验证”按钮，如图4-25所示。

Step 03 打开“数据验证”对话框，在“设置”选项卡中，将“允许”设置为“序列”，在“来源”文本框中输入工作表名称“1月,2月,3月”，单击“确定”按钮，如图4-26所示。

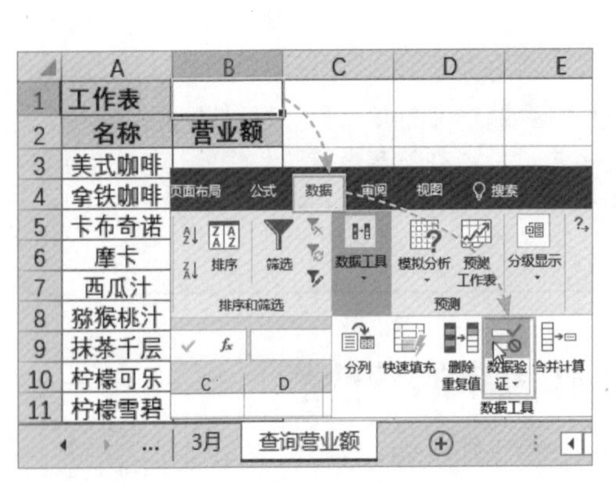

图 4-25

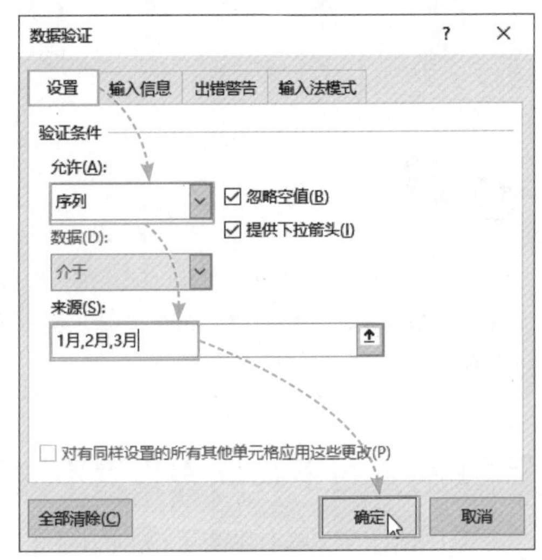

图 4-26

Step 04 选择B1单元格，单击其右侧的下拉按钮，在弹出的列表中选择“2月”选项，如图4-27所示。

Step 05 选择B3单元格，输入公式“=INDIRECT(ADDRESS(ROW(2:10),5,4,1,$B$1))”，按Enter键确认并将公式向下填充，即可查找出“2月”工作表中的营业额，如图4-28所示。

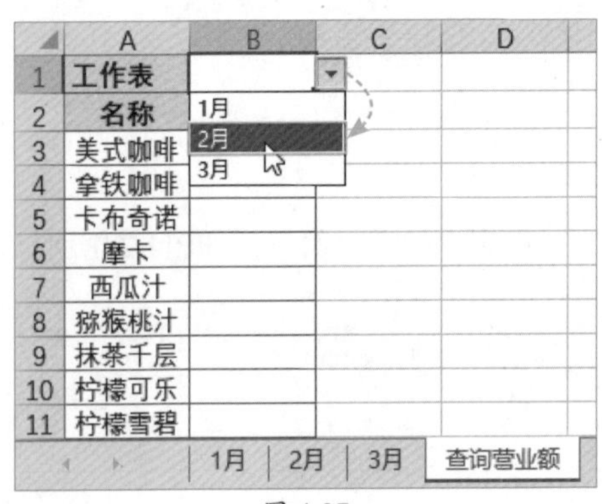

图 4-27

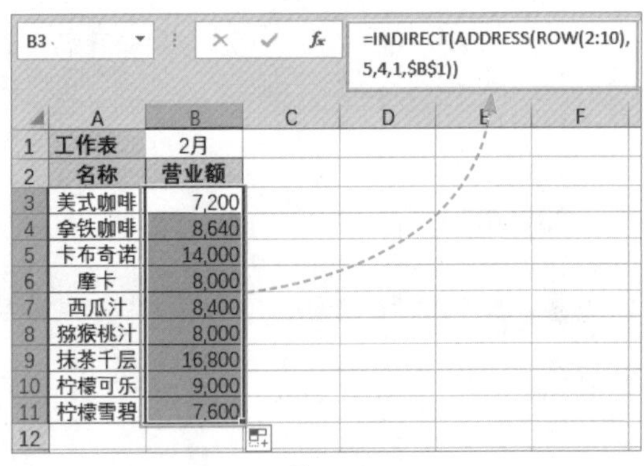

图 4-28

4.2.2 统计分公司的数量

AREAS函数用于返回引用中包含的区域个数，其语法格式为：

AREAS(reference)

参数说明：reference单元格或单元格区域的引用，也可以引用多个区域，如果需要将几个引用指定为一个参数，则必须用括号括起来。

示例：使用AREAS函数统计分公司的数量。

选择F2单元格，输入公式“=AREAS((A1:A9,B1:B9,C1:C9,D1:D9))”，如图4-29所示。按Enter键确认，即可统计出分公司的数量，如图4-30所示。

	A	B	C	D	E	F	G
1	南京分公司	苏州分公司	徐州分公司	扬州分公司		分公司数量	
2	苏超	吴晶	辛欣悦	=AREAS((A1:A9,B1:B9,C1:C9,D1:D9))			
3	李梅	张雨	何珏	付晶			
4	刘红	齐征	吴亭	江英			
5	孙杨	张吉	计芳	王效玮			
6	张星	张函	沈家骥	陈琳			
7	赵亮	王珂	陈晨	刘逸			
8	王晓	刘雯	陆良	张海燕			
9	李明	周勇	蔡晓旭	范娉婷			
10							

图 4-29

F2 =AREAS((A1:A9,B1:B9,C1:C9,D1:D9))

	A	B	C	D	E	F
1	南京分公司	苏州分公司	徐州分公司	扬州分公司		分公司数量
2	苏超	吴晶	辛欣悦	刘冲		4
3	李梅	张雨	何珏	付晶		
4	刘红	齐征	吴亭	江英		
5	孙杨	张吉	计芳	王效玮		
6	张星	张函	沈家骥	陈琳		
7	赵亮	王珂	陈晨	刘逸		
8	王晓	刘雯	陆良	张海燕		
9	李明	周勇	蔡晓旭	范娉婷		

图 4-30

4.2.3 查询员工工资

OFFSET函数用于以指定引用为参照系，通过给定偏移量得到新引用。其语法格式为：

OFFSET(reference,rows,cols,[height],[width])

参数说明：

- **reference：**作为偏移基准的参照。引用必须引用单元格或相邻单元格区域，否则OFFSET返回#VALUE！。
- **rows：**相对于偏移量参照系的左上角单元格上（下）偏移的行数。如果使用3作为参数rows，则说明目标引用区域的左上角单元格比reference低3行。行数可为正数（代表在起始引用的下方）或负数（代表在起始引用的上方）。
- **cols：**相对于偏移量参照系的左上角单元格左（右）偏移的列数。如果使用3作为参数cols，则说明目标引用区域的左上角的单元格比reference靠右3列。列数可为正数（代表在起始引用的右边）或负数（代表在起始引用的左边）。
- **height：**高度，即所要返回的引用区域的行数。height可以为负，-x表示当前行向上的x行。
- **width：**宽度，即所要返回的引用区域的列数。width可以为负，-x表示当前行向左的x列。

示例：使用OFFSET函数查询员工工资。

选择G2单元格，输入公式“=OFFSET(A1,MATCH(G1,A2:A10,0),3)”，如图4-31所示。按Enter键确认，即可将工号为“DS005”的基本工资查询出来，如图4-32所示。

	A	B	C	D	E	F	G
1	工号	姓名	部门	基本工资		工号	DS005
2	DS001	苏超	销售部	=OFFSET(A1,MATCH(G1,A2:A10,0),3)			
3	DS002	李梅	生产部	¥4,000			
4	DS003	刘红	财务部	¥6,000			
5	DS004	孙杨	人事部	¥3,500			
6	DS005	张星	采购部	¥7,000			
7	DS006	赵亮	财务部	¥4,000			
8	DS007	王晓	生产部	¥5,000			
9	DS008	李明	销售部	¥3,000			
10	DS009	吴晶	人事部	¥5,500			
11							
12							

图 4-31

G2 =OFFSET(A1,MATCH(G1,A2:A10,0),3)

	A	B	C	D	E	F	G	H
1	工号	姓名	部门	基本工资		工号	DS005	
2	DS001	苏超	销售部	¥9,000		基本工资	¥7,000	
3	DS002	李梅	生产部	¥4,000				
4	DS003	刘红	财务部	¥6,000				
5	DS004	孙杨	人事部	¥3,500				
6	DS005	张星	采购部	¥7,000				
7	DS006	赵亮	财务部	¥4,000				
8	DS007	王晓	生产部	¥5,000				
9	DS008	李明	销售部	¥3,000				
10	DS009	吴晶	人事部	¥5,500				

图 4-32

知识点拨

上述公式“=OFFSET(A1,MATCH(G1,A2:A10,0),3)”中，A1表示要作为偏移基准的参照；MATCH(G1,A2:A10,0)表示使用MATCH函数查找工号所在位置，即向下偏移的行数；3表示向右偏移的列数。

4.2.4 合并多张工作表中的数据

INDIRECT函数用于返回由文本字符串指定的引用，其语法格式为：

INDIRECT(ref_text,[a1])

参数说明：

- **ref_text：** 对单元格的引用，此单元格可以包含A1样式的引用、R1C1样式的引用、定义为引用的名称或对文本字符串单元格的引用。如果ref_text不是合法的单元格的引用，函数INDIRECT返回错误值#REF!或#NAME?。
- **a1：** 为一逻辑值，指明包含在单元格ref_text中的引用的类型。如果a1为TRUE或省略，ref_text被解释为A1样式的引用。如果a1为FALSE，ref_text被解释为R1C1样式的引用。

注意事项 如果ref_text是对另一个工作簿的引用（外部引用），则工作簿必须被打开。如果源工作簿没有打开，函数INDIRECT返回错误值#REF!。

示例：使用INDIRECT函数合并多张工作表中的数据。

将“泉山区”“云龙区”和“铜山区”商品的销量单独录入到工作表中且商品的名称相同，如图4-33所示。现在需要将各区的销量汇总到“总表”工作表中。

	A	B	C
1	商品	销量	
2	洗衣机	100	
3	冰箱	250	
4	微波炉	360	
5	空调	480	
6	电视机	440	
7	饮水机	250	
8	洗碗机	200	
9	消毒柜	120	
10			

总表 泉山区

	A	B
1	商品	销量
2	洗衣机	200
3	冰箱	450
4	微波炉	300
5	空调	150
6	电视机	230
7	饮水机	360
8	洗碗机	450
9	消毒柜	300
10		

... 云龙区

	A	B
1	商品	销量
2	洗衣机	520
3	冰箱	150
4	微波炉	360
5	空调	170
6	电视机	280
7	饮水机	350
8	洗碗机	100
9	消毒柜	400
10		

... 铜山区

图 4-33

打开“总表”工作表，选择B2单元格，输入公式“=INDIRECT(B$1&"!B"&ROW())”，如图4-34所示。按Enter键确认，即可引用泉山区“洗衣机”的销量，然后将公式向右和向下填充即可，如图4-35所示。

	A	B	C	D	E
1	商品	泉山区	云龙区	铜山区	
2	=INDIRECT(B$1&"!B"&ROW())				
3	冰箱				
4	微波炉				
5	空调				
6	电视机				
7	饮水机				
8	洗碗机				
9	消毒柜				

总表 泉山区 云龙区 铜山区

图 4-34

	A	B	C	D	E
1	商品	泉山区	云龙区	铜山区	
2	洗衣机	100	200	520	
3	冰箱	250	450	150	
4	微波炉	360	300	360	
5	空调	480	150	170	
6	电视机	440	230	280	
7	饮水机	250	360	350	
8	洗碗机	200	450	100	
9	消毒柜	120	300	400	

总表 泉山区 云龙区 铜山区

图 4-35

知识点拨

上述公式“=INDIRECT(B$1&"!B"&ROW())”中，B$1 的值是“泉山区”；&为联结符；ROW() 返回当前行号；B$1&"!B"&ROW() 的结果就是泉山区!B2，即引用“泉山区”工作表中B2单元格的数据。

4.2.5 快速为表格填充序号

ROW函数用于返回引用的行号，其语法格式为：

ROW(reference)

参数说明： reference为需要得到其行号的单元格或单元格区域。如果省略reference，则假定是对函数ROW所在单元格的引用。如果reference为一个单元格区域且函数ROW作为垂直数组输入，则函数ROW将reference的行号以垂直数组的形式返回。

注意事项 reference不能引用多个区域。

示例：使用ROW函数快速为表格填充序号。

选择A2单元格，输入公式“=ROW()-1”，如图4-36所示。按Enter键确认，将公式向下填充，即可快速填充序号，如图4-37所示。

	A	B	C	D	E
1	序号	姓名	性别	年龄	联系方式
2	=ROW()-1	赵佳	女	20	158****1269
3		刘勇	男	22	158****1270
4		李欢	女	23	158****1271
5		赵璐	女	19	158****1272
6		王晓	女	20	158****1273
7		赵璇	女	21	158****1274
8		刘凯	男	23	158****1275
9		杨幂	女	24	158****1276
10		周涛	男	22	158****1277
11					

图 4-36

A2　=ROW()-1

	A	B	C	D	E	F
1	序号	姓名	性别	年龄	联系方式	
2	1	赵佳	女	20	158****1269	
3	2	刘勇	男	22	158****1270	
4	3	李欢	女	23	158****1271	
5	4	赵璐	女	19	158****1272	
6	5	王晓	女	20	158****1273	
7	6	赵璇	女	21	158****1274	
8	7	刘凯	男	23	158****1275	
9	8	杨幂	女	24	158****1276	
10	9	周涛	男	22	158****1277	

图 4-37

4.2.6　计算项目的数量

ROWS函数用于返回引用或数组的行数，其语法格式为：

ROWS(array)

参数说明： array为需要得到其行数的数组、数组公式或对单元格区域的引用。和ROW函数不同，其不能省略参数。

示例：使用ROWS函数计算项目的数量。

选择B11单元格，输入公式“=ROWS(A2:A9)”，如图4-38所示。按Enter键确认，即可计算出项目的数量，如图4-39所示。

	A	B	C	D	E	F
1	项目名称	测量费	设计费	制作费	其他费用	
2	A1项目	850	350	2100	100	
3	A2项目	0	800	3600	5200	
4	A3项目	450	460	4500	3600	
5	B1项目	900	780	2000	4100	
6	B2项目	680	630	3300	2500	
7	C1项目	0	800	1200	3600	
8	C2项目	1200	1800	4800	4522	
9	C3项目	1500	1100	2300	1200	
10						
11		=ROWS(A2:A9)				

图 4-38

B11　=ROWS(A2:A9)

	A	B	C	D	E	F
1	项目名称	测量费	设计费	制作费	其他费用	
2	A1项目	850	350	2100	100	
3	A2项目	0	800	3600	5200	
4	A3项目	450	460	4500	3600	
5	B1项目	900	780	2000	4100	
6	B2项目	680	630	3300	2500	
7	C1项目	0	800	1200	3600	
8	C2项目	1200	1800	4800	4522	
9	C3项目	1500	1100	2300	1200	
10						
11	项目数量	8				

图 4-39

4.2.7　根据列标提取对应的列数

COLUMN函数用于返回引用的列号，其语法格式为：

COLUMN(reference)

参数说明： reference为需要得到其列号的单元格或单元格区域。如果省略reference，则假定为是对函数COLUMN所在单元格的引用。如果reference为一个单元格区域，且函数COLUMN作为水平数组输入，则函数COLUMN将reference 中的列标以水平数组的形式返回。

示例：使用COLUMN函数根据列标提取对应的列数。

选择B2单元格，输入公式“=COLUMN(INDIRECT(A2&1))”，如图4-40所示。按Enter键确认，即可提取列标CD对应的列数，如图4-41所示，然后将公式向下填充，如图4-42所示。

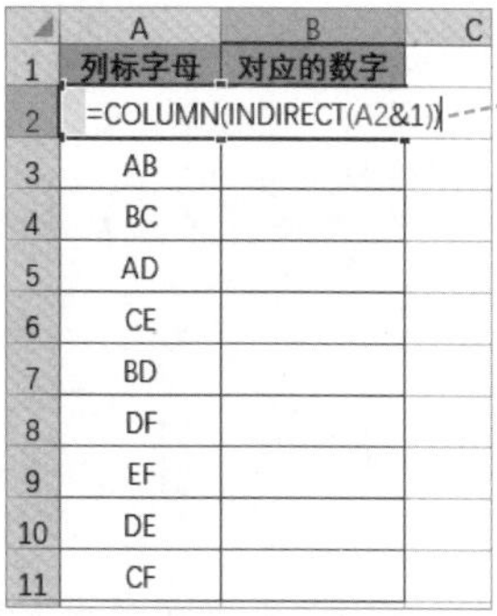

	A	B	C
1	列标字母	对应的数字	
2	=COLUMN(INDIRECT(A2&1))		
3	AB		
4	BC		
5	AD		
6	CE		
7	BD		
8	DF		
9	EF		
10	DE		
11	CF		

图 4-40

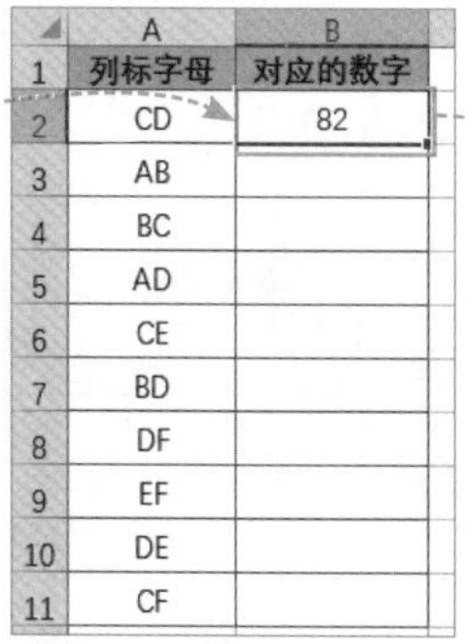

	A	B
1	列标字母	对应的数字
2	CD	82
3	AB	
4	BC	
5	AD	
6	CE	
7	BD	
8	DF	
9	EF	
10	DE	
11	CF	

图 4-41

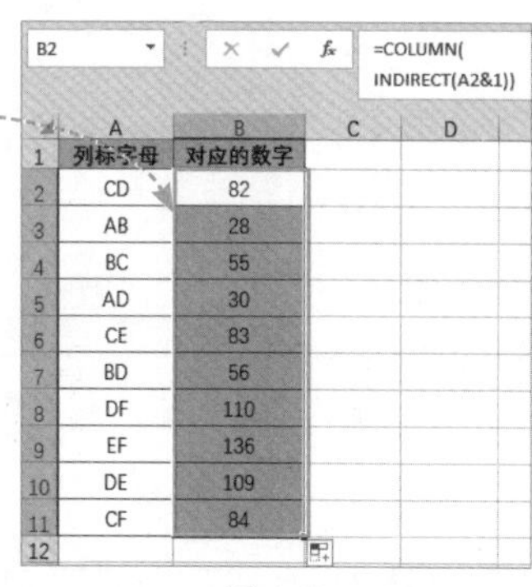

B2 =COLUMN(INDIRECT(A2&1))

	A	B	C	D
1	列标字母	对应的数字		
2	CD	82		
3	AB	28		
4	BC	55		
5	AD	30		
6	CE	83		
7	BD	56		
8	DF	110		
9	EF	136		
10	DE	109		
11	CF	84		
12				

图 4-42

知识点拨

上述公式首先利用INDIRECT函数将A2的字母连接数字1，转换成单元格引用，即将字符串“A2&1”转换成引用单元格“CD1”，然后用COLUMN函数计算单元格“CD1”在工作表中属于第几列。

4.2.8 计算项目需要开支的数量

COLUMNS函数用于返回数组或引用的列数。其语法格式为：

COLUMNS(array)

参数说明： array为需要得到其列数的数组或数组公式，或对单元格区域的引用。

示例：使用COLUMNS函数计算项目需要开支的数量。

选择B11单元格，输入公式“=COLUMNS(B1:F9)”，如图4-43所示。按Enter键确认，即可计算出项目需要开支的数量，如图4-44所示。

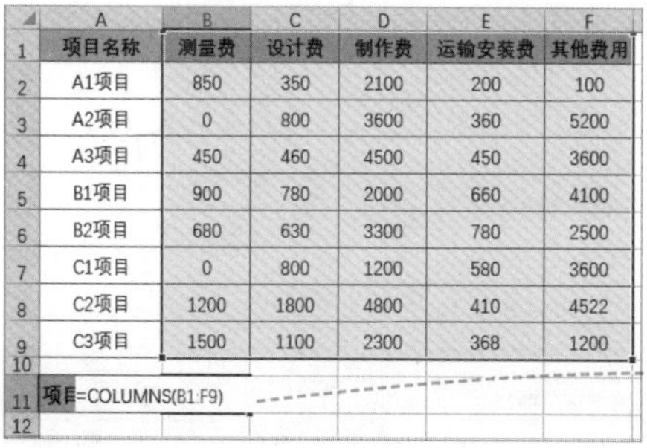

	A	B	C	D	E	F
1	项目名称	测量费	设计费	制作费	运输安装费	其他费用
2	A1项目	850	350	2100	200	100
3	A2项目	0	800	3600	360	5200
4	A3项目	450	460	4500	450	3600
5	B1项目	900	780	2000	660	4100
6	B2项目	680	630	3300	780	2500
7	C1项目	0	800	1200	580	3600
8	C2项目	1200	1800	4800	410	4522
9	C3项目	1500	1100	2300	368	1200
10						
11	项目	=COLUMNS(B1:F9)				
12						

图 4-43

B11 =COLUMNS(B1:F9)

	A	B	C	D	E	F
1	项目名称	测量费	设计费	制作费	运输安装费	其他费用
2	A1项目	850	350	2100	200	100
3	A2项目	0	800	3600	360	5200
4	A3项目	450	460	4500	450	3600
5	B1项目	900	780	2000	660	4100
6	B2项目	680	630	3300	780	2500
7	C1项目	0	800	1200	580	3600
8	C2项目	1200	1800	4800	410	4522
9	C3项目	1500	1100	2300	368	1200
10						
11	项目开支数量	5				

图 4-44

案例实战：查询客户基本信息

客户信息统计表中记录了重要客户的基本信息，为了快速找到需要的客户信息，用户可以制作一张“客户信息查询表”工作表，如图4-45所示。

客户编号	城市	公司名称	联系人	职务	联系方式	合作时间	通讯地址	邮编	电话与传真
XZ001	北京	华夏百货	李梅	采购主管	136****1542	5	青年路2号	100084	010-62****66
XZ002	北京	鸿运商场	曾雪	采购主管	132****9999	3	卫国路12号	100010	010-68****67
XZ003	北京	利来超市	杨凡	采购主管	139****1944	4	上环1号	100023	010-60****99
XZ004	上海	凤鸣商场	赵佳	采购主管	133****1000	2	黄浦路1号	200000	021-85****66
XZ005	深圳	爱客商场	孙杨	采购主管	132****1584	6			
XZ006	广州	风姿百货	陈明	采购主管	159****1555	7			
XZ007	重庆	万佳超市	蒋江	采购主管	133****1889	10			
XZ008	成都	吉美百货	刘雯	采购主管	136****1010	6			
XZ009	成都	洪福百货	王晓	采购主管	136****1589	8			
XZ010	贵州	千千时代商场	陈锋	采购主管	134****5555	9			
XZ011	南京	蓬莱百货	张宇	采购主管	136****8438	10			

客户信息查询表	
客户编号	XZ009
公司名称	洪福百货
联系人	王晓
合作时间	8

图 4-45

Step 01 打开“客户信息统计表”工作表，选择C15单元格，打开“数据”选项卡，单击“数据验证”按钮，如图4-46所示。

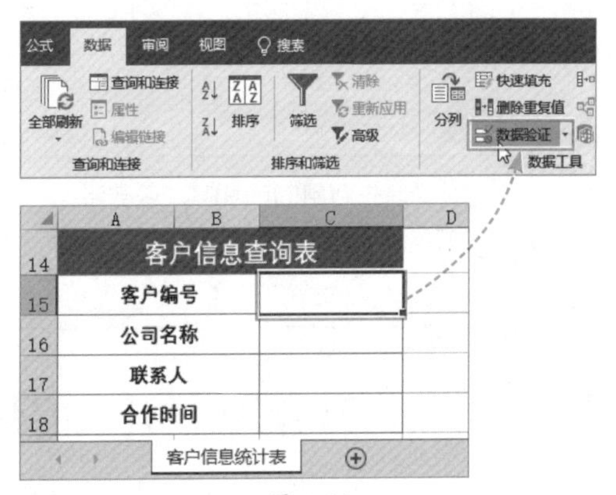

图 4-46

Step 02 打开“数据验证”对话框，在“设置”选项卡中将“允许”设置为“序列”，然后单击“来源”文本框右侧的折叠按钮，如图4-47所示。

图 4-47

Step 03 在工作表中选择A2:A12单元格区域，再次单击折叠按钮，如图4-48所示。返回“数据验证”对话框，直接单击“确定”按钮，如图4-49所示。

	A	B	C	D	E
1	客户编号	城市	公司名称	联系人	职务
2	XZ001	北京	华夏百货	李梅	采购主管
3	XZ002	北	运商场	曾雪	采购主管
4	XZ003	北	来超市	杨凡	采购主管
5	XZ004	上海	凤鸣商场	赵佳	采购主管
6	XZ005	深圳	爱客商场	孙杨	采购主管
7	XZ006	广州	风姿百货	陈明	采购主管
8	XZ007	重庆	万佳超市	蒋江	采购主管
12	XZ011	南京	蓬莱百货	张宇	采购主管

图 4-48　　　　图 4-49

Step 04 选择C15单元格，单击其右侧的下拉按钮，在弹出的列表中选择“XZ005”选项，如图4-50所示。

Step 05 选择C16单元格，输入公式“=VLOOKUP($C$15,$A$2:$J$12,3,FALSE)”，按Enter键确认，根据客户编号查找对应的公司名称，如图4-51所示。

	A	B	C	D
14	客户信息查询表			
15	客户编号			
16	公司名称		XZ001 XZ002 XZ003 XZ004 XZ005 XZ006 XZ007 XZ008	
17	联系人			
18	合作时间			

图 4-50

图 4-51

Step 06 选择C17单元格，输入公式“=VLOOKUP($C$15,$A$2:$J$12,4,FALSE)”，按Enter键确认，根据客户编号查找对应的联系人，如图4-52所示。

Step 07 选择C18单元格，输入公式“=VLOOKUP($C$15,$A$2:$J$12,7,FALSE)”，按Enter键确认，根据客户编号查找对应的合作时间，如图4-53所示。

C17　=VLOOKUP($C$15,$A$2:$J$12,4,FALSE)

	A	B	C	D
14	客户信息查询表			
15	客户编号		XZ005	
16	公司名称		爱客商场	
17	联系人		孙杨	
18	合作时间			

图 4-52

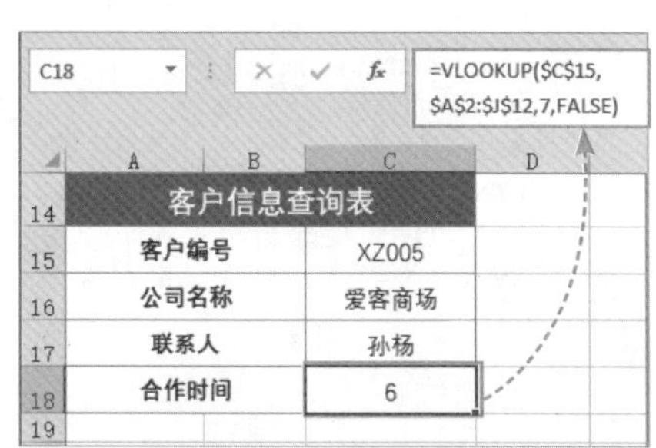

图 4-53

新手答疑

1. Q：如何清除工作表中的数据验证？

A：选择设置了数据验证的单元格，打开“数据验证”对话框，直接单击“全部清除”按钮即可，如图4-54所示。

2. Q：如何为工作表重命名？

A：选择工作表，右击，在弹出的快捷菜单中选择“重命名”命令，工作表标签处于可编辑状态，输入名称后按Enter键确认即可，如图4-55所示。

图 4-54

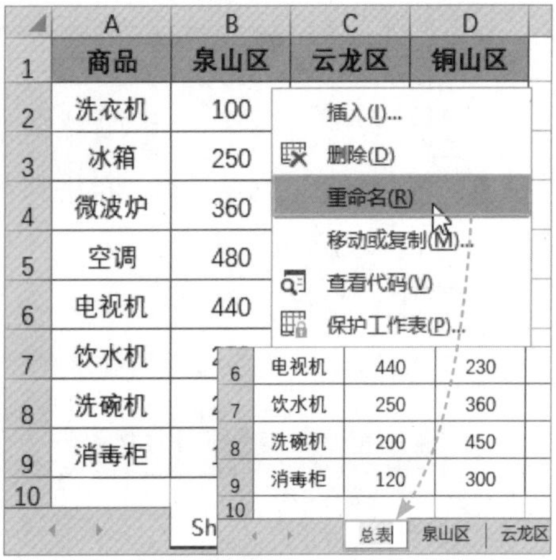

图 4-55

3. Q：如何调整表格的行高或列宽？

A：选择行，右击，在弹出的快捷菜单中选择“行高”命令，打开“行高”对话框，输入需要的行高值，单击“确定”按钮，如图4-56所示，即可调整行高。选择列，右击，在弹出的快捷菜单中选择“列宽”命令，打开“列宽”对话框，输入需要的列宽值，单击“确定”按钮，如图4-57所示，即可调整列宽。

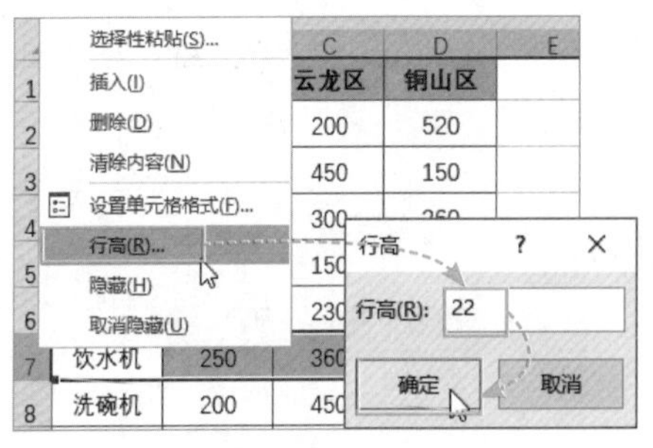

图 4-56

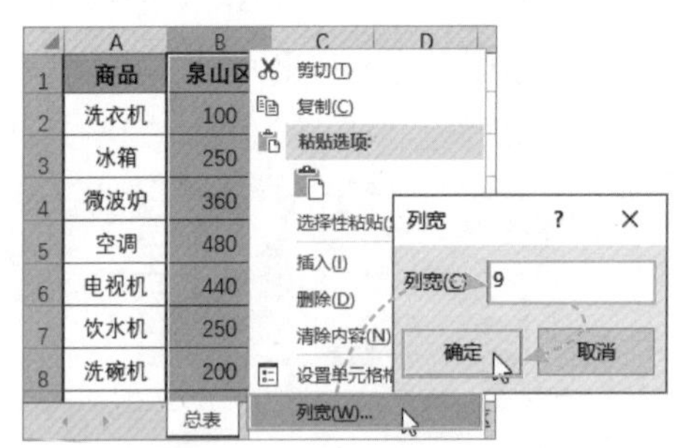

图 4-57

第5章 逻辑函数的应用

逻辑函数是根据不同条件进行不同处理的函数。在Excel中，可以使用逻辑函数对单个或多个表达式的逻辑关系进行判断，返回一个逻辑值。本章将以案例的形式对逻辑函数的应用进行详细介绍。

5.1 真假判断函数

用户可以通过AND函数、OR函数和NOT函数三种逻辑关系来判断条件的真假，返回逻辑值TRUE和FALSE。

5.1.1 判断两个单元格中的内容是否相同

TRUE和FALSE既是函数也是逻辑值。TRUE作为函数时，用于返回逻辑值TRUE，其语法格式为：TRUE()；FALSE作为函数时，用于返回逻辑值FALSE，其语法格式为：FALSE()。

当公式执行比较运算时，产生逻辑值TRUE和FALSE。TRUE表示成立，FALSE表示不成立。

示例：判断两个单元格中的内容是否相同。

选择C2单元格，输入公式“=A2=B2”，如图5-1所示。按Enter键确认，即可判断A2和B2单元格中的内容是否相同，相同返回TRUE，不相同返回FALSE，如图5-2所示，然后将公式向下填充即可，如图5-3所示。

	A	B	C
1	姓名	姓名	是否相同
2	赵佳	赵佳	=A2=B2
3	刘华	刘华	
4	孙杨	孙阳	
5	李梅	李梅	
6	周丽	周莉	
7	吴乐	吴乐	
8	王晓	王晓	
9	刘雯	刘稳	

图 5-1

	A	B	C
1	姓名	姓名	是否相同
2	赵佳	赵佳	TRUE
3	刘华	刘华	
4	孙杨	孙阳	
5	李梅	李梅	
6	周丽	周莉	
7	吴乐	吴乐	
8	王晓	王晓	
9	刘雯	刘稳	

图 5-2

	A	B	C	D
1	姓名	姓名	是否相同	
2	赵佳	赵佳	TRUE	
3	刘华	刘华	TRUE	
4	孙杨	孙阳	FALSE	
5	李梅	李梅	TRUE	
6	周丽	周莉	FALSE	
7	吴乐	吴乐	TRUE	
8	王晓	王晓	TRUE	
9	刘雯	刘稳	FALSE	
10				

图 5-3

动手练 提取手机最新报价

扫码看视频

由于市场供求关系及原材料成本的变化，每个产品在不同时期也有不同的价格。用户可以使用函数将手机的最新报价提取出来，如图5-4所示。

	A	B	C	D	E
1	日期	产品	价格		OPPO R17的最新价格
2	2019/12/7	华为畅享10S	1599		1058
3	2019/12/17	vivo X30	3298		
4	2018/9/10	OPPO R17	3499		
5	2020/9/11	华为畅享10S	1499		
6	2020/7/4	OPPO R17	1058		
7	2020/11/2	vivo X30	2998		

图 5-4

选择E2单元格，输入公式“=INDEX(C:C,MAX((B2:B7="OPPO R17")*ROW(2:7)))”，如图5-5所示。按Ctrl+Shift+Enter组合键确认，即可将OPPO R17的最新价格提取出来，如图5-6所示。

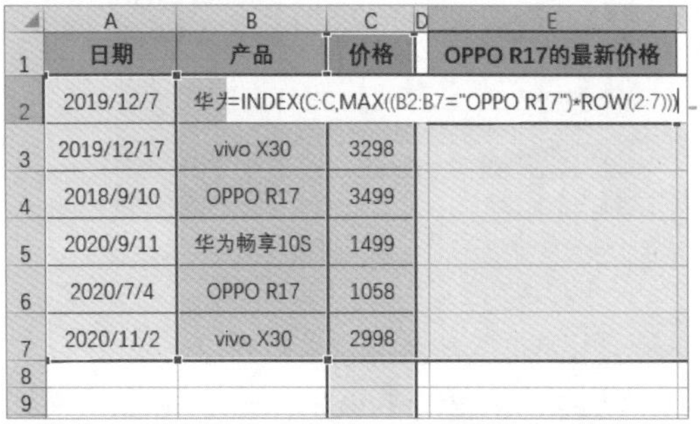

	A	B	C	D	E
1	日期	产品	价格		OPPO R17的最新价格
2	2019/12/7	华为=INDEX(C:C,MAX((B2:B7="OPPO R17")*ROW(2:7)))			
3	2019/12/17	vivo X30	3298		
4	2018/9/10	OPPO R17	3499		
5	2020/9/11	华为畅享10S	1499		
6	2020/7/4	OPPO R17	1058		
7	2020/11/2	vivo X30	2998		
8					
9					

图 5-5

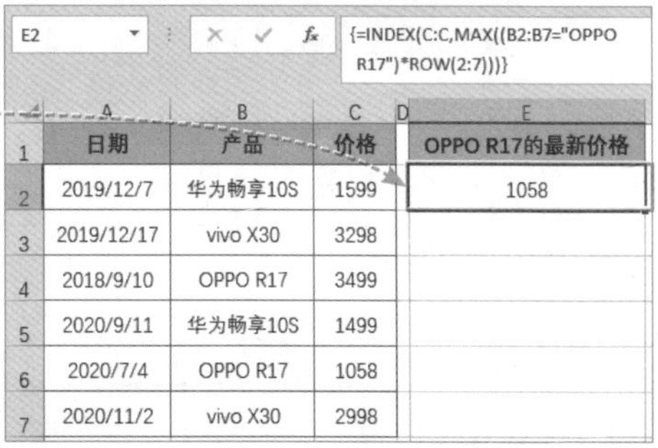

E2 {=INDEX(C:C,MAX((B2:B7="OPPO R17")*ROW(2:7)))}

	A	B	C	D	E
1	日期	产品	价格		OPPO R17的最新价格
2	2019/12/7	华为畅享10S	1599		1058
3	2019/12/17	vivo X30	3298		
4	2018/9/10	OPPO R17	3499		
5	2020/9/11	华为畅享10S	1499		
6	2020/7/4	OPPO R17	1058		
7	2020/11/2	vivo X30	2998		

图 5-6

知识点拨

上述公式中利用表达式“B2:B7="OPPO R17"”产生一个由逻辑值TRUE和FALSE组成的数组，再用这个数组与各行的行号相乘，得到包含有产品“OPPO R17”所在行的行号及0值组成的数组。再用MAX函数从中取出最大值，表示产品“OPPO R17”最后一次出现的位置。最后将其作为INDEX函数的参数，在C列中取出对应的值。

5.1.2 判断员工是否符合晋升条件

AND函数用于判定指定的多个条件是否全部成立，其语法格式为：

AND(logical1,logical2,...)

参数说明： logical1,logical2,...是1 ~ 255个结果为TRUE或FALSE的检测条件，检测内容可以是逻辑值、数组或引用。

知识点拨

所有参数的逻辑值为真时，返回TRUE；只要有一个参数的逻辑值为假，即返回 FALSE。

示例：使用AND函数判断员工是否符合晋升条件。

假设员工“学习能力”“沟通能力”和“管理能力”全部大于80分，符合晋升条件。选择E2单元格，输入公式“=AND(B2>80,C2>80,D2>80)”，如图5-7所示。按Enter键确认，即可判断出员工是否符合晋升条件，然后将公式向下填充，如图5-8所示。

	A	B	C	D	E
1	员工	学习能力	沟通能力	管理能力	是否符合晋升条件
2	刘稳	88	81	=AND(B2>80,C2>80,D2>80)	
3	王晓	65	85	45	
4	陈毅	59	87	69	
5	曹兴	91	97	95	
6	赵璇	70	69	84	
7	徐蚌	84	90	95	
8	刘佳	78	85	90	
9	刘全	95	70	64	
10	赵亮	71	69	55	

图 5-7

E2　=AND(B2>80,C2>80,D2>80)

	A	B	C	D	E	F
1	员工	学习能力	沟通能力	管理能力	是否符合晋升条件	
2	刘稳	88	81	91	TRUE	
3	王晓	65	85	45	FALSE	
4	陈毅	59	87	69	FALSE	
5	曹兴	91	97	95	TRUE	
6	赵璇	70	69	84	FALSE	
7	徐蚌	84	90	95	TRUE	
8	刘佳	78	85	90	FALSE	
9	刘全	95	70	64	FALSE	
10	赵亮	71	69	55	FALSE	

图 5-8

知识点拨

上述公式中，当“学习能力”“沟通能力”和“管理能力”全部大于80分，则返回TRUE，有一个不符合条件则返回FALSE。

5.1.3 判断学生是否符合贫困生

OR函数用于判定指定的多个条件式中是否有一个以上成立，其语法格式为：

OR(logical1,logical2,...)

参数说明： logical1,logical2,...是1～255个结果是TRUE或FALSE的检测条件。

注意事项 在其参数组中，任何一个参数逻辑值为TRUE，即返回TRUE；所有参数的逻辑值为FALSE，才返回 FALSE。

示例：使用OR函数判断学生是否符合贫困生。

假设，户口是农村或者家庭年收入小于30000元的学生，符合贫困生条件。选择D2单元格，输入公式“=OR(B2="农村",C2<30000)”，如图5-9所示。按Enter键确认，即可判断出是否符合贫困生条件，然后将公式向下填充，如图5-10所示。

	A	B	C	D
1	学生	户口	家庭年收入	是否符合贫困生
2	刘稳	城镇	=OR(B2="农村",C2<30000)	
3	王晓	农村	60000	
4	陈毅	城镇	130000	
5	曹兴	城镇	250000	
6	赵璇	城镇	20000	
7	徐蚌	农村	22000	
8	刘佳	农村	50000	
9	刘全	城镇	15000	
10	赵亮	城镇	40000	

图 5-9

D2　=OR(B2="农村",C2<30000)

	A	B	C	D	E
1	学生	户口	家庭年收入	是否符合贫困生	
2	刘稳	城镇	150000	FALSE	
3	王晓	农村	60000	TRUE	
4	陈毅	城镇	130000	FALSE	
5	曹兴	城镇	250000	FALSE	
6	赵璇	城镇	20000	TRUE	
7	徐蚌	农村	22000	TRUE	
8	刘佳	农村	50000	TRUE	
9	刘全	城镇	15000	TRUE	
10	赵亮	城镇	40000	FALSE	
11					

图 5-10

知识点拨

上述公式中，当户口是农村或家庭年收入小于30000元，有一个满足条件，则返回TRUE，都不满足则返回FALSE。

5.1.4 判断游戏玩家是否未成年

NOT函数用于判定指定的条件不成立，其语法格式为：

NOT(logical)

参数说明：logical为一个可以计算出TRUE或FALSE结论的逻辑值或逻辑表达式。

知识点拨

NOT翻译成中文为不是，表示否定，也就意味着该函数是对参数值求反。若原参数值是TRUE，用NOT函数后得出的结果就是FALSE。

示例：使用NOT函数判断游戏玩家是否未成年。

假设，游戏玩家的年龄大于等于18岁为成年。选择C2单元格，输入公式“=NOT(B2>=18)”，如图5-11所示。按Enter键确认，即可判断出游戏玩家是否未成年，然后将公式向下填充，如图5-12所示。

	A	B	C
1	游戏玩家	年龄	是否未成年
2	李茂	18	=NOT(B2>=18)
3	张云	22	
4	孙磊	15	
5	刘佳	26	
6	赵珂	12	
7	刘雯	29	
8	吴磊	20	

图 5-11

C2 =NOT(B2>=18)

	A	B	C	D
1	游戏玩家	年龄	是否未成年	
2	李茂	18	FALSE	
3	张云	22	FALSE	
4	孙磊	15	TRUE	
5	刘佳	26	FALSE	
6	赵珂	12	TRUE	
7	刘雯	29	FALSE	
8	吴磊	20	FALSE	

图 5-12

动手练 根据年龄判断员工是否退休

假设男员工的年龄大于或等于60退休，女员工的年龄大于或等于50退休，用户可以使用OR和AND函数判断员工是否退休，如图5-13所示。

扫码看视频

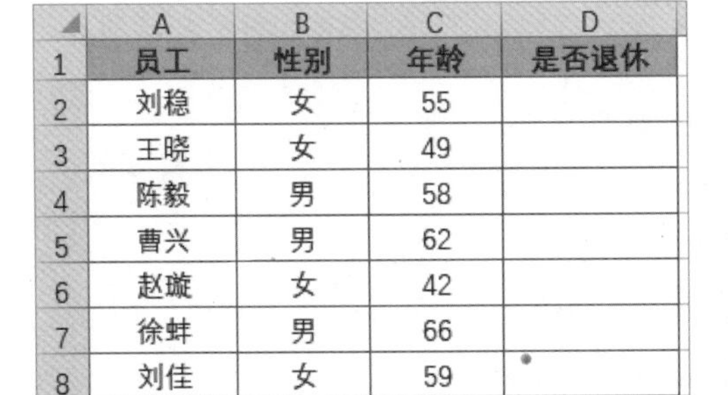

	A	B	C	D
1	员工	性别	年龄	是否退休
2	刘稳	女	55	
3	王晓	女	49	
4	陈毅	男	58	
5	曹兴	男	62	
6	赵璇	女	42	
7	徐蚌	男	66	
8	刘佳	女	59	
9	刘全	男	50	
10	赵亮	男	67	

	A	B	C	D
1	员工	性别	年龄	是否退休
2	刘稳	女	55	TRUE
3	王晓	女	49	FALSE
4	陈毅	男	58	FALSE
5	曹兴	男	62	TRUE
6	赵璇	女	42	FALSE
7	徐蚌	男	66	TRUE
8	刘佳	女	59	TRUE
9	刘全	男	50	FALSE
10	赵亮	男	67	TRUE

图 5-13

选择D2单元格，输入公式“=OR(AND(B2="男",C2>=60),AND(B2="女", C2>=50))”，如图5-14所示。按Enter键确认，判断是否退休，然后将公式向下填充，如图5-15所示。

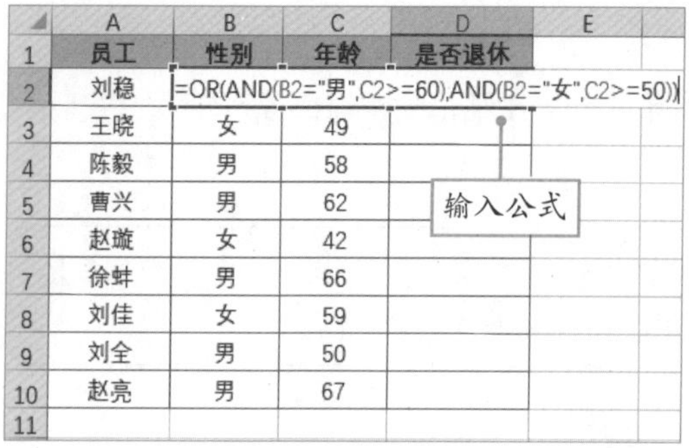

	A	B	C	D	E
1	员工	性别	年龄	是否退休	
2	刘稳	=OR(AND(B2="男",C2>=60),AND(B2="女",C2>=50))			
3	王晓	女	49		
4	陈毅	男	58		
5	曹兴	男	62		
6	赵璇	女	42		
7	徐蚌	男	66		
8	刘佳	女	59		
9	刘全	男	50		
10	赵亮	男	67		
11					

输入公式

图 5-14

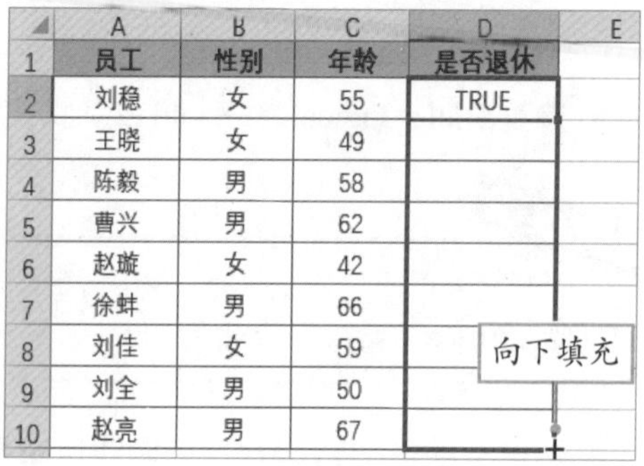

	A	B	C	D	E
1	员工	性别	年龄	是否退休	
2	刘稳	女	55	TRUE	
3	王晓	女	49		
4	陈毅	男	58		
5	曹兴	男	62		
6	赵璇	女	42		
7	徐蚌	男	66		
8	刘佳	女	59		
9	刘全	男	50		
10	赵亮	男	67		

向下填充

图 5-15

知识点拨

上述公式中首先利用AND函数判断是否满足“男”“>=60”这两个条件，再判断是否满足“女”“>=50”这两个条件，最后用OR函数取值，只要有任何一个AND函数返回为TRUE，公式最后的结果就返回TRUE。

5.2 IF条件判断函数

IF函数是条件判断函数，根据指定的条件来判断其“真”（TRUE）、“假”（FALSE），根据逻辑计算的真假值，返回相应的内容。用户可以使用IF函数对数值和公式进行条件检测。

5.2.1 判断实际产量是否达标

IF函数用于执行真假值判断，根据逻辑测试值返回不同的结果，其语法格式为：

IF(logical_test,value_if_true,value_if_false)

参数说明：

- **logical_test：** 计算结果为TRUE或FALSE的任意值或表达式。
- **value_if_true：** logical_test为TRUE时返回的值。
- **value_if_false：** logical_test为FALSE时返回的值。

示例：使用IF函数判断实际产量是否达标。

选择D2单元格，输入公式“=IF(C2>B2,"达标","不达标")”，如图5-16所示。按Enter键确认，判断是否达标，然后将公式向下填充，如图5-17所示。

	A	B	C	D
1	产品	标准产量	实际产量	是否达标
2	刹车片	2500	=IF(C2>B2,"达标","不达标")	
3	固定夹	3600	3900	
4	离合器片	7800	2500	
5	分离轴承	6300	7800	
6	十字轴	2900	1300	
7	拉杆	4500	5900	
8	消声器	8900	6500	
9	控制臂	6600	8800	

图 5-16

D2 =IF(C2>B2,"达标","不达标")

	A	B	C	D
1	产品	标准产量	实际产量	是否达标
2	刹车片	2500	1500	不达标
3	固定夹	3600	3900	达标
4	离合器片	7800	2500	不达标
5	分离轴承	6300	7800	达标
6	十字轴	2900	1300	不达标
7	拉杆	4500	5900	达标
8	消声器	8900	6500	不达标
9	控制臂	6600	8800	达标
10				

图 5-17

知识点拨

上述公式中使用IF函数判断实际产量是否大于标准产量，如果大于，则公式返回“达标”，否则返回“不达标”。

5.2.2 判断员工培训成绩是否及格

IF函数还可以和其他函数嵌套使用来完成更复杂的判断。例如，IF函数和AVERAGE函数嵌套使用，判断员工培训成绩是否及格。

假设“规章制度”“质量管理”和“计算机技能”的平均成绩大于或等于60为及格，否则不及格。选择E2单元格，输入公式“=IF(AVERAGE(B2:D2)>=60,"及格","不及格")”，如图5-18所示。按Enter键确认，判断是否及格，然后将公式向下填充，如图5-19所示。

	A	B	C	D	E	F
1	员工	规章制度	质量管理	计算机技能	是否及格	
2	曹光	55	45	=IF(AVERAGE(B2:D2)>=60,"及格","不及格")		
3	胡兵	65	78	50		
4	李腾	75	54	69		
5	马丽	33	72	52		
6	胡波	69	88	74		
7	赵佳	58	71	60		
8	李媛	77	69	84		
9	刘雯	70	55	52		
10	孙敏	57	66	84		
11	陈晓	66	50	71		
12						

图 5-18

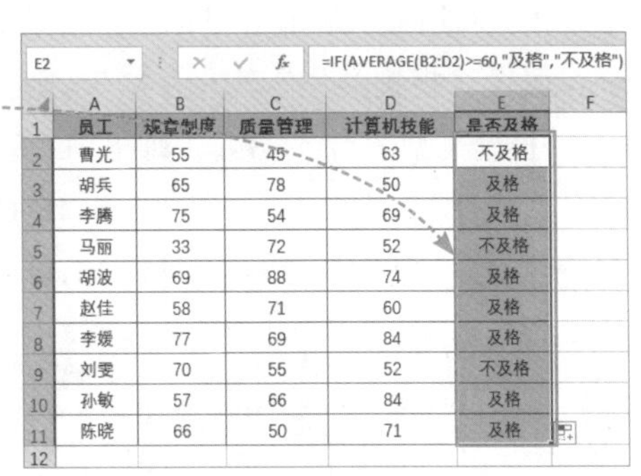

E2 =IF(AVERAGE(B2:D2)>=60,"及格","不及格")

	A	B	C	D	E	F
1	员工	规章制度	质量管理	计算机技能	是否及格	
2	曹光	55	45	63	不及格	
3	胡兵	65	78	50	及格	
4	李腾	75	54	69	及格	
5	马丽	33	72	52	不及格	
6	胡波	69	88	74	及格	
7	赵佳	58	71	60	及格	
8	李媛	77	69	84	及格	
9	刘雯	70	55	52	不及格	
10	孙敏	57	66	84	及格	
11	陈晓	66	50	71	及格	
12						

图 5-19

知识点拨

上述公式中首先利用AVERAGE函数计算引用区域的平均成绩，然后通过IF函数判断平均成绩是否大于或等于60，如果成立，则公式返回“及格”，否则返回“不及格”。

5.2.3 根据笔试成绩和面试成绩判断是否有证书

IF函数和AND函数嵌套使用，根据笔试成绩和面试成绩判断是否有证书。

假设“笔试成绩”和“面试成绩”全部大于或等于70有证书，否则没有证书。选择D2单元格，输入公式“=IF(AND(B2>=70,C2>=70),"有证书","没有证书")”，如图5-20所示。按Enter键确认，判断是否有证书，然后将公司向下填充，如图5-21所示。

	A	B	C	D	E
1	姓名	笔试成绩	面试成绩	是否有证书	
2	赵佳	60	=IF(AND(B2>=70,C2>=70),"有证书","没有证书")		
3	刘稳	78	55		
4	王晓	72	88		
5	张峰	88	68		
6	孙雪	89	76		
7	王学	63	84		
8	李媛	75	89		
9	赵倩	66	62		
10	吴乐	80	92		
11					

图 5-20

D2 =IF(AND(B2>=70,C2>=70),"有证书","没有证书")

	A	B	C	D	E
1	姓名	笔试成绩	面试成绩	是否有证书	
2	赵佳	60	84	没有证书	
3	刘稳	78	55	没有证书	
4	王晓	72	88	有证书	
5	张峰	88	68	没有证书	
6	孙雪	89	76	有证书	
7	王学	63	84	没有证书	
8	李媛	75	89	有证书	
9	赵倩	66	62	没有证书	
10	吴乐	80	92	有证书	

图 5-21

知识点拨

上述公式中首先利用AND函数判断是否满足“笔试成绩”大于或等于70，“面试成绩”大于或等于70，然后使用IF函数判断条件是否成立，成立时返回“有证书”，不成立时返回“没有证书”。

5.2.4 根据报销类型输入报销费用

IF函数通过层层嵌套可以进行多条件判断。例如，根据报销类型输入报销费用。

假设“报销类型”为“A类”，则报销100元；“报销类型”为“B类”，则报销150元；“报销类型”为“C类”，则报销200元；“报销类型”为“D类”，则报销300元。

选择D2单元格，输入公式“=IF(C2="A类",100,IF(C2="B类",150,IF(C2="C类",200,300)))”，如图5-22所示。按Enter键确认，即可输入报销费用，如图5-23所示。

	A	B	C	D
1	员工	部门	报销类型	报销费用
2	沈红	销售部	A类	=IF(C2="A类",100,IF(C2="B类",150,IF(C2="C类",200,300)))
3	刘佳	财务部	B类	
4	王晓	行政部	C类	
5	赵文	生产部	D类	
6	吴乐	财务部	B类	
7	曹兴	销售部	A类	
8	钱勇	生产部	D类	
9	孙杨	行政部	C类	
10				

图 5-22

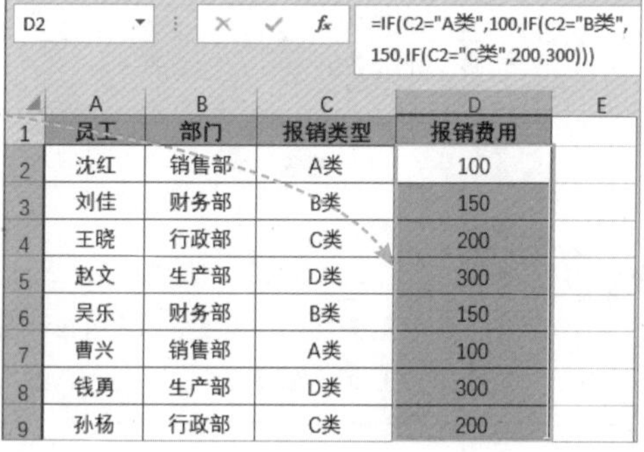

D2 =IF(C2="A类",100,IF(C2="B类",150,IF(C2="C类",200,300)))

	A	B	C	D	E
1	员工	部门	报销类型	报销费用	
2	沈红	销售部	A类	100	
3	刘佳	财务部	B类	150	
4	王晓	行政部	C类	200	
5	赵文	生产部	D类	300	
6	吴乐	财务部	B类	150	
7	曹兴	销售部	A类	100	
8	钱勇	生产部	D类	300	
9	孙杨	行政部	C类	200	

图 5-23

5.2.5 判断参赛选手是否被淘汰

IF函数和OR函数嵌套使用，判断参赛选手是否被淘汰。

假设只要有一个裁判判定“不通过”，则选手被淘汰，否则晋级。选择F2单元格，输入公式“=IF(OR(B2:E2="不通过"),"淘汰","晋级")”，如图5-24所示。按Ctrl+Shift+Enter组合键确认，即可判断出选手是否被淘汰，双击单元格的填充柄，然后将公式向下填充，如图5-25所示。

	A	B	C	D	E	F	G
1	参赛选手	裁判1	裁判2	裁判3	裁判4	是否淘汰	
2	赵佳	通过	不通过	=IF(OR(B2:E2="不通过"),"淘汰","晋级")			
3	刘雯	通过	通过	通过	通过		
4	韩梅	不通过	通过	通过	通过		
5	王晓	通过	不通过	不通过	通过		
6	陈锋	通过	通过	通过	通过		
7	刘欢	不通过	不通过	不通过	不通过		
8	肖云	通过	通过	通过	通过		
9	孙杨	通过	通过	通过	不通过		

图 5-24

F2 {=IF(OR(B2:E2="不通过"),"淘汰","晋级")}

	A	B	C	D	E	F	G
1	参赛选手	裁判1	裁判2	裁判3	裁判4	是否淘汰	
2	赵佳	通过	不通过	通过	不通过	淘汰	
3	刘雯	通过	通过	通过	通过	晋级	
4	韩梅	不通过	通过	通过	通过	淘汰	
5	王晓	通过	不通过	不通过	通过	淘汰	
6	陈锋	通过	通过	通过	通过	晋级	
7	刘欢	不通过	不通过	不通过	不通过	淘汰	
8	肖云	通过	通过	通过	通过	晋级	
9	孙杨	通过	通过	通过	不通过	淘汰	

图 5-25

知识点拨

上述公式中使用数组作为OR函数的参数，让OR函数分别对数组中每一个元素进行判断，当任意一个条件符合时就返回逻辑值TRUE，如果所有条件都不符合才返回FALSE，最后使用IF函数判断条件是否成立，成立时，返回“淘汰”，否则返回“晋级”。

5.2.6 根据业绩计算奖金总额

IF函数和SUM函数嵌套使用，可以根据业绩计算奖金总额。

假设“业绩”大于60000元的员工给奖金2000元，否则给奖金1000元。选择E2单元格，输入公式“=SUM(IF(C2:C9>60000,2000,1000))”，如图5-26所示。按Ctrl+Shift+Enter组合键确认，即可计算出奖金总额，如图5-27所示。

	A	B	C	D	E	F
1	员工	部门	业绩		奖金总额	
2	刘欢	销售1部	=SUM(IF(C2:C9>60000,2000,1000))			
3	赵璇	销售1部	52140			
4	王晓	销售2部	10256			
5	孙可	销售2部	33684			
6	李美	销售2部	78542			
7	周丽	销售3部	69852			
8	陈锋	销售3部	42369			
9	刘艳	销售3部	52103			

图 5-26

E2 {=SUM(IF(C2:C9>60000,2000,1000))}

	A	B	C	D	E	F
1	员工	部门	业绩		奖金总额	
2	刘欢	销售1部	85421		11000	
3	赵璇	销售1部	52140			
4	王晓	销售2部	10256			
5	孙可	销售2部	33684			
6	李美	销售2部	78542			
7	周丽	销售3部	69852			
8	陈锋	销售3部	42369			
9	刘艳	销售3部	52103			

图 5-27

知识点拨

上述公式中通过IF函数将区域分为两类，如果业绩大于60000元，则按2000元计算奖金，否则按1000元计算奖金。最后使用SUM函数将所有奖金汇总求和。

5.2.7 计算合计金额时忽略错误值

IF函数和SUM、ISERROR函数嵌套使用，可以在计算合计金额时忽略错误值。

在“金额”列中存在两处错误值，如果需要计算合计金额，则选择G2单元格，输入公式“=SUM(IF(ISERROR(E2:E9),0,E2:E9))”，如图5-28所示。

	A	B	C	D	E	F	G
1	销售员	销售商品	单价	数量	金额		合计金额
2	韩梅	电脑	3500	10	35000		=SUM(IF(ISERROR(E2:E9),0,E2:E9))
3	刘虎	扫描仪	1200	15	18000		
4	赵佳	打印机	2200	8	#NAME?		
5	薛萍	电脑	4500	6	27000		
6	李雪	打印机	1200	20	24000		
7	赵雷	扫描仪	1500	9	#VALUE!		
8	孙杨	打印机	1800	11	19800		
9	周燕	扫描仪	2300	22	50600		
10							

图 5-28

知识点拨

ISERROR函数用于测试函数式返回的数值是否有错。如果有错，该函数返回TRUE，反之返回FALSE。其语法格式为：ISERROR(value)。value表示需要测试的值或表达式。

按Ctrl+Shift+Enter组合键确认，即可计算出合计金额，如图5-29所示。

G2　{=SUM(IF(ISERROR(E2:E9),0,E2:E9))}

	A	B	C	D	E	F	G	H
1	销售员	销售商品	单价	数量	金额		合计金额	
2	韩梅	电脑	3500	10	35000		174400	
3	刘虎	扫描仪	1200	15	18000			
4	赵佳	打印机	2200	8	#NAME?			
5	薛萍	电脑	4500	6	27000			
6	李雪	打印机	1200	20	24000			
7	赵雷	扫描仪	1500	9	#VALUE!		错误值	
8	孙杨	打印机	1800	11	19800			
9	周燕	扫描仪	2300	22	50600			

图 5-29

知识点拨

上述公式中通过IF函数和ISERROR函数配合，将所有包含错误值的单元格都转换成0，从而只合计非错误区域。

注意事项 SUM函数统计区域时，可以自动忽略文本，但不能忽略错误。一个区域中存在错误值区域求和也将产生错误值。

5.2.8 根据考核总分判断考核结果

IFS函数用于检查是否满足一个或多个条件，且返回符合第一个TRUE条件的值，其语法格式为：

IFS(logical_test1,value_if_true1,[logical_test2,value_if_true2],[logical_test3,value_if_true3],...)

参数说明：

- **logical_test1：** 必需参数，计算结果为TRUE或FALSE的条件。
- **value_if_true1：** 必需参数，当logical_test1的计算结果为TRUE时要返回的结果。
- **logical_test2：** 可选参数，计算结果为TRUE或FALSE的条件。
- **value_if_true2：** 可选参数，当logical_test2的计算结果为TRUE时要返回的结果。

示例：使用IFS函数根据考核总分判断考核结果。

假设，考核总分小于60为“不及格”；大于或等于60且小于70为“及格”；大于或等于70且小于90为“良好”；大于或等于90为“优秀”。

选择F2单元格，输入公式“=IFS(E2<60,"不及格",E2<70,"及格",E2<90,"良好",E2>=90,"优秀")”，如图5-30所示。

	A	B	C	D	E	F
1	员工	工作质量评分	工作效率评分	出勤率评分	考核总分	考核结果
2	刘雯	45	30	20	95	=IFS(E2<60,"不及格",E2<70,"及格",E2<90,"良好",E2>=90,"优秀")
3	王晓	20	30	10	60	
4	赵佳	10	20	15	45	
5	孙杨	25	35	10	70	
6	周丽	40	20	25	85	
7	钱勇	20	20	10	50	
8	李梅	35	30	25	90	

输入公式

图 5-30

按Enter键确认，即可根据考核总分，判断出员工“刘雯”的考核结果，如图5-31所示。

F2 | =IFS(E2<60,"不及格",E2<70,"及格",E2<90,"良好",E2>=90,"优秀")

	A	B	C	D	E	F	G
1	员工	工作质量评分	工作效率评分	出勤率评分	考核总分	考核结果	
2	刘雯	45	30	20	95	优秀	
3	王晓	20	30	10	60		
4	赵佳	10	20	15	45		
5	孙杨	25	35	10	70		
6	周丽	40	20	25	85		
7	钱勇	20	20	10	50		
8	李梅	35	30	25	90		

图 5-31

然后将公式向下填充，判断其他员工的考核结果，如图5-32所示。

F2 =IFS(E2<60,"不及格",E2<70,"及格",E2<90,"良好",E2>=90,"优秀")

	A	B	C	D	E	F	G
1	员工	工作质量评分	工作效率评分	出勤率评分	考核总分	考核结果	
2	刘雯	45	30	20	95	优秀	
3	王晓	20	30	10	60	及格	
4	赵佳	10	20	15	45	不及格	
5	孙杨	25	35	10	70	良好	
6	周丽	40	20	25	85	良好	
7	钱勇	20	20	10	50	不及格	
8	李梅	35	30	25	90	优秀	

图 5-32

注意事项 IFS函数允许测试最多127个不同的条件，但不建议在IF或IFS语句中嵌套过多条件，因为多个条件需要按正确顺序输入，可能非常难构建、测试和更新。

5.2.9 根据公司代码返回公司名称

SWITCH函数用于根据值列表计算表达式并返回与第一个匹配值对应的结果。如果没有匹配项，则返回可选默认值，其语法格式为：

SWITCH(expression,value1,result1,[default_or_value2,result2],...)

知识点拨

SWITCH函数的语法格式可以简写为SWITCH(表达式,值1,结果1,[默认值或值2,结果2],[默认值或值3,结果3]...)。

参数说明：

- **expression：** 必需参数，要计算的表达式。
- **value1：** 必需参数，要与表达式进行比较的值。
- **result1：** 必需参数，在对应值与表达式匹配时要返回的结果。
- **default_or_value2：** 可选参数，要与表达式进行比较的值。
- **result2：** 可选参数，在对应值与表达式匹配时要返回的结果。

示例：使用SWITCH函数根据公司代码返回公司名称。

选择E2单元格，输入公式“=SWITCH(D2,100002,"德胜科技",100018,"华夏科技",100029,"东方科技",100036,"盛隆科技",100077,"宝龙科技",100068,"九州科技","未找到")”，如图5-33所示。

	A	B	C	D	E
1	公司	代码		公司代码	公司名称
2	德胜科技	100002		1000	=SWITCH(D2, 100002,"德胜科技", 100018,"华夏科技", 100029,"东方科技", 100036,"盛隆科技", 100077,"宝龙科技", 100068,"九州科技", "未找到")
3	华夏科技	100018		1000	
4	东方科技	100029		1000	
5	盛隆科技	100036			
6	宝龙科技	100077			
7	九州科技	100068			

图 5-33

按Enter键确认，即可根据公司代码返回公司名称，然后将公式向下填充，如图5-34所示。

E2 =SWITCH(D2,100002,"德胜科技",100018,"华夏科技",100029,"东方科技",100036,"盛隆科技",100077,"宝龙科技",100068,"九州科技","未找到")

	A	B	C	D	E
1	公司	代码		公司代码	公司名称
2	德胜科技	100002		100018	华夏科技
3	华夏科技	100018		100077	宝龙科技
4	东方科技	100029		100008	未找到
5	盛隆科技	100036			
6	宝龙科技	100077			
7	九州科技	100068			

图 5-34

动手练 根据工龄计算提成金额

假设将工龄分为小于4年和大于或等于4年两个区间，且各区间的提成比例不同，现在需要根据工龄和销售额，查找到相应的提成比例，最后计算出提成金额，如图5-35所示。

	A	B	C	D	E	F	G	H	I	J	K
1	员工	工龄	销售额	提成比例	提成金额		工龄<4年			工龄>=4年	
2	刘雯	2	¥1,800	1.20%	¥22		销售额分段点	提成比例		销售额分段点	提成比例
3	赵宣	6	¥6,900	3.00%	¥207		¥0	1.20%		¥0	2.00%
4	刘全	4	¥8,000	3.00%	¥240		¥3,000	1.50%		¥3,000	2.80%
5	李雪	5	¥15,000	4.70%	¥705		¥6,000	2.50%		¥6,000	3.00%
6	韩梅	2	¥9,600	2.80%	¥269		¥9,000	2.80%		¥9,000	3.50%
7	孙杨	5	¥9,200	3.50%	¥322		¥12,000	3.00%		¥12,000	4.00%
8	周燕	3	¥16,000	3.20%	¥512		¥15,000	3.20%		¥15,000	4.70%
9	王晓	6	¥22,000	5.80%	¥1,276		¥18,000	3.40%		¥18,000	5.10%
10	曹翔	2	¥8,500	2.50%	¥213		¥21,000	4.00%		¥21,000	5.80%
11	徐刚	3	¥5,500	1.50%	¥83		¥24,000	4.20%		¥24,000	6.00%

图 5-35

Step 01 选择D2单元格，输入公式“=VLOOKUP(C2,IF(B2<4,$G$3:$H$11,$J$3:$K$11),2)”，如图5-36所示。

	A	B	C	D	E	F	G	H	I	J	K
1	员工	工龄	销售额	提成比例	提成金额		工龄<4年			工龄>=4年	
2	刘雯	=VLOOKUP(C2,IF(B2<4,$G$3:$H$11,$J$3:$K$11),2)					额分段点	提成比例		销售额分段点	提成比例
3	赵宣	6	¥6,900				¥0	1.20%		¥0	2.00%
4	刘全	4	¥8,000				¥3,000	1.50%		¥3,000	2.80%
5	李雪	5	¥15,000				¥6,000	2.50%		¥6,000	3.00%
6	韩梅	2	¥9,600				¥9,000	2.80%		¥9,000	3.50%
7	孙杨	5	¥9,200				¥12,000	3.00%		¥12,000	4.00%
8	周燕	3	¥16,000				¥15,000	3.20%		¥15,000	4.70%
9	王晓	6	¥22,000				¥18,000	3.40%		¥18,000	5.10%
10	曹翔	2	¥8,500				¥21,000	4.00%		¥21,000	5.80%
11	徐刚	3	¥5,500				¥24,000	4.20%		¥24,000	6.00%

图 5-36

Step 02 按Enter键确认，查找出对应的提成比例，然后将公式向下填充，如图5-37所示。

D2 =VLOOKUP(C2,IF(B2<4,$G$3:$H$11,$J$3:$K$11),2)

	A	B	C	D	E	F	G	H	I	J	K
1	员工	工龄	销售额	提成比例	提成金额		工龄<4年			工龄>=4年	
2	刘雯	2	¥1,800	1.20%			销售额分段点	提成比例		销售额分段点	提成比例
3	赵宣	6	¥6,900	3.00%			¥0	1.20%		¥0	2.00%
4	刘全	4	¥8,000	3.00%			¥3,000	1.50%		¥3,000	2.80%
5	李雪	5	¥15,000	4.70%			¥6,000	2.50%		¥6,000	3.00%
6	韩梅	2	¥9,600	2.80%			¥9,000	2.80%		¥9,000	3.50%
7	孙杨	5	¥9,200	3.50%			¥12,000	3.00%		¥12,000	4.00%
8	周燕	3	¥16,000	3.20%			¥15,000	3.20%		¥15,000	4.70%
9	王晓	6	¥22,000	5.80%			¥18,000	3.40%		¥18,000	5.10%
10	曹翔	2	¥8,500	2.50%			¥21,000	4.00%		¥21,000	5.80%
11	徐刚	3	¥5,500	1.50%			¥24,000	4.20%		¥24,000	6.00%

图 5-37

Step 03 选择E2单元格，输入公式"=C2*D2"，如图5-38所示。按Enter键确认，计算提成金额，然后将公式向下填充，如图5-39所示。

	A	B	C	D	E
1	员工	工龄	销售额	提成比例	提成金额
2	刘雯	2	¥1,800	1.20%	=C2*D2
3	赵宣	6	¥6,900	3.00%	
4	刘全	4	¥8,000	3.00%	
5	李雪	5	¥15,000	4.70%	
6	韩梅	2	¥9,600	2.80%	
7	孙杨	5	¥9,200	3.50%	
8	周燕	3	¥16,000	3.20%	
9	王晓	6	¥22,000	5.80%	
10	曹翔	2	¥8,500	2.50%	
11	徐刚	3	¥5,500	1.50%	

图 5-38

	A	B	C	D	E
1	员工	工龄	销售额	提成比例	提成金额
2	刘雯	2	¥1,800	1.20%	¥22
3	赵宣	6	¥6,900	3.00%	¥207
4	刘全	4	¥8,000	3.00%	¥240
5	李雪	5	¥15,000	4.70%	¥705
6	韩梅	2	¥9,600	2.80%	¥269
7	孙杨	5	¥9,200	3.50%	¥322
8	周燕	3	¥16,000	3.20%	¥512
9	王晓	6	¥22,000	5.80%	¥1,276
10	曹翔	2	¥8,500	2.50%	¥213
11	徐刚	3	¥5,500	1.50%	¥83

图 5-39

知识点拨

公式"=VLOOKUP(C2,IF(B2<4,$G$3:$H$11,$J$3:$K$11),2)"中首先使用IF函数判断工龄是否小于4，如果成立，则返回$G$3:$H$11单元格区域，否则返回$J$3:$K$11单元格区域，最后使用VLOOKUP函数根据销售额查找对应的提成比例。

案例实战：根据出生日期判断员工生肖和星座

在特殊情况下，公司需要统计员工的生肖和星座，此时可以通过前面所学函数，根据员工的出生日期计算出生肖和星座，如图5-40所示。

	B	C	D	E	F	G	H	I
1	工号	姓名	所属部门	职务	性别	出生日期	生肖	星座
2	SK001	刘佳	财务部	经理	女	1982/10/8	狗	天秤座
3	SK002	李艳	销售部	员工	女	1995/6/12	猪	双子座
4	SK003	孙杨	生产部	员工	男	1992/4/30	猴	金牛座
5	SK004	王明	办公室	员工	男	1980/12/9	猴	射手座
6	SK005	张宇	人事部	经理	男	1978/9/10	马	处女座
7	SK006	赵璇	设计部	员工	女	1993/6/13	鸡	双子座
8	SK007	王晓	销售部	员工	女	1996/10/11	鼠	天秤座
9	SK008	刘雯	采购部	经理	女	1988/8/4	龙	狮子座

图 5-40

Step 01 打开表格，选择H2单元格，输入公式“=CHOOSE(MOD((YEAR(G2)-1975),12)+1,"兔","龙","蛇","马","羊","猴","鸡","狗","猪","鼠","牛","虎")”，如图5-41所示。

Step 02 按Enter键确认，即可根据出生日期计算出生肖，然后将公式向下填充，如图5-42所示。

	F	G	H	I
1	性别	出生日期	生肖	星座
2	=CHOOSE(MOD((YEAR(G2)-1975),12)+1,"兔","龙","蛇","马",			
3	"羊","猴","鸡","狗","猪","鼠","牛","虎")			
4	男	1992/4/30		
5	男	1980/12/9		
6	男	1978/9/10		
7	女	1993/6/13		
8	女	1996/10/11		
9	女	1988/8/4		

图 5-41

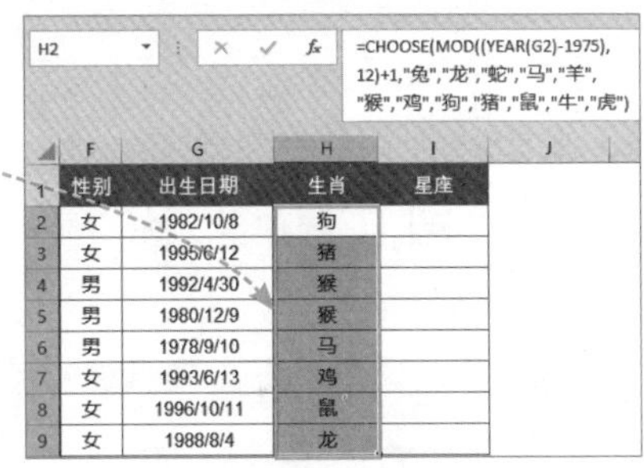

H2 =CHOOSE(MOD((YEAR(G2)-1975),12)+1,"兔","龙","蛇","马","羊","猴","鸡","狗","猪","鼠","牛","虎")

	F	G	H	I
1	性别	出生日期	生肖	星座
2	女	1982/10/8	狗	
3	女	1995/6/12	猪	
4	男	1992/4/30	猴	
5	男	1980/12/9	猴	
6	男	1978/9/10	马	
7	女	1993/6/13	鸡	
8	女	1996/10/11	鼠	
9	女	1988/8/4	龙	

图 5-42

Step 03 选择I2单元格，输入公式“=LOOKUP(--TEXT(G2,"mdd"),{101,"摩羯座"; 120,"水瓶座";219,"双鱼座";321,"白羊座";420,"金牛座";521,"双子座";621,"巨蟹座";723,"狮子座";823,"处女座";923,"天秤座";1023,"天蝎座";1122,"射手座";1222,"摩羯座"})”，如图5-43所示。

Step 04 按Enter键确认，即可根据出生日期计算出星座，然后将公式向下填充，如图5-44所示。

	F	G	H	I
1	性别	出生日期	生肖	星座
2	女	1982/10/8	=LOOKUP(--TEXT(G2,"mdd"),	
3	女	1995/6/12	{101,"摩羯座";120,"水瓶座";	
4	男	1992/4/30	219,"双鱼座";321,"白羊座";	
5	男	1980/12/9	420,"金牛座";521,"双子座";	
6	男	1978/9/10	621,"巨蟹座";723,"狮子座";	
7	女	1993/6/13	823,"处女座";923,"天秤座";	
8	女	1996/10/11	1023,"天蝎座";1122,"射手座";	
9	女	1988/8/4	1222,"摩羯座"})	
10				

图 5-43

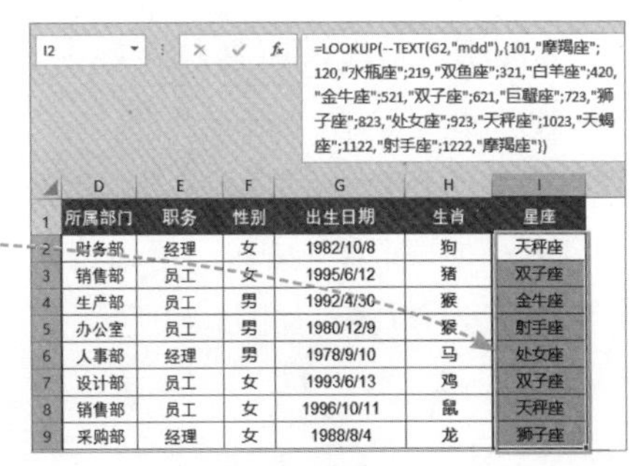

I2 =LOOKUP(--TEXT(G2,"mdd"),{101,"摩羯座";120,"水瓶座";219,"双鱼座";321,"白羊座";420,"金牛座";521,"双子座";621,"巨蟹座";723,"狮子座";823,"处女座";923,"天秤座";1023,"天蝎座";1122,"射手座";1222,"摩羯座"})

	D	E	F	G	H	I
1	所属部门	职务	性别	出生日期	生肖	星座
2	财务部	经理	女	1982/10/8	狗	天秤座
3	销售部	员工	女	1995/6/12	猪	双子座
4	生产部	员工	男	1992/4/30	猴	金牛座
5	办公室	员工	男	1980/12/9	猴	射手座
6	人事部	经理	男	1978/9/10	马	处女座
7	设计部	员工	女	1993/6/13	鸡	双子座
8	销售部	员工	女	1996/10/11	鼠	天秤座
9	采购部	经理	女	1988/8/4	龙	狮子座

图 5-44

新手答疑

1. Q：如何将A1引用样式更改为R1C1引用样式？

A：单击“文件”按钮，选择“选项”选项，打开“Excel选项”对话框，选择“公式”选项，在“使用公式”区域中勾选“R1C1引用样式”复选框，单击“确定”按钮即可，如图5-45所示。

图 5-45

2. Q：如何取消工作表网格线的显示？

A：打开“视图”选项卡，在“显示”选项组中取消“网格线”复选框的勾选即可，如图5-46所示。

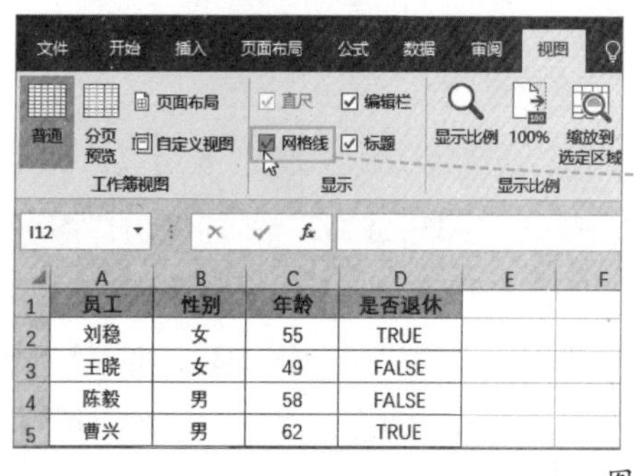

	A	B	C	D
1	员工	性别	年龄	是否退休
2	刘稳	女	55	TRUE
3	王晓	女	49	FALSE
4	陈毅	男	58	FALSE
5	曹兴	男	62	TRUE

图 5-46

3. Q：如何设置数据的对齐方式？

A：选择数据，在“开始”选项卡中，单击“对齐方式”选项组的“垂直居中”和“居中”按钮，可以将数据设置为居中对齐，如图5-47所示。

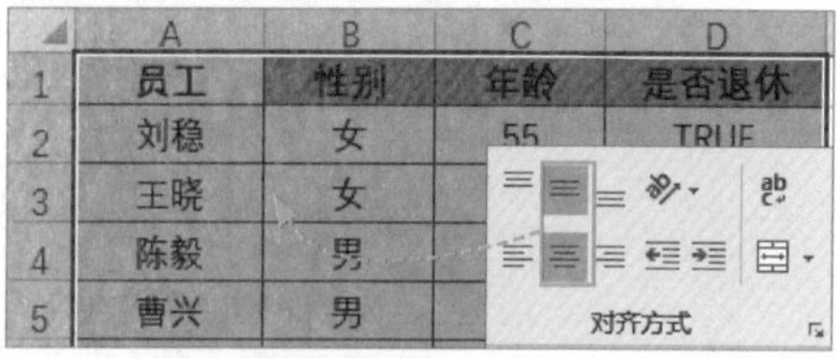

图 5-47

第6章 数学与三角函数的应用

通过使用数学与三角函数，用户可以在工作表中完成求和、取余、随机等计算，在Excel中，根据对数值的计算，可以将数学与三角函数分为多种，包括求和函数、四舍五入函数、随机函数等。本章将以案例的形式对数学与三角函数的应用进行详细介绍。

6.1 常用的求和函数

用户通过SUM函数、SUMIF函数、SUMIFS函数、SUMPRODUCT函数、SUMSQ函数等，可以对数据进行求和操作。

6.1.1 统计所有商品销售总额

SUM函数用于对单元格区域中所有数值求和，其语法格式为：

SUM(number1,[number2],...)

参数说明：

- **number1：** 必需参数，表示要求和的第1个数字，可以是直接输入的数字、单元格引用或数组。
- **number2：** 可选参数，表示要求和的第2～255个数字，可以是直接输入的数字、单元格引用或数组。

注意事项 如果参数为数组或引用，只有其中的数字将被计算。数组或引用中的空白单元格、逻辑值、文本将被忽略；如果参数中有错误值或为不能转换成数字的文本，将会导致错误。

示例：使用SUM函数统计所有商品销售总额。

选择G2单元格，输入公式“=SUM(E2:E11)”，如图6-1所示。按Enter键确认，即可计算出销售总额，如图6-2所示。

	A	B	C	D	E	F	G
1	销售日期	销售商品	数量	单价	金额		销售总额
2	2020/1/1	笔记本	180	¥4	¥720		=SUM(E2:E11)
3	2020/1/1	中性笔	170	¥3	¥425		
4	2020/1/1	直尺	100	¥1	¥120		
5	2020/1/10	固体胶棒	300	¥4	¥1,050		
6	2020/1/10	固体胶棒	350	¥4	¥1,400		
7	2020/1/15	直尺	150	¥4	¥525		
8	2020/1/25	直尺	200	¥2	¥400		
9	2020/1/29	橡皮擦	420	¥6	¥2,520		
10	2020/1/29	便利贴	390	¥10	¥3,900		
11	2020/1/29	便利贴	320	¥10	¥3,168		

图 6-1

G2 =SUM(E2:E11)

	A	B	C	D	E	F	G
1	销售日期	销售商品	数量	单价	金额		销售总额
2	2020/1/1	笔记本	180	¥4	¥720		¥14,228
3	2020/1/1	中性笔	170	¥3	¥425		
4	2020/1/1	直尺	100	¥1	¥120		
5	2020/1/10	固体胶棒	300	¥4	¥1,050		
6	2020/1/10	固体胶棒	350	¥4	¥1,400		
7	2020/1/15	直尺	150	¥4	¥525		
8	2020/1/25	直尺	200	¥2	¥400		
9	2020/1/29	橡皮擦	420	¥6	¥2,520		
10	2020/1/29	便利贴	390	¥10	¥3,900		
11	2020/1/29	便利贴	320	¥10	¥3,168		

图 6-2

知识点拨

SUM函数通常和条件判断函数IF嵌套使用，可以对符合条件的数据进行求和。

6.1.2 统计指定商品的销售总额

SUMIF函数用于根据指定条件对若干单元格求和，其语法格式为：

SUMIF(range,criteria,sum_range)

参数说明：

- **range：** 条件区域，用于条件判断的单元格区域。
- **criteria：** 求和条件，由数字、逻辑表达式等组成的判定条件。
- **sum_range：** 实际求和区域，需要求和的单元格、区域或引用。

示例：使用SUMIF函数统计指定商品的销售总额。

选择H2单元格，输入公式“=SUMIF(B2:B11,G2,E2:E11)”，如图6-3所示。按Enter键确认，即可计算出商品是“直尺”的销售总额，然后将公式向下填充，如图6-4所示。

	A	B	C	D	E	F	G	H
1	销售日期	销售商品	数量	单价	金额		销售商品	销售总额
2	2020/1/1	笔记本	180	¥4	¥720			=SUMIF(B2:B11,G2,E2:E11)
3	2020/1/1	笔记本	170	¥3	¥425		固体胶棒	
4	2020/1/1	直尺	100	¥1	¥120			
5	2020/1/10	固体胶棒	300	¥4	¥1,050			
6	2020/1/10	固体胶棒	350	¥4	¥1,400			
7	2020/1/15	直尺	150	¥4	¥525			
8	2020/1/25	直尺	200	¥2	¥400			
9	2020/1/29	笔记本	420	¥6	¥2,520			
10	2020/1/29	便利贴	390	¥10	¥3,900			
11	2020/1/29	便利贴	320	¥10	¥3,168			

图 6-3

H2 =SUMIF(B2:B11,G2,E2:E11)

	A	B	C	D	E	F	G	H
1	销售日期	销售商品	数量	单价	金额		销售商品	销售总额
2	2020/1/1	笔记本	180	¥4	¥720		直尺	¥1,045
3	2020/1/1	笔记本	170	¥3	¥425		固体胶棒	¥2,450
4	2020/1/1	直尺	100	¥1	¥120			
5	2020/1/10	固体胶棒	300	¥4	¥1,050			
6	2020/1/10	固体胶棒	350	¥4	¥1,400			
7	2020/1/15	直尺	150	¥4	¥525			
8	2020/1/25	直尺	200	¥2	¥400			
9	2020/1/29	笔记本	420	¥6	¥2,520			
10	2020/1/29	便利贴	390	¥10	¥3,900			
11	2020/1/29	便利贴	320	¥10	¥3,168			

图 6-4

知识点拨

上述公式“=SUMIF(B2:B11,G2,E2:E11)”中，B2:B11表示条件区域；G2为求和条件；E2:E11为实际求和区域。

动手练 对超过1000的销量进行汇总

在销售统计表中，除了对指定商品的销售额进行汇总外，用户也可以使用SUMIF函数对超过1000的销量进行汇总，如图6-5所示。

扫码看视频

	A	B	C	D	E	F	G
1	日期	商品	销售数量	销售单价	销售金额		汇总大于1000的销量
2	2020/8/1	乐事	1200	¥6.50	¥7,800.00		5170
3	2020/8/2	上好佳	850	¥6.50	¥5,525.00		
4	2020/8/3	可比克	996	¥8.50	¥8,466.00		
5	2020/8/4	上好佳	1560	¥7.90	¥12,324.00		
6	2020/8/5	乐事	778	¥8.90	¥6,924.20		
7	2020/8/6	上好佳	896	¥12.50	¥11,200.00		
8	2020/8/7	可比克	589	¥4.90	¥2,886.10		
9	2020/8/8	乐事	412	¥5.50	¥2,266.00		
10	2020/8/9	上好佳	2410	¥8.50	¥20,485.00		
11	2020/8/10	乐事	874	¥6.50	¥5,681.00		

图 6-5

选择G2单元格，输入公式“=SUMIF(C2:C11,">1000")”，如图6-6所示。按Enter键确认，即可对超过1000的销量进行汇总，如图6-7所示。

	C	D	E	F	G
1	销售数量	销售单价	销售金额		汇总大于1000的销量
2	1200	¥6.50	¥7,800.00		=SUMIF(C2:C11,">1000")
3	850	¥6.50	¥5,525.00		
4	996	¥8.50	¥8,466.00		
5	1560	¥7.90	¥12,324.00		
6	778	¥8.90	¥6,924.20		
7	896	¥12.50	¥11,200.00		
8	589	¥4.90	¥2,886.10		
9	412	¥5.50	¥2,266.00		
10	2410	¥8.50	¥20,485.00		
11	874	¥6.50	¥5,681.00		

图 6-6

G2 =SUMIF(C2:C11,">1000")

	C	D	E	F	G
1	销售数量	销售单价	销售金额		汇总大于1000的销量
2	1200	¥6.50	¥7,800.00		5170
3	850	¥6.50	¥5,525.00		
4	996	¥8.50	¥8,466.00		
5	1560	¥7.90	¥12,324.00		
6	778	¥8.90	¥6,924.20		
7	896	¥12.50	¥11,200.00		
8	589	¥4.90	¥2,886.10		
9	412	¥5.50	¥2,266.00		
10	2410	¥8.50	¥20,485.00		
11	874	¥6.50	¥5,681.00		

图 6-7

知识点拨

上述公式中省略了第三参数，当省略第三参数时，则条件区域就是实际求和区域。

6.1.3 统计姓“李”的员工的销售额

在对数据进行条件求和时，不是每次求和的条件都完全知道。只记得求和条件的部分信息，例如姓氏，类似这种不完整、不清晰的求和条件称为模糊条件。用户可以使用SUMIF函数按模糊条件对数据求和，例如，统计姓“李”的员工的销售额。

选择H2单元格，输入公式“=SUMIF(A2:A10,"李*",E2:E10)”，如图6-8所示。按Enter键确认，即可计算出姓“李”的员工的销售额，如图6-9所示。

	A	B	C	D	E	F	G	H	I
1	销售员	销售商品	单价	数量	销售金额		销售员	销售额	
2	赵佳	料理机	¥599	200	¥119,800		=SUMIF(A2:A10,"李*",E2:E10)		
3	李亚平	电风扇	¥250	150	¥37,500				
4	王晓	空气净化器	¥152	320	¥48,640				
5	刘雯	电饼档	¥350	110	¥38,500				
6	徐雪	电饭煲	¥480	90	¥43,200				
7	李艳	剃须刀	¥320	170	¥54,400				
8	吴磊	加湿器	¥180	230	¥41,400				
9	孙杨	微波炉	¥480	150	¥72,000				
10	李媛	咖啡机	¥660	330	¥217,800				
11									

图 6-8

H2 =SUMIF(A2:A10,"李*",E2:E10)

	A	B	C	D	E	F	G	H
1	销售员	销售商品	单价	数量	销售金额		销售员	销售额
2	赵佳	料理机	¥599	200	¥119,800		李	¥309,700
3	李亚平	电风扇	¥250	150	¥37,500			
4	王晓	空气净化器	¥152	320	¥48,640			
5	刘雯	电饼档	¥350	110	¥38,500			
6	徐雪	电饭煲	¥480	90	¥43,200			
7	李艳	剃须刀	¥320	170	¥54,400			
8	吴磊	加湿器	¥180	230	¥41,400			
9	孙杨	微波炉	¥480	150	¥72,000			
10	李媛	咖啡机	¥660	330	¥217,800			

图 6-9

知识点拨

上述公式中使用了星号“*”，和问号“?”一样都是通配符，都可以代替任意的数字、字母、汉字或其他字符，区别在于可以代替的字符数量。一个“?”只能代替一个任意的字符，而一个“*”可以代替任意个数的任意字符。例如“李*”，可以代替“李亚平”“李艳”“李媛”，而“李?”可以代替“李艳”“李媛”，但不能代替“李亚平”。

动手练 统计手机的销售数量

如果销售商品中有不同品牌的电视机、手机和计算机，要想统计出手机的销售数量，则可以使用通配符进行计算，如图6-10所示。

	A	B	C	D	E	F	G	H
1	日期	商品名称	销售数量	销售单价	销售金额		商品名称	销售数量
2	2020/9/1	海信电视机	800	¥1,800	¥1,440,000		手机	2198
3	2020/9/1	华为手机	450	¥3,900	¥1,755,000			
4	2020/9/1	联想电脑	220	¥3,500	¥770,000			
5	2020/9/2	TCL电视机	360	¥1,220	¥439,200			
6	2020/9/2	苹果手机	560	¥5,600	¥3,136,000			
7	2020/9/2	海尔电视机	878	¥2,300	¥2,019,400			
8	2020/9/3	三星手机	451	¥2,800	¥1,262,800			
9	2020/9/3	长虹电视机	654	¥2,560	¥1,674,240			
10	2020/9/3	魅族手机	325	¥1,850	¥601,250			
11	2020/9/4	小米手机	412	¥3,310	¥1,363,720			
12	2020/9/4	戴尔电脑	500	¥4,900	¥2,450,000			

图 6-10

选择H2单元格，输入公式"=SUMIF(B2:B12,"??手机",C2:C12)"，如图6-11所示。按Enter键确认，即可统计出手机的销售数量，如图6-12所示。

	B	C	D	E
1	商品名称	销售数量	销售单价	销售金额
2	海信电视机	800	¥1,800	¥1,440,000
3	华为手机	450	¥3,900	¥1,755,000
4	联想电脑	220	¥3,500	¥770,000
5	TCL电视机	360	¥1,220	¥439,200
6	苹果手机	560	¥5,600	¥3,136,000
7	海尔电视机	878	¥2,300	¥2,019,400
8	三星手机	451	¥2,800	¥1,262,800
9	长虹电视机	654		
10	魅族手机	325		
11	小米手机	412		
12	戴尔电脑	500		

G	H
商品名称	销售数量
手机	=SUMIF(B2:B12,"??手机",C2:C12)

图 6-11

H2 =SUMIF(B2:B12,"??手机",C2:C12)

	B	C	D	E	F	G	H
1	商品名称	销售数量	销售单价	销售金额		商品名称	销售数量
2	海信电视机	800	¥1,800	¥1,440,000		手机	2198
3	华为手机	450	¥3,900	¥1,755,000			
4	联想电脑	220	¥3,500	¥770,000			
5	TCL电视机	360	¥1,220	¥439,200			
6	苹果手机	560	¥5,600	¥3,136,000			
7	海尔电视机	878	¥2,300	¥2,019,400			
8	三星手机	451	¥2,800	¥1,262,800			
9	长虹电视机	654	¥2,560	¥1,674,240			
10	魅族手机	325	¥1,850	¥601,250			
11	小米手机	412	¥3,310	¥1,363,720			
12	戴尔电脑	500	¥4,900	¥2,450,000			

图 6-12

6.1.4 统计3月份台式电脑的入库数量

SUMIFS函数用于解决多条件求和问题，其语法格式为：

SUMIFS(sum_range,criteria_range1,criteria1,...)

参数说明：

- **sum_range：**求和的实际单元格，即求和区域。
- **criteria_range1：**为特定条件计算的单元格区域，即条件1区域。
- **criteria1：**数字、表达式或文本形式的条件，即条件1，其定义了单元格求和的范围。

示例：使用SUMIFS函数统计3月份台式电脑的入库数量。

选择C13单元格，输入公式“=SUMIFS(D2:D10,A2:A10,"3月",C2:C10,"台式电脑")”，如图6-13所示。按Enter键确认，即可统计出3月份台式电脑的入库数量，如图6-14所示。

	A	B	C	D	E
1	月份	产品编码	产品名称	入库数量	出库数量
2	1月	A001	笔记本电脑	20	10
3	2月	A002	台式电脑	15	20
4	3月	A003	液晶电视机	35	40
5	1月	A004	笔记本电脑	20	10
6	2月	A005	台式电脑	22	25
7	3月	A006	台式电脑	12	25
8	1月	A007	笔记本电脑	20	33
9	2月	A008	液晶电视机	28	25
10	3月	A009	台式电脑	16	22
12	月份	产品名称	入库数量		
13	=SUMIFS(D2:D10,A2:A10,"3月",C2:C10,"台式电脑")				

图 6-13

C13 =SUMIFS(D2:D10,A2:A10,"3月",C2:C10,"台式电脑")

	A	B	C	D	E	F	G
1	月份	产品编码	产品名称	入库数量	出库数量		
2	1月	A001	笔记本电脑	20	10		
3	2月	A002	台式电脑	15	20		
4	3月	A003	液晶电视机	35	40		
5	1月	A004	笔记本电脑	20	10		
6	2月	A005	台式电脑	22	25		
7	3月	A006	台式电脑	12	25		
8	1月	A007	笔记本电脑	20	33		
9	2月	A008	液晶电视机	28	25		
10	3月	A009	台式电脑	16	22		
12	月份	产品名称	入库数量				
13	3月	台式电脑	28				

图 6-14

知识点拨

上述公式“=SUMIFS(D2:D10,A2:A10,"3月",C2:C10,"台式电脑")”中，D2:D10为求和区域；A2:A10为条件1所在区域；"3月"为条件1；C2:C10为条件2所在区域；"台式电脑"为条件2。

动手练 统计销售员销售指定商品的金额

在日常工作中，有时需要统计某个销售员销售指定商品的金额为多少，像这种根据多个条件进行求和的问题，则可以使用SUMIFS函数进行计算，如图6-15所示。

	A	B	C	D	E	F	G	H	I	J
1	日期	销售员	销售商品	销售数量	销售单价	销售金额		销售员	销售商品	销售金额
2	2020/8/1	赵佳	三星液晶电视	10	¥1,800	¥18,000		赵佳	索尼液晶电视	¥52,400
3	2020/8/2	刘雯	索尼液晶电视	5	¥3,900	¥19,500				
4	2020/8/3	王晓	创维液晶电视	2	¥3,500	¥7,000				
5	2020/8/4	陈珂	海信液晶电视	3	¥1,220	¥3,660				
6	2020/8/5	赵佳	索尼液晶电视	6	¥3,600	¥21,600				
7	2020/8/6	刘雯	创维液晶电视	10	¥3,300	¥33,000				
8	2020/8/7	王晓	三星液晶电视	15	¥3,800	¥57,000				
9	2020/8/8	陈珂	海信液晶电视	19	¥1,560	¥29,640				
10	2020/8/9	赵佳	索尼液晶电视	8	¥3,850	¥30,800				
11	2020/8/10	刘雯	三星液晶电视	9	¥3,310	¥29,790				
12	2020/8/11	王晓	创维液晶电视	7	¥3,900	¥27,300				
13	2020/8/12	陈珂	三星液晶电视	6	¥2,000	¥12,000				

图 6-15

选择J2单元格，输入公式“=SUMIFS(F2:F13,B2:B13,"赵佳",C2:C13,"索尼液晶电视")”，如图6-16所示。按Enter键确认，即可计算出销售员“赵佳”销售“索尼液晶电视”的金额，如图6-17所示。

	B	C	D	E	F
1	销售员	销售商品	销售数量	销售单价	销售金额
2	赵佳	三星液晶电视	10	¥1,800	¥18,000
3	刘雯	索尼液晶电视	5	¥3,900	¥19,500
4	王晓	创维液晶电视	2	¥3,500	¥7,000
5	陈珂	海信液晶电视	3	¥1,220	¥3,660
6	赵佳	索尼液晶电视	6	¥3,600	¥21,600
7	刘雯	创维液晶电视	10	¥3,300	¥33,000
8	王晓	三星液晶电视	15	¥3,800	¥57,000
9	陈珂	海信液晶电视	19	¥1,560	¥29,640
10	赵佳	索尼液晶电视	8	¥3,850	¥30,800
11	刘雯	三星液晶电视			
12	王晓	创维液晶电视			
13	陈珂	三星液晶电视			

H	I	J
销售员	销售商品	销售金额
赵佳	索尼液晶电	=SUMIFS(F2:F13,B2:B13,"赵佳",C2:C13,"索尼液晶电视")

图 6-16

	B	C	D	E	F
1	销售员	销售商品	销售数量	销售单价	销售金额
2	赵佳	三星液晶电视	10	¥1,800	¥18,000
3	刘雯	索尼液晶电视	5	¥3,900	¥19,500
4	王晓	创维液晶电视	2	¥3,500	¥7,000
5	陈珂	海信液晶电视	3	¥1,220	¥3,660
6	赵佳	索尼液晶电视	6	¥3,600	¥21,600
7	刘雯	创维液晶电视	10	¥3,300	¥33,000
8	王晓	三星液晶电视	15	¥3,800	¥57,000
9	陈珂	海信液晶电视	19	¥1,560	¥29,640
10	赵佳	索尼液晶电视	8	¥3,850	¥30,800
11	刘雯	三星液晶电视	9	¥3,310	¥29,790
12	王晓	创维液晶电视	7	¥3,900	¥27,300
13	陈珂	三星液晶电视			

H	I	J
销售员	销售商品	销售金额
赵佳	索尼液晶电视	¥52,400

图 6-17

6.1.5 计算购买商品的合计金额

SUMPRODUCT函数用于将数组间对应的元素相乘并返回乘积之和，其语法格式为：

SUMPRODUCT(array1,[array2],[array3],...)

参数说明：

- **array1：** 必需参数，其相应元素需要进行相乘并求和的第一个数组参数。
- **array2,array3,...：** 可选参数，2～255个数组参数，其相应元素需要进行相乘并求和。

知识点拨

数组参数必须具有相同的维数，否则，函数SUMPRODUCT将返回错误值#VALUE!。函数SUMPRODUCT将非数值型的数组元素作为0处理。

示例：使用SUMPRODUCT函数计算购买商品的合计金额。

选择F2单元格，输入公式“=SUMPRODUCT(B2:B8,C2:C8,1-D2:D8)”，如图6-18所示。按Enter键确认，即可计算出购买商品的合计金额，如图6-19所示。

	A	B	C	D	E	F
1	商品名称	购买价格	数量	折扣率		购买合计金额
2	连衣裙	¥180	2	20%		=SUMPRODUCT(B2:B8,C2:C8,1-D2:D8)
3	牛仔裤	¥150	3	15%		
4	运动鞋	¥280	2	10%		
5	针织衫	¥190	4	8%		
6	衬衫	¥200	2	15%		
7	毛衣	¥160	3	10%		
8	短裤	¥100	4	20%		

图 6-18

F2 =SUMPRODUCT(B2:B8,C2:C8,1-D2:D8)

	A	B	C	D	E	F	G
1	商品名称	购买价格	数量	折扣率		购买合计金额	
2	连衣裙	¥180	2	20%		¥2,965.7	
3	牛仔裤	¥150	3	15%			
4	运动鞋	¥280	2	10%			
5	针织衫	¥190	4	8%			
6	衬衫	¥200	2	15%			
7	毛衣	¥160	3	10%			
8	短裤	¥100	4	20%			

图 6-19

知识点拨

上述公式中首先利用购买价格*数量*（1-折扣率）计算出每件商品的金额，然后再进行求和，计算出合计金额。

动手练 统计销售部女员工人数

SUMPRODUCT函数除了用来计算乘积之和外，还可以统计人数，例如统计销售部女员工人数，如图6-20所示的是两种统计方法。

F2 =SUMPRODUCT((B2:B12="女")*1,(C2:C12="销售部")*1)

	A	B	C	D	E	F	G
1	员工	性别	部门	基本工资		销售部女员工人数	
2	刘欢	男	财务部	2000		2	
3	李虎	男	行政部	2500			
4	赵璇	女	销售部	2000			
5	胡伟	男	设计部	3500			
6	朱燕	女	财务部	2000			
7	刘佳	女	行政部	2500			
8	陈锋	男	销售部	2000			
9	张宇	男	设计部	3500			
10	韩梅	女	销售部	2000			
11	邓超	男	财务部	2000			
12	钱勇	男	销售部	2000			

F2 =COUNTIFS(B2:B12,"女",C2:C12,"销售部")

	A	B	C	D	E	F
1	员工	性别	部门	基本工资		销售部女员工人数
2	刘欢	男	财务部	2000		2
3	李虎	男	行政部	2500		
4	赵璇	女	销售部	2000		
5	胡伟	男	设计部	3500		
6	朱燕	女	财务部	2000		
7	刘佳	女	行政部	2500		
8	陈锋	男	销售部	2000		
9	张宇	男	设计部	3500		
10	韩梅	女	销售部	2000		
11	邓超	男	财务部	2000		
12	钱勇	男	销售部	2000		

图 6-20

Step 01 选择F2单元格，输入公式“=SUMPRODUCT((B2:B12="女")*1,(C2:C12="销售部")*1)”，如图6-21所示。按Enter键确认，即可统计出销售部女员工的人数，如图6-22所示。

	A	B	C	D	E	F	G
1	员工	性别	部门	基本工资		销售部女员工人数	
2	刘欢	男	=SUMPRODUCT((B2:B12="女")*1,(C2:C12="销售部")*1)				
3	李虎	男	行政部	2500			
4	赵璇	女	销售部	2000			
5	胡伟	男	设计部	3500			
6	朱燕	女	财务部	2000			
7	刘佳	女	行政部	2500			
8	陈锋	男	销售部	2000			
9	张宇	男	设计部	3500			
10	韩梅	女	销售部	2000			
11	邓超	男	财务部	2000			
12	钱勇	男	销售部	2000			

图 6-21

F2 =SUMPRODUCT((B2:B12="女")*1,(C2:C12="销售部")*1)

	A	B	C	D	E	F
1	员工	性别	部门	基本工资		销售部女员工人数
2	刘欢	男	财务部	2000		2
3	李虎	男	行政部	2500		
4	赵璇	女	销售部	2000		
5	胡伟	男	设计部	3500		
6	朱燕	女	财务部	2000		
7	刘佳	女	行政部	2500		
8	陈锋	男	销售部	2000		
9	张宇	男	设计部	3500		

图 6-22

知识点拨

在SUMPRODUCT函数中包含两个数组。第一个数组判断区域B2:B12中的值是否为“女”，第二个数组判断区域C2:C12中的值是否为“销售部”，判断结果为包含逻辑值的数组。为了让这两个数组可参加运算，需要将每个数组都乘以1，将其转换为包含1和0的数组。

Step 02 此外，选择F2单元格，输入公式“=COUNTIFS(B2:B12,"女",C2:C12,"销售部")”，如图6-23所示。按Enter键确认，也可以统计出销售部女员工的人数，如图6-24所示。

员工	性别	部门	基本工资	销售部女员工人数
刘欢	男	财务部	=COUNTIFS(B2:B12,"女",C2:C12,"销售部")	
李虎	男	行政部	2500	
赵璇	女	销售部	2000	
胡伟	男	设计部	3500	
朱燕	女	财务部	2000	
刘佳	女	行政部	2500	
陈锋	男	销售部	2000	
张宇	男	设计部	3500	
韩梅	女	销售部	2000	
邓超	男	财务部	2000	
钱勇	男	销售部	2000	

图 6-23

F2 =COUNTIFS(B2:B12,"女",C2:C12,"销售部")

员工	性别	部门	基本工资	销售部女员工人数
刘欢	男	财务部	2000	2
李虎	男	行政部	2500	
赵璇	女	销售部	2000	
胡伟	男	设计部	3500	
朱燕	女	财务部	2000	
刘佳	女	行政部	2500	
陈锋	男	销售部	2000	
张宇	男	设计部	3500	

图 6-24

6.1.6 计算所有数值的平方和

SUMSQ函数用于求参数的平方和，其语法格式为：

SUMSQ(numberl,number2,...)

参数说明：numberl,number2,...表示要计算平方和的数值。参数可以是数字或者是包含数字的名称、数组或引用。直接在参数列表中键入的数字、逻辑值和数字的文字表示等形式的参数均为有效参数。

示例：使用SUMSQ函数计算所有数值的平方和。

选择C2单元格，输入公式“=SUMSQ(A2:B2)”，如图6-25所示。按Enter键确认，即可计算出平方和，然后将公式向下填充，计算所有数值的平方和，如图6-26所示。

数值1	数值2	平方和
3	=SUMSQ(A2:B2)	
2	4	
6	7	
4	5	
8	2	
4	6	

图 6-25

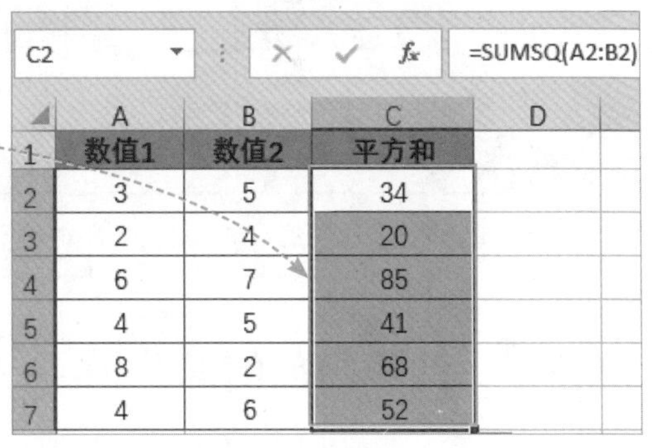

C2 =SUMSQ(A2:B2)

数值1	数值2	平方和
3	5	34
2	4	20
6	7	85
4	5	41
8	2	68
4	6	52

图 6-26

上述公式“=SUMSQ(A2:B2)”中使用SUMSQ函数计算3和5的平方和，即9+25。

6.2 其他数学函数的应用

除了求和函数外，FACT函数、PRODUCT函数、MMULT函数、MOD函数、GCD函数、LCM函数等，也属于数学与三角函数。

6.2.1 计算自然数的阶乘

FACT函数用于求数值的阶乘，即1*2*3*...*该数。其语法格式为：

FACT(number)

参数说明： number是计算其阶乘的非负数。如果输入的number不是整数，则截去小数部分取整数。

示例：使用FACT函数计算自然数的阶乘。

选择B2单元格，输入公式“=FACT(B1)”，如图6-27所示。按Enter键确认，即可计算出0的阶乘，然后将公式向右填充，如图6-28所示。

	A	B	C	D	E	F
1	数值	0	1	2	2.5	6
2	阶乘	=FACT(B1)				

图 6-27

	A	B	C	D	E	F
1	数值	0	1	2	2.5	6
2	阶乘	1	1	2	2	720

图 6-28

知识点拨

公式“=FACT(6)”的阶乘，即1*2*3*4*5*6，得到结果720。

6.2.2 计算产品的总产值

PRODUCT函数用于计算所有参数的乘积，其语法格式为：

PRODUCT（number1,number2,...）

参数说明： number1,number2,...是要计算乘积的1 ~ 255个数值、逻辑值或者代表数值的字符串。

知识点拨

当参数为数字、逻辑值或数字的文字型表达式时可以被计算；当参数为错误值或是不能转换成数字的文字时，将导致错误。如果参数为数组或引用，只有其中的数字将被计算。数组或引用中的空白单元格、逻辑值、文本或错误值将被忽略。

示例：使用PRODUCT函数计算产品的总产值。

选择D2单元格，输入公式“=PRODUCT(B2:C2)”，如图6-29所示。按Enter键确认，即可计算出总产值，然后将公式向下填充，如图6-30所示。

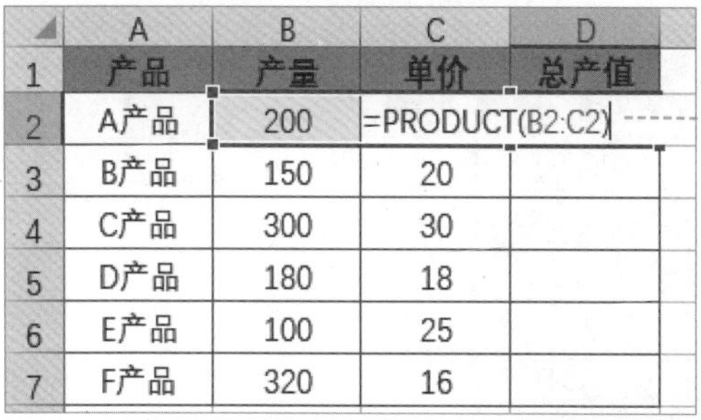

	A	B	C	D
1	产品	产量	单价	总产值
2	A产品	200	=PRODUCT(B2:C2)	
3	B产品	150	20	
4	C产品	300	30	
5	D产品	180	18	
6	E产品	100	25	
7	F产品	320	16	

图 6-29

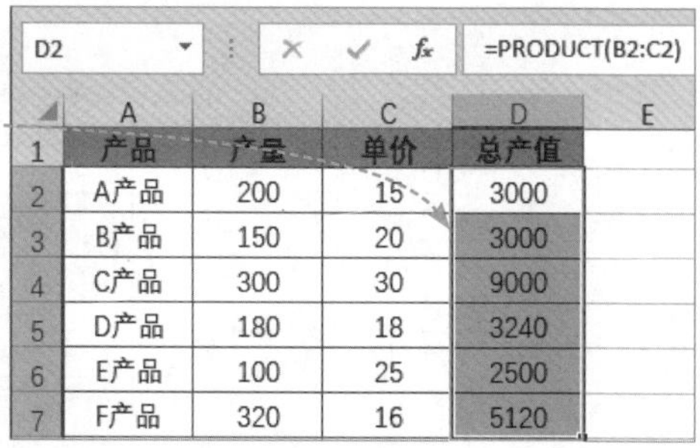

D2 =PRODUCT(B2:C2)

	A	B	C	D	E
1	产品	产量	单价	总产值	
2	A产品	200	15	3000	
3	B产品	150	20	3000	
4	C产品	300	30	9000	
5	D产品	180	18	3240	
6	E产品	100	25	2500	
7	F产品	320	16	5120	

图 6-30

6.2.3 计算产品不同售价时的利润

MMULT函数用于求数组的矩阵乘积，其语法格式为：

MMULT(array1,array2)

参数说明： array1和array2是要进行矩阵乘法运算的两个数组，可以是单元格区域、数组常量或引用。

注意事项 array1的列数必须与array2的行数相同，而且两个数组中都只能包含数值。

示例：使用MMULT函数计算产品不同售价时的利润。

选择D2:E8单元格区域，在“编辑栏”中输入公式“=MMULT(B2:B8,G2:H2)*30%”，如图6-31所示。

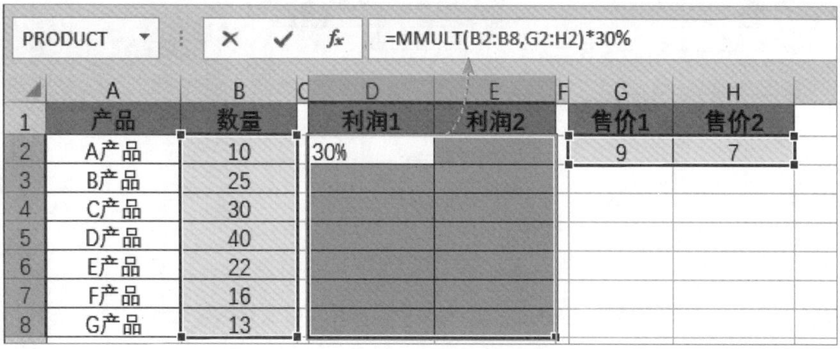

PRODUCT =MMULT(B2:B8,G2:H2)*30%

	A	B	C	D	E	F	G	H
1	产品	数量		利润1	利润2		售价1	售价2
2	A产品	10		30%			9	7
3	B产品	25						
4	C产品	30						
5	D产品	40						
6	E产品	22						
7	F产品	16						
8	G产品	13						

图 6-31

知识点拨

上述公式“=MMULT(B2:B8,G2:H2)*30%”中，MMULT函数将B2:B8和G2:H2单元格区域中的值对应相乘，返回一个具有14个结果的数组结果，再与利润率30%相乘，取得利润。

按Ctrl+Shift+Enter组合键确认，即可在D2:E8单元格区域显示所有产品在两种售价下的利润，如图6-32所示。

D2 | {=MMULT(B2:B8,G2:H2)*30%}

	A	B	C	D	E	F	G	H
1	产品	数量		利润1	利润2		售价1	售价2
2	A产品	10		27	21		9	7
3	B产品	25		67.5	52.5			
4	C产品	30		81	63			
5	D产品	40		108	84			
6	E产品	22		59.4	46.2			
7	F产品	16		43.2	33.6			
8	G产品	13		35.1	27.3			

图 6-32

6.2.4 计算两数相除的余数

MOD函数用于求两数相除的余数，其语法格式为：

MOD(number,divisor)

参数说明： number为被除数；divisor为除数。

注意事项 余数即被除数整除后的余下部分数值。

示例：使用MOD函数计算两数相除的余数。

选择C2单元格，输入公式“=MOD(A2,B2)”，如图6-33所示。按Enter键确认，即可返回A2除以B2的余数，如图6-34所示，然后将公式向下填充，如图6-35所示。

	A	B	C
1	被除数	除数	余数
2	102	=MOD(A2,B2)	
3	25	12	
4	128	18	
5	58	10	
6	89	17	
7	154	13	
8	258	20	
9	369	11	
10	178	9	

图 6-33

	A	B	C
1	被除数	除数	余数
2	102	16	6
3	25	12	
4	128	18	
5	58	10	
6	89	17	
7	154	13	
8	258	20	
9	369	11	
10	178	9	

图 6-34

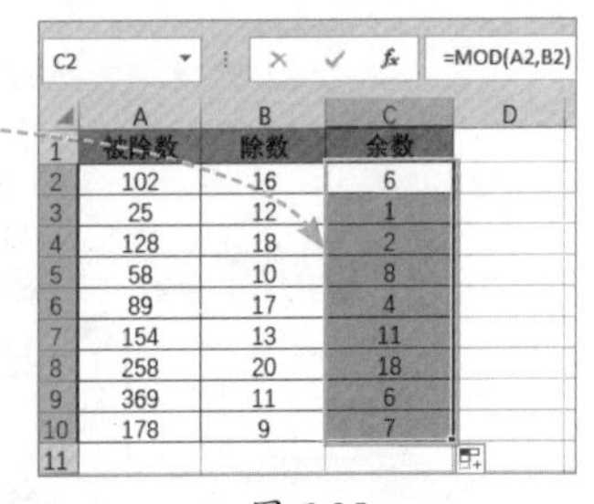

C2 | =MOD(A2,B2)

	A	B	C	D
1	被除数	除数	余数	
2	102	16	6	
3	25	12	1	
4	128	18	2	
5	58	10	8	
6	89	17	4	
7	154	13	11	
8	258	20	18	
9	369	11	6	
10	178	9	7	
11				

图 6-35

注意事项 MOD函数的所有参数必须是数值，或者可以被转换成值的数字。MOD函数的第二参数不能为0值。否则产生被0除错误“#DIV/0!”。

动手练 从身份证号码中提取性别

通常员工信息表中需要输入员工的姓名、性别、身份证号码等信息，用户可以使用MOD函数直接从身份证号码中将性别提取出来，如图6-36所示。

	A	B	C	D	E	F	G
1	工号	姓名	所属部门	性别	身份证号码	出生日期	手机号码
2	DM001	赵佳	财务部	女	341313198510083121	1985-10-08	187****4061
3	DM002	钱勇	销售部	男	322414199106120435	1991-06-12	187****5897
4	DM003	王晓	生产部	女	311113199304304327	1993-04-30	187****7452
5	DM004	曹兴	办公室	男	300131197912097639	1979-12-09	187****4721
6	DM005	张玉	人事部	女	330132198809104661	1988-09-10	187****3201
7	DM006	赵亮	设计部	男	533126199306139871	1993-06-13	187****7412
8	DM007	王学	销售部	女	441512199610111282	1996-10-11	187****7230
9	DM008	李欣	采购部	女	132951198808041147	1988-08-04	187****2087
10	DM009	吴乐	销售部	男	220100199111095335	1991-11-09	187****7120
11	DM010	刘欢	生产部	男	520513197708044353	1977-08-04	187****3611

图 6-36

选择D2单元格，输入公式“=IF(MOD(MID(E2,17,1),2)=1,"男","女")”，如图6-37所示。按Enter键确认，即可将性别信息从身份证号码中提取出来，然后将公式向下填充，如图6-38所示。

	C	D	E
1	所属部门	性别	身份证号码
2	=IF(MOD(MID(E2,17,1),2)=		98510083121
3	1,"男","女")		99106120435
4			99304304327
5	办公室		300131197912097639
6	人事部		330132198809104661
7	设计部		533126199306139871
8	销售部		441512199610111282
9	采购部		132951198808041147
10	销售部		220100199111095335
11	生产部		520513197708044353

图 6-37

D2 =IF(MOD(MID(E2,17,1),2)=1,"男","女")

	B	C	D	E	F
1	姓名	所属部门	性别	身份证号码	出生日期
2	赵佳	财务部	女	341313198510083121	1985-10-08
3	钱勇	销售部	男	322414199106120435	1991-06-12
4	王晓	生产部	女	311113199304304327	1993-04-30
5	曹兴	办公室	男	300131197912097639	1979-12-09
6	张玉	人事部	女	330132198809104661	1988-09-10
7	赵亮	设计部	男	533126199306139871	1993-06-13
8	王学	销售部	女	441512199610111282	1996-10-11
9	李欣	采购部	女	132951198808041147	1988-08-04
10	吴乐	销售部	男	220100199111095335	1991-11-09
11	刘欢	生产部	男	520513197708044353	1977-08-04

图 6-38

知识点拨

从身份证号码中提取性别的依据是判断身份证号码的第17位数是奇数还是偶数，奇数为男性，偶数为女性。上述公式使用MID函数查找出身份证号码的第17位数字，然后用MOD函数将查找到的数字与2相除得到余数，最后用IF函数进行判断并返回判断结果，当第17位数与2相除的余数等于1时，说明该数为奇数，返回“男”，否则返回“女”。

6.2.5 计算两个或两个以上整数的最大公约数

GCD函数用于求最大公约数，其语法格式为：

GCD(number1,number2,...)

参数说明： number1,number2,...为1～255个数值，如果参数为非整数，则截尾取整。如果参数为非数值型，则函数GCD返回错误值#VALUE!。如果参数小于0，则函数GCD返回错误值#NUM!。

示例：使用GCD函数计算两个或两个以上整数的最大公约数。

选择D2单元格，输入公式“=GCD(A2:C2)”，如图6-39所示。按Enter键确认，即可计算出最大公约数，然后将公式向下填充，如图6-40所示。

	A	B	C	D
1	数据组1	数据组2	数据组3	最大公约数
2	89	63	78	=GCD(A2:C2)
3	120	96	150	
4	240	650	460	
5	74	260	330	
6	55	60	85	

图 6-39

D2 =GCD(A2:C2)

	A	B	C	D
1	数据组1	数据组2	数据组3	最大公约数
2	89	63	78	1
3	120	96	150	6
4	240	650	460	10
5	74	260	330	2
6	55	60	85	5

图 6-40

知识点拨

最大公约数指两个或多个整数共有约数中最大的一个。最大公约数为1时，各数值间没有相同因数。

6.2.6 计算两个或两个以上整数的最小公倍数

LCM函数用于求最小公倍数。其语法格式为：

LCM(number1,number2,...)

参数说明： number1,number2,...可计算最小公倍数的1～255个参数。如果参数不是整数，则截尾取整。如果参数为非数值型，函数LCM返回错误值#VALUE!。如果有任何参数小于0，函数LCM返回错误值#NUM!。

示例：使用LCM函数计算两个或两个以上整数的最小公倍数。

选择D2单元格，输入公式“=LCM(A2:C2)”，如图6-41所示。按Enter键确认，即可计算出最小公倍数，然后将公式向下填充，如图6-42所示。

	A	B	C	D
1	数据组1	数据组2	数据组3	最小公倍数
2	44	35	=LCM(A2:C2)	
3	120	96	150	
4	69	75	460	
5	74	10	55	
6	55	60	15	

图 6-41

D2 =LCM(A2:C2)

	A	B	C	D
1	数据组1	数据组2	数据组3	最小公倍数
2	44	35	25	7700
3	120	96	150	2400
4	69	75	460	6900
5	74	10	55	4070
6	55	60	15	660

图 6-42

知识点拨

两个或多个整数公有的倍数叫作公倍数，其中除0以外最小的一个公倍数就叫作这几个整数的最小公倍数。

6.3 四舍五入函数的应用

用户使用INT函数、ROUND函数、ROUNDUP函数、ROUNDDOWN函数、TRUNC函数、MROUND函数、FLOOR函数、EVEN函数、ODD函数等，可以对数值的小数部分进行处理。

6.3.1 计算合计支出时忽略小数

INT函数用于将数值向下取整为最接近的整数，其语法格式为：

INT（number）

参数说明： number为要取整的实数。如果指定数值以外的文本，则会返回错误值“#VALUE!”。

示例：使用INT函数计算合计支出时忽略小数。

首先选择E2单元格，输入公式“=INT(D2)”，如图6-43所示。按Enter键确认，即可对支出金额进行取整，然后将公式向下填充，如图6-44所示。

	A	B	C	D	E	F
1	日期	支出项目	费用类型	支出金额	取整	合
2	2020/7/1	项目1	财务费用	524.19	=INT(D2)	
3	2020/7/2	项目2	办公费用	1596.36		
4	2020/7/3	项目3	招待费用	856.23		
5	2020/7/4	项目4	管理费用	1125.25		
6	2020/7/5	项目1	财务费用	3623.58		
7	2020/7/6	项目2	办公费用	1896.85		
8	2020/7/7	项目3	招待费用	236.53		
9	2020/7/8	项目4	管理费用	1589.74		
10	2020/7/9	项目3	其他费用	5896.27		

图 6-43

E2 =INT(D2)

	A	B	C	D	E	F	G
1	日期	支出项目	费用类型	支出金额	取整		合计支出
2	2020/7/1	项目1	财务费用	524.19	524		
3	2020/7/2	项目2	办公费用	1596.36	1596		
4	2020/7/3	项目3	招待费用	856.23	856		
5	2020/7/4	项目4	管理费用	1125.25	1125		
6	2020/7/5	项目1	财务费用	3623.58	3623		
7	2020/7/6	项目2	办公费用	1896.85	1896		
8	2020/7/7	项目3	招待费用	236.53	236		
9	2020/7/8	项目4	管理费用	1589.74	1589		
10	2020/7/9	项目3	其他费用	5896.27	5896		

图 6-44

接着选择G2单元格，输入公式“=SUM(E2:E10)”，按Enter键确认，即可计算出合计支出，如图6-45所示。

此外，选择G2单元格，输入公式“=SUMPRODUCT(INT(D2:D10))”，按Enter键确认，也可以计算出合计支出，如图6-46所示。

G2 =SUM(E2:E10)

	A	B	C	D	E	F	G
1	日期	支出项目	费用类型	支出金额	取整		合计支出
2	2020/7/1	项目1	财务费用	524.19	524		17341
3	2020/7/2	项目2	办公费用	1596.36	1596		
4	2020/7/3	项目3	招待费用	856.23	856		
5	2020/7/4	项目4	管理费用	1125.25	1125		
6	2020/7/5	项目1	财务费用	3623.58	3623		
7	2020/7/6	项目2	办公费用	1896.85	1896		
8	2020/7/7	项目3	招待费用	236.53	236		
9	2020/7/8	项目4	管理费用	1589.74	1589		
10	2020/7/9	项目3	其他费用	5896.27	5896		

图 6-45

G2 =SUMPRODUCT(INT(D2:D10))

	A	B	C	D	E	F	G
1	日期	支出项目	费用类型	支出金额	取整		合计支出
2	2020/7/1	项目1	财务费用	524.19	524		17341
3	2020/7/2	项目2	办公费用	1596.36	1596		
4	2020/7/3	项目3	招待费用	856.23	856		
5	2020/7/4	项目4	管理费用	1125.25	1125		
6	2020/7/5	项目1	财务费用	3623.58	3623		
7	2020/7/6	项目2	办公费用	1896.85	1896		
8	2020/7/7	项目3	招待费用	236.53	236		
9	2020/7/8	项目4	管理费用	1589.74	1589		
10	2020/7/9	项目3	其他费用	5896.27	5896		

图 6-46

知识点拨

上述公式“=SUMPRODUCT(INT(D2:D10))”中，首先利用INT函数对D2:D10单元格区域中每个单元格中的数值截尾取整，然后使用SUMPRODUCT函数对取整后的金额汇总。

6.3.2　将收入金额保留到分位

ROUND函数用于按指定位数对数值四舍五入，其语法格式为：

ROUND(number,num_digits)

参数说明： number为需要进行四舍五入的数值。num_digits为指定的位数，按此位数进行四舍五入。其中，如果num_digits大于0，则四舍五入到指定的小数位；如果num_digits等于0，则四舍五入到最接近的整数；如果num_digits小于0，则在小数点左侧进行四舍五入。

示例：使用ROUND函数将收入金额保留到分位。

选择D2单元格，输入公式“=ROUND(C2,2)”，如图6-47所示。按Enter键确认，即可将收入金额四舍五入到2位小数，然后将公式向下填充，如图6-48所示。

	A	B	C	D
1	日期	收入项目	收入金额	保留到分位
2	2020/8/1	A项目收入	5	=ROUND(C2,2)
3	2020/8/10	B项目收入	89653.423	
4	2020/8/15	C项目收入	2365.126	
5	2020/8/20	D项目收入	4563.782	
6	2020/8/25	E项目收入	33685.241	
7	2020/8/29	F项目收入	28963.235	

图 6-47

D2　=ROUND(C2,2)

	A	B	C	D
1	日期	收入项目	收入金额	保留到分位
2	2020/8/1	A项目收入	5863.579	5863.58
3	2020/8/10	B项目收入	89653.423	89653.42
4	2020/8/15	C项目收入	2365.126	2365.13
5	2020/8/20	D项目收入	4563.782	4563.78
6	2020/8/25	E项目收入	33685.241	33685.24
7	2020/8/29	F项目收入	28963.235	28963.24

图 6-48

6.3.3　将收入金额向上舍入到角位

ROUNDUP函数用于按指定的位数向上舍入数值，其语法格式为：

ROUNDUP(number,num_digits)

参数说明： number为需要向上舍入的任意实数。num_digits为舍入后的数字的小数位数。

知识点拨

函数ROUNDUP和函数ROUND功能相似，不同之处在于函数ROUNDUP总是向上舍入数字。如果num_digits大于0，则向上舍入到指定的小数位；如果num_digits等于0，则向上舍入到最接近的整数；如果num_digits小于0，则在小数点左侧向上进行舍入。

示例：使用ROUNDUP函数将收入金额向上舍入到角位。

选择D2单元格，输入公式“=ROUNDUP(C2,1)”，如图6-49所示。按Enter键确认，即可将收入金额向上舍入到1位小数，然后将公式向下填充，如图6-50所示。

	A	B	C	D
1	日期	收入项目	收入金额	向上舍入到角位
2	2020/8/1	A项目收入	5863.57	=ROUNDUP(C2,1)
3	2020/8/10	B项目收入	89653.42	
4	2020/8/15	C项目收入	2365.12	
5	2020/8/20	D项目收入	4563.78	
6	2020/8/25	E项目收入	33685.29	
7	2020/8/29	F项目收入	28963.23	

图 6-49

D2　=ROUNDUP(C2,1)

	A	B	C	D
1	日期	收入项目	收入金额	向上舍入到角位
2	2020/8/1	A项目收入	5863.57	5863.6
3	2020/8/10	B项目收入	89653.42	89653.5
4	2020/8/15	C项目收入	2365.12	2365.2
5	2020/8/20	D项目收入	4563.78	4563.8
6	2020/8/25	E项目收入	33685.29	33685.3
7	2020/8/29	F项目收入	28963.23	28963.3

图 6-50

6.3.4 将支出金额向下舍入到整数

ROUNDDOWN函数用于按照指定的位数向下舍入数值，其语法格式为：

ROUNDDOWN(number,num_digits)

参数说明： number为需要向下舍入的任意实数。num_digits为舍入后数字的位数。

知识点拨

函数ROUNDDOWN和函数ROUND功能相似，不同之处在于函数ROUNDDOWN总是向下舍入数字。如果num_digits大于0，则向下舍入到指定的小数位；如果num_digits等于0，则向下舍入到最接近的整数；如果num_digits小于0，则在小数点左侧向下进行舍入。

示例：使用ROUNDDOWN函数将支出金额向下舍入到整数。

选择E2单元格，输入公式“=ROUNDDOWN(D2,0)”，如图6-51所示。按Enter键确认，即可将支出金额向下舍入到整数，然后将公式向下填充，如图6-52所示。

	A	B	C	D	E
1	日期	支出项目	费用类型	支出金额	向下舍入到整数
2	2020/7/1	项目1	财务费用	524.19	=ROUNDDOWN(D2,0)
3	2020/7/2	项目2	办公费用	1596.36	
4	2020/7/3	项目3	招待费用	856.93	
5	2020/7/4	项目4	管理费用	1125.25	
6	2020/7/5	项目1	财务费用	3623.58	
7	2020/7/6	项目2	办公费用	1896.85	
8	2020/7/7	项目3	招待费用	236.53	
9	2020/7/8	项目4	管理费用	1589.74	
10	2020/7/9	项目3	其他费用	5896.27	

图 6-51

E2　=ROUNDDOWN(D2,0)

	A	B	C	D	E
1	日期	支出项目	费用类型	支出金额	向下舍入到整数
2	2020/7/1	项目1	财务费用	524.19	524
3	2020/7/2	项目2	办公费用	1596.36	1596
4	2020/7/3	项目3	招待费用	856.93	856
5	2020/7/4	项目4	管理费用	1125.25	1125
6	2020/7/5	项目1	财务费用	3623.58	3623
7	2020/7/6	项目2	办公费用	1896.85	1896
8	2020/7/7	项目3	招待费用	236.53	236
9	2020/7/8	项目4	管理费用	1589.74	1589
10	2020/7/9	项目3	其他费用	5896.27	5896

图 6-52

6.3.5 将销售金额的小数部分去掉

TRUNC函数用于将数字截为整数或保留指定位数的小数，其语法格式为：

TRUNC(number,[num_digits])

参数说明： number为必需参数，指定进行截尾操作的数字。num_digits为可选参数。用于指定截尾精度的数字。如果忽略则为0。

示例：使用TRUNC函数将销售金额的小数部分去掉。

选择E2单元格，输入公式“=TRUNC(D2)”，如图6-53所示。按Enter键确认，即可将销售金额截为整数，然后将公式向下填充，如图6-54所示。

	A	B	C	D	E
1	商品名称	销售单价	销售数量	销售金额	截为整数
2	蛋糕裙	199.6	89	17764.4	=TRUNC(D2)
3	TMC半折裙	189.9	51	9684.9	
4	SJAIS上衣	179.3	59	10578.7	
5	雪纺连衣裙	89.5	85	7607.5	
6	宽松连帽外套	129.7	69	8949.3	
7	运动连衣裙	129.2	86	11111.2	
8	印花衬衫	99.5	65	6467.5	
9	花式连衣裙	139.9	72	10072.8	

图 6-53

E2　=TRUNC(D2)

	A	B	C	D	E
1	商品名称	销售单价	销售数量	销售金额	截为整数
2	蛋糕裙	199.6	89	17764.4	17764
3	TMC半折裙	189.9	51	9684.9	9684
4	SJAIS上衣	179.3	59	10578.7	10578
5	雪纺连衣裙	89.5	85	7607.5	7607
6	宽松连帽外套	129.7	69	8949.3	8949
7	运动连衣裙	129.2	86	11111.2	11111
8	印花衬衫	99.5	65	6467.5	6467
9	花式连衣裙	139.9	72	10072.8	10072

图 6-54

知识点拨

TRUNC和INT的相似之处在于两者都返回整数。TRUNC删除数字的小数部分，INT根据数字小数部分的值将该数字向下舍入为最接近的整数。INT和TRUNC仅当作用于负数时才有所不同，例如TRUNC(−4.3)返回−4，而INT(−4.3)返回−5，因为−5是更小的数字。

动手练 根据员工入职日期计算年假天数

假设公司规定员工工作时间每满365天就可以享受3天年假，不足一年者没有年假，此时，用户可以使用TRUNC函数根据员工入职日期计算年假天数，如图6-55所示。

	A	B	C	D	E	F	G
1	工号	姓名	所属部门	性别	职务	入职日期	年假天数
2	DM001	赵佳	财务部	女	经理	2015/7/12	16
3	DM002	钱勇	销售部	男	员工	2017/8/9	10
4	DM003	王晓	生产部	女	员工	2020/4/15	0
5	DM004	曹兴	办公室	男	员工	2019/4/20	4
6	DM005	张玉	人事部	女	经理	2016/9/10	12
7	DM006	赵亮	设计部	男	员工	2017/10/9	9
8	DM007	王学	销售部	女	员工	2019/12/1	3

图 6-55

选择G2单元格，输入公式“=TRUNC((TODAY()−F2)*((TODAY()−F2)>=365)/365*3)”，如图6-56所示。按Enter键确认，即可计算出年假天数，然后将公式向下填充，如图6-57所示。

	F	G	H
1	入职日期	年假天数	
2	=TRUNC((TODAY()-F2)*((TODAY()-F2)>=365)/		
3	365*3)		
4	2020/4/15		
5	2019/4/20		
6	2016/9/10		
7	2017/10/9		
8	2019/12/1		

图 6-56

G2 =TRUNC((TODAY()-F2)*((TODAY()-F2)>=365)/365*3)

	D	E	F	G
1	性别	职务	入职日期	年假天数
2	女	经理	2015/7/12	16
3	男	员工	2017/8/9	10
4	女	员工	2020/4/15	0
5	男	员工	2019/4/20	4
6	女	经理	2016/9/10	12
7	男	员工	2017/10/9	9
8	女	员工	2019/12/1	3

图 6-57

知识点拨

上述公式中，TODAY函数表示今天的日期，利用今天的日期减去入职日期，求出每个员工的工作天数。然后通过表达式“*((TODAY()−F2)>=365)”判断工作天数是否大于或等于365天。如果小于365天则按0天假期处理。然后用工作天数除以365再乘以3计算年假天数。最后使用TRUNC函数将结果取整。

6.3.6 统计销售员提成金额，不足10000元忽略

FLOOR函数用于将参数向下舍入到最接近的基数的倍数。其语法格式为：

FLOOR(number,significance)

参数说明： number为必需参数，指定要舍入的数值。significance为必需参数，指定要舍入到的倍数。将参数number向下舍入（沿绝对值减小的方向）为最接近的significance的倍数。如果任一参数为非数值型，则FLOOR将返回错误值#VALUE!。如果number的符号为正，且significance的符号为负，则FLOOR将返回错误值#NUM!。

示例：使用FLOOR函数统计销售员提成金额，不足10000元则忽略。

假设公司规定，销售员的提成金额为每10000元提成600元，不足10000元者忽略不计。选择C2单元格，输入公式“=FLOOR(B2,10000)/10000*600”，如图6-58所示。按Enter键确认，即可计算出提成金额，然后将公式向下填充，如图6-59所示。

知识点拨

上述公式中通过FLOOR函数将每个销售员的业绩以10000为基数，向下舍入，不足10000的尾数都被舍弃，再用转换后的业绩计算提成金额。

	A	B	C
1	销售员	业绩	提成金额
2	赵佳		=FLOOR(B2,10000)/10000*600
3	刘欢	36952	
4	李媛	45620	
5	张宇	78452	
6	韩梅	12360	
7	王晓	9985	
8	刘雯	36985	
9	陈锋	8571	

图 6-58

C2 =FLOOR(B2,10000)/10000*600

	A	B	C	D	E
1	销售员	业绩	提成金额		
2	赵佳	23560	1200		
3	刘欢	36952	1800		
4	李媛	45620	2400		
5	张宇	78452	4200		
6	韩梅	12360	600		
7	王晓	9985	0		
8	刘雯	36985	1800		
9	陈锋	8571	0		

图 6-59

6.3.7 活动分组时保证每组人数为偶数

EVEN函数用于将数值向上舍入到最接近的偶数，其语法格式为：

EVEN（number）

参数说明：number是将进行向上取偶的数值。如果number为非数值参数，则EVEN返回错误值#VALUE!或#NAME?。不论number的正负号如何，函数都向远离0的方向舍入，如果number恰好是偶数，则无须进行任何舍入处理。

示例：使用EVEN函数保证活动分组时每组人数为偶数。

假设1个小孩相当于0.5个大人，活动分组时为了保证每组人数为偶数，可以选择E2单元格，输入公式“=EVEN(D2)”，如图6-60所示。

	A	B	C	D	E
1	活动分组	大人	小孩	总人数	每组人数
2	小组1	4	3	5.5	=EVEN(D2)
3	小组2	6	1	6.5	
4	小组3	7	3	8.5	
5	小组4	5	1	5.5	
6	小组5	5	5	7.5	
7	小组6	8	3	9.5	

图 6-60

按Enter键确认，即可将总人数向上舍入到最接近的偶数，然后将公式向下填充，如图6-61所示。

E2 =EVEN(D2)

	A	B	C	D	E
1	活动分组	大人	小孩	总人数	每组人数
2	小组1	4	3	5.5	6
3	小组2	6	1	6.5	8
4	小组3	7	3	8.5	10
5	小组4	5	1	5.5	6
6	小组5	5	5	7.5	8
7	小组6	8	3	9.5	10

图 6-61

6.3.8 随机从奇数行中抽取值班人员

ODD函数用于将数值向上舍入到最接近的奇数，其语法格式为：

ODD(number)

参数说明： number为要舍入的值。如果number是非数字的，则ODD返回#VALUE!错误值。不论参数number的正负号如何，数值都是沿绝对值增大的方向向上舍入。如果number恰好是奇数，则不进行舍入。

示例：使用ODD函数随机从奇数行中抽取值班人员。

选择D2单元格，输入公式“=INDEX(B:B,ODD(RANDBETWEEN(1,ROWS (1:10)-1)))”，如图6-62所示。

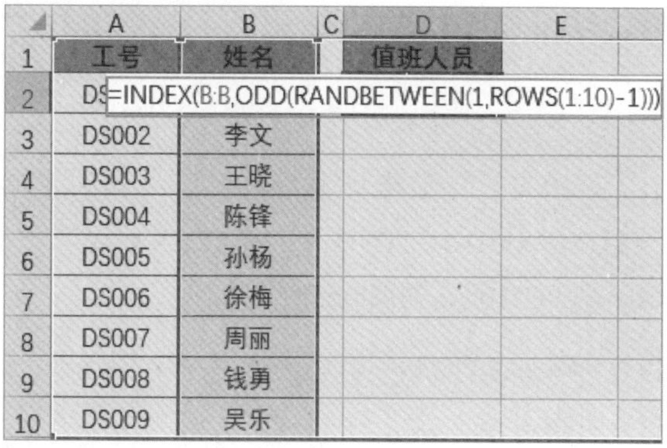

	A	B	C	D	E
1	工号	姓名		值班人员	
2	DS	=INDEX(B:B,ODD(RANDBETWEEN(1,ROWS(1:10)-1)))			
3	DS002	李文			
4	DS003	王晓			
5	DS004	陈锋			
6	DS005	孙杨			
7	DS006	徐梅			
8	DS007	周丽			
9	DS008	钱勇			
10	DS009	吴乐			

图 6-62

按Enter键确认，即可随机在奇数行中抽取值班人员，如图6-63所示。

D2 =INDEX(B:B,ODD(RANDBETWEEN(1,ROWS(1:10)-1)))

	A	B	C	D	E	F
1	工号	姓名		值班人员		
2	DS001	赵佳		陈锋		
3	DS002	李文				
4	DS003	王晓				
5	DS004	陈锋				
6	DS005	孙杨				
7	DS006	徐梅				
8	DS007	周丽				
9	DS008	钱勇				
10	DS009	吴乐				

图 6-63

知识点拨

上述公式中首先利用ROWS函数计算B列已用区域的行数，然后减去1，再进行随机抽取数据，这可以保证RANDBETWEEN函数产生的随机数在数值限定范围之内。在产生随机数之后，利用ODD函数将所有随机数转换成奇数，再作为INDEX函数的参数引用B列的姓名。

动手练 统计指定单元格区域中偶数的个数

当一个表格中存在偶数值和奇数值时，如果用户想要统计指定单元格区域中偶数的个数，如图6-64所示，则可以通过EVEN函数和其他函数嵌套来进行计算。

	A	B	C	D	E
1	数值1	数值2	数值3		偶数个数
2	52	23	54		
3	38	22	64		
4	41	10	32		
5	26	8	25		
6	78	46	88		
7	33	89	96		
8	13	77	79		

图 6-64

选择E2单元格，输入公式“=SUMPRODUCT(N(EVEN(A2:C8)=(A2:C8)))”，如图6-65所示。

	A	B	C	D	E	F
1	数值1	数值2	数值3		偶数个数	
2	52	=SUMPRODUCT(N(EVEN(A2:C8)=(A2:C8)))				
3	38	22	64			
4	41	10	32			
5	26	8	25			
6	78	46	88			
7	33	89	96			
8	13	77	79			

图 6-65

按Enter键确认，即可计算出A2:C8单元格区域中偶数的个数，如图6-66所示。

E2 | fx =SUMPRODUCT(N(EVEN(A2:C8)=(A2:C8)))

	A	B	C	D	E	F
1	数值1	数值2	数值3		偶数个数	
2	52	23	54		13	
3	38	22	64			
4	41	10	32			
5	26	8	25			
6	78	46	88			
7	33	89	96			
8	13	77	79			

图 6-66

知识点拨

上述公式中利用EVEN函数将区域中的所有数据转换成偶数并与原数据进行比较，计算未变化的数值个数，即原区域中偶数个数。

6.4 随机函数的应用

随机函数就是可以产生随机数的函数，常用的随机函数有RAND函数和RANDBETWEEN函数。

6.4.1 产生1 ~ 10之间的不重复随机整数

RAND函数用于返回大于或等于0且小于1的均匀分布随机数，其语法格式为：

RAND()：其不指定任何参数。

示例：使用RAND函数产生1 ~ 10之间的不重复的随机整数。

首先创建一个辅助区，然后选择A2单元格，输入公式“=RAND()”，按Enter键确认，即可产生一个随机数，然后将公式向下填充，如图6-67所示。

A2 =RAND()

	A	B	C	D
1	辅助区		随机数	
2	0.484835821			
3	0.043004684			
4	0.133570039			
5	0.257439785			
6	0.809147244			
7	0.211758129			
8	0.950320938			
9	0.807383205			
10	0.039939001			
11	0.647399929			

图 6-67

接着选择C2:C11单元格区域，在“编辑栏”中输入公式“=RANK(A2:A11,A2:A11)”，按Ctrl+Shift+Enter组合键，即可在区域中产生10个1 ~ 10之间的不重复的随机整数，如图6-68所示。

C2 {=RANK(A2:A11,A2:A11)}

	A	B	C	D	E
1	辅助区		随机数		
2	0.132588542		9		
3	0.122003034		10		
4	0.874978732		2		
5	0.736845449		4		
6	0.484041966		6		
7	0.399116916		8		
8	0.89585492		1		
9	0.822231041		3		
10	0.489844325		5		
11	0.459247407		7		

图 6-68

6.4.2 生成-10～10之间的随机整数

RANDBETWEEN函数用于产生整数的随机数，其语法格式为：

RANDBETWEEN（bottom,top）

参数说明：bottom是函数返回的最小整数。top是函数返回的最大整数。

示例：使用RANDBETWEEN函数生成-10～10之间的随机整数。

选择A2:A11单元格区域，如图6-69所示。在“编辑栏”中输入公式“=RANDBETWEEN(-10,10)”，如图6-70所示。按Ctrl+Enter组合键确认，即可生成-10～10之间的随机整数，如图6-71所示。

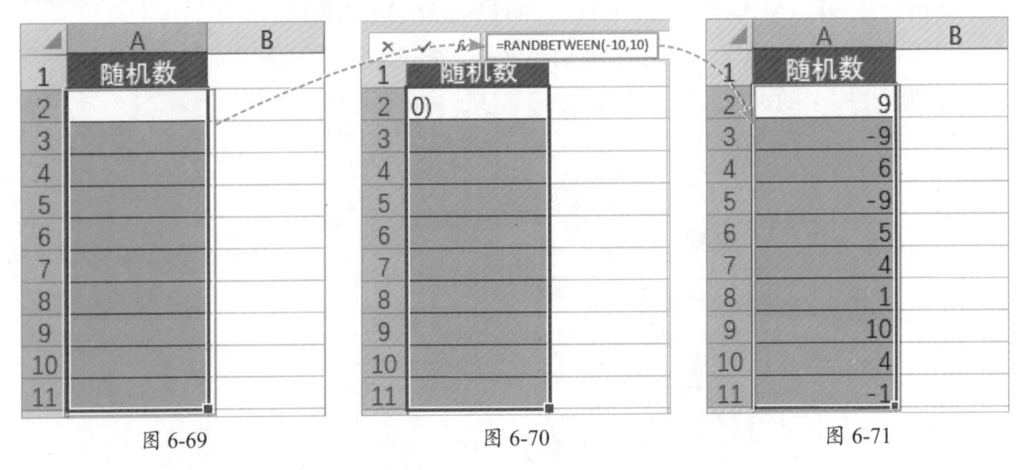

图 6-69　　图 6-70　　图 6-71

动手练 随机抽取中奖人员

扫码看视频

在某些活动中会有抽奖环节，随机抽选一个号码决定中奖者，在Excel表格中，用户使用RANDBETWEEN和VLOOKUP函数，也可以实现类似功能，如图6-72所示。

	A	B	C	D	E	F
1	号码	姓名		抽选中奖号码	5	
2	1	周轩		中奖人员	赵璇	
3	2	王晓				
4	3	刘欢				
5	4	李梅				
6	5	赵璇				
7	6	刘雯				
8	7	陈锋				
9	8	吴勇				
10	9	徐雪				
11	10	孙杨				

图 6-72

选择E1单元格，输入公式“=RANDBETWEEN(1,10)”，如图6-73所示。

	A	B	C	D	E
1	号码	姓名		抽选	=RANDBETWEEN(1,10)
2	1	周轩		中奖人员	
3	2	王晓			
4	3	刘欢			
5	4	李梅			
6	5	赵璇			
7	6	刘雯			
8	7	陈锋			
9	8	吴勇			
10	9	徐雪			

图 6-73

按Enter键确认，即可生成1～10之间的随机数，如图6-74所示。

	A	B	C	D	E
1	号码	姓名		抽选中奖号码	2
2	1	周轩		中奖人员	
3	2	王晓			
4	3	刘欢			
5	4	李梅			
6	5	赵璇			
7	6	刘雯			
8	7	陈锋			
9	8	吴勇			
10	9	徐雪			
11	10	孙杨			

图 6-74

选择E2单元格，输入公式“=VLOOKUP(E1,$A$2:$B$11,2,FALSE)”，如图6-75所示。

	A	B	C	D	E	F
1	号码	姓名		抽选中奖号码	2	
2	1	周轩		=VLOOKUP(E1,$A$2:$B$11,2,FALSE)		
3	2	王晓				
4	3	刘欢				
5	4	李梅				
6	5	赵璇				
7	6	刘雯				
8	7	陈锋				
9	8	吴勇				
10	9	徐雪				
11	10	孙杨				

图 6-75

按Enter键确认，即可按照随机数求出中奖人员，如图6-76所示。

	A	B	C	D	E
1	号码	姓名		抽选中奖号码	2
2	1	周轩		中奖人员	王晓
3	2	王晓			
4	3	刘欢			
5	4	李梅			
6	5	赵璇			
7	6	刘雯			
8	7	陈锋			
9	8	吴勇			
10	9	徐雪			

图 6-76

案例实战：制作工资条

通常公司会定期给员工发放工资条，反映员工的工资情况。用户可以通过工资明细表，使用函数自动生成工资条，如图6-77所示。

	A	B	C	D	E	F	G	H	I	J	K	L
1		工号	姓名	所属部门	基本工资	津贴	满勤奖	缺勤扣款	应发工资	保险扣款	代扣个人所得税	实发工资
2		ST001	赵佳	财务部	6000	1500	0	150	7350	1387.5	75	5887.5
3												
4		工号	姓名	所属部门	基本工资	津贴	满勤奖	缺勤扣款	应发工资	保险扣款	代扣个人所得税	实发工资
5		ST002	李媛	销售部	5500	1375	0	250	6625	1271.875	56.25	5296.88
6												
7		工号	姓名	所属部门	基本工资	津贴	满勤奖	缺勤扣款	应发工资	保险扣款	代扣个人所得税	实发工资
8		ST003	王晓	人事部	5000	750	0	200	5550	1063.75	22.5	4463.75
9												
10		工号	姓名	所属部门	基本工资	津贴	满勤奖	缺勤扣款	应发工资	保险扣款	代扣个人所得税	实发工资
11		ST004	张宇	办公室	3500	350	300	0	4150	712.25	0	3437.75
12												
13		工号	姓名	所属部门	基本工资	津贴	满勤奖	缺勤扣款	应发工资	保险扣款	代扣个人所得税	实发工资
14		ST005	孙杨	人事部	3500	350	0	50	3800	712.25	0	3087.75

图 6-77

Step 01 首先打开“工资明细表”工作表，查看其中的相关数据信息，如图6-78所示。

	A	B	C	D	E	F	G	H	I	J	K
1	工号	姓名	所属部门	基本工资	津贴	满勤奖	缺勤扣款	应发工资	保险扣款	代扣个人所得税	实发工资
2	ST001	赵佳	财务部	6000	1500	0	150	7350	1387.5	75	5887.5
3	ST002	李媛	销售部	5500	1375	0	250	6625	1271.875	56.25	5296.88
4	ST003	王晓	人事部	5000	750	0	200	5550	1063.75	22.5	4463.75
5	ST004	张宇	办公室	3500	350	300	0	4150	712.25	0	3437.75
6	ST005	孙杨	人事部	3500	350	0	50	3800	712.25	0	3087.75
7	ST006	周燕	设计部	5000	750	300	0	6050	1063.75	22.5	4963.75
8	ST007	李兰	销售部	3500	350	0	150	3700	712.25	0	2987.75
9	ST008	王珂	财务部	4000	400	0	100	4300	814	0	3486
10	ST009	刘雯	人事部	5000	750	0	150	5600	1063.75	22.5	4513.75
11	ST010	钱勇	办公室	3500	350	300	0	4150	712.25	0	3437.75
12	ST011	祝红	办公室	3500	350	0	100	3750	712.25	0	3037.75

工资明细表　工资条

图 6-78

Step 02 打开“工资条”工作表，选择B1单元格，输入公式“=IF(MOD(ROW(),3)=1,工资明细表!A$1,IF(MOD(ROW(),3)=2,OFFSET(工资明细表!A$1,ROW()/3+1,0),""))”，如图6-79所示。

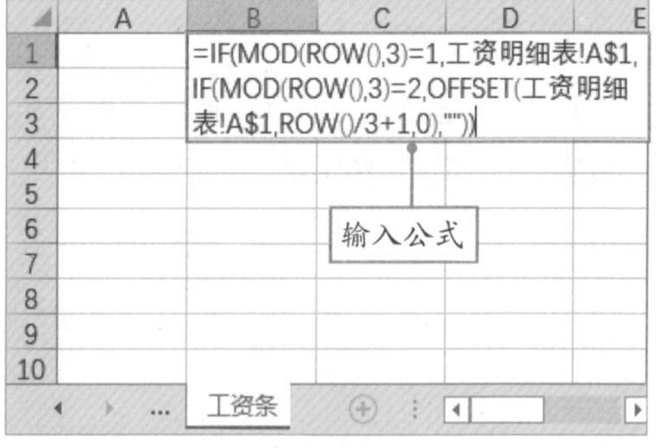

图 6-79

Step 03 按Enter键确认，即可引用“工资明细表”中的“工号”，然后将公式向右填充至L1单元格，如图6-80所示。

B1
=IF(MOD(ROW(),3)=1,工资明细表!A$1,IF(MOD(ROW(),3)=2,OFFSET(工资明细表!A$1,ROW()/3+1,0),""))
工号 姓名 所属部门 基本工资 津贴 满勤奖
向右填充公式
工资条

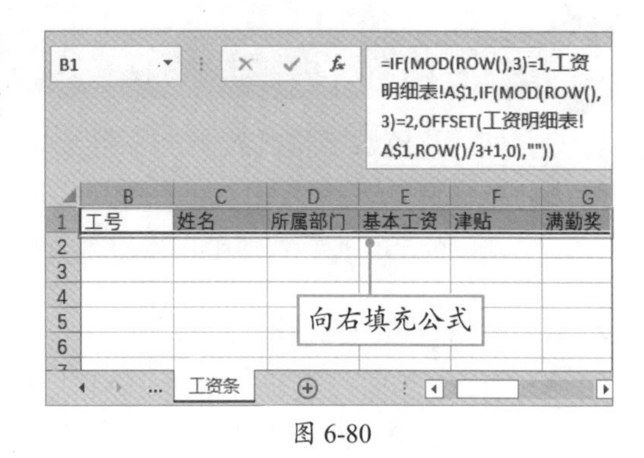

图 6-80

Step 04 选择B1:L1单元格区域，将光标移至单元格区域的右下角，按住左键不放并向下拖动光标至第2行，如图6-81所示。

B1
=IF(MOD(ROW(),3)=1,工资明细表!A$1,IF(MOD(ROW(),3)=2,OFFSET(工资明细表!A$1,ROW()/3+1,0),""))
工号 姓名 所属部门 基本工资 津贴 满勤奖 缺勤扣款 应发工资 保险扣款 代扣个人所得税 实发工资
ST001 赵佳 财务部 6000 1500 0 150 7350 1387.5 75 5887.5
工资条
向下填充公式

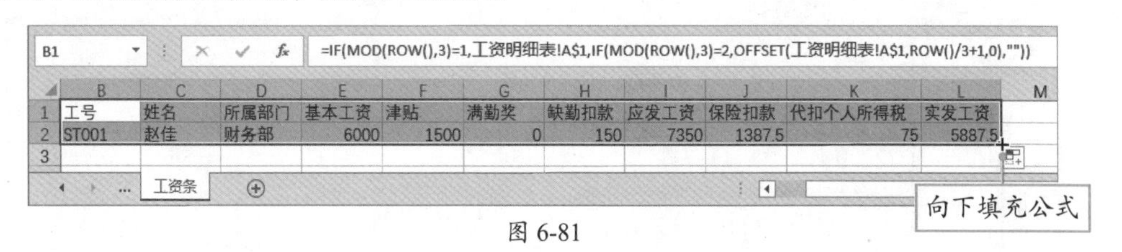

图 6-81

Step 05 选择B1:L2单元格区域，为其添加边框和底纹并设置数据的对齐方式，如图6-82所示。

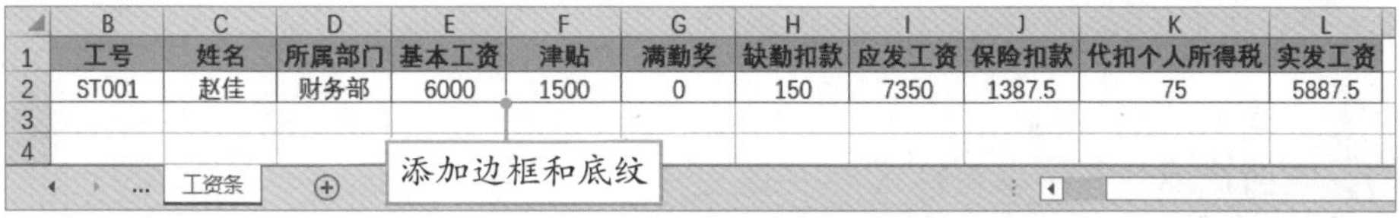

工号 姓名 所属部门 基本工资 津贴 满勤奖 缺勤扣款 应发工资 保险扣款 代扣个人所得税 实发工资
ST001 赵佳 财务部 6000 1500 0 150 7350 1387.5 75 5887.5
工资条
添加边框和底纹

图 6-82

Step 06 最后选择B1:L3单元格区域，将公式向下填充即可，如图6-83所示。

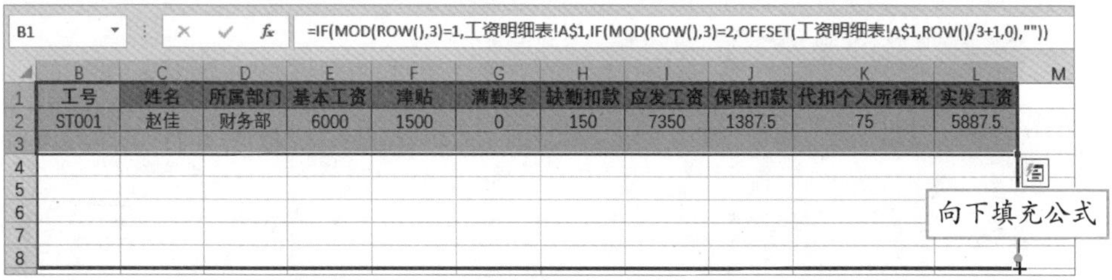

B1
=IF(MOD(ROW(),3)=1,工资明细表!A$1,IF(MOD(ROW(),3)=2,OFFSET(工资明细表!A$1,ROW()/3+1,0),""))
工号 姓名 所属部门 基本工资 津贴 满勤奖 缺勤扣款 应发工资 保险扣款 代扣个人所得税 实发工资
ST001 赵佳 财务部 6000 1500 0 150 7350 1387.5 75 5887.5
向下填充公式

图 6-83

知识点拨

上述公式中，使用MOD函数取行号与3的余数来实现动态取数，然后用IF函数根据MOD函数的取余数运算结果来进行取值。当MOD函数取余数为1时，就引用工资明细表中第1行的标题；如果余数为2，则分别取各行的工资明细；如果余数为0，则取空白。

新手答疑

1. Q：如何设置数字格式？

A：选择单元格，按Ctrl+1组合键，打开“设置单元格格式”对话框，在“数字”选项卡的“分类”选项中选择需要的数字格式即可，如图6-84所示。

2. Q：如何设置网格线的颜色？

A：单击“文件”按钮，选择“选项”选项，打开“Excel选项”对话框，选择“高级”选项，然后在“此工作表的显示选项”区域中单击“网格线颜色”下拉按钮，在弹出的列表中选择合适的颜色即可，如图6-85所示。

图 6-84

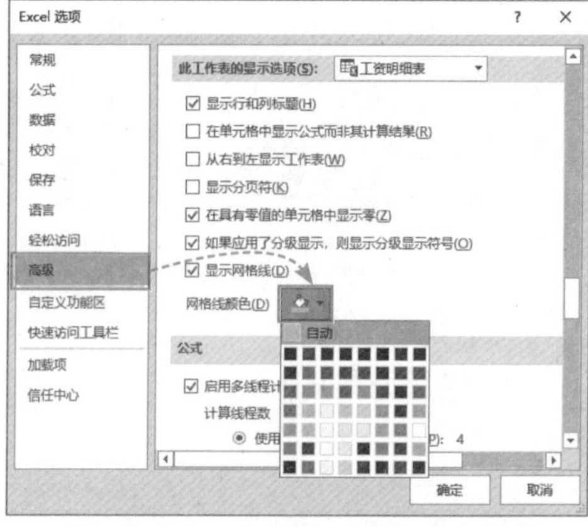

图 6-85

3. Q：如何快速为表格设置样式？

A：选择表格区域，在“开始”选项卡中单击“套用表格格式”下拉按钮，在弹出的列表中选择合适的表格样式，如图6-86所示。弹出“套用表格式”对话框，直接单击“确定”按钮即可，如图6-87所示。

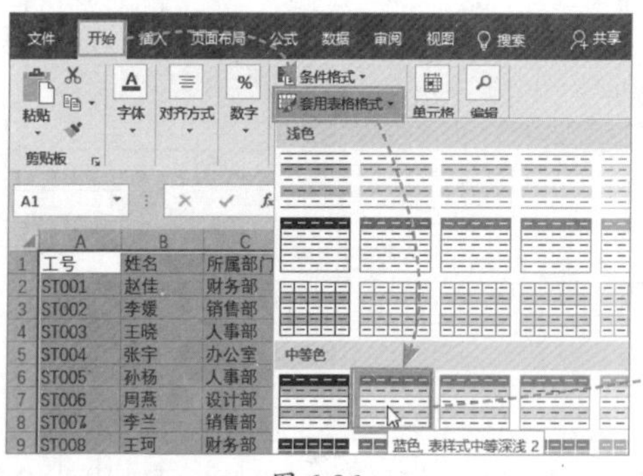

图 6-86

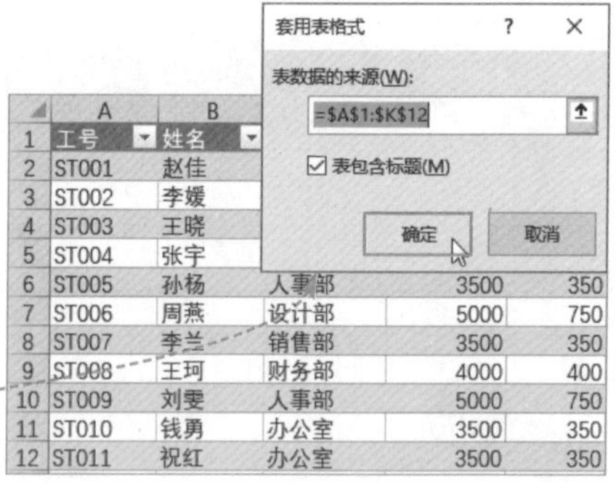

图 6-87

第 7 章 日期与时间函数的应用

日期与时间函数是指在公式中用来分析和处理日期值和时间值的函数。Excel可将日期存储为序列号，以便在计算中使用。序列号被分为整数部分和小数部分，整数部分代表日期，小数部分代表时间。本章将以案例的形式对日期与时间函数的应用进行详细介绍。

7.1 日期函数

在Excel中日期函数包括NOW函数、TODAY函数、DATE函数、YEAR函数、MONTH函数、DAY函数、EOMONTH函数、DATEDIF函数、DAYS360函数、YEARFRAC函数、EDATE函数等。

7.1.1 快速录入当前日期和时间

NOW函数用于返回当前的日期和时间，其语法格式为：

NOW()：NOW函数语法没有参数。

知识点拨

当需要在工作表上显示当前日期和时间，或者需要根据当前日期和时间计算一个值并在每次打开工作表时更新该值时，则应使用NOW函数。

示例：使用NOW函数快速录入当前日期和时间。

选择C8单元格，输入公式"=NOW()"，如图7-1所示。按Enter键确认，即可快速录入当前日期和时间，如图7-2所示。

	A	B	C
1	某超市销售发票		
2	购买商品	商品数量	单价
3	弹力苏醒霜	1瓶	90
4	花青素	1套	37
5	洁泡	1套	85
6	护体乳	1套	29
7	合计		241
8	销售时间		=NOW()

图 7-1

	A	B	C
1	某超市销售发票		
2	购买商品	商品数量	单价
3	弹力苏醒霜	1瓶	90
4	花青素	1套	37
5	洁泡	1套	85
6	护体乳	1套	29
7	合计		241
8	销售时间		2020/12/18 9:42

图 7-2

知识点拨

用户使用Ctrl+;组合键，可以快速录入当前日期，使用Ctrl+Shift+;组合键，可以快速录入当前时间。

动手练 计算距离项目完工还有多少天

假设公司规定项目要在2020年12月31日这一天完工，当前日期为2020年12月18日，想要计算距离项目完工还有多少天，可以使用NOW函数，如图7-3所示。

	A	B	C
1	距离项目完工仅剩		截止日期
2	13天		2020/12/31

图 7-3

选择A2单元格，如图7-4所示。

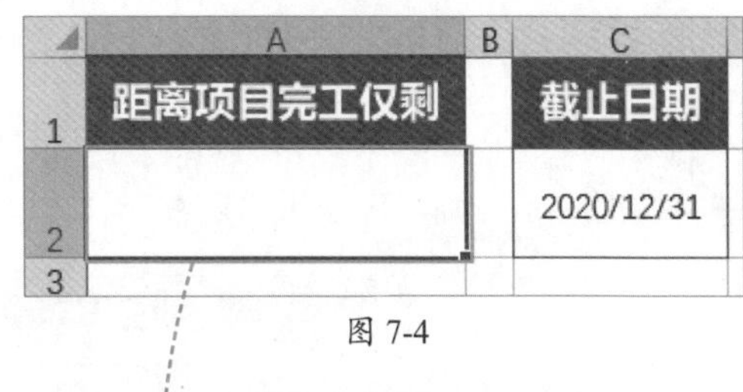

图 7-4

输入公式“=TEXT(C2-NOW(),"00")&"天"”，如图7-5所示。按Enter键确认，即可计算出距离项目完工还有多少天。

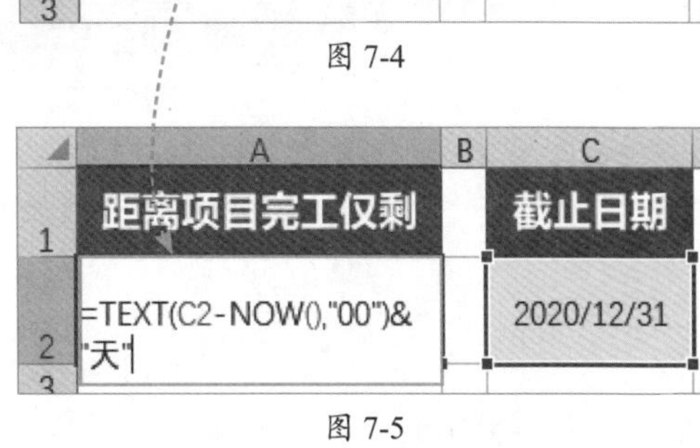

图 7-5

知识点拨

上述公式中首先计算截止日期减去当前日期，然后利用TEXT函数，将结果转换为天数。

7.1.2 快速录入当前日期

TODAY函数用于返回当前日期，其语法格式为：

TODAY()： TODAY函数语法没有参数。

知识点拨

如果在输入该函数之前单元格格式为“常规”，Excel会将单元格格式更改为“日期”。

示例：使用TODAY函数快速录入当前日期。

选择F2单元格，输入公式“=TODAY()”，如图7-6所示。按Enter键确认，即可快速录入当前日期，如图7-7所示。

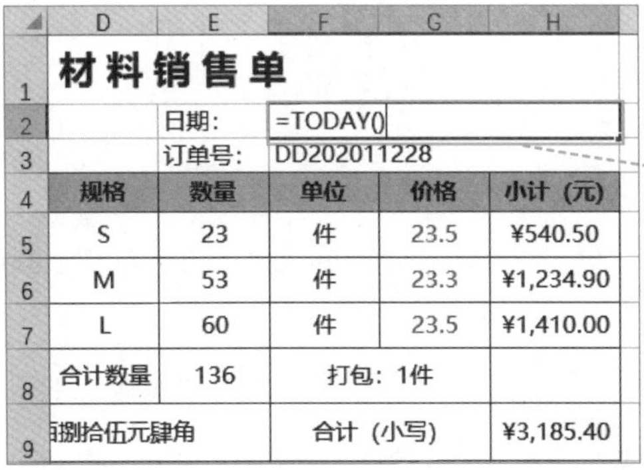

	D	E	F	G	H
1	材料销售单				
2		日期:	=TODAY()		
3		订单号:	DD202011228		
4	规格	数量	单位	价格	小计（元）
5	S	23	件	23.5	¥540.50
6	M	53	件	23.3	¥1,234.90
7	L	60	件	23.5	¥1,410.00
8	合计数量	136	打包：1件		
9	捌拾伍元肆角		合计（小写）		¥3,185.40

图 7-6

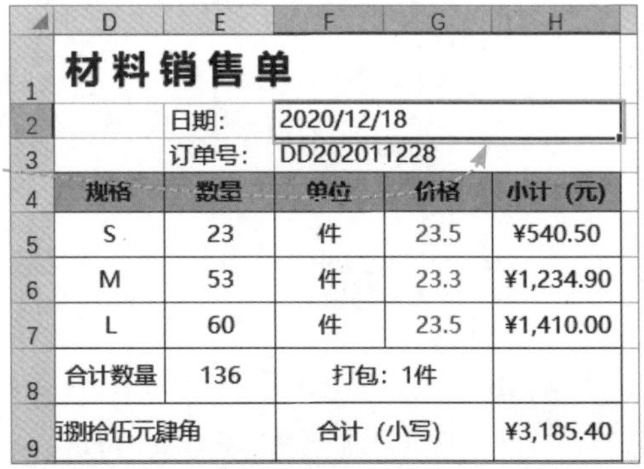

	D	E	F	G	H
1	材料销售单				
2		日期:	2020/12/18		
3		订单号:	DD202011228		
4	规格	数量	单位	价格	小计（元）
5	S	23	件	23.5	¥540.50
6	M	53	件	23.3	¥1,234.90
7	L	60	件	23.5	¥1,410.00
8	合计数量	136	打包：1件		
9	捌拾伍元肆角		合计（小写）		¥3,185.40

图 7-7

动手练 统计即将到期的合同数量

假设公司要求将距离到期日期小于7天的合同数量统计出来，如图7-8所示，则可以使用TODAY函数计算。

	A	B	C	D
1	合同编号	到期日期		即将到期的合同数量
2	RL20201230	2020/12/20		3
3	RL20201131	20201/1/1		
4	RL20200526	2020/12/19		
5	RL20200714	2020/12/22		
6	RL20201110	2021/1/15		
7	RL20200517	2020/12/30		
8	RL20200225	2020/12/28		

图 7-8

选择D2单元格，如图7-9所示。输入公式“=COUNTIF(B2:B8,"<"&(TODAY()+7))”，如图7-10所示。按Enter键确认，即可将距离到期日期小于7天的合同数量统计出来。

	A	B	C	D
1	合同编号	到期日期		即将到期的合同数量
2	RL20201230	2020/12/20		
3	RL20201131	20201/1/1		
4	RL20200526	2020/12/19		
5	RL20200714	2020/12/22		
6	RL20201110	2021/1/15		
7	RL20200517	2020/12/30		
8	RL20200225	2020/12/28		

图 7-9

	A	B	C	D
1	合同编号	到期日期		即将到期的合同数量
2	RL20201230	202		=COUNTIF(B2:B8,"<"&(TODAY()+7))
3	RL20201131	20201/1/1		
4	RL20200526	2020/12/19		
5	RL20200714	2020/12/22		
6	RL20201110	2021/1/15		
7	RL20200517	2020/12/30		
8	RL20200225	2020/12/28		

图 7-10

知识点拨

上述公式中，利用TODAY函数计算当前系统日期，假设当前日期为2020/12/18。然后通过COUNTIF函数统计B2:B8区域中小于当前系统日期加上7天的合同数量。

7.1.3 计算6个月后的日期

DATE函数用于求以年、月、日表示的日期的序列号，其语法格式为：

DATE（year,month,day）

参数说明：

- **year：** 参数的值可以包含1 ~ 4位数字。默认情况下，Windows操作系统使用1900日期系统。
- **month：** 一个正整数或负整数，表示一年中从1 ~ 12月的各月。如果所输入的月份大于12，将从指定年份的1月份开始往上加算。
- **day：** 一个正整数或负整数，表示1月中从1 ~ 31日的各天。如果day大于该月份的最大天数，则将从指定月份的第一天开始往上累加。

示例：使用DATE函数计算6个月后的日期。

首先选择D2单元格，输入公式“=DATE(A2,B2,C2)”，如图7-11所示。按Enter键确认，即可将年、月、日作为序列号显示在日期单元格中，然后将公式向下填充，如图7-12所示。

	A	B	C	D	E
1	年	月	日	日期	6个月后的日期
2	2011	1	5	=DATE(A2,B2,C2)	
3	2012	2	6		
4	2013	3	8		
5	2014	4	12		
6	2015	5	11		
7	2016	6	9		
8	2017	7	20		
9	2018	8	25		
10	2019	9	27		
11	2020	10	19		

图 7-11

	A	B	C	D	E
1	年	月	日	日期	6个月后的日期
2	2011	1	5	2011/1/5	
3	2012	2	6	2012/2/6	
4	2013	3	8	2013/3/8	
5	2014	4	12	2014/4/12	
6	2015	5	11	2015/5/11	
7	2016	6	9	2016/6/9	
8	2017	7	20	2017/7/20	
9	2018	8	25	2018/8/25	
10	2019	9	27	2019/9/27	
11	2020	10	19	2020/10/19	

图 7-12

接着选择E2单元格，输入公式“=DATE(A2,B2+6,C2)”，如图7-13所示。按Enter键确认，即可计算出6个月后的日期，然后将公式向下填充，如图7-14所示。

	A	B	C	D	E
1	年	月	日	日期	6个月后的日期
2	2011	1	5	2=DATE(A2,B2+6,C2)	
3	2012	2	6	2012/2/6	
4	2013	3	8	2013/3/8	
5	2014	4	12	2014/4/12	
6	2015	5	11	2015/5/11	
7	2016	6	9	2016/6/9	
8	2017	7	20	2017/7/20	
9	2018	8	25	2018/8/25	
10	2019	9	27	2019/9/27	
11	2020	10	19	2020/10/19	

图 7-13

	A	B	C	D	E
1	年	月	日	日期	6个月后的日期
2	2011	1	5	2011/1/5	2011/7/5
3	2012	2	6	2012/2/6	2012/8/6
4	2013	3	8	2013/3/8	2013/9/8
5	2014	4	12	2014/4/12	2014/10/12
6	2015	5	11	2015/5/11	2015/11/11
7	2016	6	9	2016/6/9	2016/12/9
8	2017	7	20	2017/7/20	2018/1/20
9	2018	8	25	2018/8/25	2019/2/25
10	2019	9	27	2019/9/27	2020/3/27
11	2020	10	19	2020/10/19	2021/4/19

图 7-14

DATE函数可以和文本函数TEXT嵌套使用，将日期转换成需要的格式。

7.1.4 提取日期中的年份

YEAR函数用于返回某个日期对应的年份，其语法格式为：

YEAR(serial_number)

参数说明：serial_number为一个日期值，包含要查找的年份。日期有多种输入方式：带引号的文本串（例如"2020/01/30”）、系列数（例如，如果使用1900日期系统，则35825表示1998年1月30日）或其他公式或函数的结果。

示例：使用YEAR函数提取日期中的年份。

选择D2单元格，输入公式“=YEAR(C2)”，如图7-15所示。按Enter键确认，即可从入职时间中提取出年份，将公式向下填充，如图7-16所示。

	A	B	C	D
1	姓名	部门	入职时间	入职年份
2	赵佳	办公室	1979/6/1	=YEAR(C2)
3	刘欢	办公室	1999/3/1	
4	孙杨	办公室	2015/4/1	
5	李艳	研发部	1995/10/1	
6	王晓	研发部	1988/10/2	
7	曹翔	研发部	2005/10/3	
8	徐昂	研发部	2003/10/5	
9	钱勇	研发部	2020/10/6	

图 7-15

D2 =YEAR(C2)

	A	B	C	D
1	姓名	部门	入职时间	入职年份
2	赵佳	办公室	1979/6/1	1979
3	刘欢	办公室	1999/3/1	1999
4	孙杨	办公室	2015/4/1	2015
5	李艳	研发部	1995/10/1	1995
6	王晓	研发部	1988/10/2	1988
7	曹翔	研发部	2005/10/3	2005
8	徐昂	研发部	2003/10/5	2003
9	钱勇	研发部	2020/10/6	2020

图 7-16

动手练 计算公司成立多少周年

假设公司是2002年成立的，如果用户想要计算公司成立多少周年，如图7-17所示，则可以使用YEAR和TODAY函数。

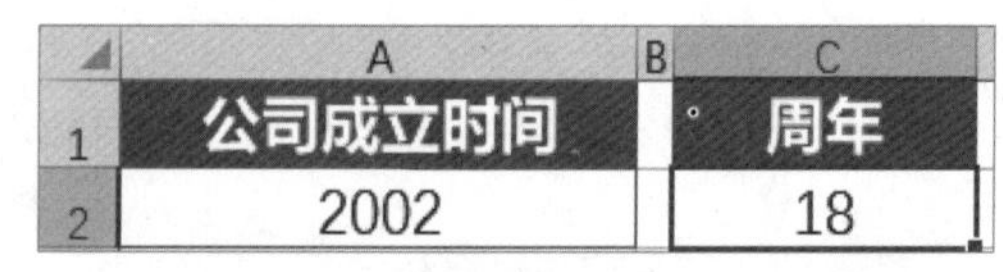

	A	B	C
1	公司成立时间		周年
2	2002		18

图 7-17

选择C2单元格，如图7-18所示。输入公式“=YEAR(TODAY())-A2”，如图7-19所示。按Enter键确认，即可计算出公司成立多少周年。

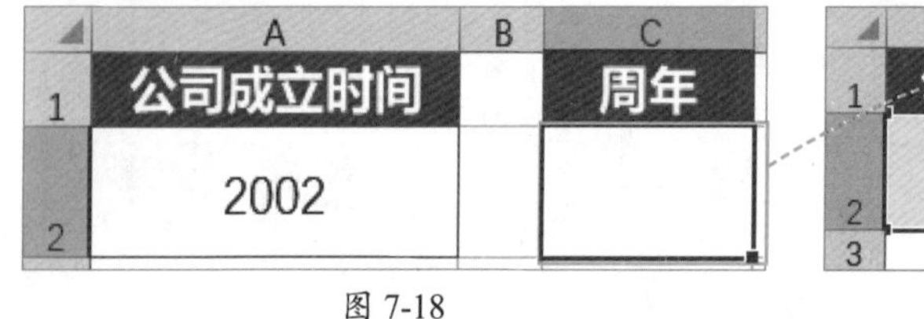

	A	B	C
1	公司成立时间		周年
2	2002		

图 7-18

	A	B	C	D
1	公司成立时间		周年	
2	2002	=YEAR(TODAY())-A2		
3				

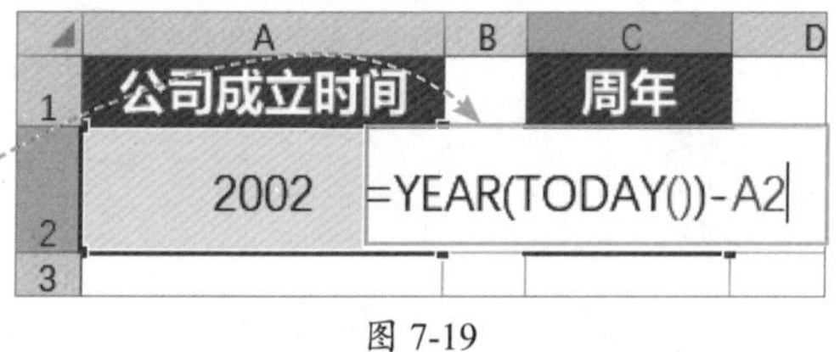

图 7-19

知识点拨

上述公式中利用TODAY函数产生当前系统日期序列，再利用YEAR函数计算其年份，最后用当前年份减去公司成立时间，计算出成立周年。

7.1.5 提取日期中的月份

MONTH函数用于提取日期中的月份，其语法格式为：

MONTH(serial_number)

参数说明： serial_number表示一个日期值，包含要查找的月份。日期有多种输入方式，例如“2020/01/30”。

示例：使用MONTH函数提取日期中的月份。

选择B2单元格，输入公式“=MONTH(A2)”，如图7-20所示。按Enter键确认，即可将日期中的月份提取出来，然后将公式向下填充，如图7-21所示。

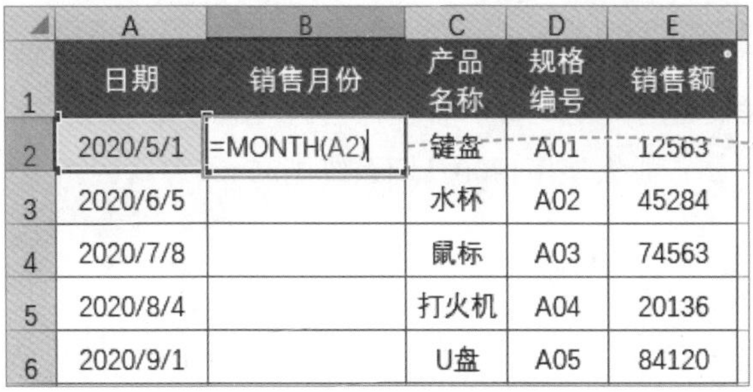

	A	B	C	D	E
1	日期	销售月份	产品名称	规格编号	销售额
2	2020/5/1	=MONTH(A2)	键盘	A01	12563
3	2020/6/5		水杯	A02	45284
4	2020/7/8		鼠标	A03	74563
5	2020/8/4		打火机	A04	20136
6	2020/9/1		U盘	A05	84120

图 7-20

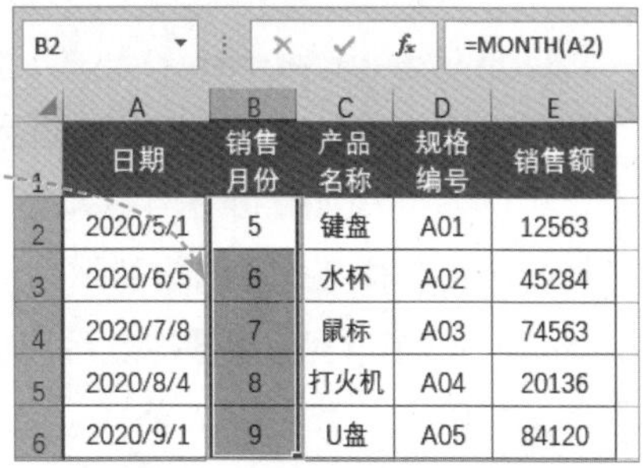

B2　=MONTH(A2)

	A	B	C	D	E
1	日期	销售月份	产品名称	规格编号	销售额
2	2020/5/1	5	键盘	A01	12563
3	2020/6/5	6	水杯	A02	45284
4	2020/7/8	7	鼠标	A03	74563
5	2020/8/4	8	打火机	A04	20136
6	2020/9/1	9	U盘	A05	84120

图 7-21

动手练 计算5月份的销售额

如果表格中统计了不同日期商品的销售额，要想计算5月份的销售额，如图7-22所示，则需要使用MONTH函数和其他函数进行嵌套。

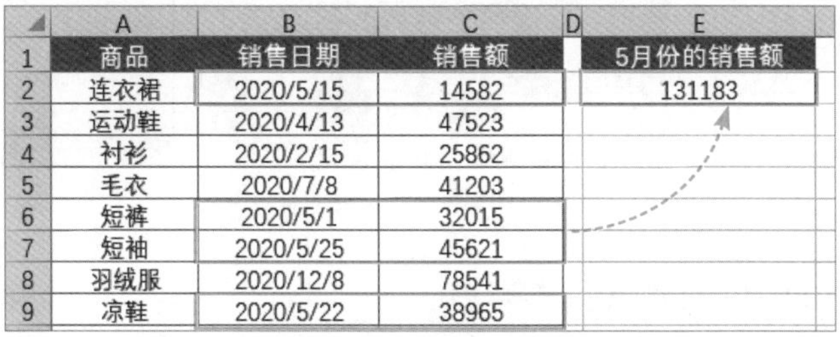

	A	B	C	D	E
1	商品	销售日期	销售额		5月份的销售额
2	连衣裙	2020/5/15	14582		131183
3	运动鞋	2020/4/13	47523		
4	衬衫	2020/2/15	25862		
5	毛衣	2020/7/8	41203		
6	短裤	2020/5/1	32015		
7	短袖	2020/5/25	45621		
8	羽绒服	2020/12/8	78541		
9	凉鞋	2020/5/22	38965		

图 7-22

选择E2单元格，输入公式“=SUM(IF(MONTH(B2:B9)=5,C2:C9))”，如图7-23所示。按Ctrl+Shift+Enter组合键确认，即可计算出5月份的销售额，如图7-24所示。

	A	B	C	D	E
1	商品	销售日期	销售额		5月份的销售额
2	连衣裙	2020/5/15			=SUM(IF(MONTH(B2:B9)=5,C2:C9))
3	运动鞋	2020/4/13	47523		
4	衬衫	2020/2/15	25862		
5	毛衣	2020/7/8	41203		
6	短裤	2020/5/1	32015		
7	短袖	2020/5/25	45621		
8	羽绒服	2020/12/8	78541		
9	凉鞋	2020/5/22	38965		

图 7-23

E2　{=SUM(IF(MONTH(B2:B9)=5,C2:C9))}

	A	B	C	D	E	F
1	商品	销售日期	销售额		5月份的销售额	
2	连衣裙	2020/5/15	14582		131183	
3	运动鞋	2020/4/13	47523			
4	衬衫	2020/2/15	25862			
5	毛衣	2020/7/8	41203			
6	短裤	2020/5/1	32015			
7	短袖	2020/5/25	45621			
8	羽绒服	2020/12/8	78541			
9	凉鞋	2020/5/22	38965			

图 7-24

知识点拨

上述公式中首先利用MONTH函数提取B2:B9区域中的月份，然后使用IF函数判断是否等于5，如果成立，则返回C2:C9区域中对应的数值，最后使用SUM函数进行求和。

7.1.6 提取日期中的某一天

DAY函数用于返回日期中的天数，其语法格式为：

DAY(serial_number)

参数说明： serial_number为要查找天数的日期。日期有多种输入方式：带引号的文本串（例如"2020/01/30"）、系列数（例如，如果使用1900日期系统则35825表示1998年1月30日）或其他公式或函数的结果。

示例：使用DAY函数提取日期中的某一天。

选择B2单元格，输入公式“=DAY(A2)”，如图7-25所示。按Enter键确认，即可从日期中提取天数，然后将公式向下填充，如图7-26所示。

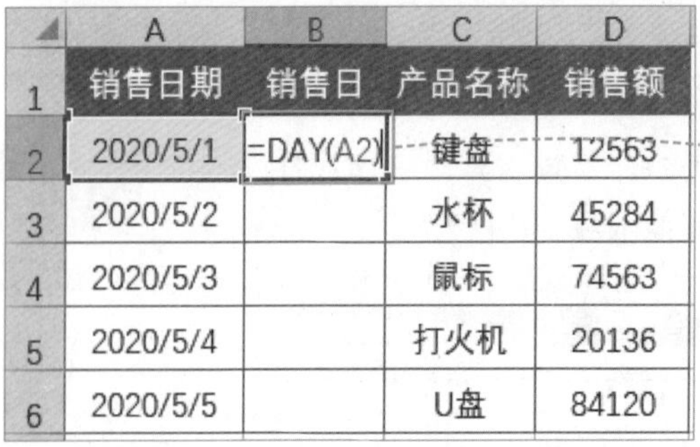

	A	B	C	D
1	销售日期	销售日	产品名称	销售额
2	2020/5/1	=DAY(A2)	键盘	12563
3	2020/5/2		水杯	45284
4	2020/5/3		鼠标	74563
5	2020/5/4		打火机	20136
6	2020/5/5		U盘	84120

图 7-25

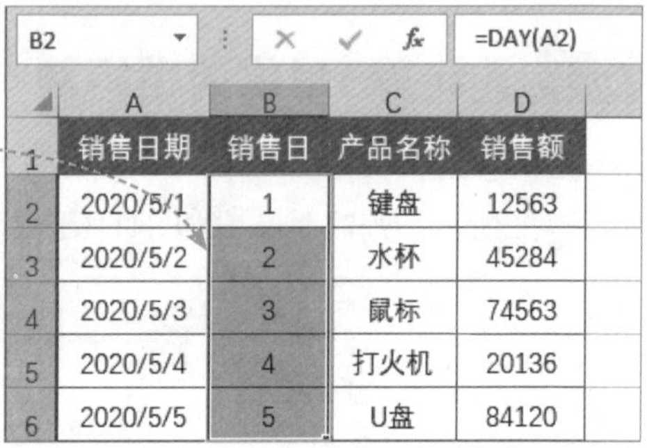

B2 =DAY(A2)

	A	B	C	D
1	销售日期	销售日	产品名称	销售额
2	2020/5/1	1	键盘	12563
3	2020/5/2	2	水杯	45284
4	2020/5/3	3	鼠标	74563
5	2020/5/4	4	打火机	20136
6	2020/5/5	5	U盘	84120

图 7-26

动手练 计算今年平均每月天数

由于存在闰年和平年以及大月和小月，因此并不是每月都是30天，如果用户想要计算某一年平均每月多少天，如图7-27所示，则可以通过DAY函数和其他函数嵌套使用。

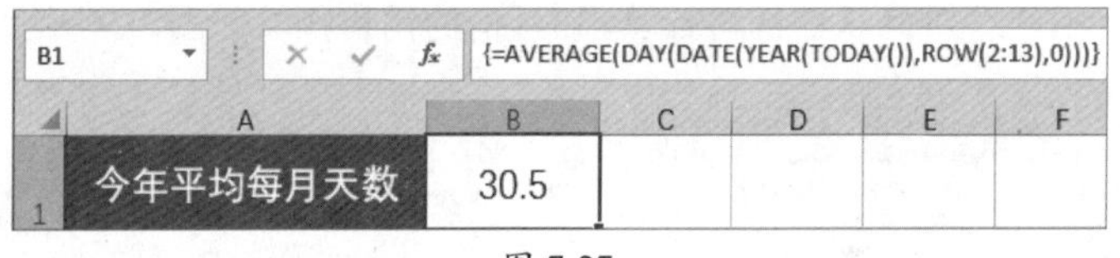

图 7-27

选择B1单元格，如图7-28所示。输入公式“=AVERAGE(DAY(DATE(YEAR(TODAY()),ROW(2:13),0)))”，如图7-29所示。按Ctrl+Shift+Enter组合键确认，即可计算出今年平均每月天数。

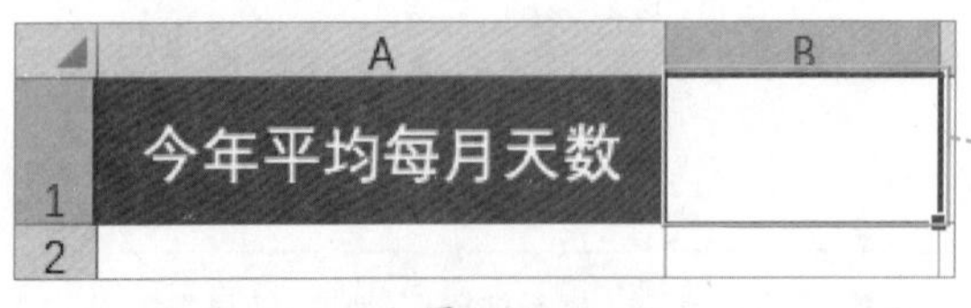

图 7-28

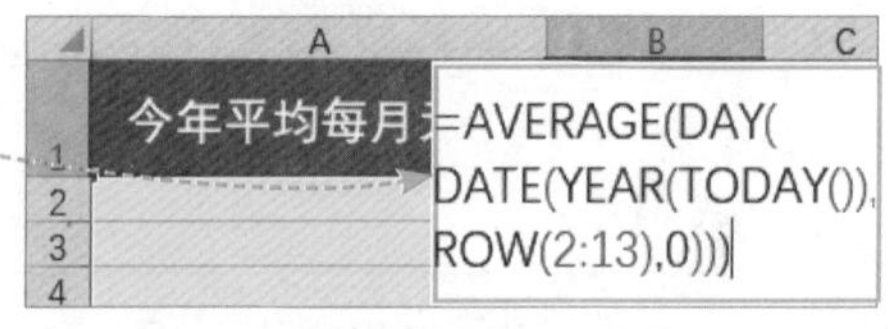

图 7-29

7.1.7 计算指定日期之前/之后两个月的最后一天

EOMONTH函数用于从序列号或文本中算出指定月最后一天的序列号，其语法格式为：

EOMONTH(start_date,months)

参数说明：

- **start_date：** 表示开始日期。应使用DATE函数输入日期，或者将日期作为其他公式或函数的结果输入。例如，使用函数DATE(2020,5,23)输入2020年5月23日。如果日期以文本形式输入，则会出现问题。
- **months：** start_date之前或之后的月份数。months为正值将生成未来日期；为负值将生成过去日期；为0值将生成当月日期。

注意事项 如果months不是整数，将截尾取整。

示例：使用EOMONTH函数计算指定日期之前/之后两个月的最后一天。

首先使用DATE函数输入“日期”，如图7-30所示，然后选择B2单元格，输入公式“=EOMONTH(A2,−2)”，按Enter键确认，即可计算出之前两个月的最后一天，然后将公式向下填充，如图7-31所示。

A2 =DATE(2015,7,1)

	A	B	C
1	日期	之前两个月的最后一天	之后两个月的最后一天
2	2015/7/1		
3	2016/4/12		
4	2017/8/20		
5	2018/9/15		
6	2019/11/21		
7	2020/3/11		
8	2021/2/7		

图 7-30

B2 =EOMONTH(A2,-2)

	A	B	C
1	日期	之前两个月的最后一天	之后两个月的最后一天
2	2015/7/1	2015/5/31	
3	2016/4/12	2016/2/29	
4	2017/8/20	2017/6/30	
5	2018/9/15	2018/7/31	
6	2019/11/21	2019/9/30	
7	2020/3/11	2020/1/31	
8	2021/2/7	2020/12/31	

图 7-31

选择C2单元格，输入公式“=EOMONTH(A2,2)”，如图7-32所示。按Enter键确认，即可计算出之后两个月的最后一天，然后将公式向下填充，如图7-33所示。

	A	B	C
1	日期	之前两个月的最后一天	之后两个月的最后一天
2	2015/7/1	2015/5/31	=EOMONTH(A2,2)
3	2016/4/12	2016/2/29	
4	2017/8/20	2017/6/30	
5	2018/9/15	2018/7/31	
6	2019/11/21	2019/9/30	
7	2020/3/11	2020/1/31	
8	2021/2/7	2020/12/31	

图 7-32

C2 =EOMONTH(A2,2)

	A	B	C
1	日期	之前两个月的最后一天	之后两个月的最后一天
2	2015/7/1	2015/5/31	2015/9/30
3	2016/4/12	2016/2/29	2016/6/30
4	2017/8/20	2017/6/30	2017/10/31
5	2018/9/15	2018/7/31	2018/11/30
6	2019/11/21	2019/9/30	2020/1/31
7	2020/3/11	2020/1/31	2020/5/31

图 7-33

7.1.8 计算机器工作天数和月数

DATEDIF函数用于用指定的单位计算起始日和结束日之间的天数，其语法格式为：

DATEDIF(start_date,end_date,unit)

参数说明：

- **start_date：** 代表开始日期。日期值有多种输入方式：带引号的文本字符串（例如 "2020/1/30"）、序列号或其他公式或函数的结果。
- **end_date：** 表示时间段的最后（即结束）日期。
- **unit：** 要返回的信息类型，如表7-1所示。

表 7-1

unit	返回结果
"Y"	一段时期内的整年数
"M"	一段时期内的整月数
"D"	一段时期内的天数
"MD"	start_date与end_date之间天数之差。忽略日期中的月份和年份
"YM"	start_date与end_date之间月份之差。忽略日期中的天和年份
"YD"	start_date与end_date的日期部分之差。忽略日期中的年份

注意事项 如果start_date大于end_date，则结果将为#NUM!。

示例：使用DATEDIF函数计算机器的工作天数和月数。

选择E2单元格，输入公式“=DATEDIF(C2,D2,"D")”，如图7-34所示。按Enter键确认，即可计算出工作天数，然后将公式向下填充，如图7-35所示。

	A	B	C	D	E	F
1	车间名称	设备名称	开始使用日期	停止使用日期	工作天数	工作月数
2	车间1	数控车床	2009/8/6	2015/7/14	=DATEDIF(C2,D2,"D")	
3	车间1	台钻	2013/4/20	2017/9/10		
4	车间1	万能铣床	2017/8/10	2019/5/18		
5	车间2	外圆磨床	2016/7/15	2020/4/13		
6	车间2	牛头刨床	2016/4/18	2020/8/20		
7	车间2	砂轮机	2013/9/10	2020/12/10		

图 7-34

	A	B	C	D	E	F
1	车间名称	设备名称	开始使用日期	停止使用日期	工作天数	工作月数
2	车间1	数控车床	2009/8/6	2015/7/14	2168	
3	车间1	台钻	2013/4/20	2017/9/10	1604	
4	车间1	万能铣床	2017/8/10	2019/5/18	646	
5	车间2	外圆磨床	2016/7/15	2020/4/13	1368	
6	车间2	牛头刨床	2016/4/18	2020/8/20	1585	
7	车间2	砂轮机	2013/9/10	2020/12/10	2648	

图 7-35

选择F2单元格，输入公式“=DATEDIF(C2,D2,"M")”，按Enter键确认，即可计算出工作月数，然后将公式向下填充，如图7-36所示。

F2 =DATEDIF(C2,D2,"M")

	A	B	C	D	E	F
1	车间名称	设备名称	开始使用日期	停止使用日期	工作天数	工作月数
2	车间1	数控车床	2009/8/6	2015/7/14	2168	71
3	车间1	台钻	2013/4/20	2017/9/10	1604	52
4	车间1	万能铣床	2017/8/10	2019/5/18	646	21
5	车间2	外圆磨床	2016/7/15	2020/4/13	1368	44
6	车间2	牛头刨床	2016/4/18	2020/8/20	1585	52
7	车间2	砂轮机	2013/9/10	2020/12/10	2648	87

图 7-36

7.1.9 计算工程历时天数

DAYS360函数用于按照一年360天的算法返回两日期间相差的天数，其语法格式为：

DAYS360(start_date,end_date,[method])

参数说明：

- **start_date和end_date：**必需参数，表示计算期间天数的起止日期。如果start_date在end_date之后，则DAYS360函数将返回一个负数。应使用DATE函数输入日期，或者从其他公式或函数派生日期。
- **method：**可选参数，逻辑值，用于指定在计算中是采用美国方法还是欧洲方法，如表7-2所示。

表 7-2

method	定义
FALSE或省略	美国方法。如果起始日期是一个月的最后一天，则等于同月的30号。如果终止日期是一个月的最后一天，且起始日期早于30号，则终止日期等于下一个月的1号，否则，终止日期等于本月的30号
TRUE	欧洲方法。如果起始日期和终止日期为某月的31号，则等于当月的30号

示例：使用DAYS360函数计算工程历时天数。

选择D2单元格，输入公式“=DAYS360(B2,C2,FALSE)”，如图7-37所示。按Enter键确认，即可计算出历时天数，然后将公式向下填充，如图7-38所示。

	A	B	C	D
1	工程项目	开始时间	结束时间	历时天数
2	土石方开挖工程	2019/10/12	2020/1/11	=DAYS360(B2,C2,FALSE)
3	基坑支护工程	2020/4/8	2020/12/8	
4	基坑降水工程	2020/1/5	2020/6/8	
5	起重吊装工程	2019/4/12	2020/10/20	
6	索膜结构安装工程	2020/8/9	2020/12/25	
7	水上桩基工程	2020/6/17	2020/10/28	

图 7-37

D2 =DAYS360(B2,C2,FALSE)

	A	B	C	D
1	工程项目	开始时间	结束时间	历时天数
2	土石方开挖工程	2019/10/12	2020/1/11	89
3	基坑支护工程	2020/4/8	2020/12/8	240
4	基坑降水工程	2020/1/5	2020/6/8	153
5	起重吊装工程	2019/4/12	2020/10/20	548
6	索膜结构安装工程	2020/8/9	2020/12/25	136
7	水上桩基工程	2020/6/17	2020/10/28	131

图 7-38

7.1.10 计算请假天数占全年天数百分比

YEARFRAC函数用于计算从开始日到结束日所经过的天数占全年天数的比例，其语法格式为：

YEARFRAC(start_date,end_date,[basis])

参数说明：

- **start_date：** 必需参数，代表开始日期。
- **end_date：** 必需参数，代表终止日期。
- **basis：** 可选参数，要使用的日计数基准类型，如表7-3所示。

表 7-3

basis	日计数基准
0或省略	一年作为360天，用美国（NASD）方法计算
1	用一年的天数（365或366）除以经过的天数
2	用360除以经过的天数
3	用365除以经过的天数
4	一年作为360天，用欧洲方式计算

示例：使用YEARFRAC函数计算请假天数占全年天数百分比。

选择D2单元格，输入公式“=YEARFRAC(B2,C2,3)”，如图7-39所示。按Enter键确认，即可计算出请假天数占全年天数的百分比，然后将公式向下填充，如图7-40所示。

	A	B	C	D
1	员工	请假日期	上班日期	请假天数占全年天数百分比
2	赵佳	2020/4/6	2020/4/8	=YEARFRAC(B2,C2,3)
3	刘欢	2020/4/9	2020/4/12	
4	李梅	2020/5/10	2020/5/18	
5	王晓	2020/5/14	2020/5/20	
6	刘雯	2020/6/1	2020/6/3	
7	吴勇	2020/6/8	2020/6/15	
8	孙杨	2020/6/15	2020/6/20	
9	徐艳	2020/7/4	2020/8/4	
10	周丽	2020/8/8	2020/8/18	
11	王珂	2020/9/1	2020/9/8	

图 7-39

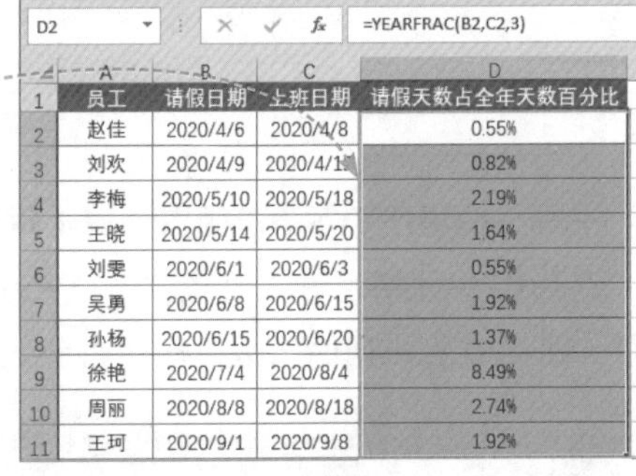

D2 =YEARFRAC(B2,C2,3)

	A	B	C	D
1	员工	请假日期	上班日期	请假天数占全年天数百分比
2	赵佳	2020/4/6	2020/4/8	0.55%
3	刘欢	2020/4/9	2020/4/1	0.82%
4	李梅	2020/5/10	2020/5/18	2.19%
5	王晓	2020/5/14	2020/5/20	1.64%
6	刘雯	2020/6/1	2020/6/3	0.55%
7	吴勇	2020/6/8	2020/6/15	1.92%
8	孙杨	2020/6/15	2020/6/20	1.37%
9	徐艳	2020/7/4	2020/8/4	8.49%
10	周丽	2020/8/8	2020/8/18	2.74%
11	王珂	2020/9/1	2020/9/8	1.92%

图 7-40

7.1.11 根据借款日期和借款期限计算最后还款日期

EDATE函数用于计算指定月数之前或之后的日期，其语法格式为：

EDATE(start_date,months)

参数说明：

- **start_date：** 代表开始日期。应使用DATE函数输入日期，或将日期作为其他公式或函数的结果输入。如果日期以文本形式输入，则会出现问题。

- **months:** start_date之前或之后的月份数。months为正值将生成未来日期；为负值将生成过去日期。

示例：使用EDATE函数根据借款日期和借款期限计算最后还款日期。

选择D2单元格，输入公式“=EDATE(B2,C2)”，按Enter键确认，即可计算出日期序列号，如图7-41所示。再次选择D2单元格，在“开始”选项卡中单击“数字格式”下拉按钮，在弹出的列表中选择“短日期”选项，将D2单元格设置为“日期”格式，然后将公式向下填充，如图7-42所示。

D2 =EDATE(B2,C2)

	A	B	C	D
1	姓名	借款日期	借款期限（月）	还款日期
2	赵璇	2020/8/10	8	44296
3	李文	2020/5/4	3	
4	刘华	2020/8/16	5	
5	孙克	2020/9/5	8	
6	王晓	2020/10/7	6	
7	曹兴	2020/8/16	3	
8	周扬	2020/12/25	4	
9	孙俪	2020/11/18	2	

图 7-41

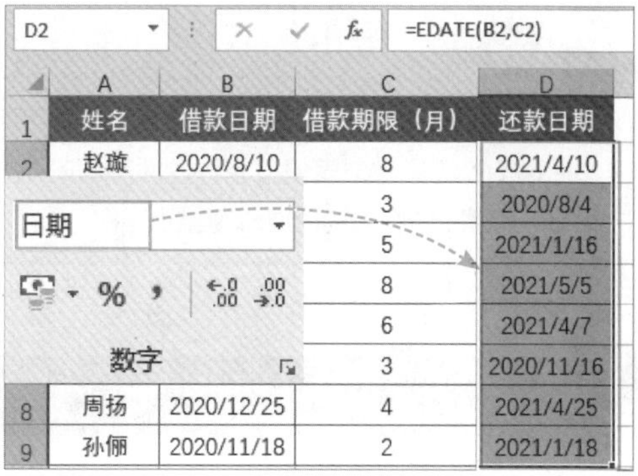

D2 =EDATE(B2,C2)

	A	B	C	D
1	姓名	借款日期	借款期限（月）	还款日期
2	赵璇	2020/8/10	8	2021/4/10
3			3	2020/8/4
4			5	2021/1/16
5			8	2021/5/5
6			6	2021/4/7
7			3	2020/11/16
8	周扬	2020/12/25	4	2021/4/25
9	孙俪	2020/11/18	2	2021/1/18

日期 % , 数字

图 7-42

动手练 设置合同到期提醒

扫码看视频

通常不同员工签订的合同时间不一样，为了能及时续约，用户可以将EDATE函数和其他函数嵌套使用，设置到期前7天提示“即将到期”，如图7-43所示。

	A	B	C	D
1	员工	签订合同日期	合同时间（年）	到期提醒
2	刘欢	2018/12/20	2	即将到期
3	李艳	2019/8/7	3	
4	王晓	2018/12/25	2	即将到期
5	赵佳	2018/10/22	4	
6	徐艳	2019/4/5	3	
7	曹兴	2019/12/22	1	即将到期
8	刘雯	2019/8/6	3	

图 7-43

选择D2单元格，输入公式“=TEXT(EDATE(B2,C2*12)-TODAY(),"[<=7]即将到期;;")”，如图7-44所示。

	C	D	E
1	合同时间（年）	到期提醒	
2	=TEXT(EDATE(B2,C2*12)-TODAY(),"[<=7]即将到期;;")		
3	3		
4	2		
5	4		
6	3		
7	1		
8	3		

图 7-44

按Enter键确认，如果离合同到期日超过7天，则显示空白；如果在7天内，则显示“即将到期”。然后将公式向下填充，如图7-45所示。

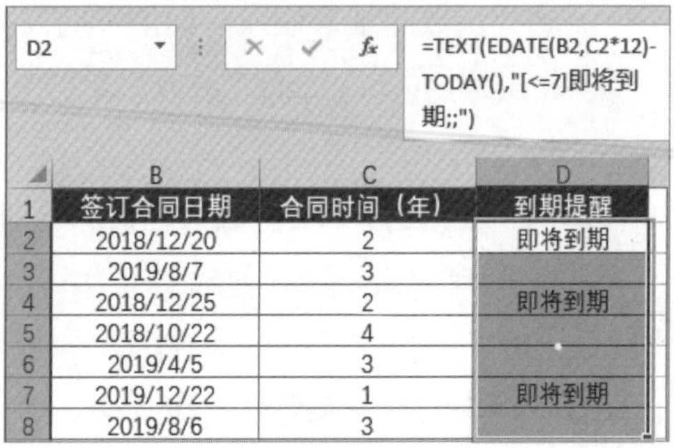

D2 =TEXT(EDATE(B2,C2*12)-TODAY(),"[<=7]即将到期;;")

	B	C	D
1	签订合同日期	合同时间（年）	到期提醒
2	2018/12/20	2	即将到期
3	2019/8/7	3	
4	2018/12/25	2	即将到期
5	2018/10/22	4	
6	2019/4/5	3	
7	2019/12/22	1	即将到期
8	2019/8/6	3	

图 7-45

知识点拨

上述公式中利用EDATE函数计算合同到期日，再减去今天的日期序列值（2020/12/19），然后用TEXT函数对差值按条件返回不同的字符串。参数"[<=7]即将到期;;"表示差小于或等于7时显示“即将到期”，其他值时则显示空白。

7.2 时间函数

在Excel中常用的时间函数包括TIME函数、HOUR函数、MINUTE函数、SECOND函数等。

7.2.1 返回某一特定时间

TIME函数用于根据给定的数字返回标准时间格式，其语法格式为：

TIME(hour,minute,second)

参数说明：

- **hour：** 0～32767之间的数值，代表小时。任何大于23的数值将除以24，其余数将视为小时。
- **minute：** 0～32767之间的数值，代表分钟。任何大于59的数值将被转换为小时和分钟。
- **second：** 0～32767之间的数值，代表秒。任何大于59的数值将被转换为小时、分钟和秒。

示例：使用TIME函数返回某一特定时间。

选择D2单元格，输入公式“=TIME(A2,B2,C2)”，如图7-46所示。按Enter键确认，即可将各个单元格内的小时、分钟、秒作为序列值，用时间格式显示，然后将公式向下填充，如图7-47所示。

	A	B	C	D
1	小时	分钟	秒	时间
2	5	15	36	=TIME(A2,B2,C2)
3	6	25	40	
4	12	85	50	
5	14	55	61	
6	15	24	10	
7	18	33	52	
8	23	77	60	

图 7-46

D2 =TIME(A2,B2,C2)

	A	B	C	D
1	小时	分钟	秒	时间
2	5	15	36	5:15 AM
3	6	25	40	6:25 AM
4	12	85	50	1:25 PM
5	14	55	61	2:56 PM
6	15	24	10	3:24 PM
7	18	33	52	6:33 PM
8	23	77	60	12:18 AM

图 7-47

7.2.2 计算迟到时长

HOUR函数用于返回时间值的小时数，其语法格式为：

HOUR(serial_number)

参数说明： serial_number为时间值，包含要查找的小时数。时间值有多种输入方式：带引号的文本字符串（例如"7:45PM"）、十进制数（例如0.78125表示6:45PM）或其他公式或函数的结果。

示例：使用HOUR函数计算迟到时长。

选择D2单元格，输入公式“=HOUR(C2−B2)”，如图7-48所示。按Enter键确认，即可计算出迟到时长，然后将公式向下填充，如图7-49所示。

	A	B	C	D
1	员工	上班时间	打卡时间	迟到时长/小时
2	赵佳	8:30	9:35	=HOUR(C2-B2)
3	李文	8:30	11:45	
4	刘艳	8:30	10:20	
5	王晓	8:30	10:35	
6	曹兴	8:30	10:45	
7	钱勇	8:30	11:20	
8	王珂	8:30	11:55	
9	韩梅	8:30	12:55	

图 7-48

D2 =HOUR(C2-B2)

	A	B	C	D
1	员工	上班时间	打卡时间	迟到时长/小时
2	赵佳	8:30	9:35	1
3	李文	8:30	11:45	3
4	刘艳	8:30	10:20	1
5	王晓	8:30	10:35	2
6	曹兴	8:30	10:45	2
7	钱勇	8:30	11:20	2
8	王珂	8:30	11:55	3
9	韩梅	8:30	12:55	4

图 7-49

7.2.3 计算加班时间

MINUTE函数用于返回时间值的分钟数。其语法格式为：

MINUTE(serial_number)

参数说明： serial_number为时间值，包含要查找的分钟。时间值有多种输入方式：带引号的文本字符串（例如"8:25PM"）、十进制数（例如0.78125表示6:45PM）或其他公式或函数的结果。

示例：使用MINUTE函数计算加班时间。

选择D2单元格，输入公式“=MINUTE(C2−B2)”，如图7-50所示。按Enter键确认，即可计算出加班时长，然后将公式向下填充，如图7-51所示。

	A	B	C	D
1	员工	下班时间	打卡时间	加班时长/分钟
2	刘雯	5:30	6:00	=MINUTE(C2-B2)
3	赵旭	5:30	5:50	
4	王璇	5:30	6:20	
5	王珂	5:30	6:15	
6	孙艳	5:30	6:25	
7	李梅	5:30	5:45	
8	曹兴	5:30	5:55	
9	徐雪	5:30	6:10	

图 7-50

D2 =MINUTE(C2-B2)

	A	B	C	D	E
1	员工	下班时间	打卡时间	加班时长/分钟	
2	刘雯	5:30	6:00	30	
3	赵旭	5:30	5:50	20	
4	王璇	5:30	6:20	50	
5	王珂	5:30	6:15	45	
6	孙艳	5:30	6:25	55	
7	李梅	5:30	5:45	15	
8	曹兴	5:30	5:55	25	
9	徐雪	5:30	6:10	40	

图 7-51

7.2.4 从时间值中提取秒数

SECOND函数用于返回时间值的秒数，其语法格式为：

SECOND(serial_number)

参数说明： serial_number为时间值，包含要查找的秒数。时间值有多种输入方式：带引号的文本字符串（例如"8:25PM"）、十进制数（例如0.78125 表示6:45PM）或其他公式或函数的结果。

示例：使用SECOND函数从时间值中提取秒数。

选择B2单元格，输入公式“=SECOND(A2)”，如图7-52所示。按Enter键确认，即可从时间值中提取秒数，如图7-53所示，然后将公式向下填充，如图7-54所示。

	A	B
1	时间值	秒数
2	9:32:18	=SECOND(A2)
3	16:35:15	
4	18:44:52	
5	12:04:22	
6	11:25:57	
7	15:55:29	

图 7-52

	A	B
1	时间值	秒数
2	9:32:18	18
3	16:35:15	
4	18:44:52	
5	12:04:22	
6	11:25:57	
7	15:55:29	

图 7-53

	A	B
1	时间值	秒数
2	9:32:18	18
3	16:35:15	15
4	18:44:52	52
5	12:04:22	22
6	11:25:57	57
7	15:55:29	29

图 7-54

动手练 计算共享单车骑行时间

随着共享单车的普及，越来越多的人选择以骑行的方式出行，不仅方便，而且环保，如果用户想要知道骑行时间，则可以通过HOUR、MINUTE和SECOND函数来计算，如图7-55所示。

	A	B	C	D
1	共享单车编号	开始使用时间	结束使用时间	使用时长
2	006311	8:30:25	10:20:45	1小时50分钟20秒
3	006345	9:15:30	12:25:45	3小时10分钟15秒
4	005689	12:20:35	15:33:50	3小时13分钟15秒
5	004785	13:20:25	14:25:15	1小时4分钟50秒
6	002356	13:45:10	15:20:25	1小时35分钟15秒

图 7-55

选择D2单元格，输入公式“=HOUR(C2-B2)&"小时"&MINUTE(C2-B2)&"分钟"&SECOND(C2-B2)&"秒"”，如图7-56所示。按Enter键确认，即可计算出使用时长，然后将公式向下填充，如图7-57所示。

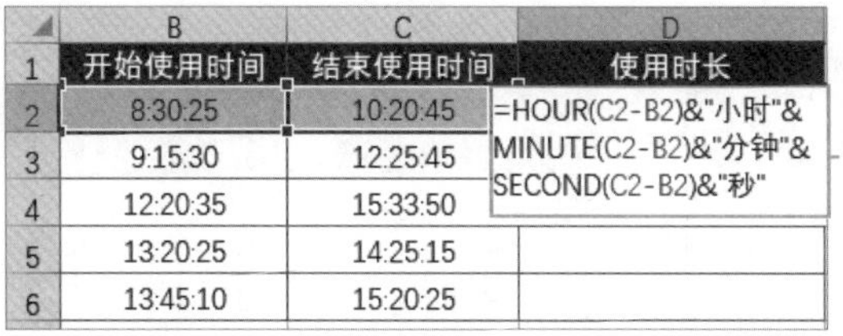

	B	C	D
1	开始使用时间	结束使用时间	使用时长
2	8:30:25	10:20:45	=HOUR(C2-B2)&"小时"&MINUTE(C2-B2)&"分钟"&SECOND(C2-B2)&"秒"
3	9:15:30	12:25:45	
4	12:20:35	15:33:50	
5	13:20:25	14:25:15	
6	13:45:10	15:20:25	

图 7-56

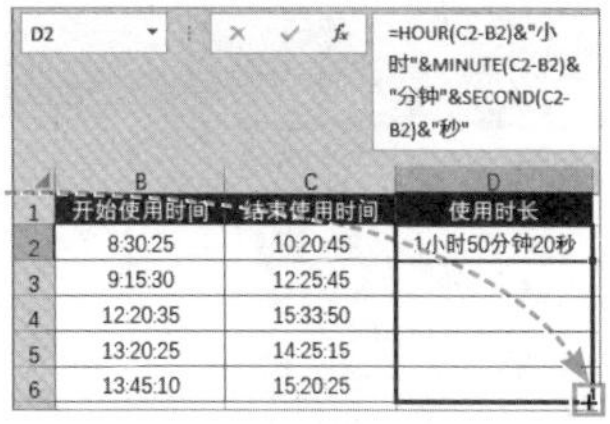

D2 =HOUR(C2-B2)&"小时"&MINUTE(C2-B2)&"分钟"&SECOND(C2-B2)&"秒"

	B	C	D
1	开始使用时间	结束使用时间	使用时长
2	8:30:25	10:20:45	1小时50分钟20秒
3	9:15:30	12:25:45	
4	12:20:35	15:33:50	
5	13:20:25	14:25:15	
6	13:45:10	15:20:25	

图 7-57

7.3 星期函数

星期函数也是常用的函数，用户通过WEEKDAY函数和WEEKNUM函数可以计算星期几及周数。

7.3.1 计算指定日期是星期几

WEEKDAY函数用于返回指定日期对应的星期数，其语法格式为：

WEEKDAY(serial_number,[return_type])

参数说明：

- **serial_number：** 要返回星期数的日期，应使用DATE函数输入日期，或者将日期作为其他公式或函数的结果输入。
- **return_type：** 用于确定返回值类型的数字，如表7-4所示。

表 7-4

return_type	返回的数字
1 或省略	从 1（星期日）到 7（星期六）
2	从 1（星期一）到 7（星期日）
3	从 0（星期一）到 6（星期日）
11	数字 1（星期一）到数字 7（星期日）
12	数字 1（星期二）到数字 7（星期一）
13	数字 1（星期三）到数字 7（星期二）
14	数字 1（星期四）到数字 7（星期三）
15	数字 1（星期五）到数字 7（星期四）
16	数字 1（星期六）到数字 7（星期五）
17	数字 1（星期日）到数字 7（星期六）

示例：使用WEEKDAY函数计算指定日期是星期几。

选择C2单元格，输入公式“=WEEKDAY(B2,2)”，如图7-58所示。按Enter键确认，即可计算出星期几，然后将公式向下填充，如图7-59所示。

	A	B	C
1	姓名	值班日期	星期几
2	李阳	2020/8/7	=WEEKDAY(B2,2)
3	孙艳	2020/8/12	
4	赵璇	2020/8/15	
5	钱勇	2020/8/20	
6	韩梅	2020/8/25	
7	王晓	2020/9/7	
8	刘雯	2020/9/19	
9	王珂	2020/9/28	

图 7-58

C2 =WEEKDAY(B2,2)

	A	B	C
1	姓名	值班日期	星期几
2	李阳	2020/8/7	5
3	孙艳	2020/8/12	3
4	赵璇	2020/8/15	6
5	钱勇	2020/8/20	4
6	韩梅	2020/8/25	2
7	王晓	2020/9/7	1
8	刘雯	2020/9/19	6
9	王珂	2020/9/28	1

图 7-59

动手练 计算今天是星期几

假设当前日期为2020年12月21日，用户可以通过WEEKDAY函数和NOW函数计算今天是星期几，如图7-60所示。

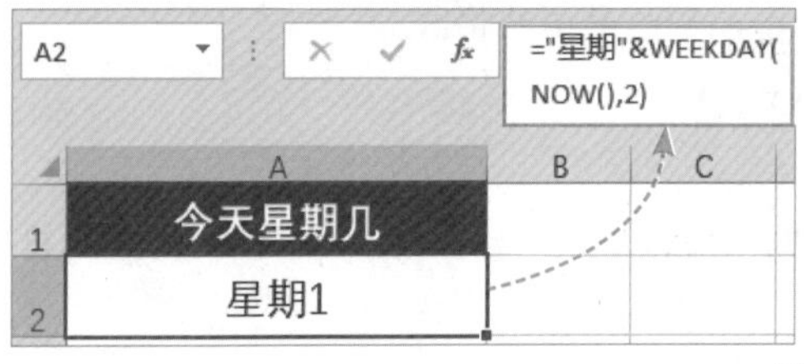

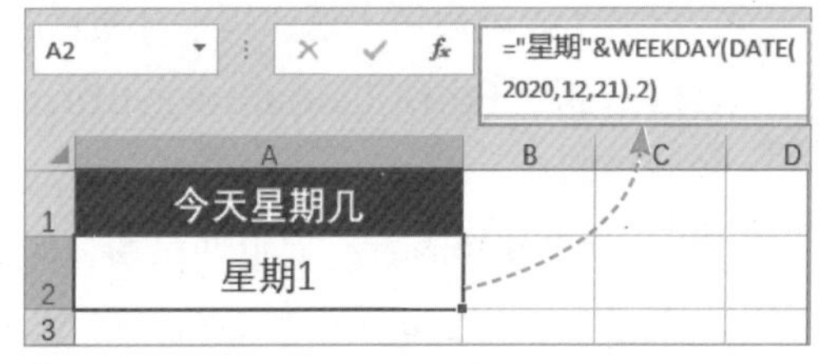

图 7-60

选择A2单元格，输入公式“="星期"&WEEKDAY(NOW(),2)”，如图7-61所示。按Enter键确认，即可计算出今天是星期几，或者选择A2单元格，输入公式“="星期"&WEEKDAY(DATE(2020,12,21),2)”，如图7-62所示，然后按Enter键确认即可。

图 7-61

图 7-62

7.3.2 计算指定日期是当年的第几周

WEEKNUM函数用于返回日期对应一年中的第几周，其语法格式为：

WEEKNUM(serial_number,[return_type])

参数说明：

- **serial_number：** 必需参数，代表一年中的日期。应使用DATE函数输入日期，或者将日期作为其他公式或函数的结果输入。如果日期以文本形式输入，则会出现问题。
- **return_type：** 可选参数，一个数字，确定星期从哪一天开始，默认值为1，如表7-5所示。

表 7-5

return_type	一周的第一天为	机制
1 或省略	星期日	1
2	星期一	1
11	星期一	1
12	星期二	1
13	星期三	1
14	星期四	1
15	星期五	1
16	星期六	1
17	星期日	1
21	星期一	2

示例：使用WEEKNUM函数计算指定日期是当年的第几周。

选择B2单元格，输入公式“=WEEKNUM(A2,2)”，如图7-63所示。按Enter键确认，即可计算出当年第几周，如图7-64所示，然后将公式向下填充，如图7-65所示。

	A	B
1	日期	当年第几周
2	2020/1/1	=WEEKNUM(A2,2)
3	2020/3/15	
4	2020/4/18	
5	2020/5/25	
6	2020/6/28	
7	2020/9/1	
8	2020/10/20	

图 7-63

	A	B
1	日期	当年第几周
2	2020/1/1	1
3	2020/3/15	
4	2020/4/18	
5	2020/5/25	
6	2020/6/28	
7	2020/9/1	
8	2020/10/20	

图 7-64

	A	B
1	日期	当年第几周
2	2020/1/1	1
3	2020/3/15	11
4	2020/4/18	16
5	2020/5/25	22
6	2020/6/28	26
7	2020/9/1	36
8	2020/10/20	43

图 7-65

动手练 计算本学期的周数

假设本学期的开学时间为2020/2/24，放假时间为2020/6/28，用户可以使用WEEKNUM函数计算本学期的周数，如图7-66所示。

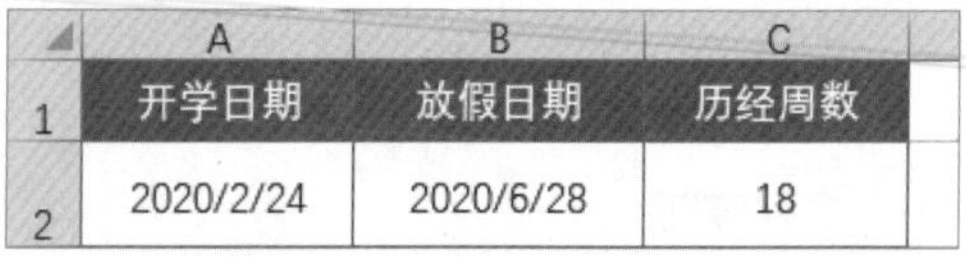

	A	B	C
1	开学日期	放假日期	历经周数
2	2020/2/24	2020/6/28	18

图 7-66

选择C2单元格，输入公式“=WEEKNUM(B2,2)-WEEKNUM(A2,2)+1”，如图7-67所示。按Enter键确认，即可计算出历经周数，如图7-68所示。

	A	B	C
1	开学日期	放假日期	历经周数
2	2020/2/24	2020/6/28	=WEEKNUM(B2,2)-WEEKNUM(A2,2)+1
3			
4			
5			

图 7-67

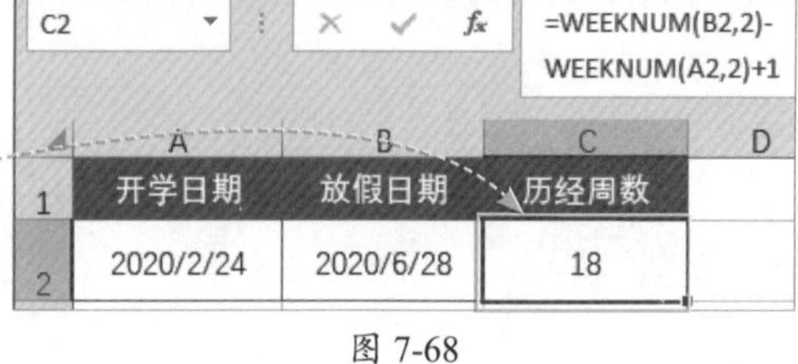

图 7-68

知识点拨

上述公式中首先计算放假日期在一年中的第几周，然后计算开学日期在一年中的第几周，最后将放假日期和开学日期相差的周数加1，即是本学期历经的周数。

7.4 工作日的计算

用户通过WORKDAY函数、NETWORKDAYS函数、WORKDAY.INTL函数、NETWORKDAYS.INTL函数等，可以计算工作日期。

7.4.1 统计实际工作日

WORKDAY函数用于获取间隔若干工作日后的日期，其语法格式为：

WORKDAY(start_date,days,[holidays])

参数说明：

- **start_date：** 必需参数，代表开始日期。
- **days：** 必需参数，start_date之前或之后不含周末及节假日的天数。days为正值将生成未来日期；为负值生成过去日期。
- **holidays：** 可选参数，可选列表，包含需要从工作日历中排除的一个或多个日期，例如各种省、市、自治区和国家或地区的法定假日及非法定假日。该列表可以是包含日期的单元格区域，也可以是由代表日期的序列号所构成的数组常量。

注意事项 应使用DATE函数输入日期，或者将日期作为其他公式或函数的结果输入。

示例：使用WORKDAY函数统计实际工作日。

按每周五个工作日的算法，计算工程项目完成的终止日期。选择D2单元格，输入公式“=WORKDAY(B2,C2,$F$2:$F$7)”，如图7-69所示。按Enter键确认，即可计算出终止日期，然后将公式向下填充，将终止日期设置为“日期”格式，如图7-70所示。

	A	B	C	D	E	F
1	工程项目	当前日期	完成工作日	终止日期		节假日
2	土石方开挖工程	2020/4/29	=WORKDAY(B2,C2,$F$2:$F$7)			
3	基坑支护工程	2020/5/20	30			2020/5/2
4	基坑降水工程	2020/6/7	25			2020/5/3
5	起重吊装工程	2020/6/10	35			2020/6/25
6	索膜结构安装工程	2020/7/1	60			2020/6/26
7	水上桩基工程	2020/8/6	10			2020/6/27

图 7-69

D2 =WORKDAY(B2,C2,$F$2:$F$7)

	A	B	C	D	E	F
1	工程项目	当前日期	完成工作日	终止日期		节假日
2	土石方开挖工程	2020/4/29	20	2020/5/28		2020/5/1
3	基坑支护工程	2020/5/20	30	2020/7/3		2020/5/2
4	基坑降水工程	2020/6/7	25	2020/7/14		2020/5/3
5	起重吊装工程	2020/6/10	35	2020/7/31		2020/6/25
6	索膜结构安装工程	2020/7/1	60	2020/9/23		2020/6/26
7	水上桩基工程	2020/8/6	10	2020/8/20		2020/6/27
8						

图 7-70

动手练 根据辞职报告批准日期计算离职日期

扫码看视频

假设某员工递交的辞职报告在2020年4月3日批准，之后再工作7天离职，其中4月4日、4月5日、4月6日休息，要想计算离职日期，可使用WORKDAY函数，如图7-71所示。

	A	B
1	辞职报告批准日期	离职日期
2	2020/4/3	2020/4/15

2020年4月

日	一	二	三	四	五	六
29	30	31	1	2	3	4
5	6	7	8	9	10	11
12	13	14	15	16	17	18

图 7-71

选择B2单元格，输入公式“=WORKDAY(A2,7,$A$5:$A$7)”，如图7-72所示。按Enter键确认，即可计算出离职日期，如图7-73所示。

	A	B	C
1	辞职报告批准日期	离职日期	
2	2020/4/3	=WORKDAY(A2,7,$A$5:$A$7)	
3			
4	休息日		
5	2020/4/4		
6	2020/4/5		
7	2020/4/6		

图 7-72

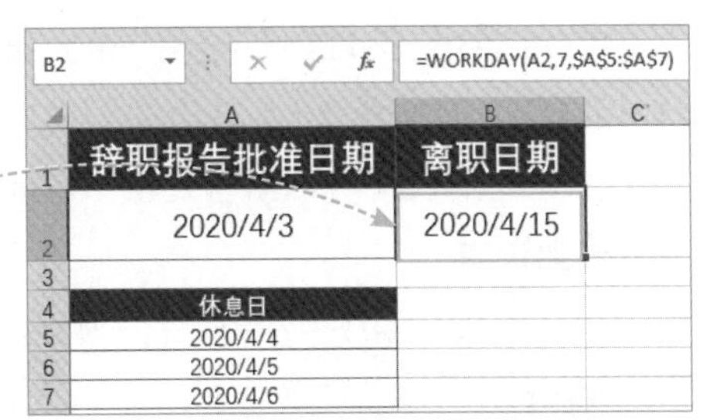

B2 =WORKDAY(A2,7,$A$5:$A$7)

	A	B	C
1	辞职报告批准日期	离职日期	
2	2020/4/3	2020/4/15	
3			
4	休息日		
5	2020/4/4		
6	2020/4/5		
7	2020/4/6		

图 7-73

知识点拨

上述公式的结果是一个表示日期的数值，将单元格数值格式设置为“日期”格式，即可转换为日期样式。

7.4.2 计算兼职天数

NETWORKDAYS函数用于计算起始日和结束日间的天数（除星期六、日和节假日），其语法格式为：

NETWORKDAYS(start_date,end_date,[holidays])

参数说明：

- **start_date：** 必需参数，代表开始日期。
- **end_date：** 必需参数，代表终止日期。
- **holidays：** 可选参数，不在工作日历中的一个或多个日期所构成的可选区域，例如省、市、自治区和国家或地区的法定假日以及其他非法定假日。该列表可以是包含日期的单元格区域，也可以是表示日期的序列号的数组常量。

示例：使用NETWORKDAYS函数计算兼职天数。

选择D2单元格，输入公式“=NETWORKDAYS(B2,C2,$F$2:$F$4)”，如图7-74所示。按Enter键确认，即可计算出兼职天数，然后将公式向下填充，如图7-75所示。

	A	B	C	D	E	F
1	兼职员工	开始时间	结束时间	兼职天数		法定节假日
2	赵梦	2020/5/10	=NETWORKDAYS(B2,C2,$F$2:$F$4)			/25
3	李欢	2020/5/15	2020/6/7			2020/6/26
4	孙媛	2020/5/20	2020/6/18			2020/6/27
5	刘雯	2020/6/1	2020/7/5			
6	王学	2020/6/7	2020/6/29			
7	徐雪	2020/6/20	2020/7/28			
8	周丽	2020/7/10	2020/8/20			
9	王珂	2020/8/1	2020/9/8			
10	钱勇	2020/8/14	2020/9/25			

图 7-74

D2 =NETWORKDAYS(B2,C2,$F$2:$F$4)

	A	B	C	D	E	F	G
1	兼职员工	开始时间	结束时间	兼职天数		法定节假日	
2	赵梦	2020/5/10	2020/5/25	11		2020/6/25	
3	李欢	2020/5/15	2020/6/7	16		2020/6/26	
4	孙媛	2020/5/20	2020/6/18	22		2020/6/27	
5	刘雯	2020/6/1	2020/7/5	23			
6	王学	2020/6/7	2020/6/29	14			
7	徐雪	2020/6/20	2020/7/28	25			
8	周丽	2020/7/10	2020/8/20	30			
9	王珂	2020/8/1	2020/9/8	27			
10	钱勇	2020/8/14	2020/9/25	31			

图 7-75

7.4.3 计算项目完成日期

WORKDAY.INTL函数用于返回指定的若干个工作日之前或之后的日期的序列号（使用自定义周末参数），其语法格式为：

WORKDAY.INTL(start_date,days,[weekend],[holidays])

参数说明：

- **start_date：** 必需参数，为开始日期。
- **days：** 必需参数。start_date之前或之后的工作日的天数。正值表示未来日期；负值表示过去日期；0表示开始日期。
- **weekend：** 可选参数，指示一周中属于周末的日子和不作为工作日的日子。是一个用于指定周末日的数字或字符串，如表7-6所示。

表 7-6

weekend	周末日
1 或省略	星期六、星期日
2	星期日、星期一
3	星期一、星期二
4	星期二、星期三
5	星期三、星期四
6	星期四、星期五
7	星期五、星期六
11	仅星期日
12	仅星期一
13	仅星期二
14	仅星期三
15	仅星期四
16	仅星期五
17	仅星期六

- **holidays：** 可选参数。一组可选的日期，表示要从工作日日历中排除的一个或多个日期。holidays应是一个包含相关日期的单元格区域，或是一个由表示这些日期的序列值构成的数组常量。holidays中的日期或序列值的顺序可以是任意的。

示例：使用WORKDAY.INTL函数计算项目完成日期。

选择B3单元格，输入公式“=WORKDAY.INTL(B1,B2)”，按Enter键确认，即可计算出项目完成日期，将其设置为“日期”格式，如图7-76所示。

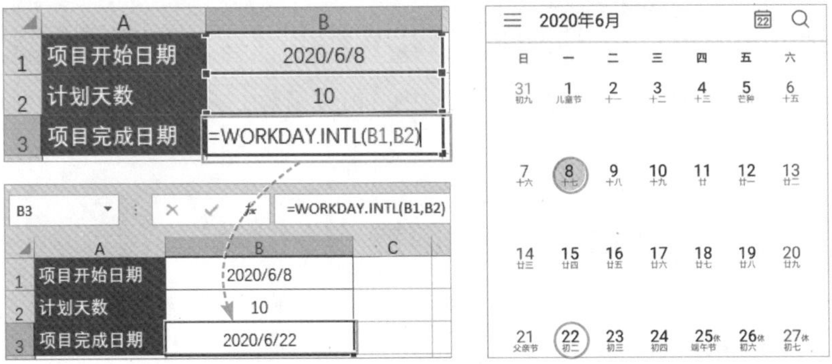

	A	B
1	项目开始日期	2020/6/8
2	计划天数	10
3	项目完成日期	=WORKDAY.INTL(B1,B2)

B3 =WORKDAY.INTL(B1,B2)

	A	B	C
1	项目开始日期	2020/6/8	
2	计划天数	10	
3	项目完成日期	2020/6/22	

2020年6月

日	一	二	三	四	五	六
31 初九	1 儿童节	2 十一	3 十二	4 十三	5 芒种	6 十五
7 十六	8 十七	9 十八	10 十九	11 廿	12 廿一	13 廿二
14 廿三	15 廿四	16 廿五	17 廿六	18 廿七	19 廿八	20 廿九
21 父亲节	22 初二	23 初三	24 初四	25休 端午节	26休 初六	27休 初七

图 7-76

知识点拨

周末参数指明周末有几天以及是哪几天。周末和任何指定为假期的日期不被视为工作日。

7.4.4 计算两个日期值之间的工作天数

NETWORKDAYS.INTL函数使用自定义周末返回两个日期间的工作天数，其语法格式为：

NETWORKDAYS.INTL(start_date,end_date,[weekend],[holidays])

参数说明：

- **start_date和end_date：** 必需参数，要计算其差值的日期。
- **weekend：** 可选参数，表示介于start_date和end_date之间但又不包括在所有工作日数中的周末日。weekend是一个用于指定周末日的数字或字符串。
- **holidays：** 可选参数，一组可选的日期，表示要从工作日日历中排除的一个或多个日期。holidays是一个包含相关日期的单元格区域，或是一个由表示这些日期的序列值构成的数组常量。holidays中的日期或序列值的顺序可以是任意的。

示例：使用NETWORKDAYS.INTL函数计算两个日期值之间的工作天数。

选择C2单元格，输入公式"=NETWORKDAYS.INTL(A2,B2)"，按Enter键确认，即可计算出工作天数，如图7-77所示。

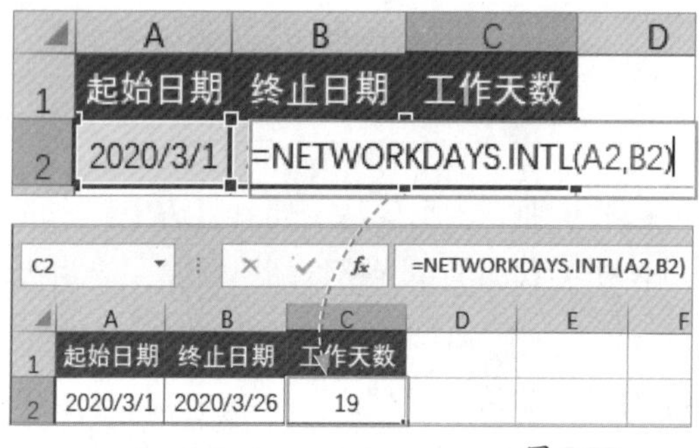

图 7-77

7.5 将文本日期与文本时间转换成标准格式

用户可以通过DATEVALUE函数和TIMEVALUE函数，将文本日期与文本时间转换成标准格式。

7.5.1 解决日期无法计算的问题

DATEVALUE函数用于将日期字符串转换为可计算的序列号，其语法格式为：

DATEVALUE(date_text)

参数说明： date_text表示要转换为编号方式显示的日期的文本字符串。

> **注意事项** DATEVALUE函数的date_text参数只能是对表示日期的文本字符串的引用，而不能以引用单元格的方式进行引用，因此使用时只能手动输入或复制，而不能引用。

示例：使用DATEVALUE函数解决日期无法计算的问题。

选择A5单元格，如图7-78所示。输入公式“=DATEVALUE("2022/1/1")-DATEVALUE("1992/1/1")”，如图7-79所示。按Enter键确认，即可计算出间隔日期，如图7-80所示。

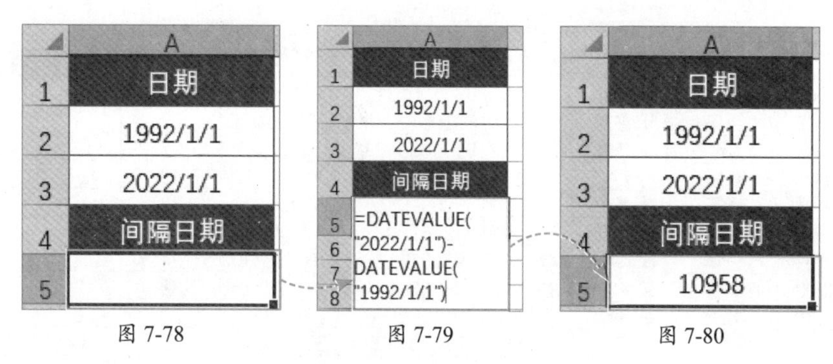

图 7-78　　图 7-79　　图 7-80

7.5.2 解决时间无法计算的问题

TIMEVALUE函数用于将时间转换为对应的小数值，其语法格式为：

TIMEVALUE(time_text)

参数说明： time_text是文本字符串，代表以Microsoft Excel时间格式表示的时间（例如，代表时间的具有引号的文本字符串"6:45PM" "18:45"）。

示例：使用TIMEVALUE函数解决时间无法计算的问题。

选择C2单元格，输入公式“=TIMEVALUE("20:00")-TIMEVALUE("17:30")”，如图7-81所示。

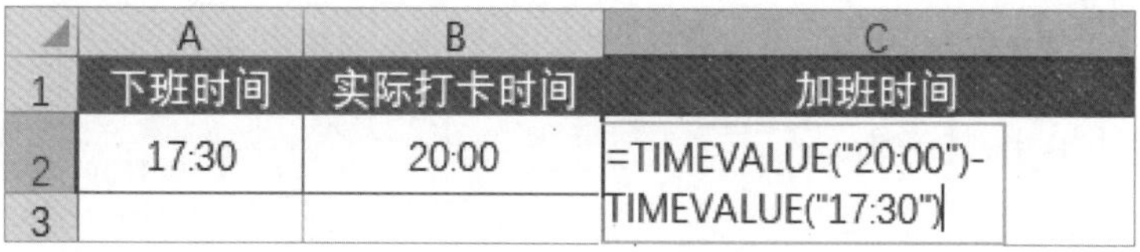

	A	B	C
1	下班时间	实际打卡时间	加班时间
2	17:30	20:00	=TIMEVALUE("20:00")-TIMEVALUE("17:30")
3			

图 7-81

按Enter键确认，即可计算出加班时间，然后将数字格式设置为“时间”格式，如图7-82所示。

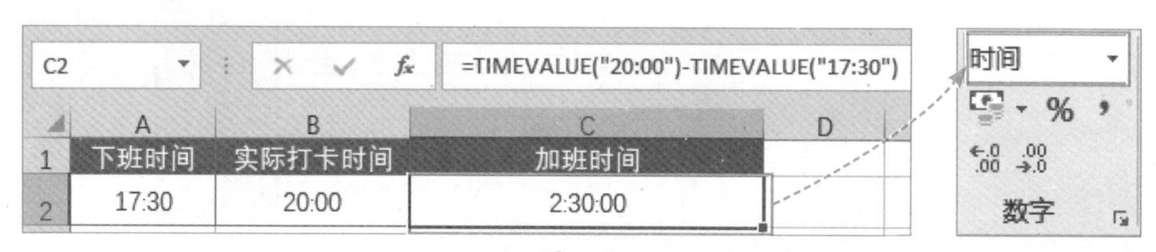

图 7-82

案例实战：计算员工相关信息

在制作员工信息统计表时，用户可以根据身份证号码计算年龄，根据入职日期计算工龄和工龄工资，如图7-83所示。

	A	B	C	D	E	F	G	H
1	工号	姓名	所属部门	身份证号码	入职日期	年龄	工龄	工龄工资
2	DM001	赵佳	财务部	341313198510083121	2012/8/7	35	8	800
3	DM002	钱勇	销售部	322414199106120435	2016/12/1	29	4	400
4	DM003	王晓	生产部	311113199304304327	2018/4/5	27	2	200
5	DM004	曹兴	办公室	300131197810107639	2003/7/12	42	17	1700
6	DM005	张玉	人事部	330132198809104661	2010/6/20	32	10	1000
7	DM006	赵亮	设计部	533126199306139871	2015/4/20	27	5	500
8	DM007	王学	销售部	441512199610111282	2018/5/30	24	2	200
9	DM008	李欣	采购部	132951198808041147	2011/4/16	32	9	900
10	DM009	吴乐	销售部	220100199111095335	2014/7/14	29	6	600
11	DM010	刘欢	生产部	520513197708044353	2001/8/15	43	19	1900

图 7-83

Step 01 选择F2单元格，输入公式“=DATEDIF (TEXT (MID(D2,7,8),"00-00-00"), NOW(),"y")”，如图7-84所示。

	D	E	F	G
1	身份证号码	入职日期	年龄	工龄
2	341313198510083121	2=DATEDIF(TEXT(MID(D2,7,8),		
3	322414199106120435	2("00-00-00"),NOW(),"y")		
4	311113199304304327	2018/4/5		
5	300131197810107639	2003/7/12		
6	330132198809104661	2010/6/20		
7	533126199306139871	2015/4/20		
8	441512199610111282	2018/5/30		
9	132951198808041147	2011/4/16		
10	220100199111095335	2014/7/14		
11	520513197708044353	2001/8/15		

图 7-84

Step 02 按Enter键确认，即可计算出年龄，然后将公式向下填充，如图7-85所示。

F2 =DATEDIF(TEXT(MID(D2,7,8),"00-00-00"),NOW(),"y")

	D	E	F	G	H
1	身份证号码	入职日期	年龄	工龄	工龄工
2	341313198510083121	2012/8/7	35		
3	322414199106120435	2016/12/1	29		
4	311113199304304327	2018/4/5	27		
5	300131197810107639	2003/7/12	42		
6	330132198809104661	2010/6/20	32		
7	533126199306139871	2015/4/20	27		
8	441512199610111282	2018/5/30	24		
9	132951198808041147	2011/4/16	32		
10	220100199111095335	2014/7/14	29		
11	520513197708044353	2001/8/15	43		

图 7-85

Step 03 选择G2单元格，输入公式"=DATEDIF(E2,NOW(),"y")"，如图7-86所示。

	E	F	G	H
1	入职日期	年龄	工龄	工龄工资
2	2012/8/7	=DATEDIF(E2,NOW(),"y")		
3	2016/12/1	29		
4	2018/4/5	27		
5	2003/7/12	42		
6	2010/6/20	32		
7	2015/4/20	27		
8	2018/5/30	24		
9	2011/4/16	32		
10	2014/7/14	29		
11	2001/8/15	43		

图 7-86

按Enter键确认，即可计算出工龄，然后将公式向下填充，如图7-87所示。

G2 =DATEDIF(E2,NOW(),"y")

	E	F	G	H	I	J
1	入职日期	年龄	工龄	工龄工资		
2	2012/8/7	35	8			
3	2016/12/1	29	4			
4	2018/4/5	27	2			
5	2003/7/12	42	17			
6	2010/6/20	32	10			
7	2015/4/20	27	5			
8	2018/5/30	24	2			
9	2011/4/16	32	9			
10	2014/7/14	29	6			
11	2001/8/15	43	19			

图 7-87

Step 04 假设工龄工资每年100元，20年为上限。选择H2单元格，输入公式"=100*MIN(20,DATEDIF(E2,NOW(),"y"))"，如图7-88所示。

	E	F	G	H	I
1	入职日期	年龄	工龄	工龄工资	
2	2012/8/7	=100*MIN(20,DATEDIF(E2,NOW(),"y"))			
3	2016/12/1	29	4		
4	2018/4/5	27	2		
5	2003/7/12	42	17		
6	2010/6/20	32	10		
7	2015/4/20	27	5		
8	2018/5/30	24	2		
9	2011/4/16	32	9		
10	2014/7/14	29	6		
11	2001/8/15	43	19		

图 7-88

按Enter键确认，即可计算出工龄工资，然后将公式向下填充，如图7-89所示。

H2 =100*MIN(20,DATEDIF(E2,NOW(),"y"))

	E	F	G	H	I
1	入职日期	年龄	工龄	工龄工资	
2	2012/8/7	35	8	800	
3	2016/12/1	29	4	400	
4	2018/4/5	27	2	200	
5	2003/7/12	42	17	1700	
6	2010/6/20	32	10	1000	
7	2015/4/20	27	5	500	
8	2018/5/30	24	2	200	
9	2011/4/16	32	9	900	
10	2014/7/14	29	6	600	
11	2001/8/15	43	19	1900	

图 7-89

新手答疑

1. Q：如何对工作表进行保护？

A： 选择需要保护的工作表，打开“审阅”选项卡，单击“保护工作表”按钮，如图7-90所示。打开“保护工作表”对话框，在“取消工作表保护时使用的密码”文本框中输入密码“123”，单击“确定”按钮，如图7-91所示。弹出“确认密码”对话框，重新输入密码“123”，单击“确定”按钮即可，如图7-92所示。

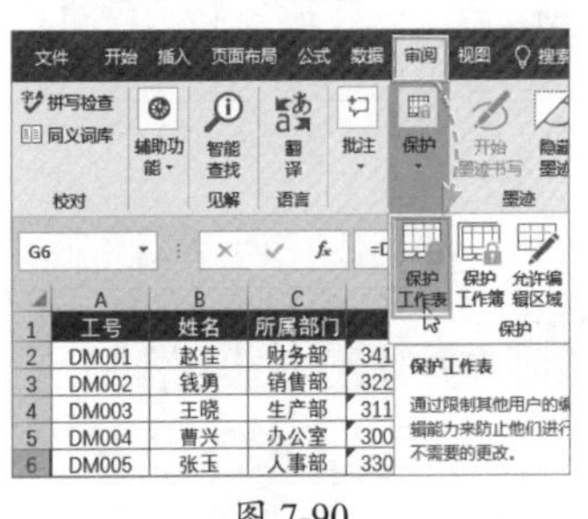

图 7-90

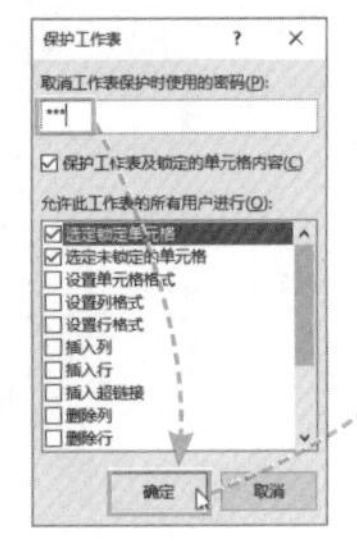

图 7-91

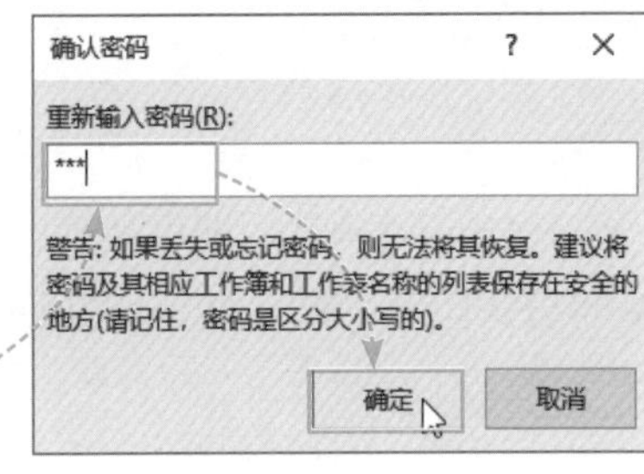

图 7-92

2. Q：如何将公式计算结果转换为数值？

A： 选择结果所在单元格区域，按Ctrl+C组合键进行复制，然后在“开始”选项卡中单击“粘贴”下拉按钮，在弹出的列表中选择“值”选项，如图7-93所示，即可将公式计算结果转换成数值，如图7-94所示。

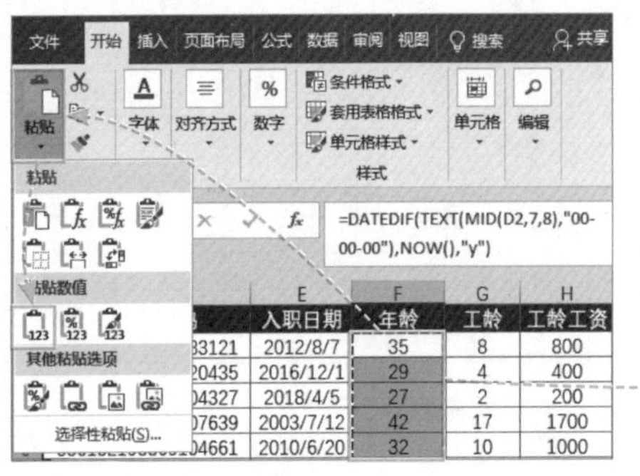

图 7-93

	D	E	F	G
1	身份证号码	入职日期	年龄	工龄
2	341313198510083121	2012/8/7	35	8
3	322414199106120435	2016/12/1	29	4
4	311113199304304327	2018/4/5	27	2
5	300131197810107639	2003/7/12	42	17
6	330132198809104661	2010/6/20	32	10
7	533126199306139871	2015/4/20	27	5
8	441512199610111282	2018/5/30	24	2
9	132951198808041147	2011/4/16	32	9
10	220100199111095335	2014/7/14	29	6
11	520513197708044353	2001/8/15	43	19

图 7-94

3. Q：如何隐藏行 / 列？

A： 选择行，右击，在弹出的快捷菜单中选择“隐藏”命令，如图7-95所示，即可将所选行隐藏起来。

删除(D)
清除内容(N)
设置单元格格式(F)...
行高(R)...
隐藏(H)
取消隐藏(U)

	C	D
1	所属部门	身份证号码
2	财务部	341313198510083121
3	销售部	322414199106120435
4	生产部	311113199304304327
5	办公室	300131197810107639
6	人事部	330132198809104661
7	设计部	533126199306139871
8	销售部	441512199610111282

图 7-95

第8章 文本函数的应用

使用文本函数，可以在公式中处理文字串。例如，可以改变大小写、提取字符、确定文字串的长度、转换文本格式、查找与替换文本、合并文本等。本章将以案例的形式对文本函数的应用进行详细介绍。

8.1 计算字符长度

文本函数可以用来计算字符长度。用户通过LEN函数和LENB函数，计算文本字符串的字符数和字节数。

8.1.1 根据歌曲名称长短排序

LEN函数用于返回文本字符串的字符数，其语法格式为：

LEN(text)

参数说明： text为必需参数，表示要查找其长度的文本，空格将作为字符进行计数。

示例：使用LEN函数根据歌曲名称长短排序。

选择B2单元格，输入公式“=LEN(A2)”，如图8-1所示。按Enter键确认，即可计算出歌曲名称的字符数，然后将公式向下填充，如图8-2所示。

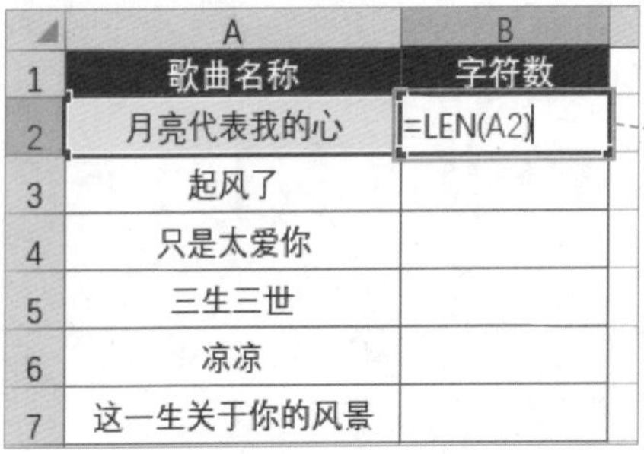

	A	B
1	歌曲名称	字符数
2	月亮代表我的心	=LEN(A2)
3	起风了	
4	只是太爱你	
5	三生三世	
6	凉凉	
7	这一生关于你的风景	

图 8-1

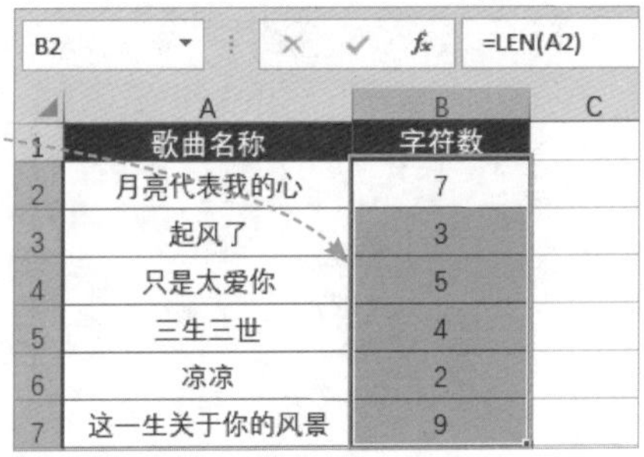

B2 =LEN(A2)

	A	B	C
1	歌曲名称	字符数	
2	月亮代表我的心	7	
3	起风了	3	
4	只是太爱你	5	
5	三生三世	4	
6	凉凉	2	
7	这一生关于你的风景	9	

图 8-2

接着选择“字符数”列任意单元格，在“数据”选项卡中单击“升序”按钮，如图8-3所示，即可将歌曲名称按照由短到长的顺序排列，如图8-4所示。

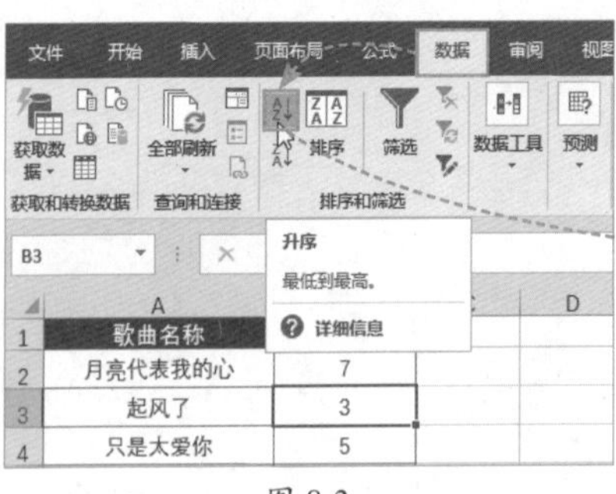

图 8-3

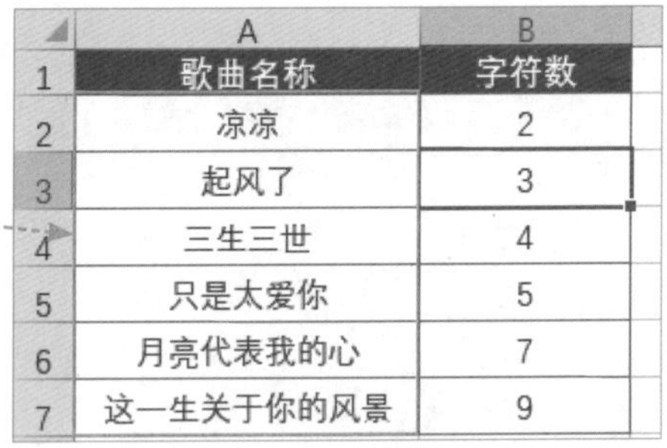

	A	B
1	歌曲名称	字符数
2	凉凉	2
3	起风了	3
4	三生三世	4
5	只是太爱你	5
6	月亮代表我的心	7
7	这一生关于你的风景	9

图 8-4

8.1.2 计算字符串一共有多少字节

LENB函数用于返回文本字符串的字节数，其语法格式为：

LENB(text)

参数说明： text为要查找其长度的文本，空格将作为字符进行计数。

注意事项 只有在将DBCS语言设置为默认语言时，函数LENB才会将每个字符按2字节计数。否则，函数LENB的行为与LEN相同，即将每个字符按1字节计数。支持DBCS的语言包括日语、中文（简体）、中文（繁体）及朝鲜语。

示例：使用LENB函数计算字符串一共有多少字节。

选择C2单元格，输入公式“=LENB(A2)”，如图8-5所示。按Enter键确认，即可计算出字节数，然后将公式向下填充，如图8-6所示。

	A	B	C
1	歌曲名称	字符数	字节数
2	月亮代表我的心	7	=LENB(A2)
3	起风了	3	
4	只是太爱你	5	
5	三生三世	4	
6	凉凉	2	
7	这一生关于你的风景	9	

图 8-5

C2 =LENB(A2)

	A	B	C
1	歌曲名称	字符数	字节数
2	月亮代表我的心	7	14
3	起风了	3	6
4	只是太爱你	5	10
5	三生三世	4	8
6	凉凉	2	4
7	这一生关于你的风景	9	18

图 8-6

字符串中包含半角字符时，作为1字节计算。

动手练 计算文本字符串中包含多少个数字

如果一个文本字符串中既包含文本，又包含数字，要想计算文本字符串中包含多少个数字，则可以使用LEN函数和LENB函数，如图8-7所示。

B2 =LEN(A2)*2-LENB(A2)

	A	B	C
1	文本字符串	数字个数	
2	白菜455斤	3	
3	300公斤大米	3	
4	小米10袋	2	
5	苹果2箱	1	
6	1000箱坚果	4	
7	大葱633千克	3	

图 8-7

选择B2单元格，输入公式“=LEN(A2)*2-LENB(A2)”，如图8-8所示。按Enter键确认，计算出数字个数，然后将公式向下填充，计算其他文本字符串中数字的个数，如图8-9所示。

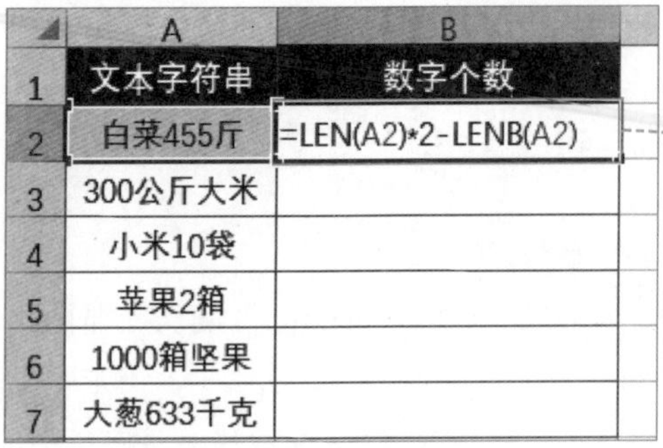

	A	B
1	文本字符串	数字个数
2	白菜455斤	=LEN(A2)*2-LENB(A2)
3	300公斤大米	
4	小米10袋	
5	苹果2箱	
6	1000箱坚果	
7	大葱633千克	

图 8-8

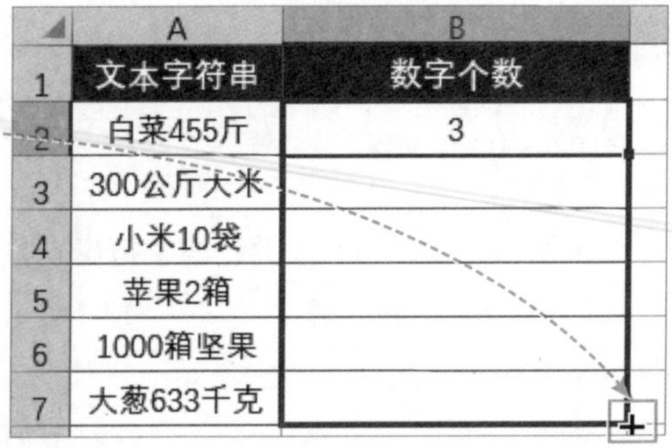

	A	B
1	文本字符串	数字个数
2	白菜455斤	3
3	300公斤大米	
4	小米10袋	
5	苹果2箱	
6	1000箱坚果	
7	大葱633千克	

图 8-9

注意事项 利用LEN函数计算文本字符串中字符个数，然后乘以2减去字节数，即可得到数字个数。

8.2 提取字符

用户通过LEFT函数、RIGHT函数和MID函数，可以从字符串中的指定位置提取需要的字符。

8.2.1 从产品简介中提取产品名称

LEFT函数用于从字符串的左侧开始提取指定个数的字符，其语法格式为：

LEFT(text,[num_chars])

参数说明： text为要提取字符的字符串。num_chars为LEFT提取的字符数，如果忽略则为1。

num_chars必须大于或等于0；如果num_chars大于文本长度，则LEFT返回所有文本。

示例：使用LEFT函数从产品简介中提取产品名称。

选择B2单元格，输入公式“=LEFT(A2,5)”，如图8-10所示。按Enter键确认，即可从产品简介中提取产品名称，如图8-11所示。

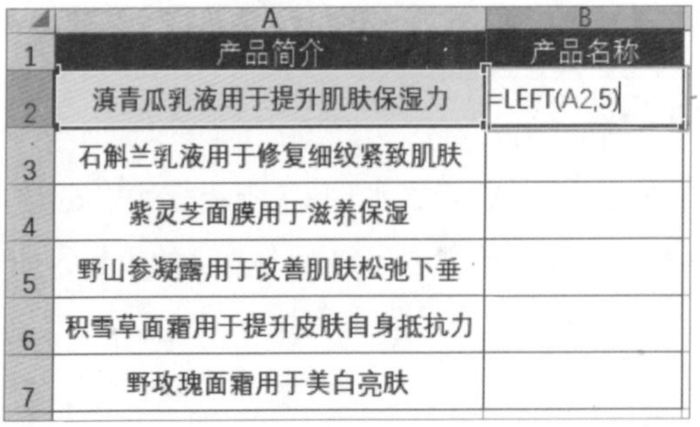

	A	B
1	产品简介	产品名称
2	滇青瓜乳液用于提升肌肤保湿力	=LEFT(A2,5)
3	石斛兰乳液用于修复细纹紧致肌肤	
4	紫灵芝面膜用于滋养保湿	
5	野山参凝露用于改善肌肤松弛下垂	
6	积雪草面霜用于提升皮肤自身抵抗力	
7	野玫瑰面霜用于美白亮肤	

图 8-10

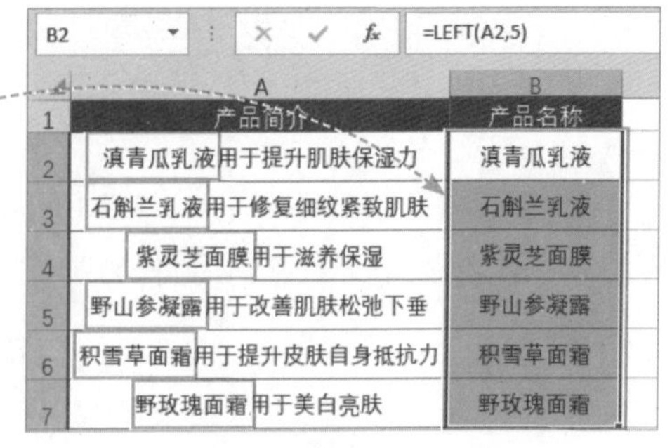
B2 =LEFT(A2,5)

	A	B
1	产品简介	产品名称
2	滇青瓜乳液用于提升肌肤保湿力	滇青瓜乳液
3	石斛兰乳液用于修复细纹紧致肌肤	石斛兰乳液
4	紫灵芝面膜用于滋养保湿	紫灵芝面膜
5	野山参凝露用于改善肌肤松弛下垂	野山参凝露
6	积雪草面霜用于提升皮肤自身抵抗力	积雪草面霜
7	野玫瑰面霜用于美白亮肤	野玫瑰面霜

图 8-11

8.2.2 从摘要中提取订单号

RIGHT函数用于从字符串的右侧开始提取指定个数的字符，其语法格式为：

RIGHT(text,[num_chars])

参数说明： text为要提取字符的字符串。num_chars为提取的字符数，如果忽略则为1。

示例：使用RIGHT函数从摘要中提取订单号。

选择B2单元格，输入公式“=RIGHT(A2,11)”，如图8-12所示。按Enter键确认，即可从摘要中提取订单号，如图8-13所示。

	A	B
1	摘要	订单号
2	10月8日订单发货/82904512361	=RIGHT(A2,11)
3	10月9日订单发货/82911458712	
4	10月10日订单发货/82965874123	
5	10月11日订单发货/82947852103	
6	10月12日订单发货/82917458921	
7	10月13日订单发货/82933201475	
8	10月14日订单发货/82910236987	
9	10月15日订单发货/82914789652	

图 8-12

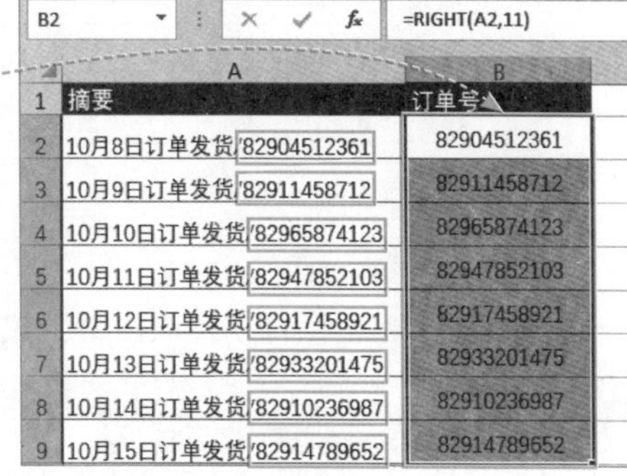

B2 =RIGHT(A2,11)

	A	B
1	摘要	订单号
2	10月8日订单发货/82904512361	82904512361
3	10月9日订单发货/82911458712	82911458712
4	10月10日订单发货/82965874123	82965874123
5	10月11日订单发货/82947852103	82947852103
6	10月12日订单发货/82917458921	82917458921
7	10月13日订单发货/82933201475	82933201475
8	10月14日订单发货/82910236987	82910236987
9	10月15日订单发货/82914789652	82914789652

图 8-13

8.2.3 从学号中提取班级

MID函数用于从任意位置提取指定数量的字符，其语法格式为：

MID(text,start_num,num_chars)

参数说明：

- **text：** 准备从中提取字符串的文本字符串。
- **start_num：** 准备提取的第一个字符的位置。
- **num_chars：** 指定所要提取的字符串长度。

示例：使用MID函数从学号中提取班级。

选择C2单元格，输入公式“=MID(A2,5,2)&"班"”，如图8-14所示。按Enter键确认，从学号中提取班级，然后将公式向下填充，如图8-15所示。

	A	B	C
1	学号	姓名	班级
2	22110735	赵璇	=MID(A2,5,2)&"班"
3	22110417	王晓	
4	22110363	李艳	
5	22110645	孙杨	
6	22110521	刘稳	
7	22110174	曹兴	
8	22110259	徐雪	

图 8-14

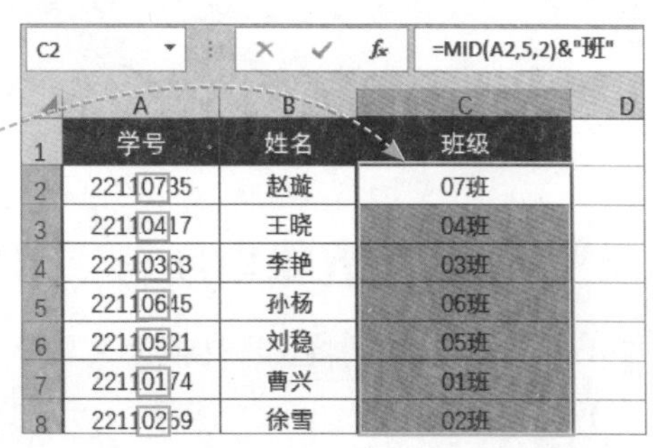

C2 =MID(A2,5,2)&"班"

	A	B	C	D
1	学号	姓名	班级	
2	22110735	赵璇	07班	
3	22110417	王晓	04班	
4	22110363	李艳	03班	
5	22110645	孙杨	06班	
6	22110521	刘稳	05班	
7	22110174	曹兴	01班	
8	22110259	徐雪	02班	

图 8-15

动手练 从身份证号码中提取出生日期

当用户需要在表格中输入出生日期时，如果已经输入了身份证号码，则可以使用MID函数和其他函数嵌套，将出生日期从身份证号码中提取出来，如图8-16所示。

	A	B	C	D	E
1	工号	姓名	所属部门	身份证号码	出生日期
2	SK001	赵璇	财务部	341313197510083121	1975-10-08
3	SK002	王晓	销售部	322414198106120435	1981-06-12
4	SK003	李艳	生产部	311113199204304327	1992-04-30
5	SK004	徐雪	财务部	300131197112097649	1971-12-09
6	SK005	张宇	人事部	330132197809104661	1978-09-10
7	SK006	赵亮	生产部	533126199306139871	1993-06-13
8	SK007	曹兴	销售部	441512199610111282	1996-10-11

图 8-16

选择E2单元格，输入公式“=TEXT(MID(D2,7,8),"0000-00-00")”，如图8-17所示。按Enter键确认，将出生日期提取出来，然后将公式向下填充，如图8-18所示。

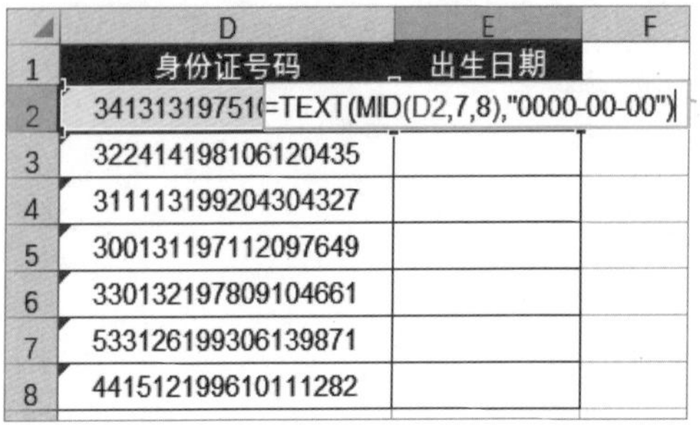

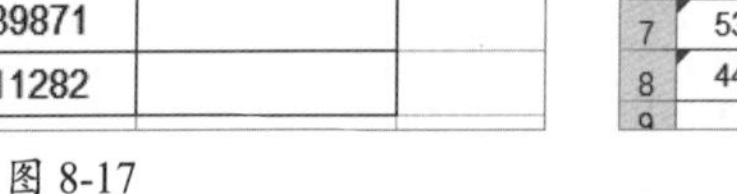

	D	E	F
1	身份证号码	出生日期	
2	34131319751(	=TEXT(MID(D2,7,8),"0000-00-00")	
3	322414198106120435		
4	311113199204304327		
5	300131197112097649		
6	330132197809104661		
7	533126199306139871		
8	441512199610111282		

图 8-17

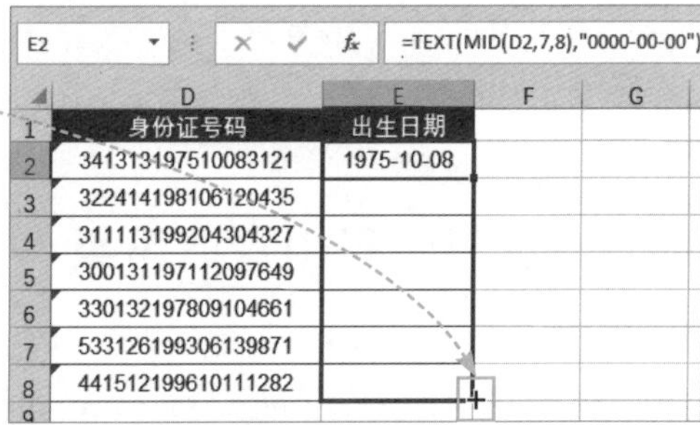

E2 =TEXT(MID(D2,7,8),"0000-00-00")

	D	E	F	G
1	身份证号码	出生日期		
2	341313197510083121	1975-10-08		
3	322414198106120435			
4	311113199204304327			
5	300131197112097649			
6	330132197809104661			
7	533126199306139871			
8	441512199610111282			

图 8-18

知识点拨

身份证号码的第7～14位数字是出生日期。上述公式使用MID函数从身份证号码中提取出代表生日的数字，然后用TEXT函数将提取出的数字以指定的文本格式返回。

8.3 转换文本格式

通过UPPER函数、LOWER函数、PROPER函数、ASC函数、WIDECHAR函数、VALUE函数、TEXT函数等，可以将文本转换成需要的格式。

8.3.1 将单元格中所有字母转换为大写

UPPER函数用于将文本转换为大写形式，其语法格式为：

UPPER(text)

参数说明：text为必需参数，是要转换为大写字母的文本，文本可以是引用或文本字符串。

示例：使用UPPER函数将单元格中所有字母转换为大写。

选择B2单元格，输入公式“=UPPER(A2)”，如图8-19所示。按Enter键确认，即可将英文字母转换为大写形式，然后将公式向下填充，如图8-20所示。

	A	B
1	英文	转换为大写
2	a friend in need is a friend indeed	=UPPER(A2)
3	a good medicine tastes bitter	
4	after a storm comes a calm	
5	all roads lead to rome	
6	better late than never	
7	just do it	
8	great hopes make great man	
9	honesty is the best policy	
10	knowledge is power	

图 8-19

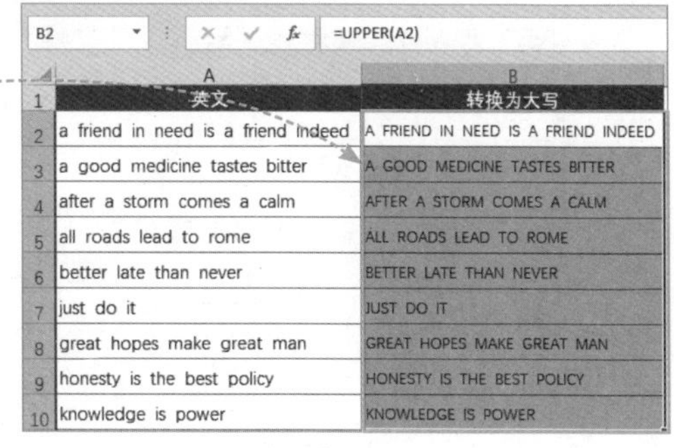

B2 =UPPER(A2)

	A	B
1	英文	转换为大写
2	a friend in need is a friend indeed	A FRIEND IN NEED IS A FRIEND INDEED
3	a good medicine tastes bitter	A GOOD MEDICINE TASTES BITTER
4	after a storm comes a calm	AFTER A STORM COMES A CALM
5	all roads lead to rome	ALL ROADS LEAD TO ROME
6	better late than never	BETTER LATE THAN NEVER
7	just do it	JUST DO IT
8	great hopes make great man	GREAT HOPES MAKE GREAT MAN
9	honesty is the best policy	HONESTY IS THE BEST POLICY
10	knowledge is power	KNOWLEDGE IS POWER

图 8-20

8.3.2 将所有字母转换为小写

LOWER函数用于将文本字符串中的所有大写字母转换为小写字母，其语法格式为：

LOWER(text)

参数说明：text为必需参数，是要转换为小写字母的文本。LOWER不改变文本中的非字母字符。

示例：使用LOWER函数将所有字母转换为小写。

选择B2单元格，输入公式“=LOWER(A2)”，如图8-21所示。按Enter键确认，即可将名称中的大写字母转换成小写，然后将公式向下填充，如图8-22所示。

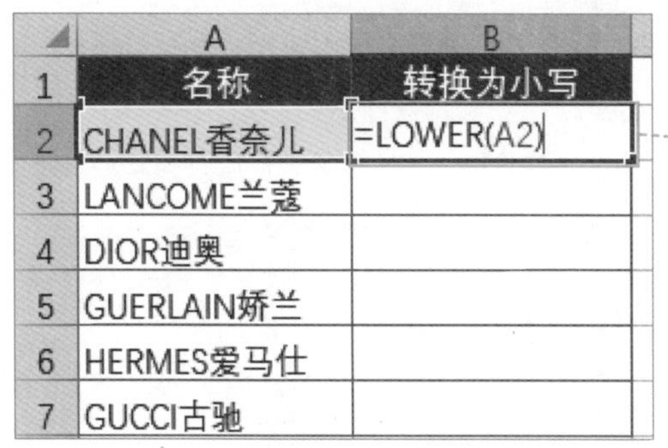

	A	B
1	名称	转换为小写
2	CHANEL香奈儿	=LOWER(A2)
3	LANCOME兰蔻	
4	DIOR迪奥	
5	GUERLAIN娇兰	
6	HERMES爱马仕	
7	GUCCI古驰	

图 8-21

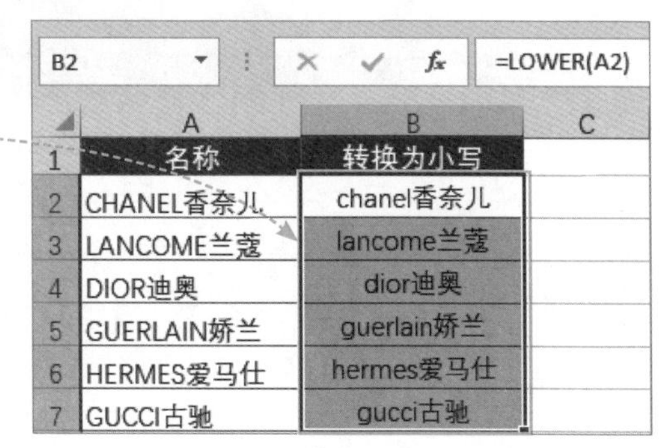

B2 =LOWER(A2)

	A	B	C
1	名称	转换为小写	
2	CHANEL香奈儿	chanel香奈儿	
3	LANCOME兰蔻	lancome兰蔻	
4	DIOR迪奥	dior迪奥	
5	GUERLAIN娇兰	guerlain娇兰	
6	HERMES爱马仕	hermes爱马仕	
7	GUCCI古驰	gucci古驰	

图 8-22

8.3.3 将所有英文句子转换成首字母大写

PROPER函数用于将文本字符串的首字母转换成大写，其语法格式为：

PROPER(text)

参数说明： text为必需参数，可以是用引号括起来的文本、返回文本值的公式，或者对包含要进行部分大写转换文本的单元格的引用。

示例：使用PROPER函数将所有英文单词转换成首字母大写。

选择B2单元格，输入公式"=PROPER(A2)"，如图8-23所示。按Enter键确认，即可将英文单词转换成首字母大写，然后将公式向下填充，如图8-24所示。

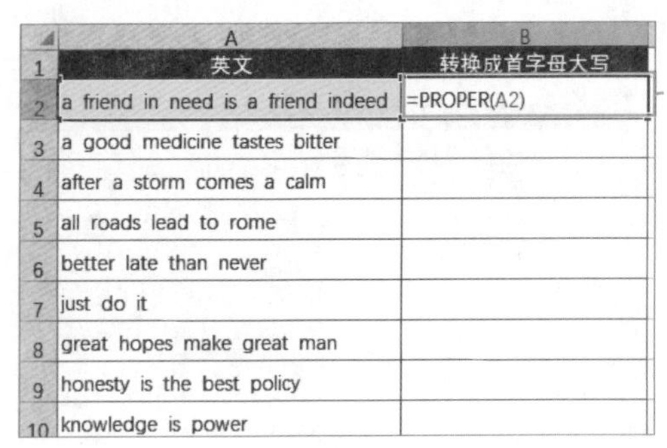

	A	B
1	英文	转换成首字母大写
2	a friend in need is a friend indeed	=PROPER(A2)
3	a good medicine tastes bitter	
4	after a storm comes a calm	
5	all roads lead to rome	
6	better late than never	
7	just do it	
8	great hopes make great man	
9	honesty is the best policy	
10	knowledge is power	

图 8-23

B2 =PROPER(A2)

	A	B
1	英文	转换成首字母大写
2	a friend in need is a friend indeed	A Friend In Need Is A Friend Indeed
3	a good medicine tastes bitter	A Good Medicine Tastes Bitter
4	after a storm comes a calm	After A Storm Comes A Calm
5	all roads lead to rome	All Roads Lead To Rome
6	better late than never	Better Late Than Never
7	just do it	Just Do It
8	great hopes make great man	Great Hopes Make Great Man
9	honesty is the best policy	Honesty Is The Best Policy
10	knowledge is power	Knowledge Is Power

图 8-24

8.3.4 将全角字符转换为半角字符

ASC函数用于将全角（双字节）字符转换成半角（单字节）字符，其语法格式为：

ASC(text)

参数说明： text为必需参数，是文本或是包含要更改文本的单元格的引用。如果文本不包含任何全角字母，则不会对文本进行转换。

示例：使用ASC函数将全角字符转换为半角字符。

选择B2单元格，输入公式"=ASC(A2)"，如图8-25所示。按Enter键确认，即可将全角字符转换为半角字符，如图8-26所示。

	A	B
1	数据	转换为半角字符
2	ＰＥＮ钢笔	=ASC(A2)
3	ＰＥＮＣＩＬ铅笔	
4	ＲＵＬＥＲ尺子	
5	ＢＡＧ包	
6	ＢＯＯＫ书	
7	ＨＥＡＤ头	

图 8-25

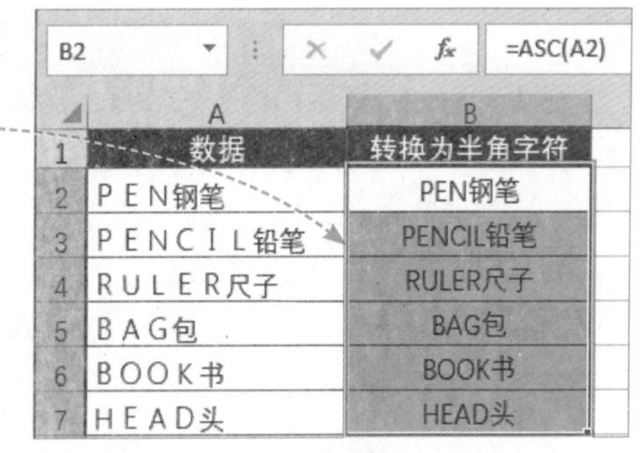

B2 =ASC(A2)

	A	B
1	数据	转换为半角字符
2	ＰＥＮ钢笔	PEN钢笔
3	ＰＥＮＣＩＬ铅笔	PENCIL铅笔
4	ＲＵＬＥＲ尺子	RULER尺子
5	ＢＡＧ包	BAG包
6	ＢＯＯＫ书	BOOK书
7	ＨＥＡＤ头	HEAD头

图 8-26

8.3.5 将半角字符转换为全角字符

WIDECHAR函数用于将字符串中的半角（单字节）字符转换为全角（双字节）字符，其语法格式为：

WIDECHAR(text)

参数说明： text为需要转换成双字节字符的文本，或对文本单元格的引用。

示例：使用WIDECHAR函数将半角字符转换为全角字符。

选择B2单元格，输入公式“=WIDECHAR(A2)”，如图8-27所示。按Enter键确认，即可将半角字符转换为全角字符，如图8-28所示。

	A	B
1	数据	转换为全角字符
2	PEN钢笔	=WIDECHAR(A2)
3	PENCIL铅笔	
4	RULER尺子	
5	BAG包	
6	BOOK书	
7	HEAD头	

图 8-27

B2 =WIDECHAR(A2)

	A	B	C
1	数据	转换为全角字符	
2	PEN钢笔	ＰＥＮ钢笔	
3	PENCIL铅笔	ＰＥＮＣＩＬ铅笔	
4	RULER尺子	ＲＵＬＥＲ尺子	
5	BAG包	ＢＡＧ包	
6	BOOK书	ＢＯＯＫ书	
7	HEAD头	ＨＥＡＤ头	

图 8-28

8.3.6 将文本型数字转换成真正的数字

VALUE函数用于将文本型的数字转换成数值，其语法格式为：

VALUE(text)

参数说明： text是用引号括起来的文本或包含要转换文本的单元格的引用。

示例：使用VALUE函数将文本型数字转换成真正的数字。

当对销量进行求和时，计算出错误的结果，如图8-29所示。此时，应在C10单元格输入公式“{=SUM(VALUE(C2:C9))}”，按Ctrl+Shift+Enter组合键，即可计算出总销量，如图8-30所示。

C10 =SUM(C2:C9)

	A	B	C	D
1	销售员	销售商品	销量	
2	赵佳	电脑	25	
3	刘欢	打印机	30	
4	李华	扫描仪	89	
5	孙杨	传真机	46	
6	刘雯	打印机	15	
7	徐梅	扫描仪	22	
8	张宇	传真机	36	
9	孙艳	电脑	45	
10	总销量		210	

图 8-29

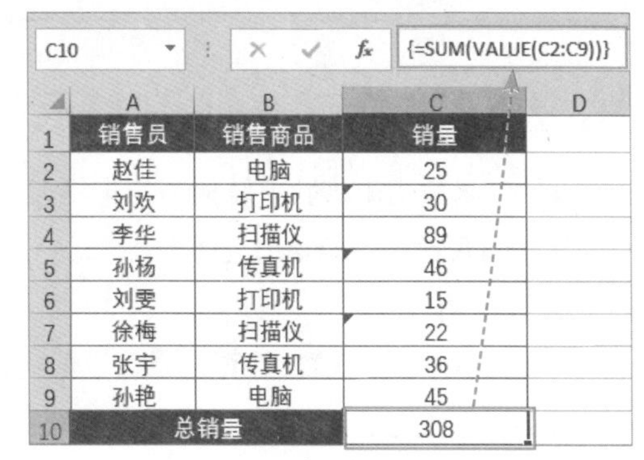

C10 {=SUM(VALUE(C2:C9))}

	A	B	C	D
1	销售员	销售商品	销量	
2	赵佳	电脑	25	
3	刘欢	打印机	30	
4	李华	扫描仪	89	
5	孙杨	传真机	46	
6	刘雯	打印机	15	
7	徐梅	扫描仪	22	
8	张宇	传真机	36	
9	孙艳	电脑	45	
10	总销量		308	

图 8-30

知识点拨

上述公式利用VALUE函数将文本型数字转换成数值，然后再用SUM函数求和。

8.3.7 判断给定的值是否是文本

T函数用于返回值引用的文字，其语法格式为：

T(value)

参数说明： value为指定转换为文本的数值。value是文本时返回文本本身，其他如数字、逻辑值等都返回空值。

注意事项 由于Microsoft Excel会根据需要自动转换值，因此通常无须在公式中使用T函数。

示例：使用T函数判断给定的值是否是文本。

选择B2单元格，输入公式“=T(A2)”，如图8-31所示。按Enter键确认，即可返回引用结果，如图8-32所示，然后将公式向下填充，如图8-33所示。

	A	B
1	数值	转换为文本
2	77	=T(A2)
3	85	
4	2020/8/10	
5	德胜书坊	
6	TRUE	
7	太阳	
8	123	
9	Excel	

图 8-31

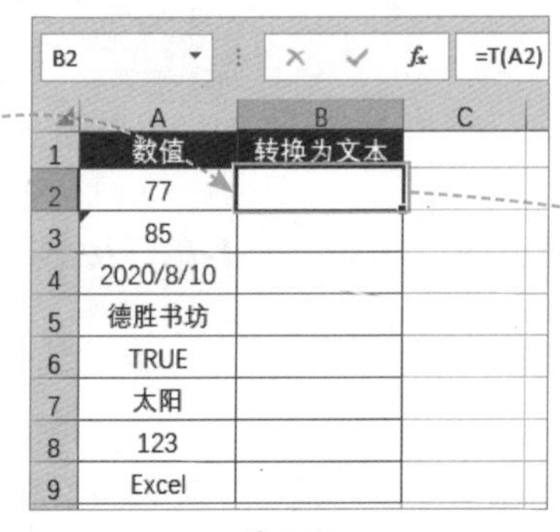
B2 =T(A2)

	A	B	C
1	数值	转换为文本	
2	77		
3	85		
4	2020/8/10		
5	德胜书坊		
6	TRUE		
7	太阳		
8	123		
9	Excel		

图 8-32

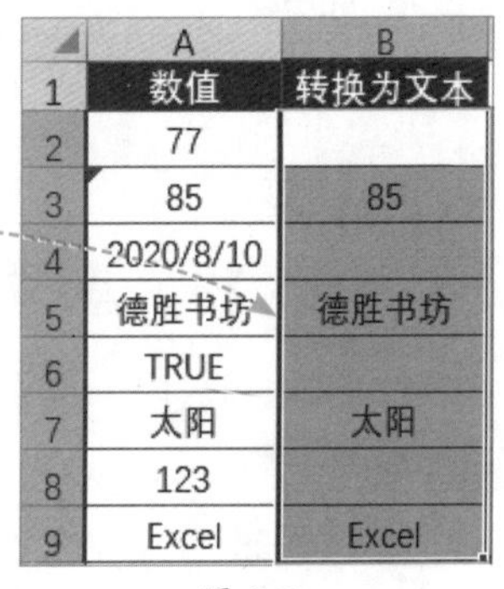

	A	B
1	数值	转换为文本
2	77	
3	85	85
4	2020/8/10	
5	德胜书坊	德胜书坊
6	TRUE	
7	太阳	太阳
8	123	
9	Excel	Excel

图 8-33

知识点拨

从上述的例子可以看出，value为数字时返回的是空值，为文本时返回的是文本，为文本型数字时返回的是文本。

8.3.8 将手机号码分段显示

TEXT函数用于将数值转换为指定格式的文本，其语法格式为：

TEXT(value,format_text)

参数说明：

- **value：** 为数值、计算结果为数值的公式，或对包含数值的单元格的引用。
- **format_text：** 为“设置单元格格式”对话框中“数字”选项卡上“分类”框中的文本形式的数字格式。

format_text参数的常用代码，如表8-1所示。

表 8-1

format_text	value	值	说明
G/通用格式	5	5	常规格式
"000.0"	11.56	011.6	小数点前面不够3位以0补齐，保留1位小数，不足1位以0补齐
"####"	100.00	100	不显示多余的0
"00.##"	1.3	01.3	小数点前不足两位以0补齐，保留两位小数，不足两位不补位
"正数;负数;零"	1	正数	大于0，显示为“正数”
	0	零	等于0，显示为“零”
	–1	负数	小于0，显示为“负数”
"0000-00-00"	19920430	1992-04-30	按所示形式显示日期
"#!.0000万元"	14587	1.4587万元	以万元为单位，保留4位小数
"[DBNum1]"	123	一百二十三	显示汉字，用十、百、千、万……显示
"[DBNum1]###0"	123	一二三	用数字表示数值
"[DBNum2]"	123	壹佰贰拾叁	表示大写数字
"[>=90]优秀;[>=60]及格;不及格"	90	优秀	大于或等于90，显示为“优秀”
	60	及格	大于或等于60并且小于90，显示为“及格”
	59	不及格	小于60，显示为“不及格”

示例：使用TEXT函数将手机号码分段显示。

选择D2单元格，输入公式“=TEXT(C2,"000 0000 0000")”，如图8-34所示。按Enter键确认，即可将手机号码分段显示，然后将公式向下填充，如图8-35所示。

	A	B	C	D
1	工号	姓名	手机号码	分段显示
2	DM001	苏玲	11912016871	=TEXT(C2,"000 0000 0000")
3	DM002	李阳	13851542169	
4	DM003	蒋晶	14151111001	
5	DM004	李妍	15251532011	
6	DM005	张星	16352323023	
7	DM006	赵亮	17459833035	
8	DM007	王晓	18551568074	
9	DM008	李欣	19651541012	

图 8-34

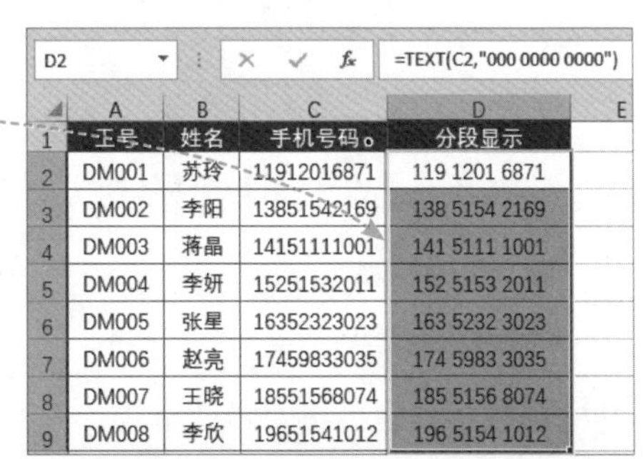
D2 =TEXT(C2,"000 0000 0000")

	A	B	C	D	E
1	工号	姓名	手机号码	分段显示	
2	DM001	苏玲	11912016871	119 1201 6871	
3	DM002	李阳	13851542169	138 5154 2169	
4	DM003	蒋晶	14151111001	141 5111 1001	
5	DM004	李妍	15251532011	152 5153 2011	
6	DM005	张星	16352323023	163 5232 3023	
7	DM006	赵亮	17459833035	174 5983 3035	
8	DM007	王晓	18551568074	185 5156 8074	
9	DM008	李欣	19651541012	196 5154 1012	

图 8-35

8.3.9 为销售业绩自动划分等级

用户使用TEXT函数，还可以为销售业绩划分等级。假设销售业绩大于或等于2000为优秀；大于或等于1000且小于2000为良好；小于1000为差。

选择C2单元格，输入公式“=TEXT(B2,"[>=2000]优秀;[>=1000]良好;差")”，如图8-36所示。按Enter键确认，即可显示等级，然后将公式向下填充，如图8-37所示。

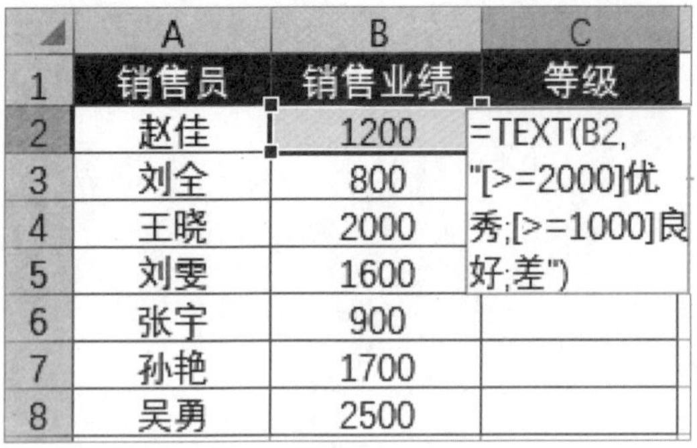

	A	B	C
1	销售员	销售业绩	等级
2	赵佳	1200	=TEXT(B2,"[>=2000]优秀;[>=1000]良好;差")
3	刘全	800	
4	王晓	2000	
5	刘雯	1600	
6	张宇	900	
7	孙艳	1700	
8	吴勇	2500	

图 8-36

C2　=TEXT(B2,"[>=2000]优秀;[>=1000]良好;差")

	A	B	C	D
1	销售员	销售业绩	等级	
2	赵佳	1200	良好	
3	刘全	800	差	
4	王晓	2000	优秀	
5	刘雯	1600	良好	
6	张宇	900	差	
7	孙艳	1700	良好	
8	吴勇	2500	优秀	

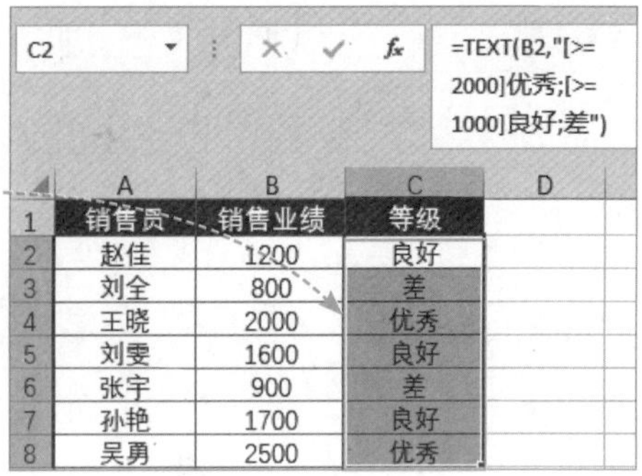

图 8-37

8.3.10 判断公司盈亏情况

用户使用TEXT函数，可以判断公司盈亏情况。假设利润大于0为盈利；等于0为平衡；小于0为亏损。

选择C2单元格，输入公式“=TEXT(B2,"盈利;亏损;平衡")”，如图8-38所示。按Enter键确认，即可判断出盈亏情况，然后将公式向下填充，如图8-39所示。

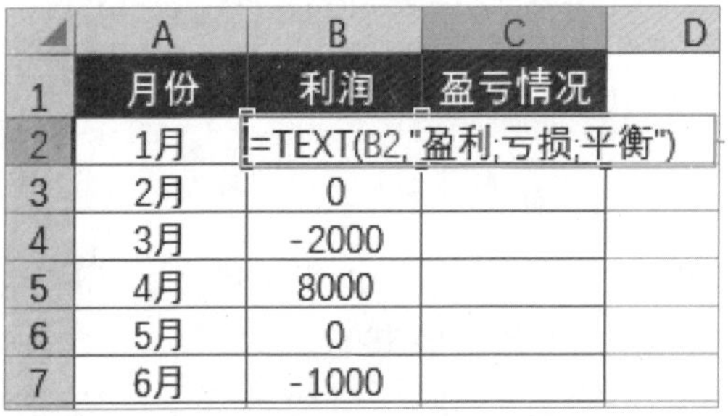

	A	B	C	D
1	月份	利润	盈亏情况	
2	1月	=TEXT(B2,"盈利;亏损;平衡")		
3	2月	0		
4	3月	-2000		
5	4月	8000		
6	5月	0		
7	6月	-1000		

图 8-38

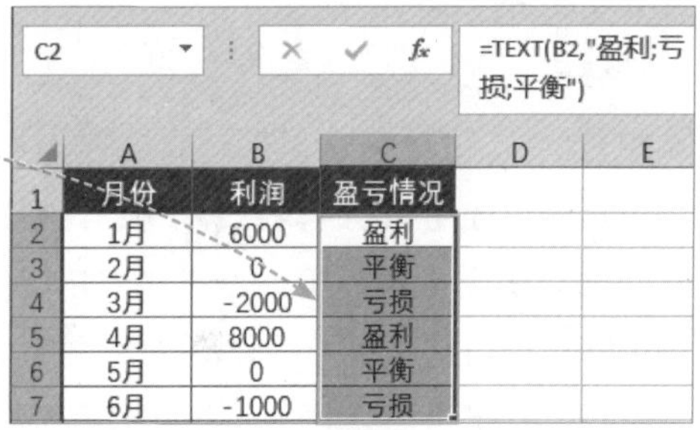

C2　=TEXT(B2,"盈利;亏损;平衡")

	A	B	C	D	E
1	月份	利润	盈亏情况		
2	1月	6000	盈利		
3	2月	0	平衡		
4	3月	-2000	亏损		
5	4月	8000	盈利		
6	5月	0	平衡		
7	6月	-1000	亏损		

图 8-39

8.3.11 转换日期的显示方式

用户使用TEXT函数可以转换日期的显示方式，例如，更改出生日期的格式。

选择D2单元格，输入公式“=TEXT(C2,"yyyy年mm月dd日")”，如图8-40所示。按Enter键确认，即可更改日期格式，然后将公式向下填充，如图8-41所示。

	A	B	C	D
1	工号	姓名	出生日期	更改日期格式
2	DM001	刘欢	19=TEXT(C2,"yyyy年mm月dd日")	
3	DM002	李阳	1981-06-12	
4	DM003	赵佳	1992-04-30	
5	DM004	李妍	1971-12-09	
6	DM005	张宇	1978-09-10	
7	DM006	赵亮	1993-06-13	
8	DM007	王晓	1996-10-11	
9	DM008	李欣	1978-08-04	
10	DM009	吴勇	1991-11-09	

图 8-40

D2　=TEXT(C2,"yyyy年mm月dd日")

	A	B	C	D	E
1	工号	姓名	出生日期	更改日期格式	
2	DM001	刘欢	1975-10-08	1975年10月08日	
3	DM002	李阳	1981-06-12	1981年06月12日	
4	DM003	赵佳	1992-04-30	1992年04月30日	
5	DM004	李妍	1971-12-09	1971年12月09日	
6	DM005	张宇	1978-09-10	1978年09月10日	
7	DM006	赵亮	1993-06-13	1993年06月13日	
8	DM007	王晓	1996-10-11	1996年10月11日	
9	DM008	李欣	1978-08-04	1978年08月04日	
10	DM009	吴勇	1991-11-09	1991年11月09日	

图 8-41

8.3.12 为金额添加单位“元”

用户使用TEXT函数可以为金额添加单位“元”，例如，为“支出金额”添加单位“元”。

选择D2单元格，输入公式“=TEXT(C2,"0.00元")”，如图8-42所示。按Enter键确认，即可为支出金额添加单位“元”，然后将公式向下填充，如图8-43所示。

	A	B	C	D
1	日期	费用类型	支出金额	添加单位
2	2020/7/1	财务费用	=TEXT(C2,"0.00元")	
3	2020/7/2	办公费用	1596.36	
4	2020/7/3	招待费用	856.23	
5	2020/7/4	管理费用	1125.25	
6	2020/7/5	财务费用	3623.58	
7	2020/7/6	办公费用	1896.85	
8	2020/7/7	招待费用	236.53	
9	2020/7/8	管理费用	1589.74	
10	2020/7/9	其他费用	5896.27	

图 8-42

D2　=TEXT(C2,"0.00元")

	A	B	C	D
1	日期	费用类型	支出金额	添加单位
2	2020/7/1	财务费用	524.19	524.19元
3	2020/7/2	办公费用	1596.36	1596.36元
4	2020/7/3	招待费用	856.23	856.23元
5	2020/7/4	管理费用	1125.25	1125.25元
6	2020/7/5	财务费用	3623.58	3623.58元
7	2020/7/6	办公费用	1896.85	1896.85元
8	2020/7/7	招待费用	236.53	236.53元
9	2020/7/8	管理费用	1589.74	1589.74元
10	2020/7/9	其他费用	5896.27	5896.27元

图 8-43

8.3.13 将数字代码转换成文本

CHAR函数用于返回对应于数字代码的字符，其语法格式为：

CHAR(number)

参数说明：number为必需参数，是介于1～255之间的数字，指定所需的字符。

注意事项 Excel网页版仅支持CHAR(9)、CHAR(10)、CHAR(13)和CHAR(32)及以上版本。

示例：使用CHAR函数将数字代码转换成文本。

选择B2单元格，输入公式“=CHAR(A2)”，如图8-44所示。按Enter键确认，即可将数字转换成文本，如图8-45所示，然后将公式向下填充，如图8-46所示。

	A	B
1	数字	转换成文本
2	65	=CHAR(A2)
3	80	
4	43	
5	114	
6	120	
7	100	
8	115	
9	90	

图 8-44

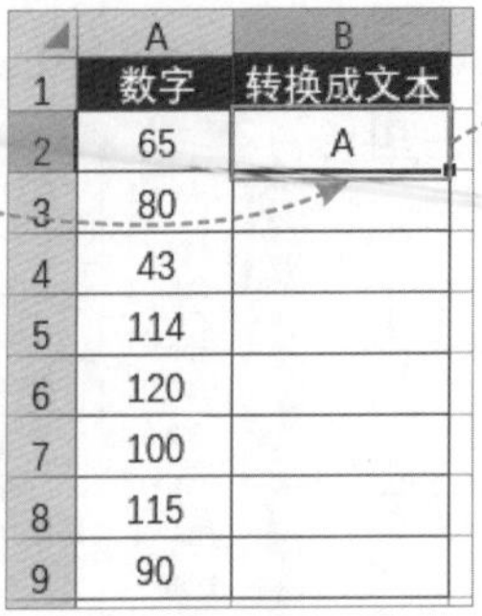

	A	B
1	数字	转换成文本
2	65	A
3	80	
4	43	
5	114	
6	120	
7	100	
8	115	
9	90	

图 8-45

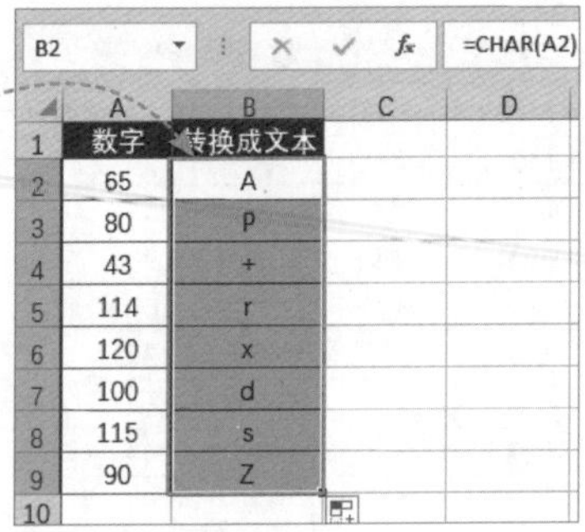

B2 =CHAR(A2)

	A	B	C	D
1	数字	转换成文本		
2	65	A		
3	80	P		
4	43	+		
5	114	r		
6	120	x		
7	100	d		
8	115	s		
9	90	Z		
10				

图 8-46

8.3.14 为金额添加$符号

DOLLAR函数用于按照货币格式及给定的小数位数，将数字转换成文本，其语法格式为：

DOLLAR(number,[decimals])

参数说明：

- **number：** 数字、包含数字的单元格引用，或是计算结果为数字的公式。
- **decimals：** 十进制数的小数位数。如果decimals为负数，则参数number从小数点往左按相应位数取整。如果省略decimals，则假设其值为2。

示例：使用DOLLAR函数为金额添加$符号。

选择C2单元格，输入公式“=DOLLAR(B2,1)”，如图8-47所示。按Enter键确认，即可为金额添加$符号，然后将公式向下填充，如图8-48所示。

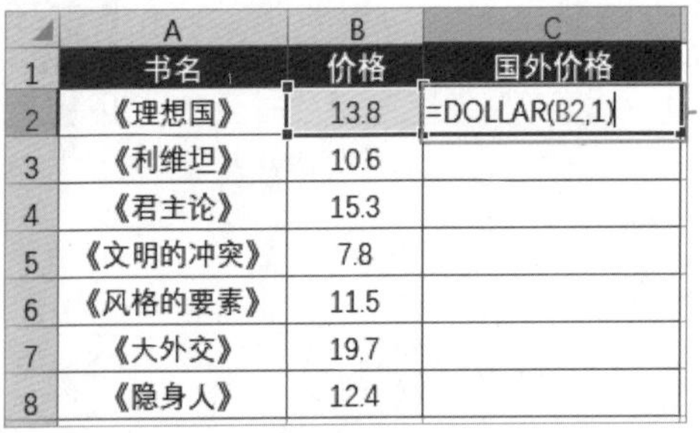

	A	B	C
1	书名	价格	国外价格
2	《理想国》	13.8	=DOLLAR(B2,1)
3	《利维坦》	10.6	
4	《君主论》	15.3	
5	《文明的冲突》	7.8	
6	《风格的要素》	11.5	
7	《大外交》	19.7	
8	《隐身人》	12.4	

图 8-47

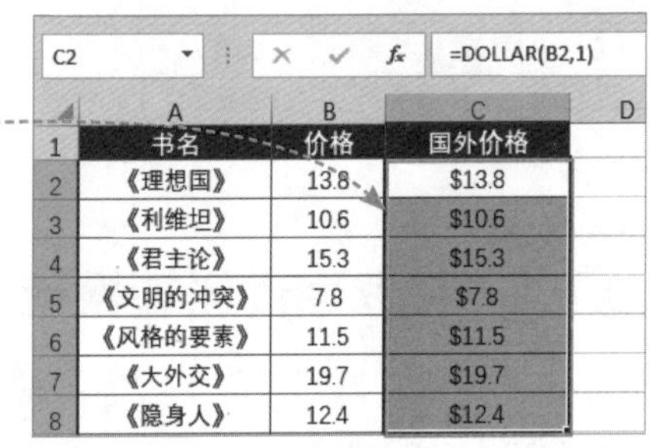

C2 =DOLLAR(B2,1)

	A	B	C	D
1	书名	价格	国外价格	
2	《理想国》	13.8	$13.8	
3	《利维坦》	10.6	$10.6	
4	《君主论》	15.3	$15.3	
5	《文明的冲突》	7.8	$7.8	
6	《风格的要素》	11.5	$11.5	
7	《大外交》	19.7	$19.7	
8	《隐身人》	12.4	$12.4	

图 8-48

8.3.15 为金额添加千位分隔符和￥符号

RMB函数运用人民币格式将数字转换成文字，将小数四舍五入至指定的位数，其语法格式为：

RMB(number,[decimals])

参数说明：

- **number：** 数字、包含数字的单元格引用，或是计算结果为数字的公式。

- **decimals：**指定小数点右边的位数。如果必要，数字将四舍五入；如果省略，则假设其值为2。

示例：使用RMB函数为金额添加千位分隔符和￥符号。

选择C2单元格，输入公式“=RMB(B2,2)”，如图8-49所示。按Enter键确认，即可为金额添加千位分隔符和¥符号，然后将公式向下填充，如图8-50所示。

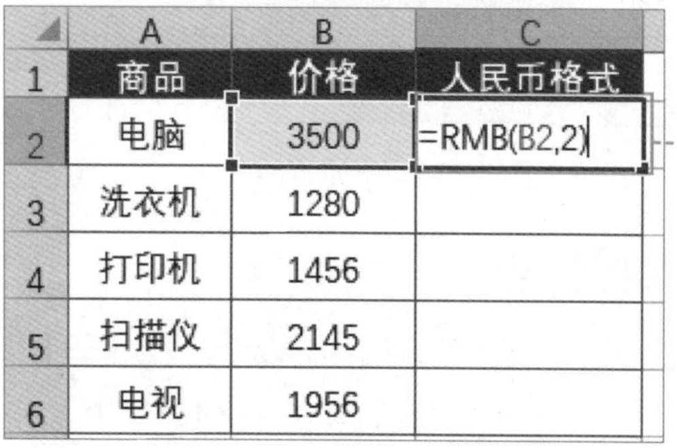

	A	B	C
1	商品	价格	人民币格式
2	电脑	3500	=RMB(B2,2)
3	洗衣机	1280	
4	打印机	1456	
5	扫描仪	2145	
6	电视	1956	

图 8-49

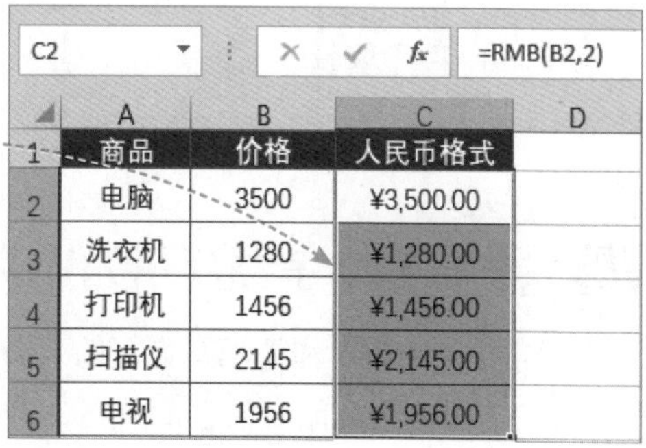

C2 =RMB(B2,2)

	A	B	C	D
1	商品	价格	人民币格式	
2	电脑	3500	¥3,500.00	
3	洗衣机	1280	¥1,280.00	
4	打印机	1456	¥1,456.00	
5	扫描仪	2145	¥2,145.00	
6	电视	1956	¥1,956.00	

图 8-50

8.3.16 将数字显示为千分位格式并转换为文本

FIXED函数用于将数字显示为千分位格式并转换为文本，其语法格式为：

FIXED(number,[decimals],[no_commas])

参数说明：

- **number：**必需参数，要进行舍入并转换为文本的数字。
- **decimals：**可选参数，小数点右边的位数。
- **no_commas：**可选参数，为逻辑值，如果为TRUE，则会禁止FIXED在返回的文本中包含逗号。

知识点拨

- 在Microsoft Excel中，number的最大有效位数不能超过15位，但decimals可达到127位。
- 如果decimals为负数，则number从小数点往左按相应位数四舍五入。
- 如果省略decimals，则假设其值为2。
- 如果no_commas为FALSE或被省略，则返回的文本中和往常一样包含逗号。

示例：使用FIXED函数将数字显示为千分位格式并转换为文本。

选择B2单元格，输入公式“=FIXED(A2,1,FALSE)”，如图8-51所示。按Enter键确认，即可计算出结果，然后将公式向下填充，如图8-52所示。

	A	B
1	数字	转换为文本
2	54632.25	=FIXED(A2,1,FALSE)
3	7856321.45	
4	785421.06	
5	41258.56	
6	965213.22	
7	14523.84	
8	17856.65	
9	4578632.78	

图 8-51

B2 =FIXED(A2,1,FALSE)

	A	B	C	D
1	数字	转换为文本		
2	54632.25	54,632.3		
3	7856321.45	7,856,321.5		
4	785421.06	785,421.1		
5	41258.56	41,258.6		
6	965213.22	965,213.2		
7	14523.84	14,523.8		
8	17856.65	17,856.7		
9	4578632.78	4,578,632.8		

图 8-52

动手练 将数字金额显示为中文大写金额

通常会计记账，需要填写大写的人民币金额，以防止他人随意修改金额。用户可以使用TEXT函数和其他函数进行嵌套，自动将数字金额显示为中文大写金额，如图8-53所示。

	A	B	C	D
1	日期	客户	订单金额	人民币大写
2	2020/8/7	华夏科技	33123.45	叁万叁仟壹佰贰拾叁元肆角伍分
3	2020/8/15	德胜科技	23125.5	贰万叁仟壹佰贰拾伍元伍角
4	2020/8/20	盛源科技	89632.4	捌万玖仟陆佰叁拾贰元肆角
5	2020/8/25	九隆科技	775421	柒拾柒万伍仟肆佰贰拾壹元整
6	2020/9/10	德胜科技	58423.16	伍万捌仟肆佰贰拾叁元壹角陆分
7	2020/9/20	华夏科技	4875621.8	肆佰捌拾柒万伍仟陆佰贰拾壹元捌角

图 8-53

选择D2单元格，输入公式“=IF(MOD(C2,1)=0,TEXT(INT(C2),"[DBNUM2]")&"元"&"整",TEXT(INT(C2),"[DBNUM2]")&"元"&TEXT(MID(C2,LEN(INT(C2))+2,1),"[DBNUM2]D角")&TEXT(MID(C2,LEN(INT(C2))+3,1),"[DBNUM2]D分"))”，如图8-54所示。按Enter键确认，即可将数字金额显示为中文大写金额，然后将公式向下填充，如图8-55所示。

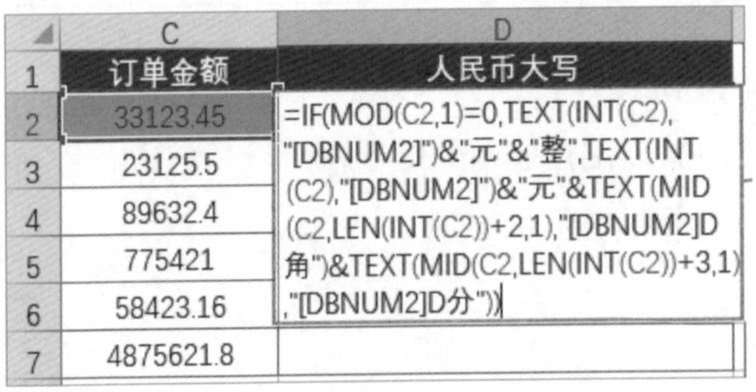

	C	D
1	订单金额	人民币大写
2	33123.45	=IF(MOD(C2,1)=0,TEXT(INT(C2),"[DBNUM2]")&"元"&"整",TEXT(INT(C2),"[DBNUM2]")&"元"&TEXT(MID(C2,LEN(INT(C2))+2,1),"[DBNUM2]D角")&TEXT(MID(C2,LEN(INT(C2))+3,1),"[DBNUM2]D分"))
3	23125.5	
4	89632.4	
5	775421	
6	58423.16	
7	4875621.8	

图 8-54

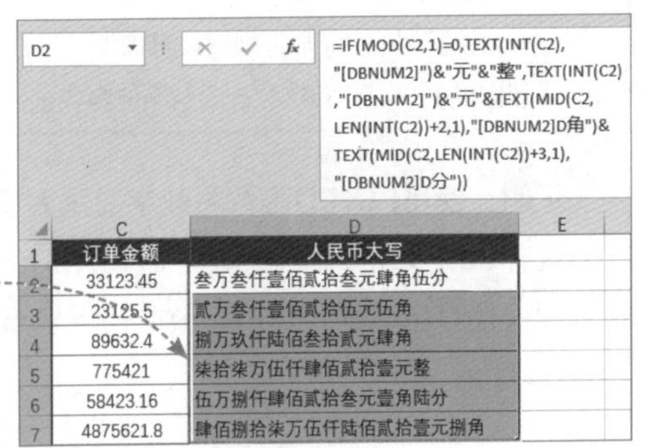

D2 =IF(MOD(C2,1)=0,TEXT(INT(C2),"[DBNUM2]")&"元"&"整",TEXT(INT(C2),"[DBNUM2]")&"元"&TEXT(MID(C2,LEN(INT(C2))+2,1),"[DBNUM2]D角")&TEXT(MID(C2,LEN(INT(C2))+3,1),"[DBNUM2]D分"))

	C	D	E
1	订单金额	人民币大写	
2	33123.45	叁万叁仟壹佰贰拾叁元肆角伍分	
3	23125.5	贰万叁仟壹佰贰拾伍元伍角	
4	89632.4	捌万玖仟陆佰叁拾贰元肆角	
5	775421	柒拾柒万伍仟肆佰贰拾壹元整	
6	58423.16	伍万捌仟肆佰贰拾叁元壹角陆分	
7	4875621.8	肆佰捌拾柒万伍仟陆佰贰拾壹元捌角	

图 8-55

8.4 查找与替换文本

用户使用FIND函数、SEARCH函数、REPLACE函数、SUBSTITUTE函数等，可以对文本进行查找或替换。

8.4.1 提取空格之前的字符

FIND函数用于返回一个字符串出现在另一个字符串中的起始位置，其语法格式为：

FIND(find_text,within_text,[start_num])

参数说明：

- **find_text：** 必需参数，要查找的文本。
- **within_text：** 必需参数，包含要查找文本的文本。
- **start_num：** 可选参数，指定开始进行查找的字符。within_text中的首字符是编号为1的字符。如果省略start_num，则假定其值为1。

注意事项 Find_text 不能包含任何通配符。

示例：使用FIND函数提取空格之前的字符。

选择B2单元格，输入公式“=LEFT(A2,FIND(" ",A2)-1)”，如图8-56所示。

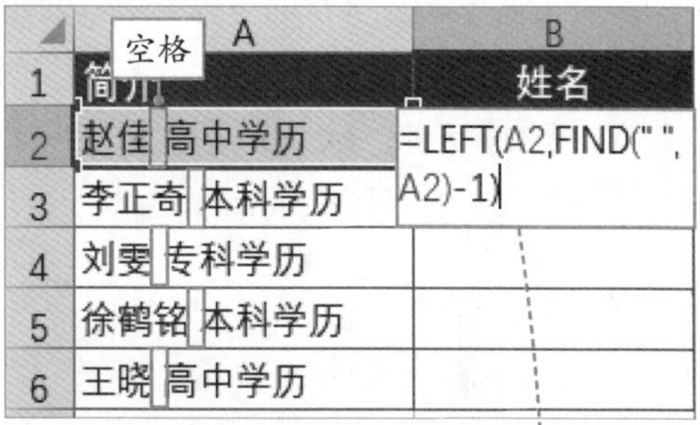

空格

	A	B
1	简介	姓名
2	赵佳 高中学历	=LEFT(A2,FIND(" ",A2)-1)
3	李正奇 本科学历	
4	刘雯 专科学历	
5	徐鹤铭 本科学历	
6	王晓 高中学历	

图 8-56

按Enter键确认，即可将空格之前的姓名提取出来，然后将公式向下填充，如图8-57所示。

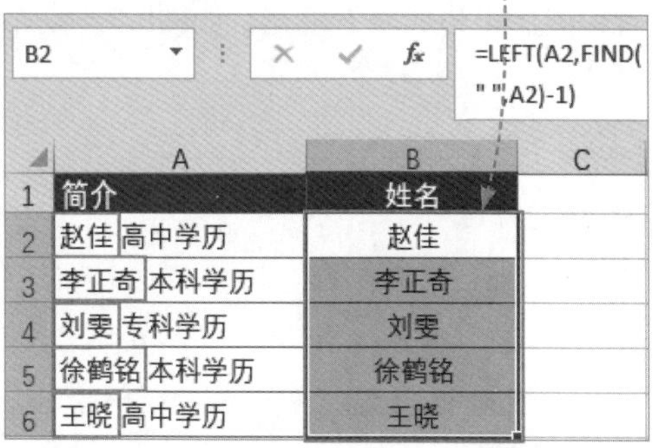

B2 =LEFT(A2,FIND(" ",A2)-1)

	A	B	C
1	简介	姓名	
2	赵佳 高中学历	赵佳	
3	李正奇 本科学历	李正奇	
4	刘雯 专科学历	刘雯	
5	徐鹤铭 本科学历	徐鹤铭	
6	王晓 高中学历	王晓	

图 8-57

知识点拨

上述案例中，简介内容的特点是姓名在空格之前，因此使用FIND函数查找空格所在位置，然后使用LEFT函数将该位置之前的字符提取出来。

8.4.2 查找（??学历）的字符位置

SEARCH函数用于返回一个字符或字符串在字符串中第一次出现的位置，其语法格式为：

SEARCH(find_text,within_text,[start_num])

参数说明：

- **find_text：** 必需参数，要查找的文本字符串。
- **within_text：** 必需参数，要在哪一个字符串查找。
- **start_num：** 可选参数，从within_text的第几个字符开始查找。当从第一个字符开始查找时可省略。

知识点拨

SEARCH在搜索文本时不区分大小写字母。SEARCH类似于FIND，所不同的是FIND区分大小写。

示例：使用SEARCH函数查找（??学历）的字符位置。

假设用户想要查找“高中学历”“本科学历”“专科学历”字符的位置，可以使用通配符进行模糊查找。

选择B2单元格，输入公式“=SEARCH("??学历",A2)”，如图8-58所示。

	A	B
1	简介	（??学历）的字符位置
2	赵佳 高中学历 工作5年	=SEARCH("??学历",A2)
3	李正奇 本科学历 工作2年	
4	刘雯 专科学历 工作10年	
5	徐鹤铭 本科学历 工作8年	
6	王晓 高中学历 工作3年	

图 8-58

按Enter键确认，即可查找出字符位置，然后将公式向下填充，如图8-59所示。

B2 =SEARCH("??学历",A2)

	A	B
1	简介	（??学历）的字符位置
2	赵佳 高中学历 工作5年	4
3	李正奇 本科学历 工作2年	5
4	刘雯 专科学历 工作10年	4
5	徐鹤铭 本科学历 工作8年	5
6	王晓 高中学历 工作3年	4

图 8-59

知识点拨

在find_text中，可以使用通配符，例如问号“?”和星号“*”。其中问号“?”代表任何一个字符，而星号“*”可以代表任何字符串。

动手练 提取括号中的内容

在写人物简介时，有时需要在括号中备注相关信息，如果用户想要将括号中的备注信息提取出来，则可以使用FIND函数和其他函数嵌套，如图8-60所示。

	A	B
1	人物简介	括号中的内容
2	李白(字太白)唐代诗人	字太白
3	杜甫(字子美)唐代著名现实主义诗人	字子美
4	苏轼(字子瞻)唐宋八大家之一	字子瞻
5	欧阳修(字永叔)北宋政治家	字永叔
6	王安石(字介甫)北宋思想家	字介甫

图 8-60

选择B2单元格，输入公式“=MID (A2,FIND("(",A2)+1,FIND(")",A2)−FIND("(",A2)−1)”，如图8-61所示。按Enter键确认，即可将括号中的内容提取出来，然后将公式向下填充，如图8-62所示。

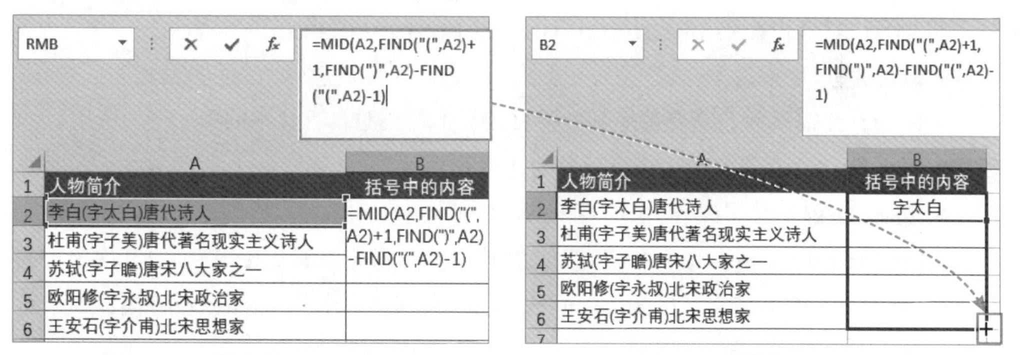

图 8-61　　　　图 8-62

知识点拨

上述公式中两次使用FIND函数提取左括号和右括号的位置，然后将括号中的备注提取出来。

8.4.3 在字符串的指定位置插入固定内容

REPLACE函数用于将一个字符串中的部分字符用另一个字符串替换，其语法格式为:

REPLACE(old_text,start_num,num_chars,new_text)

参数说明:

- **old_text:** 要进行字符替换的文本。
- **start_num:** 要替换为new_text的字符在old_text中的位置。
- **num_chars:** 要从old_text中替换的字符个数。
- **new_text:** 用来对old_text中指定字符串进行替换的字符串。

示例：使用REPLACE函数在字符串的指定位置插入固定内容。

选择C2单元格，输入公式“=REPLACE(B2,4,0,"-")”，如图8-63所示。按Enter键确

认，即可在字符串的指定位置插入一个“-”，然后将公式向下填充，如图8-64所示。

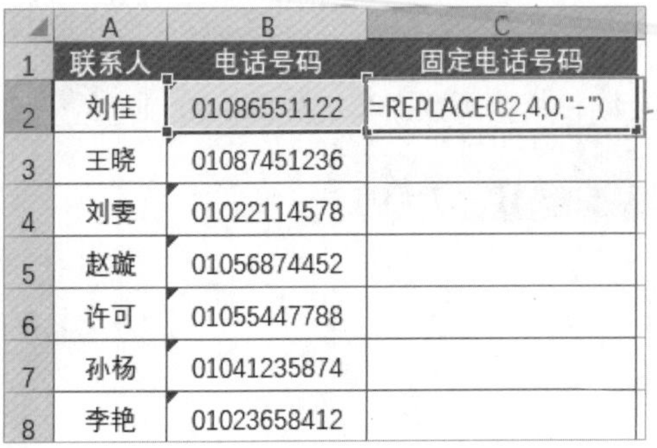

	A	B	C
1	联系人	电话号码	固定电话号码
2	刘佳	01086551122	=REPLACE(B2,4,0,"-")
3	王晓	01087451236	
4	刘雯	01022114578	
5	赵璇	01056874452	
6	许可	01055447788	
7	孙杨	01041235874	
8	李艳	01023658412	

图 8-63

	A	B	C
1	联系人	电话号码	固定电话号码
2	刘佳	01086551122	010-86551122
3	王晓	01087451236	010-87451236
4	刘雯	01022114578	010-22114578
5	赵璇	01056874452	010-56874452
6	许可	01055447788	010-55447788
7	孙杨	01041235874	010-41235874
8	李艳	01023658412	010-23658412

图 8-64

8.4.4 删除字符串中多余的文本

SUBSTITUTE函数用于用新字符替换字符串中的部分字符，其语法格式为：

SUBSTITUTE(text,old_text,new_text,[instance_num])

参数说明：

- **text：** 必需参数。需要替换其中字符的文本，或对含有文本的单元格的引用。
- **old_text：** 必需参数。需要替换的文本。
- **new_text：** 必需参数。用于替换old_text的文本。
- **Instance_num：** 可选参数。为一数值，用来指定以new_text替换第几次出现的old_text。如果指定了instance_num，则只有满足要求的old_text被替换；如果省略，则将用 new_text 替换 text 中出现的所有old_text。

示例：使用SUBSTITUTE函数删除字符串中多余的文本。

选择B2单元格，输入公式“=SUBSTITUTE(A2,"江苏省","")”，如图8-65所示。按Enter键确认，即可将地址中的“江苏省”文本删除，然后将公式向下填充，如图8-66所示。

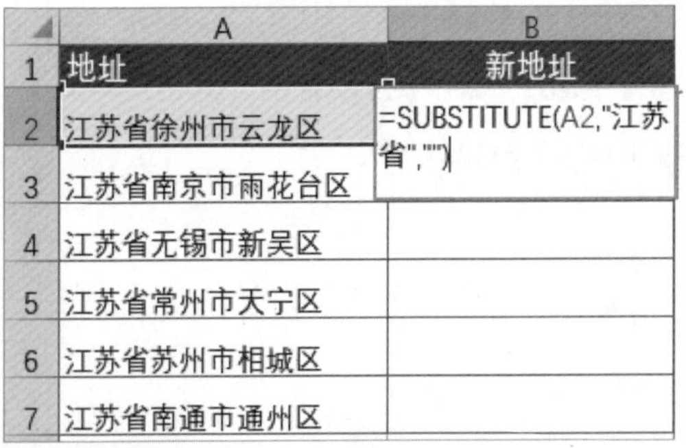

	A	B
1	地址	新地址
2	江苏省徐州市云龙区	=SUBSTITUTE(A2,"江苏省","")
3	江苏省南京市雨花台区	
4	江苏省无锡市新吴区	
5	江苏省常州市天宁区	
6	江苏省苏州市相城区	
7	江苏省南通市通州区	

图 8-65

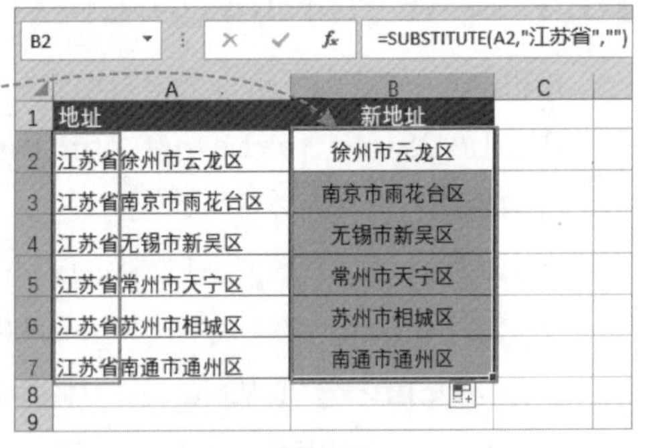

B2 =SUBSTITUTE(A2,"江苏省","")

	A	B	C
1	地址	新地址	
2	江苏省徐州市云龙区	徐州市云龙区	
3	江苏省南京市雨花台区	南京市雨花台区	
4	江苏省无锡市新吴区	无锡市新吴区	
5	江苏省常州市天宁区	常州市天宁区	
6	江苏省苏州市相城区	苏州市相城区	
7	江苏省南通市通州区	南通市通州区	
8			
9			

图 8-66

知识点拨

上述公式中用空白替换“江苏省”，即可将“江苏省”文本删除。

动手练 对不规范的日期进行计算

如果一个表格中记录的“开始日期”和“结束日期”格式不规范，要想计算写作天数，则可以使用SUBSTITUTE函数，如图8-67所示。

	A	B	C	D
1	项目	开始日期	结束日期	写作天数
2	《漫游记》	2020.7.1	2020.7.28	27
3	《小黄历险记》	2020.8.5	2020.9.10	36
4	《大地主》	2020.8.12	2020.9.6	25
5	《爱的深情》	2020.9.11	2020.10.15	34
6	《一眼万年》	2020.9.20	2020.10.28	38
7	《在逃公主》	2020.10.10	2020.11.20	41

图 8-67

选择D2单元格，输入公式“=SUBSTITUTE(C2,".","/")-SUBSTITUTE(B2,".","/")”，如图8-68所示。按Enter键确认，即可计算出写作天数，然后将公式向下填充，如图8-69所示。

	B	C	D
1	开始日期	结束日期	写作天数
2	2020.7.1	2020.7.28	=SUBSTITUTE(C2,".","/")-SUBSTITUTE(B2,".","/")
3	2020.8.5	2020.9.10	
4	2020.8.12	2020.9.6	
5	2020.9.11	2020.10.15	
6	2020.9.20	2020.10.28	
7	2020.10.10	2020.11.20	

图 8-68

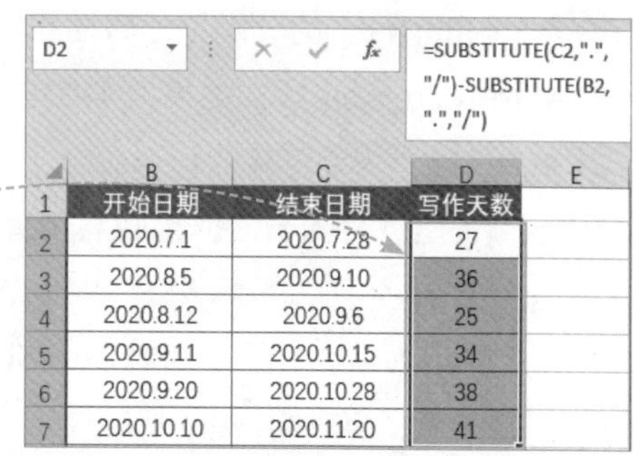

D2 =SUBSTITUTE(C2,".","/")-SUBSTITUTE(B2,".","/")

	B	C	D	E
1	开始日期	结束日期	写作天数	
2	2020.7.1	2020.7.28	27	
3	2020.8.5	2020.9.10	36	
4	2020.8.12	2020.9.6	25	
5	2020.9.11	2020.10.15	34	
6	2020.9.20	2020.10.28	38	
7	2020.10.10	2020.11.20	41	

图 8-69

8.5 合并文本

除了提取、替换文本外，用户还可通过CONCAT函数将多个文本合并成一个文本。

8.5.1 将多个字符串合并成一个字符串

CONCAT函数用于连接列表或文本字符串区域。其语法格式为：

CONCAT(text1,[text2],...)

参数说明： text1,[text2],...是要与单个文本字符串连接的1～254个文本字符串或区域。

示例：使用CONCAT函数将多个字符串合并成一个字符串。

选择D2单元格，输入公式“=CONCAT(A2,B2,C2)”，如图8-70所示。按Enter键确认，即可将“省”“市”“县”合并成一个地址，如图8-71所示。

	A	B	C	D
1	省	市	县	地址
2	江苏省	徐州市	丰县	=CONCAT(A2,B2,C2)
3	河北省	唐山市	乐亭县	
4	山西省	太原市	阳曲县	
5	浙江省	杭州市	桐庐县	
6	安徽省	合肥市	庐江县	
7	山东省	济南市	商河县	
8	河南省	郑州市	中牟县	

图 8-70

	A	B	C	D
1	省	市	县	地址
2	江苏省	徐州市	丰县	江苏省徐州市丰县
3	河北省	唐山市	乐亭县	河北省唐山市乐亭县
4	山西省	太原市	阳曲县	山西省太原市阳曲县
5	浙江省	杭州市	桐庐县	浙江省杭州市桐庐县
6	安徽省	合肥市	庐江县	安徽省合肥市庐江县
7	山东省	济南市	商河县	山东省济南市商河县
8	河南省	郑州市	中牟县	河南省郑州市中牟县

图 8-71

8.5.2 将销售人员名单按销售部门进行显示

TEXTJOIN函数使用分隔符连接列表或文本字符串区域，其语法格式为：

TEXTJOIN(delimiter,ignore_empty,text1,...)

参数说明：

- **delimiter：** 为分隔符，即要在每个文本项之间插入的字符或字符串。
- **ignore_empty：** 如果为 TRUE，则忽略空白单元格。
- **text1：** 为要连接的1～252个文本字符串或区域。

示例：使用TEXTJOIN函数将销售人员名单按销售部门进行显示。

选择E2单元格，输入公式“=TEXTJOIN(",",TRUE,IF(D2=$A$2:$A$13,$B$2:$B$13,""))”，如图8-72所示。按Ctrl+Shift+Enter组合键确认，然后将公式向下填充，即可将销售人员名单按销售部门进行显示，如图8-73所示。

	A	B	C	D	E
1	部门	员工		部门	员工
2	销售1部	赵佳		销售1部	=TEXTJOIN(",",TRUE,IF(D2=$A$2:$A$13,$B$2:$B$13,""))
3	销售3部	王源		销售2部	
4	销售2部	孙俪		销售3部	
5	销售3部	周琦			
6	销售1部	孙杨			
7	销售3部	王晓			
8	销售2部	刘雯			
9	销售3部	陈潇			
10	销售1部	吴勇			
11	销售2部	徐雪			
12	销售2部	李艳			
13	销售1部	刘珂			

图 8-72

E2　{=TEXTJOIN(",",TRUE,IF(D2=$A$2:$A$13,$B$2:$B$13,""))}

	A	B	C	D	E
1	部门	员工		部门	员工
2	销售1部	赵佳		销售1部	赵佳,孙杨,吴勇,刘珂
3	销售3部	王源		销售2部	孙俪,刘雯,徐雪,李艳
4	销售2部	孙俪		销售3部	王源,周琦,王晓,陈潇
5	销售3部	周琦			
6	销售1部	孙杨			
7	销售3部	王晓			
8	销售2部	刘雯			
9	销售3部	陈潇			
10	销售1部	吴勇			
11	销售2部	徐雪			
12	销售2部	李艳			
13	销售1部	刘珂			

图 8-73

知识点拨

上述公式“=TEXTJOIN(",",TRUE,IF(D2=$A$2:$A$13,$B$2:$B$13,""))”中，“,”表示每个值中间用半角逗号连接；TRUE表示忽略空值；IF(D2=$A$2:$A$13,$B$2:$B $13,"")表示当D2单元格条件在A列中存在时，提取出对应B列的所有值。如果不存在，就返回空值。

动手练 统计员工销量并判断是否达标

假设员工1月、2月和3月的总销量大于或等于2000为达标，否则不达标。现在需要统计员工销量并判断是否达标，可以使用CONCAT函数和其他函数嵌套，如图8-74所示。

	A	B	C	D	E
1	员工	1月	2月	3月	总销量
2	赵佳	200	452	500	1152：不达标
3	刘欢	710	450	230	1390：不达标
4	李华	562	785	963	2310：达标
5	张宇	665	487	952	2104：达标
6	王晓	258	452	668	1378：不达标
7	文雅	856	785	841	2482：达标

图 8-74

选择E2单元格，输入公式“=CONCAT(SUM(B2:D2),"：",IF(SUM(B2:D2)>=2000,"达标","不达标"))”，如图8-75所示。

CONCAT　=CONCAT(SUM(B2:D2),"：",IF(SUM(B2:D2)>=2000,"达标","不达标"))

	B	C	D	E
1	1月	2月	3月	总销量
2	200	452	500	=CONCAT(SUM(B2:D2),"：",IF(SUM(B2:D2)>=2000,"达标","不达标"))
3	710	450	230	
4	562	785	963	
5	665	487	952	
6	258	452	668	
7	856	785	841	

图 8-75

按Enter键确认，即可计算出总销量并判断出是否达标，然后将公式向下填充，如图8-76所示。

E2　=CONCAT(SUM(B2:D2),"：",IF(SUM(B2:D2)>=2000,"达标","不达标"))

	B	C	D	E
1	1月	2月	3月	总销量
2	200	452	500	1152：不达标
3	710	450	230	1390：不达标
4	562	785	963	2310：达标
5	665	487	952	2104：达标
6	258	452	668	1378：不达标
7	856	785	841	2482：达标
8				

图 8-76

知识点拨

上述公式中利用SUM函数计算总销量，使用IF函数判断总销量是否达标，最后使用CONCAT函数连接总销量、冒号“：”“达标”或“不达标”。

8.6 删除文本

用户通过TRIM函数和CLEAN函数，可根据需要删除文本中不需要的字符或空格。

8.6.1 将多个字符串合并成一个字符串

TRIM函数用于删除文本中的多余空格，其语法格式为：

TRIM(text)

参数说明： text为要删除空格的字符串。

示例：使用TRIM函数删除字符串中的多余空格。

选择B2单元格，输入公式"=TRIM(A2)"，如图8-77所示。按Enter键确认，即可将英文短句中多余的空格删除，然后将公式向下填充，如图8-78所示。

	A	B
1	短句	删除多余空格
2	A Friend In Need Is A Friend Indeed	=TRIM(A2)
3	A Good Medicine Tastes Bitter	
4	After A Storm Comes A Calm	
5	All Roads Lead To Rome	
6	Better Late Than Never	
7	Just Do It	
8	Great Hopes Make Great Man	
9	Honesty Is The Best Policy	
10	Knowledge Is Power	

图 8-77

	A	B
1	短句	删除多余空格
2	A Friend In Need Is A Friend Indeed	A Friend In Need Is A Friend Indeed
3	A Good Medicine Tastes Bitter	A Good Medicine Tastes Bitter
4	After A Storm Comes A Calm	After A Storm Comes A Calm
5	All Roads Lead To Rome	All Roads Lead To Rome
6	Better Late Than Never	Better Late Than Never
7	Just Do It	Just Do It
8	Great Hopes Make Great Man	Great Hopes Make Great Man
9	Honesty Is The Best Policy	Honesty Is The Best Policy
10	Knowledge Is Power	Knowledge Is Power

图 8-78

8.6.2 删除不能打印的字符

CLEAN函数用于删除文本中的所有非打印字符，其语法格式为：

CLEAN(text)

参数说明： text表示要从中删除非打印字符的任何工作表信息。

知识点拨

Excel中不能打印的字符主要是控制字符或特殊字符，在读取控制字符、特殊字符、其他OS或应用程序生成的文本时，将删除包含当前操作系统无法打印的字符。CLEAN函数删除一个控制字符时，会出现换行现象。

示例：使用CLEAN函数删除不能打印的字符。

选择B2单元格，输入公式“=CLEAN(A2)”，如图8-79所示。按Enter键确认，即可将不能打印的字符删除，然后将公式向下填充，如图8-80所示。

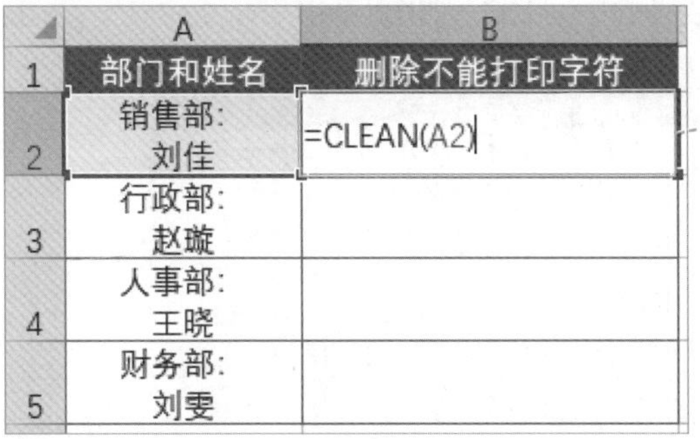

	A	B
1	部门和姓名	删除不能打印字符
2	销售部: 刘佳	=CLEAN(A2)
3	行政部: 赵璇	
4	人事部: 王晓	
5	财务部: 刘雯	

图 8-79

B2 =CLEAN(A2)

	A	B
1	部门和姓名	删除不能打印字符
2	销售部: 刘佳	销售部：刘佳
3	行政部: 赵璇	行政部：赵璇
4	人事部: 王晓	人事部：王晓
5	财务部: 刘雯	财务部：刘雯

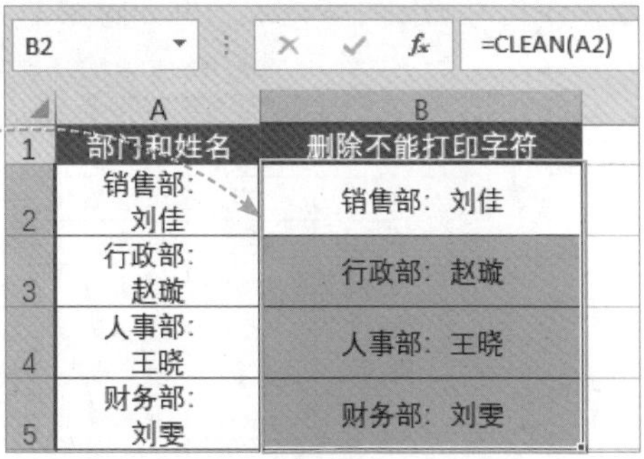

图 8-80

动手练 显示12位及以上的数值

在Excel单元格中输入12位以上（包含12位）的数值，Excel会用科学记数法显示该数值，例如，输入准考证号，如果用户想要显示完整的准考证号，则可以使用TRIM函数，如图8-81所示。

	A	B	C
1	姓名	准考证号	显示准考证号
2	刘欢	4.2002E+14	420020121208022
3	赵佳	4.2002E+14	420020121105125
4	王晓	4.2002E+14	420020121112458
5	孙杨	4.2002E+14	420020121109478

图 8-81

选择C2单元格，输入公式“=TRIM(B2)”，如图8-82所示。按Enter键确认，即可显示完整的准考证号，如图8-83所示。

CLEAN =TRIM(B2)

	A	B	C
1	姓名	准考证号	显示准考证号
2	刘欢	4.2002E+14	=TRIM(B2)
3	赵佳	4.2002E+14	
4	王晓	4.2002E+14	
5	孙杨	4.2002E+14	
6			

图 8-82

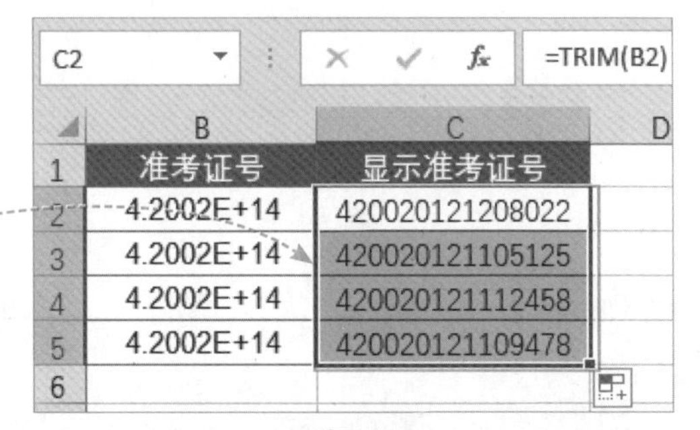

C2 =TRIM(B2)

	B	C	D
1	准考证号	显示准考证号	
2	4.2002E+14	420020121208022	
3	4.2002E+14	420020121105125	
4	4.2002E+14	420020121112458	
5	4.2002E+14	420020121109478	
6			

图 8-83

注意事项 数值必须大于或等于12，并且小于或等于15位，才可以使用TRIM函数。超过15位，就不能显示正常的数值。

案例实战：隐藏手机号码中间4位

在表格中输入像手机号码、身份证号码之类的信息时，为了防止泄露个人信息，需要为手机号码做特殊处理，例如隐藏手机号码的中间4位，如图8-84所示。

	A	B	C	D	E	F	G
1	工号	姓名	所属部门	职务	性别	手机号码	隐藏中间4位
2	SK001	张宇	财务部	员工	女	11912016871	119****6871
3	SK002	王晓	销售部	员工	男	13851542169	138****2169
4	SK003	刘雯	生产部	经理	女	14151111001	141****1001
5	SK004	徐雪	销售部	员工	女	15251532011	152****2011
6	SK005	李琦	财务部	经理	女	16352323023	163****3023
7	SK006	赵亮	生产部	员工	男	17459833035	174****3035
8	SK007	刘佳	销售部	员工	女	18551568074	185****8074

图 8-84

Step 01 选择G2单元格，输入公式“=SUBSTITUTE(F2,MID(F2,4,4),"****")”，如图8-85所示。

	E	F	G
1	性别	手机号码	隐藏中间4位
2	女	11912016871	=SUBSTITUTE(F2,MID(F2,4,4),"****")
3	男	13851542169	
4	女	14151111001	
5	女	15251532011	
6	女	16352323023	
7	男	17459833035	
8	女	18551568074	

图 8-85

Step 02 按Enter键确认，即可隐藏手机号码中间4位，然后将公式向下填充，如图8-86所示。

G2 =SUBSTITUTE(F2,MID(F2,4,4),"****")

	D	E	F	G
1	职务	性别	手机号码	隐藏中间4位
2	员工	女	11912016871	119****6871
3	员工	男	13851542169	138****2169
4	经理	女	14151111001	141****1001
5	员工	女	15251532011	152****2011
6	经理	女	16352323023	163****3023
7	员工	男	17459833035	174****3035
8	员工	女	18551568074	185****8074

图 8-86

知识点拨

上述公式中首先使用MID函数提取手机号码中间4位，然后使用SUBSTITUTE函数用4个*代替中间4位。

Step 03 此外，在G2单元格中输入公式“=REPLACE(F2,4,4,"****")”，如图8-87所示。按Enter键确认，也可以隐藏手机号码中间4位，如图8-88所示。

CLEAN | =REPLACE(F2,4,4,"****")

	D	E	F	G
1	职务	性别	手机号码	隐藏中间4位
2	员工	女	11912016	=REPLACE(F2,4,4,"****")
3	员工	男	13851542169	
4	经理	女	14151111001	
5	员工	女	15251532011	
6	经理	女	16352323023	
7	员工	男	17459833035	
8	员工	女	18551568074	

图 8-87

G2 | =REPLACE(F2,4,4,"****")

	D	E	F	G
1	职务	性别	手机号码	隐藏中间4位
2	员工	女	11912016871	119****6871
3	员工	男	13851542169	138****2169
4	经理	女	14151111001	141****1001
5	员工	女	15251532011	152****2011
6	经理	女	16352323023	163****3023
7	员工	男	17459833035	174****3035
8	员工	女	18551568074	185****8074

图 8-88

Step 04 在G2单元格中输入公式“=LEFT(F2,3)&"****"&RIGHT(F2,4)”，如图8-89所示。按Enter键确认，隐藏手机号码中间4位，如图8-90所示。

CLEAN | =LEFT(F2,3)&"****"&RIGHT(F2,4)

	D	E	F	G
1	职务	性别	手机号码	隐藏中间4位
2	员工	女	11912016871	=LEFT(F2,3)&"****"&RIGHT(F2,4)
3	员工	男	13851542169	
4	经理	女	14151111001	
5	员工	女	15251532011	
6	经理	女	16352323023	
7	员工	男	17459833035	
8	员工	女	18551568074	

图 8-89

G2 | =LEFT(F2,3)&"****"&RIGHT(F2,4)

	D	E	F	G
1	职务	性别	手机号码	隐藏中间4位
2	员工	女	11912016871	119****6871
3	员工	男	13851542169	138****2169
4	经理	女	14151111001	141****1001
5	员工	女	15251532011	152****2011
6	经理	女	16352323023	163****3023
7	员工	男	17459833035	174****3035
8	员工	女	18551568074	185****8074

图 8-90

知识点拨

上述公式中首先使用LEFT函数提取开头的3位数字，然后使用RIGHT函数提取末位的4位数字，最后再与****用&连接符连接。

新手答疑

1. Q：如何对数据进行排序？

A：选择表格中的任意单元格，打开“数据”选项卡，单击“排序”按钮，如图8-91所示。打开“排序”对话框，将“主要关键字”设置为“费用类型”，将“次序”设置为“升序”，单击“添加条件”按钮，添加次要关键字，将“次要关键字”设置为“支出金额”，将“次序”设置为“降序”，单击“确定”按钮，即可对“费用类型”进行升序排序，对“支出金额”进行降序排序，如图8-92所示。

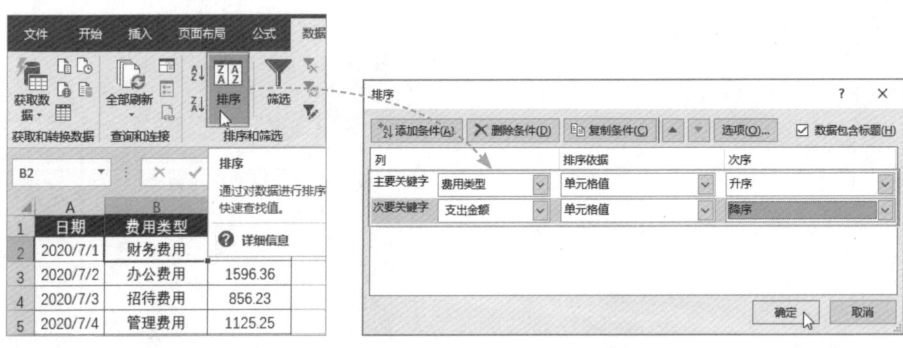

图 8-91　　　　图 8-92

2. Q：如何查找替换数据？

A：选择需要替换的数据，按Ctrl+H组合键，打开“查找和替换”对话框，在“查找内容”文本框中输入“.”，在“替换为”文本框中输入“/”，单击“全部替换”按钮，如图8-93所示，即可将不规范的日期格式更改为规范的日期格式，如图8-94所示。

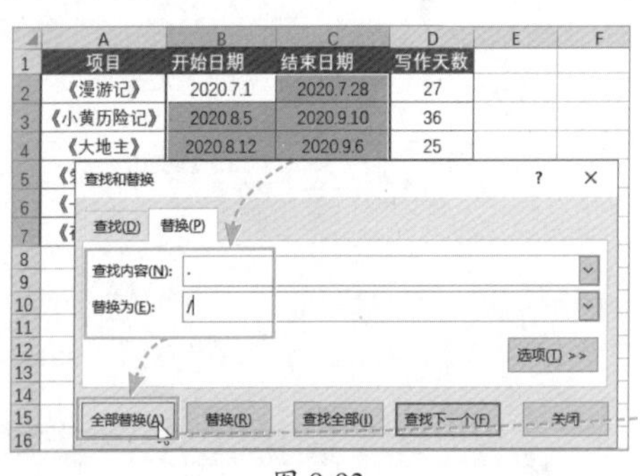

图 8-93

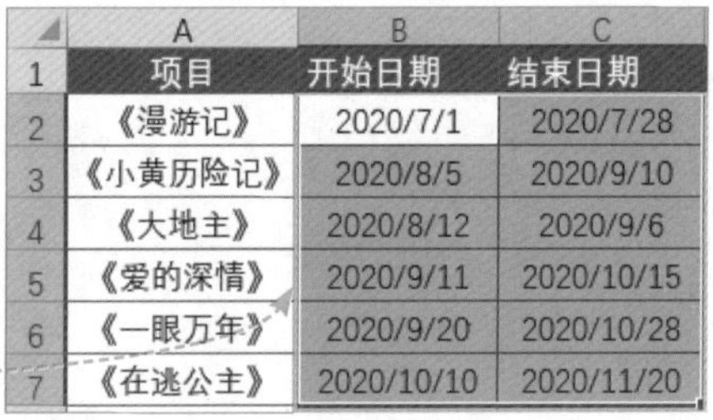

	A	B	C
1	项目	开始日期	结束日期
2	《漫游记》	2020/7/1	2020/7/28
3	《小黄历险记》	2020/8/5	2020/9/10
4	《大地主》	2020/8/12	2020/9/6
5	《爱的深情》	2020/9/11	2020/10/15
6	《一眼万年》	2020/9/20	2020/10/28
7	《在逃公主》	2020/10/10	2020/11/20

图 8-94

3. Q：如何插入特殊符号？

A：在“插入”选项卡中单击“符号”按钮，打开“符号”对话框，选择“特殊字符”选项卡，从中选择字符，单击“插入”按钮即可。

第9章

财务函数的应用

通过财务函数可以进行一般的财务计算，例如，计算固定资产折旧费、计算存款和利息及计算内部收益率。本章将以案例的形式对财务函数的应用进行详细介绍。

9.1 计算固定资产折旧费

用户通过DB函数、DDB函数、SYD函数、SLN函数、VDB函数等，可以计算固定资产折旧费。

9.1.1 用余额递减法计算固定资产的年度折旧值

DB函数用于使用固定余额递减法计算折旧值，其语法格式为：

DB(cost,salvage,life,period,[month])

参数说明：

- **cost：**固定资产原值。
- **salvage：**资产在折旧期末的价值（也称为资产残值）。
- **life：**折旧期限（有时也称作资产的使用寿命）。
- **period：**进行折旧计算的期次，period必须使用与life相同的单位。
- **month：**第一年的月份数，如省略，则假设为12。

示例：使用DB函数计算固定资产的年度折旧值。

假设某资产原值为350000元，使用8年后报废，残值为17500元。计算第一年9个月内的折旧值。选择B4单元格，单击“编辑栏”左侧的“插入函数”按钮，如图9-1所示。打开“插入函数”对话框，在“或选择类别”列表中选择“财务”选项，在“选择函数”列表框中选择DB函数，单击“确定”按钮，如图9-2所示。

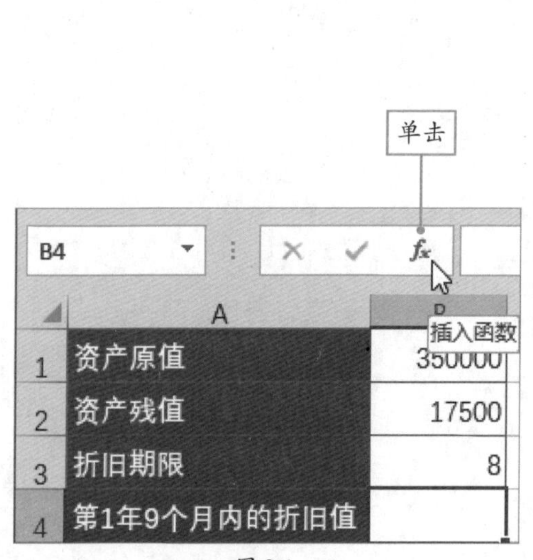

图 9-1

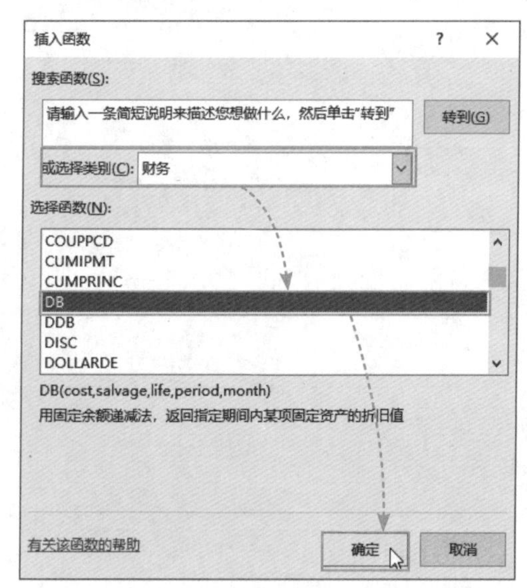

图 9-2

弹出“函数参数”对话框，设置各参数后单击“确定”按钮，如图9-3所示，即可计算出第一年9个月内的折旧值，如图9-4所示。

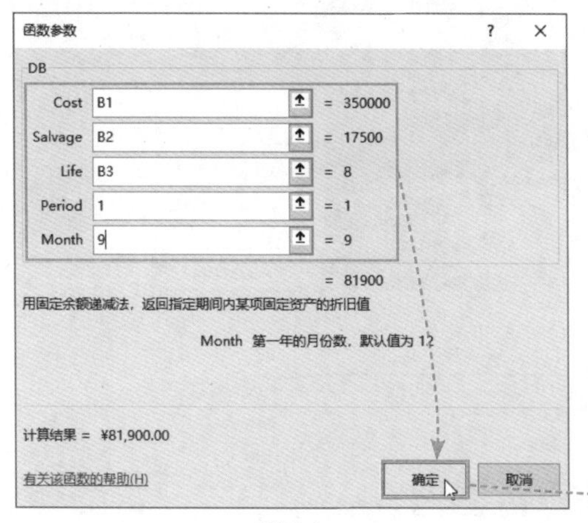

图 9-3

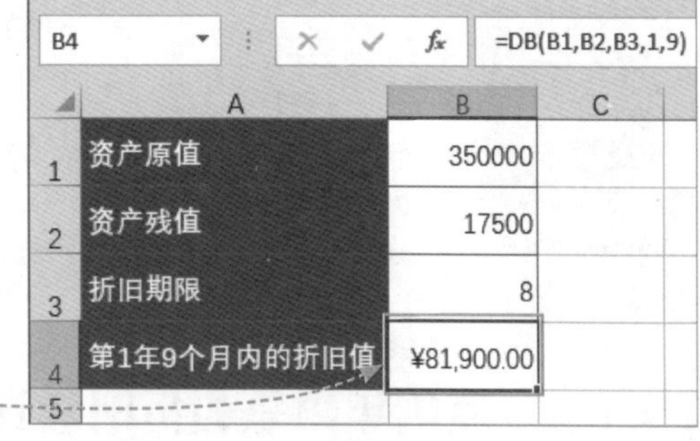

图 9-4

9.1.2 用双倍余额递减法计算资产折旧值

DDB函数用于使用双倍余额递减法计算折旧值，其语法格式为：

DDB(cost,salvage,life,period,[factor])

参数说明：

- **cost：** 固定资产原值。
- **salvage：** 资产在折旧期末的价值（也称为资产残值）。
- **life：** 折旧期限（有时也称作资产的使用寿命）。
- **period：** 进行折旧计算的期次，period必须使用与life相同的单位。
- **factor：** 余额递减速率，如果被省略，则假设为2（双倍余额递减法）。

注意事项 上述五个参数都必须为正数。

示例：使用DDB函数用双倍余额递减法计算资产折旧值。

假设某资产原值为900000元，使用5年后，资产残值为150000元，计算第一年的折旧值。选择B5单元格，打开“插入函数”对话框，在“选择函数”列表框中选择DDB函数，单击“确定”按钮，打开“函数参数”对话框，设置各参数后单击“确定”按钮，即可计算出第一年的折旧值，如图9-5所示。

知识点拨

双倍余额递减法以加速的比率计算折旧。折旧在第一阶段是最高的，在后继阶段中会减少。

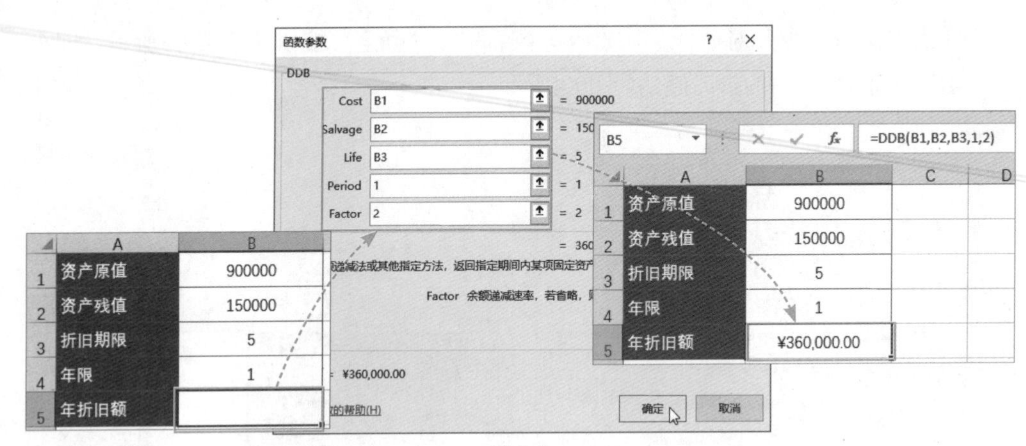

图 9-5

9.1.3 使用年限总和折旧法计算折旧值

SYD函数用于按年限总和折旧法计算折旧值，其语法格式为：

SYD(cost,salvage,life,per)

参数说明：

- **cost：** 固定资产原值。
- **salvage：** 资产在折旧期末的价值（有时也称为资产残值）。
- **life：** 折旧期限（有时也称作资产的使用寿命）。
- **per：** 进行折旧计算的期次，必须与life使用相同的单位。

示例：使用SYD函数以年限总和折旧法计算折旧值。

假设某资产原值为3800000元，8年后报废，资产残值为700000元。计算第一年的折旧值。选择B4单元格，打开“插入函数”对话框，在“选择函数”列表框中选择SYD函数，单击“确定”按钮，弹出“函数参数”对话框，设置各参数后单击“确定”按钮，即可计算出第一年的折旧值，如图9-6所示。

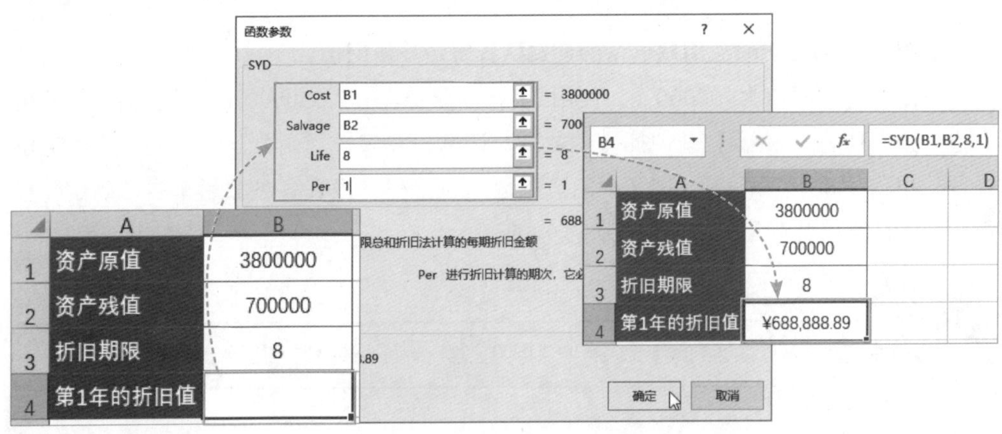

图 9-6

9.1.4 计算折旧期限为8年的固定资产的折旧值

SLN函数用于返回某项资产在一个期间中的线性折旧值，其语法格式为：

SLN(cost,salvage,life)

参数说明：

- **cost：** 固定资产原值。
- **salvage：** 资产在折旧期末的价值（有时也称为资产残值）。
- **life：** 资产的折旧期数（有时也称作资产的使用寿命）。

示例：使用SLN函数计算折旧期限为8年的固定资产的折旧值。

假设某资产原值为6800000元，使用8年后，资产残值为90000元。计算其每年折旧值。选择B4单元格，打开“插入函数”对话框，在“选择函数”列表框中选择SLN函数，单击“确定”按钮，弹出“函数参数”对话框，设置各参数后单击“确定”按钮，即可计算出每年的折旧值，如图9-7所示。

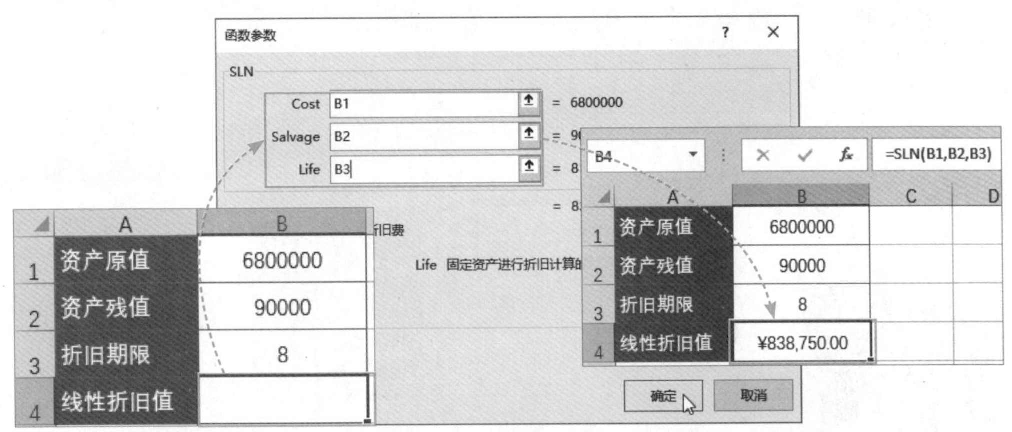

图 9-7

9.1.5 使用双倍余额递减法计算任何期间的资产折旧值

VDB函数用于使用双倍余额递减法或其他指定的方法，返回指定的任何期间内（包括部分期间）的资产折旧值，其语法格式为：

VDB(cost,salvage,life,start_period,end_period,[factor],[no_switch])

参数说明：

- **cost：** 固定资产原值。
- **salvage：** 资产在折旧期末的价值（也称为资产残值）。
- **life：** 折旧期限（有时也称作资产的使用寿命）。
- **start_period：** 进行折旧计算的起始期间，start_period必须与life的单位相同。
- **end_period：** 进行折旧计算的截止期间，end_period必须与life的单位相同。

- **factor：** 余额递减速率（折旧因子），如省略，则函数假设factor为2（双倍余额递减法）。如不使用双倍余额递减法，可改变参数factor的值。
- **no_switch：** 为一逻辑值，指定当折旧值大于余额递减计算值时是否转用直线折旧法。

知识点拨

如果no_switch为TRUE，即使折旧值大于余额递减计算值，Excel也不转用直线折旧法。如果no_switch为FALSE或被忽略，且折旧值大于余额递减计算值时，Excel将转用线性折旧法。

示例：使用VDB函数计算任何期间的资产折旧值。

假设某资产原值为2600000元，10年后报废，资产残值为150000元。计算其第5年到第8年的折旧值。选择B6单元格，打开“插入函数”对话框，在“选择函数”列表框中选择VDB函数，单击“确定”按钮，弹出“函数参数”对话框，设置各参数后单击“确定”按钮，即可计算出其第5年到第8年的折旧值，如图9-8所示。

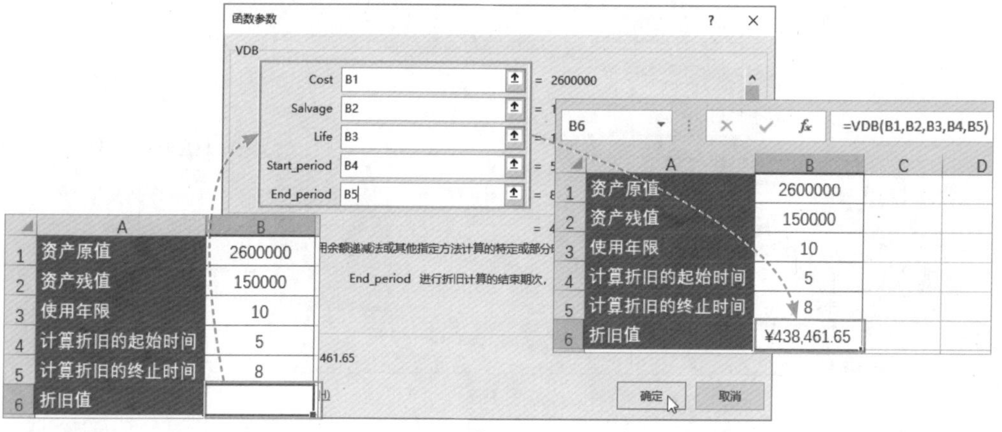

图 9-8

动手练 计算前200天的折旧值

扫码看视频

假设某资产购入价2000000元，8年后报废，其残值为100000元。现在需要计算前200天的折旧值，如图9-9所示。

B4 =VDB(B1,B2,B3*365,1,200)

	A	B	C	D	E
1	资产原值	2000000			
2	资产残值	100000			
3	使用寿命	8			
4	前200天的折旧值	¥254,747.65			

图 9-9

选择B4单元格，输入公式“=VDB(B1,B2,B3*365,1,200)”，如图9-10所示。

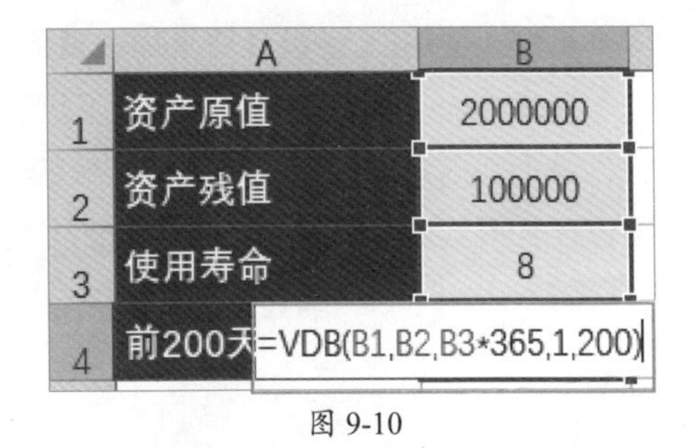

	A	B
1	资产原值	2000000
2	资产残值	100000
3	使用寿命	8
4	前200天	=VDB(B1,B2,B3*365,1,200)

图 9-10

按Enter键确认，即可计算出前200天的折旧值，如图9-11所示。

	A	B
1	资产原值	2000000
2	资产残值	100000
3	使用寿命	8
4	前200天的折旧值	¥254,747.65

图 9-11

9.2 计算存款和利息

用户可以通过FV函数、PV函数、NPER函数、RATE函数、CUMIPMT函数、CUMPRINC函数等，计算存款和利息。

9.2.1 计算某项投资的未来值

FV函数基于固定利率及等额分期付款方式，返回某项投资的未来值，其语法格式为：

FV(rate,nper,pmt,[pv],[type])

参数说明：

- **rate：** 各期利率。
- **nper：** 总投资期，即该项投资总的付款期数。
- **pmt：** 各期所应支付的金额，在整个投资期内不变。通常pmt包括本金和利息，但不包括其他费用或税款。如果省略pmt，则必须包括pv参数。
- **pv：** 现值或一系列未来付款的当前值的累积和。如果省略pv，则假定其值为0，且必须包括pmt参数。
- **type：** 数字0或1，指定付款时间是期初还是期末。1为期初；0或忽略为期末。

注意事项 请确保指定rate和nper所用的单位是一致的。如果贷款为期5年（年利率12%），每月还一次款，则rate应为12%/12，nper应为5*12。如果对相同贷款每年还一次款，则rate应为12%，nper应为5。

示例：使用FV函数计算某项投资的未来值。

选择B5单元格，打开“插入函数”对话框，在“选择函数”列表框中选择FV函数，单击“确定”按钮，弹出“函数参数”对话框，设置各参数后单击“确定”按钮，即可计算出某项投资的未来值，如图9-12所示。

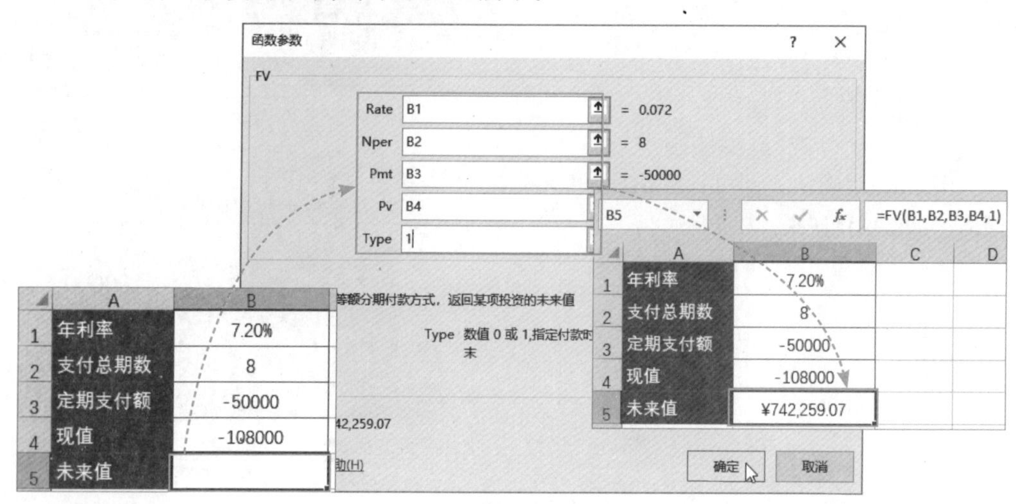

图 9-12

知识点拨

对于所有参数，支出的款项，如银行存款，以负数表示；收入的款项，如股息支票，以正数表示。

动手练 计算银行存款总额

扫码看视频

假设某人现有存款50000元，计划每月存款1000元，共存款6年，存款年利率为5.8%，现在需要计算到期存款总额，如图9-13所示。

B5 =FV(B4/12,B3*12,-B2,-B1,1)

	A	B	C	D
1	现有存款	50000		
2	计划每月存款	1000		
3	计划存款年数	6		
4	年利率	5.80%		
5	到期存款总额	¥157,038.81		

图 9-13

选择B5单元格，输入公式“=FV(B4/12, B3*12,−B2,−B1,1)”，如图9-14所示。

按Enter键确认，即可计算出到期存款总额，如图9-15所示。

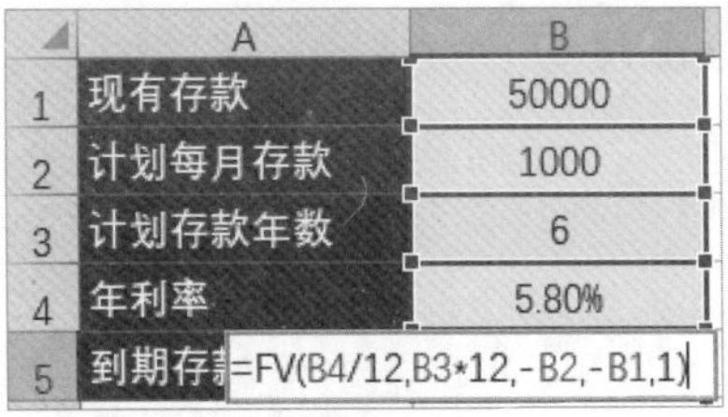

	A	B
1	现有存款	50000
2	计划每月存款	1000
3	计划存款年数	6
4	年利率	5.80%
5	到期存	=FV(B4/12,B3*12,-B2,-B1,1)

图 9-14

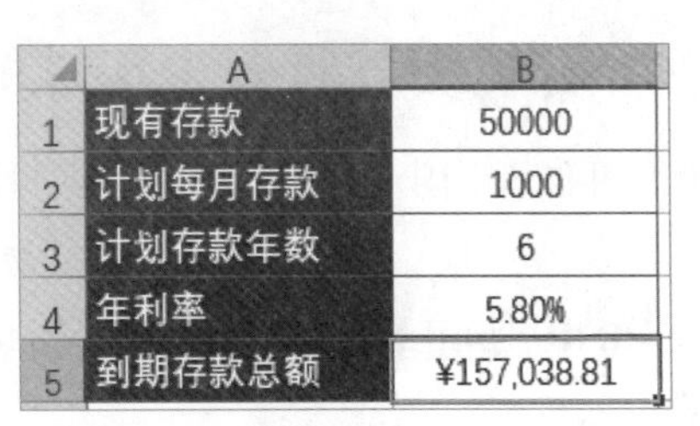

图 9-15

9.2.2 计算贷款的现值

PV函数用于根据固定利率计算贷款或投资的现值，其语法格式为：

PV(rate,nper,pmt,[fv],[type])

参数说明：

- **rate：** 各期利率。例如，当年利率为6%时，使用6%/12计算一个月的还款额。
- **nper：** 总投资（或贷款）期，即该项投资（或贷款）的偿款期总数。
- **pmt：** 各期所获得的金额，其数值在整个投资期内保持不变。通常pmt包括本金和利息，但不包括其他费用及税款。
- **fv：** 未来值或在最后一次支付后希望得到的现金余额，如果省略，则假设其值为0（例如，贷款的未来值是0）。
- **type：** 数字0或1，用以指定各期的付款时间是在期初还是期末。如果为1，付款在期初；如果为0或省略，付款在期末。

示例：使用PV函数计算贷款的现值。

假设某人向银行贷款10年，年利率为6.8%，每月定期支付金额50000元，计算贷款的金额。选择B4单元格，打开“插入函数”对话框，在“选择函数”列表框中选择PV函数，单击“确定”按钮，弹出“函数参数”对话框，设置各参数后单击“确定”按钮，即可计算出贷款的金额，如图9-16所示。

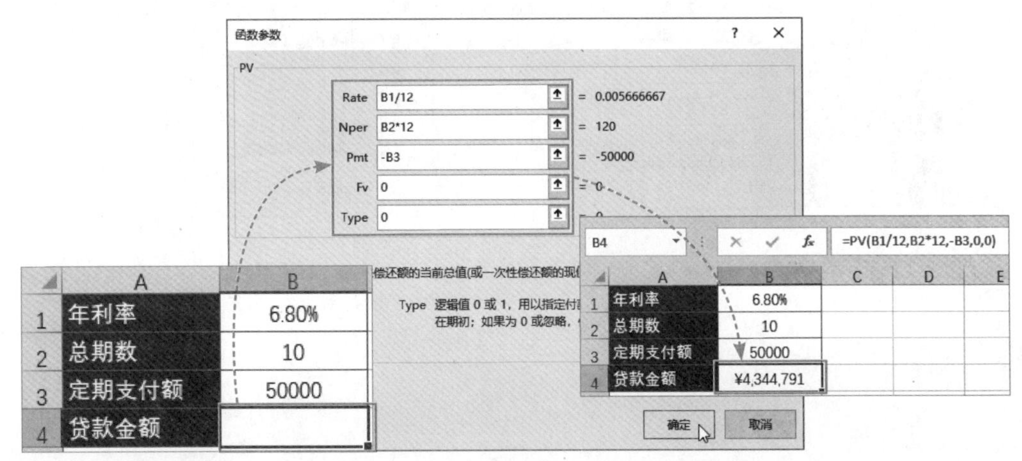

图 9-16

9.2.3 计算贷款需多少年才能还清

NPER函数基于固定利率及等额分期付款方式，返回某项投资的总期数，其语法格式为：

NPER(rate,pmt,pv,[fv],[type])

参数说明：

- **rate：** 各期利率。
- **pmt：** 各期所应支付的金额，在整个年金期间保持不变。通常pmt包括本金和利息，但不包括其他费用或税款。
- **pv：** 现值或一系列未来付款的当前值的累积和。
- **fv：** 未来值或在最后一次付款后希望得到的现金余额。如果省略fv，则假定其值为0（例如，贷款的未来值是0）。
- **type：** 数字0或1，用以指定各期的付款时间是在期初还是期末。

示例：使用NPER函数计算贷款需多少年才能还清。

假设某人向银行贷款50000元，贷款年利率为6.8%，每年支付5000元，计算贷款需多少年还清。选择B4单元格，打开“插入函数”对话框，在“选择函数”列表框中选择NPER函数，单击“确定”按钮，弹出“函数参数”对话框，设置各参数后单击“确定”按钮，即可计算出贷款需多少年还清，如图9-17所示。

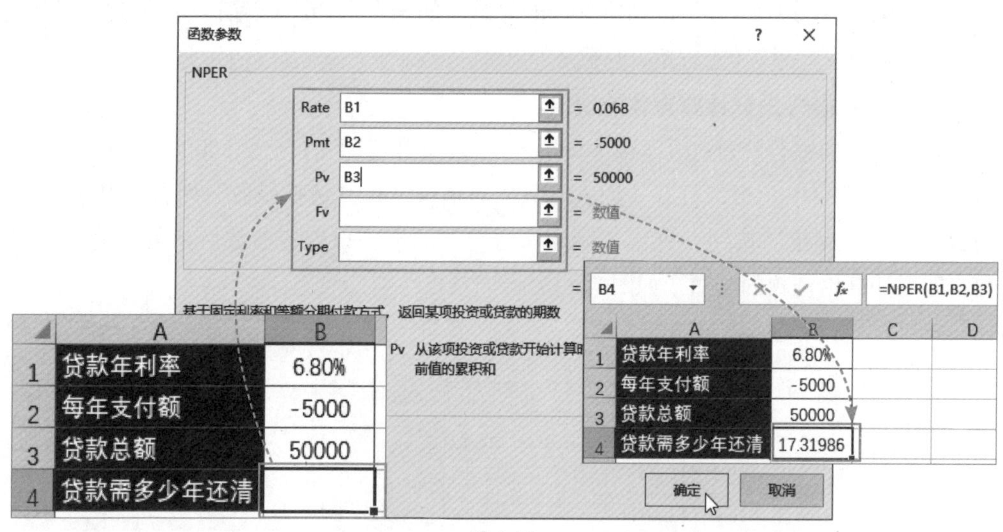

图 9-17

9.2.4 计算贷款的年利率

RATE函数基于等额分期付款方式，返回某项投资或贷款的实际利率。其语法格式为：

RATE(nper,pmt,pv,[fv],[type],[guess])

参数说明：

- **nper：** 总投资（或贷款）期。
- **pmt：** 各期所应付给（或得到）的金额。如果省略pmt，则必须包括fv参数。
- **pv：** 现值，即一系列未来付款当前值的总和。
- **fv：** 未来值，或在最后一次支付后希望得到的现金余额。
- **type：** 数字0或1，用以指定各期的付款时间是在期初还是期末。0或省略为期末，1为期初。
- **guess：** 为预期利率（估计值），如果省略预期利率，则假设该值为10%，如果函数RATE不收敛，则需要改变guess的值。通常情况下当guess为0～1时，函数RATE是收敛的。

示例：使用RATE函数计算贷款的年利率。

假设某人贷款70000元，贷款期限为120个月，每月支付860元，计算贷款的月利率和年利率。选择B4单元格，打开“插入函数”对话框，在“选择函数”列表框中选择RATE函数，单击“确定”按钮，弹出“函数参数”对话框，设置各参数后单击“确定”按钮，即可计算出贷款的月利率，如图9-18所示。

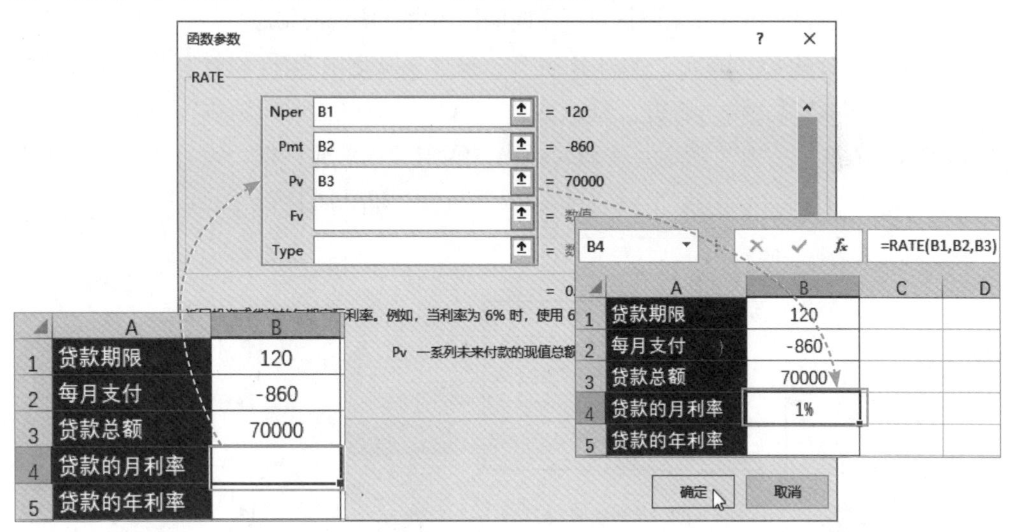

图 9-18

选择B5单元格，输入公式“=RATE(B1,B2,B3)*12”，如图9-19所示。按Enter键确认，即可计算出贷款的年利率，如图9-20所示。

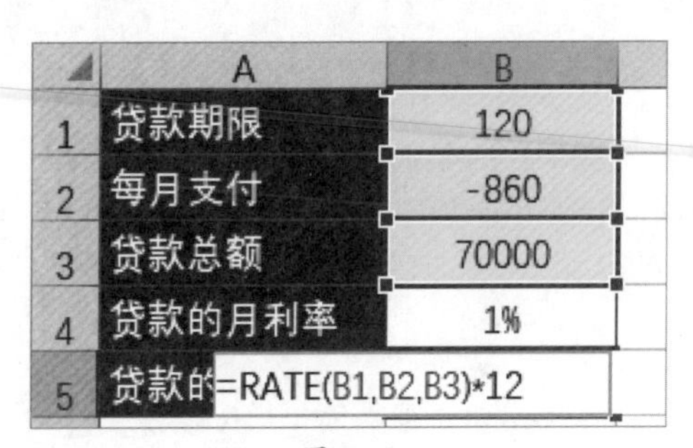

图 9-19

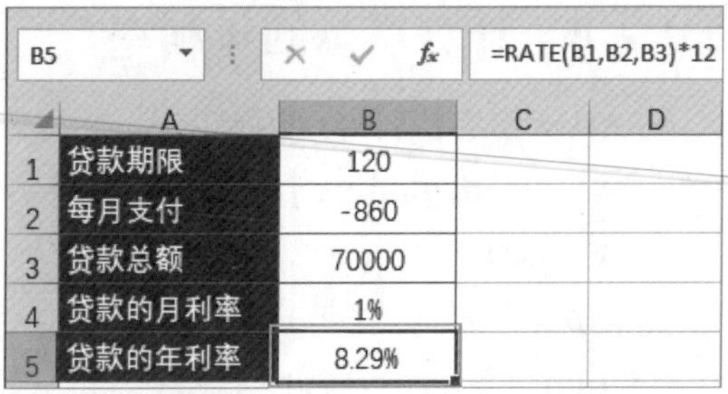

B5 =RATE(B1,B2,B3)*12

	A	B	C	D
1	贷款期限	120		
2	每月支付	-860		
3	贷款总额	70000		
4	贷款的月利率	1%		
5	贷款的年利率	8.29%		

图 9-20

9.2.5 计算给定时间段内累计偿还的利息

CUMIPMT函数返回两个付款期之间为贷款累积支付的利息，其语法格式为：

CUMIPMT(rate,nper,pv,start_period,end_period,type)

参数说明：

- **rate：** 利率。
- **nper：** 总付款期数。
- **pv：** 现值。
- **start_period：** 计算的第一期，付款期数从1开始计数。
- **end_period：** 计算的最后一期。
- **type：** 付款时间类型，可以填写0（期末付款）或者1（期初付款）。

示例：使用CUMIPMT函数计算给定时间段内累计偿还的利息。

假设某人贷款400000元，年利率为7%，预计还款期限为5年，计算第二年付款的总利息。选择B5单元格，打开“插入函数”对话框，在“选择函数”列表框中选择CUMIPMT函数，单击“确定”按钮，弹出“函数参数”对话框，设置各参数后单击“确定”按钮，即可计算出第二年按月付款的总利息，如图9-21所示。

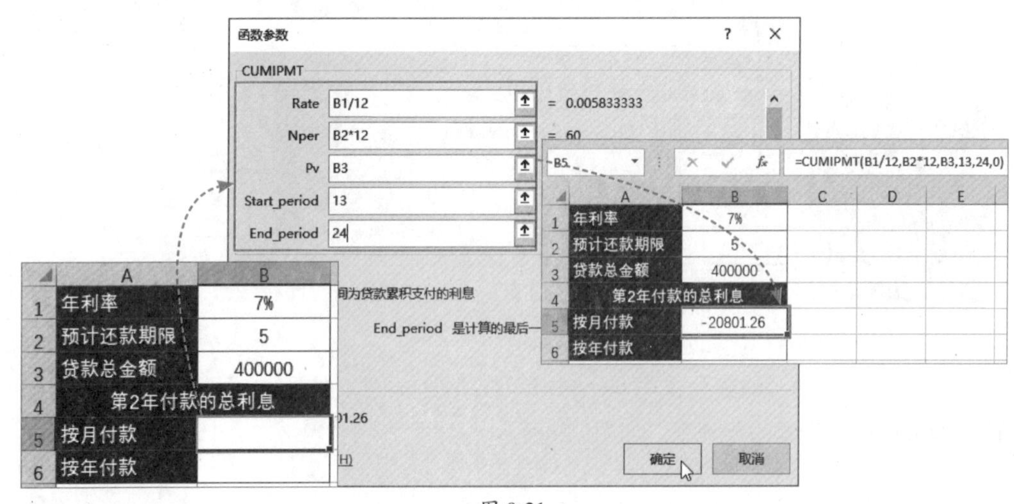

图 9-21

第二年的开始期数与结束期数分别为“13”和“24”。

选择B6单元格，输入公式“=CUMIPMT (B1,B2,B3,2,2,0)”，如图9-22所示。

	A	B
1	年利率	7%
2	预计还款期限	5
3	贷款总金额	400000
4	第2年付款的总利息	
5	按月付款	-20801.26
6	按年付	=CUMIPMT(B1,B2,B3,2,2,0)

图 9-22

按Enter键确认，即可计算出第二年按年付款的总利息，如图9-23所示。

B6 =CUMIPMT(B1,B2,B3,2,2,0)

	A	B	C	D
1	年利率	7%		
2	预计还款期限	5		
3	贷款总金额	400000		
4	第2年付款的总利息			
5	按月付款	-20801.26		
6	按年付款	-23131.06		

图 9-23

9.2.6 计算贷款在第一个月偿还的本金

CUMPRINC函数返回两个付款期之间为贷款累积支付的本金，其语法格式为：

CUMPRINC(rate,nper,pv,start_period,end_period,type)

参数说明：

- **rate：** 利率。
- **nper：** 总付款期数。
- **pv：** 现值。
- **start_period：** 计算的第一期，付款期数从1开始计数。
- **end_period：** 计算的最后一期。
- **type：** 付款时间类型。

示例：使用CUMPRINC函数计算贷款在第一个月偿还的本金。

假设某人贷款160000元，年利率为7.9%，贷款期限为20年，计算该笔贷款在第一个月偿还的本金。选择B4单元格，打开“插入函数”对话框，在“选择函数”列表框中选择CUMPRINC函数，单击“确定”按钮，弹出“函数参数”对话框，设置各参数后单击“确定”按钮，即可计算出该笔贷款在第一个月偿还的本金，如图9-24所示。

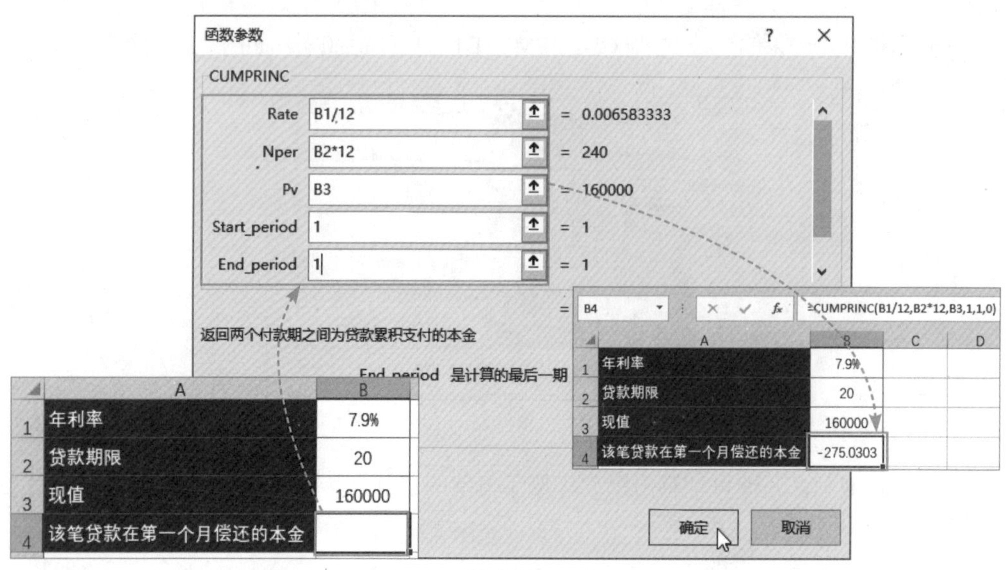

图 9-24

9.3 计算内部收益率

内部收益率，就是资金流入现值总额与资金流出现值总额相等、净现值等于0时的折现率。用户通过IRR函数、XIRR函数和MIRR函数等，可以计算内部收益率。

9.3.1 计算投资的内部收益率

IRR函数用于返回一系列现金流的内部报酬率，其语法格式为：

IRR(values,[guess])

参数说明：

- **values：** 必需参数，数组或单元格的引用，这些单元格包含用来计算内部收益率的数字。values必须包含至少一个正值和一个负值，才能计算返回的内部收益率。
- **guess：** 可选参数。对函数IRR计算结果的估计值。多数情况下，不必为IRR计算提供guess值。如果省略guess，则假定为0.1(10%)。

注意事项 IRR函数使用值的顺序来说明现金流的顺序，一定要按需要的顺序输入支出值和收益值。

示例：使用IRR函数计算投资的内部收益率。

选择B6单元格，打开“插入函数”对话框，在“选择函数”列表框中选择IRR函数，单击“确定”按钮，弹出“函数参数”对话框，设置各参数后单击“确定”按钮，即可计算出投资四年后的内部收益率，如图9-25所示。

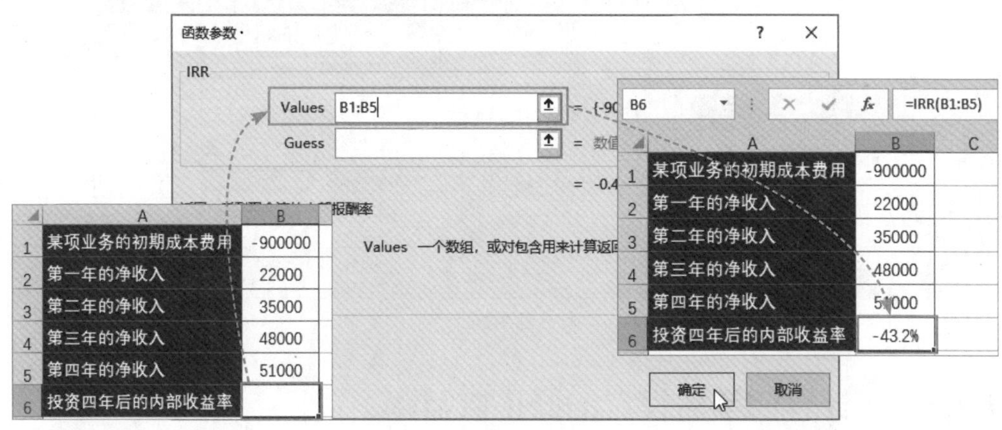

图 9-25

9.3.2 计算基金定投的年化收益率

XIRR函数返回现金流计划的内部回报率，其语法格式为：

XIRR(values,dates,[guess])

参数说明：

- **values：**必需参数，与dates中的支付时间相对应的一系列现金流。首期支付是可选的，并与投资开始时的成本或支付有关。如果第一个值是成本或支付，则必须是负值，所有后续支付都基于365天/年贴现。值系列中必须至少包含一个正值和一个负值。
- **dates：**必需参数，与现金流支付相对应的支付日期表。日期可按任何顺序排列。应使用DATE函数输入日期，或者将日期作为其他公式或函数的结果输入。
- **guess：**可选参数，对函数XIRR计算结果的估计值。

示例：使用XIRR函数计算基金定投的年化收益率。

选择C9单元格，打开“插入函数”对话框，在“选择函数”列表框中选择XIRR函数，单击“确定”按钮，弹出“函数参数”对话框，设置各参数后单击“确定”按钮，即可计算出基金定投的年化收益率，如图9-26所示。

注意事项 如果日期中的任意数字在开始日期之前，函数XIRR返回#NUM！错误值。如果日期中的任一数字不是有效日期，则函数XIRR返回#VALUE！错误值。

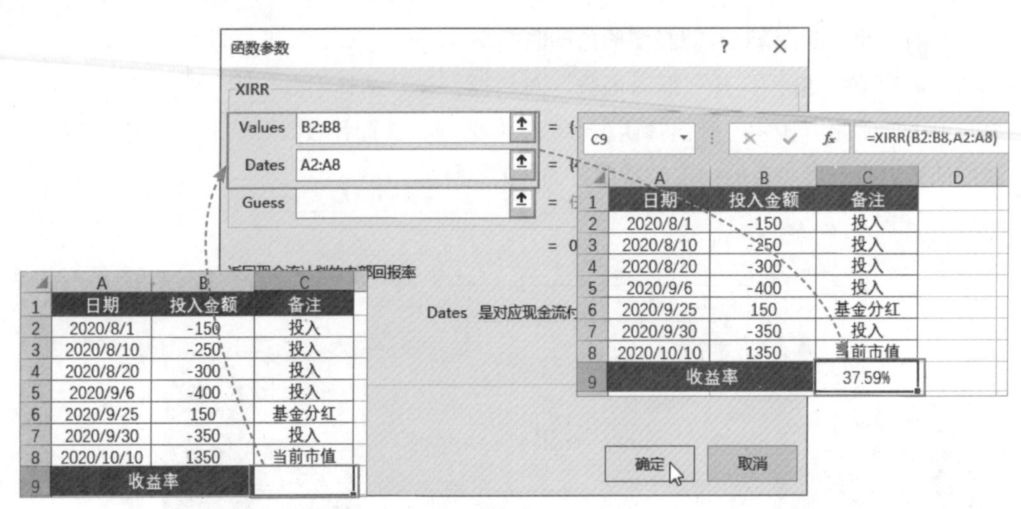

图 9-26

9.3.3 计算四年后投资的修正收益率

MIRR函数返回某一连续期间内现金流的修正内部收益率，其语法格式为：

MIRR(values,finance_rate,reinvest_rate)

参数说明：

- **values：** 数组或对包含数字的单元格的引用，这些数值代表一系列定期支出（负值）和收益（正值）。
- **finance_rate：** 现金流中使用的资金支付的利率。
- **reinvest_rate：** 将现金流再投资的收益率。

示例：使用MIRR函数计算四年后投资的修正收益率。

选择B8单元格，打开“插入函数”对话框，在“选择函数”列表框中选择MIRR函数，单击“确定”按钮，弹出“函数参数”对话框，设置各参数后单击“确定”按钮，即可计算出四年后投资的修正收益率，如图9-27所示。

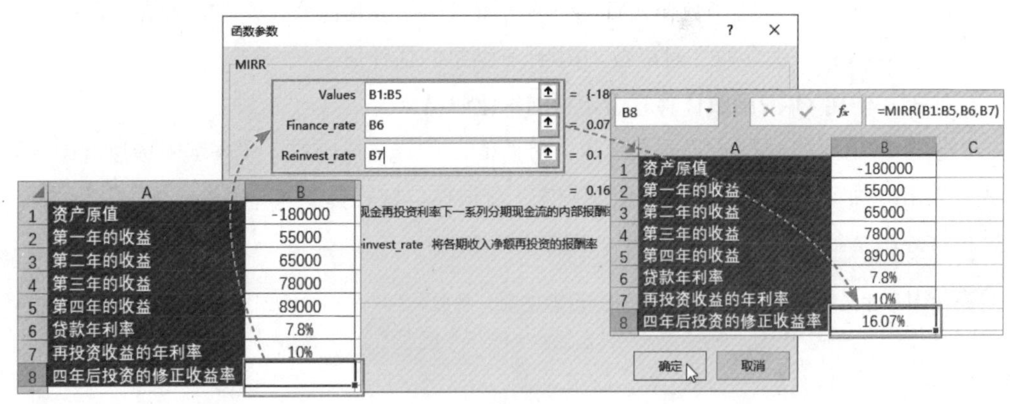

图 9-27

动手练 计算实际年利率

假设某人借款20000元，分12期还完，每期还款1800元，现在需要计算实际年利率是多少，如图9-28所示。

	A	B	C	D	E	F
1	初始现金流	20000	期数		实际月利率	
2	每月现金流	-1800	1		实际年利率	
3	每月现金流	-1800	2			
4	每月现金流	-1800	3			
5	每月现金流	-1800	4			
6	每月现金流	-1800	5			
7	每月现金流	-1800	6			
8	每月现金流	-1800	7			
9	每月现金流	-1800	8			
10	每月现金流	-1800	9			
11	每月现金流	-1800	10			
12	每月现金流	-1800	11			
13	每月现金流	-1800	12			

	A	B	C	D	E	F
1	初始现金流	20000	期数		实际月利率	1.20%
2	每月现金流	-1800	1		实际年利率	15.45%
3	每月现金流	-1800	2			
4	每月现金流	-1800	3			
5	每月现金流	-1800	4			
6	每月现金流	-1800	5			
7	每月现金流	-1800	6			
8	每月现金流	-1800	7			
9	每月现金流	-1800	8			
10	每月现金流	-1800	9			
11	每月现金流	-1800	10			
12	每月现金流	-1800	11			
13	每月现金流	-1800	12			

图 9-28

选择F1单元格，输入公式“=IRR(B1:B13)”，如图9-29所示。按Enter键确认，即可计算出实际月利率。

	A	B	C	D	E	F
1	初始现金流	20000	期数		实际月利率	=IRR(B1:B13)
2	每月现金流	-1800	1		实际年利率	
3	每月现金流	-1800	2			
4	每月现金流	-1800	3			
5	每月现金流	-1800	4			
6	每月现金流	-1800	5			
7	每月现金流	-1800	6			
8	每月现金流	-1800	7			
9	每月现金流	-1800	8			
10	每月现金流	-1800	9			
11	每月现金流	-1800	10			
12	每月现金流	-1800	11			
13	每月现金流	-1800	12			

图 9-29

选择F2单元格，输入公式“=(F1+1)^(12-1)”，如图9-30所示。按Enter键确认，即可计算出实际年利率。

	A	B	C	D	E	F
1	初始现金流	20000	期数		实际月利率	1.20%
2	每月现金流	-1800	1		实际年利率	=(F1+1)^12-1
3	每月现金流	-1800	2			
4	每月现金流	-1800	3			
5	每月现金流	-1800	4			
6	每月现金流	-1800	5			
7	每月现金流	-1800	6			
8	每月现金流	-1800	7			
9	每月现金流	-1800	8			
10	每月现金流	-1800	9			
11	每月现金流	-1800	10			
12	每月现金流	-1800	11			
13	每月现金流	-1800	12			

图 9-30

知识点拨

月利率转换成年利率（复利）的公式是=(月利率+1)^(12−1)。

案例实战：计提固定资产折旧额

在制作固定资产折旧统计表时，需要计提固定资产折旧额，此时用户可以使用不同的方法进行计提，如图9-31所示。

	B	C	D	E	F	G	H	I	J	K	L	M
1	资产编号	资产名称	开始使用日期	预计使用寿命	资产原值	残值率	净残值	已提折旧月数	平均年限法计提本月折旧额	余额递减法计提本月折旧额	双倍余额递减法计提本月折旧额	年限总和法计提本月折旧额
2	SK001	电脑	2013/5/1	8	¥5,799	5%	¥289.95	76	¥57.39	¥17.17	¥24.91	¥24.85
3	SK002	扫描仪	2016/7/12	7	¥2,896	5%	¥144.80	37	¥32.75	¥28.70	¥28.96	¥36.99
4	SK003	空调	2015/7/12	9	¥3,599	5%	¥179.95	49	¥31.66	¥26.54	¥27.17	¥34.85
5	SK004	饮水机	2017/9/10	5	¥1,456	5%	¥72.80	23	¥23.05	¥24.54	¥23.02	¥28.72
6	SK005	办公楼	2011/4/12	20	¥7,000,000	5%	¥350,000.00	100	¥27,708.33	¥25,525.34	¥25,475.49	¥32,422.20
7	SK006	厂房	2013/8/11	30	¥500,000	5%	¥25,000.00	72	¥1,319.44	¥2,273.62	¥1,870.32	¥2,112.57
8	SK007	汽车	2013/7/15	15	¥220,000	5%	¥11,000.00	73	¥1,161.11	¥1,099.22	¥1,093.45	¥1,385.64
9	SK008	数控机床	2015/7/3	20	¥344,000	5%	¥17,200.00	49	¥1,361.67	¥2,328.84	¥1,918.37	¥2,169.63
10	SK009	包装机器	2016/10/1	6	¥12,000	5%	¥600.00	35	¥158.33	¥122.74	¥127.91	¥164.84

图 9-31

Step 01 选择J2单元格，输入公式“=SLN(F2,H2,E2*12)”，如图9-32所示。

MIRR =SLN(F2,H2,E2*12)

	E	F	G	H	I	J
1	预计使用寿命	资产原值	残值率	净残值	已提折旧月数	平均年限法计提本月折旧额
2	8	¥5,799	5%	¥289.95	=SLN(F2,H2,E2*12)	
3	7	¥2,896	5%	¥144.80	37	
4	9	¥3,599	5%	¥179.95	49	
5	5	¥1,456	5%	¥72.80	23	
6	20	¥7,000,000	5%	¥350,000.00	100	
7	30	¥500,000	5%	¥25,000.00	72	
8	15	¥220,000	5%	¥11,000.00	73	
9	20	¥344,000	5%	¥17,200.00	49	
10	6	¥12,000	5%	¥600.00	35	

图 9-32

Step 02 按Enter键确认，即可使用平均年限法计提本月折旧额，然后将公式向下填充，如图9-33所示。

J2 =SLN(F2,H2,E2*12)

	E	F	G	H	I	J
1	预计使用寿命	资产原值	残值率	净残值	已提折旧月数	平均年限法计提本月折旧额
2	8	¥5,799	5%	¥289.95	76	¥57.39
3	7	¥2,896	5%	¥144.80	37	¥32.75
4	9	¥3,599	5%	¥179.95	49	¥31.66
5	5	¥1,456	5%	¥72.80	23	¥23.05
6	20	¥7,000,000	5%	¥350,000.00	100	¥27,708.33
7	30	¥500,000	5%	¥25,000.00	72	¥1,319.44
8	15	¥220,000	5%	¥11,000.00	73	¥1,161.11
9	20	¥344,000	5%	¥17,200.00	49	¥1,361.67
10	6	¥12,000	5%	¥600.00	35	¥158.33

图 9-33

Step 03 选择K2单元格，输入公式“=IF(MONTH(D2)<12,IF(I2=0,0,IF(I2=1,H2(12-MONTH(D2))/12,DB(F2,H2,E2*12,I2,12-MONTH(D2)))),DB(F2,H2,E2*12,I2+1))”，如图9-34所示。

MIRR =IF(MONTH(D2)<12,IF(I2=0,0,IF(I2=1,H2(12-MONTH(D2))/12,DB(F2,H2,E2*12,I2,12-MONTH(D2)))),DB(F2,H2,E2*12,I2+1))

	F	G	H	I	J	K
1	资产原值	残值率	净残值	已提折旧月数	平均年限法计提本月折旧额	余额递减法计提本月折旧额
2	¥5,799	5%	¥289.95	76	¥57.39	=IF(MONTH(D2)<12,IF(I2=0,0,IF(I2=1,H2(12-MONTH(D2))/12,DB(F2,H2,E2*12,I2,12-MONTH(D2)))),DB(F2,H2,E2*12,I2+1))
3	¥2,896	5%	¥144.80	37	¥32.75	
4	¥3,599	5%	¥179.95	49	¥31.66	
5	¥1,456	5%	¥72.80	23	¥23.05	
6	¥7,000,000	5%	¥350,000.00	100	¥27,708.33	
7	¥500,000	5%	¥25,000.00	72	¥1,319.44	
8	¥220,000	5%	¥11,000.00	73	¥1,161.11	
9	¥344,000	5%	¥17,200.00	49	¥1,361.67	
10	¥12,000	5%	¥600.00	35	¥158.33	

图 9-34

Step 04 按Enter键确认，即可使用余额递减法计提本月折旧额，然后将公式向下填充，如图9-35所示。

K2 =IF(MONTH(D2)<12,IF(I2=0,0,IF(I2=1,H2(12-MONTH(D2))/12,DB(F2,H2,E2*12,I2,12-MONTH(D2)))),DB(F2,H2,E2*12,I2+1))

	F	G	H	I	J	K
1	资产原值	残值率	净残值	已提折旧月数	平均年限法计提本月折旧额	余额递减法计提本月折旧额
2	¥5,799	5%	¥289.95	76	¥57.39	¥17.17
3	¥2,896	5%	¥144.80	37	¥32.75	¥28.70
4	¥3,599	5%	¥179.95	49	¥31.66	¥26.54
5	¥1,456	5%	¥72.80	23	¥23.05	¥24.54
6	¥7,000,000	5%	¥350,000.00	100	¥27,708.33	¥25,525.34
7	¥500,000	5%	¥25,000.00	72	¥1,319.44	¥2,273.62
8	¥220,000	5%	¥11,000.00	73	¥1,161.11	¥1,099.22
9	¥344,000	5%	¥17,200.00	49	¥1,361.67	¥2,328.84
10	¥12,000	5%	¥600.00	35	¥158.33	¥122.74
11						

图 9-35

Step 05 选择L2单元格，输入公式“=DDB(F2,H2,E2*12,I2)”，如图9-36所示。按Enter键确认，即可使用双倍余额递减法计提本月折旧额，如图9-37所示。

MIRR =DDB(F2,H2,E2*12,I2)

	J	K	L
1	平均年限法计提本月折旧额	余额递减法计提本月折旧额	双倍余额递减法计提本月折旧额
2	¥57.39	¥17.17	=DDB(F2,H2,E2*12,I2)
3	¥32.75	¥28.70	
4	¥31.66	¥26.54	
5	¥23.05	¥24.54	
6	¥27,708.33	¥25,525.34	
7	¥1,319.44	¥2,273.62	
8	¥1,161.11	¥1,099.22	
9	¥1,361.67	¥2,328.84	

图 9-36

L2 =DDB(F2,H2,E2*12,I2)

	J	K	L
1	平均年限法计提本月折旧额	余额递减法计提本月折旧额	双倍余额递减法计提本月折旧额
2	¥57.39	¥17.17	¥24.91
3	¥32.75	¥28.70	¥28.96
4	¥31.66	¥26.54	¥27.17
5	¥23.05	¥24.54	¥23.02
6	¥27,708.33	¥25,525.34	¥25,475.49
7	¥1,319.44	¥2,273.62	¥1,870.32
8	¥1,161.11	¥1,099.22	¥1,093.45
9	¥1,361.67	¥2,328.84	¥1,918.37

图 9-37

Step 06 选择M2单元格，输入公式“=SYD(F2,H2,E2*12,I2)”，如图9-38所示。按Enter键确认，即可使用年限总和法计提本月折旧额，如图9-39所示。

MIRR =SYD(F2,H2,E2*12,I2)

	K	L	M
1	余额递减法计提本月折旧额	双倍余额递减法计提本月折旧额	年限总和法计提本月折旧额
2	¥17.17	¥24.91	=SYD(F2,H2,E2*12,I2)
3	¥28.70	¥28.96	
4	¥26.54	¥27.17	
5	¥24.54	¥23.02	
6	¥25,525.34	¥25,475.49	
7	¥2,273.62	¥1,870.32	
8	¥1,099.22	¥1,093.45	
9	¥2,328.84	¥1,918.37	

图 9-38

M2 =SYD(F2,H2,E2*12,I2)

	K	L	M
1	余额递减法计提本月折旧额	双倍余额递减法计提本月折旧额	年限总和法计提本月折旧额
2	¥17.17	¥24.91	¥24.85
3	¥28.70	¥28.96	¥36.99
4	¥26.54	¥27.17	¥34.85
5	¥24.54	¥23.02	¥28.72
6	¥25,525.34	¥25,475.49	¥32,422.20
7	¥2,273.62	¥1,870.32	¥2,112.57
8	¥1,099.22	¥1,093.45	¥1,385.64
9	¥2,328.84	¥1,918.37	¥2,169.63

图 9-39

新手答疑

1. Q：如何冻结首行？

A： 选择表格中任意单元格，在“视图”选项卡中单击“冻结窗格”下拉按钮，在弹出的列表中选择“冻结首行”选项即可，如图9-40所示。再次单击“冻结窗格”下拉按钮，在弹出的列表中选择“取消冻结窗格”选项，如图9-41所示，即可取消冻结首行。

图 9-40

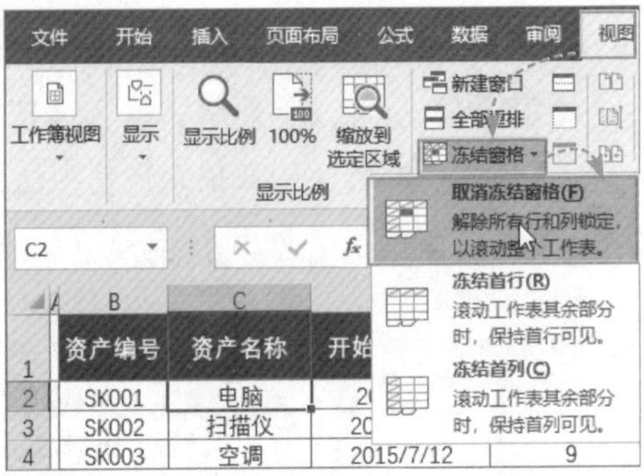

图 9-41

2. Q：如何为表格设置背景？

A： 打开“页面布局”选项卡，单击“背景”按钮，如图9-42所示。打开“插入图片”窗格，单击“从文件”右侧的“浏览”按钮，弹出“工作表背景”对话框，从中选择合适的图片，单击“插入”按钮即可，如图9-43所示。

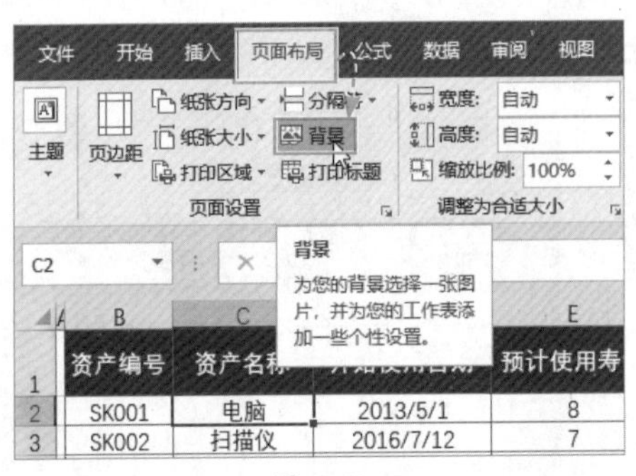

图 9-42

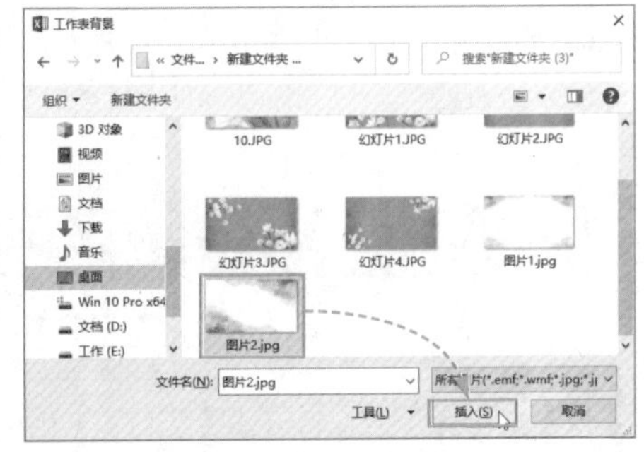

图 9-43

3. Q：如何设置自动换行？

A： 选择单元格，在“开始”选项卡中单击“自动换行”按钮，即可将单元格中的内容设置为自动换行。

第10章 信息函数的应用

信息函数主要用于显示Excel内部的一些提示信息，例如数据错误信息、操作环境参数、数据类型等，也可以检验数值的类型并返回不同的逻辑值。本章将以案例的形式对信息函数的应用进行详细介绍。

10.1 数据类型信息的获得

用户通过CELL函数、ERROR.TYPE函数、N函数等，可以获取工作表中的信息并检验数值类型。

10.1.1 提取当前工作表的名称

CELL函数用于返回单元格的信息。其语法格式为：

CELL(info_type,[reference])

参数说明：

- **info_type：** 必需参数，是一个文本值，指定要返回的单元格信息的类型，如表10-1所示。

表 10-1

info_type值	返回结果
"address"	将引用区域左上角的第一个单元格作为返回值引用
"col"	将引用区域左上角的单元格列标作为返回值引用
"color"	如果单元格中的负值以不同颜色显示，则为1；否则返回0
"contents"	将引用区域左上角的单元格的值作为返回值引用
"filename"	包含引用的文件名（包括全部路径）、文本类型。如果包含目标引用的工作表尚未保存，则返回空文本（"")
"format"	对应于单元格数字格式的文本值
"parentheses"	如果单元格中为正值或所有单元格均加括号，则为值1；否则返回0
"prefix"	与单元格中不同的“标志前缀”相对应的文本值。如果单元格文本左对齐，则返回单引号（'）；如果单元格文本右对齐，则返回双引号（"）；如果单元格文本居中，则返回插入字符（^）；如果单元格文本两端对齐，则返回反斜线（\）；如果是其他情况，则返回空文本（"")
"protect"	如果单元格没有锁定，则为0；如果单元格锁定，则返回1
"row"	将引用区域左上角单元格的行号作为返回值返回
"type"	对应于单元格中数据类型的文本值。如果单元格为空，则返回"b"表示空白；如果单元格包含文本常量，则返回"l"；如果单元格包含任何其他内容，则返回"v"作为值
"width"	取整后的单元格的列宽。列宽以默认字号的一个字符的宽度为单位

注意事项 上述值必须在CELL函数中输入引号（"），如果没有输入双引号，则返回错误值“#NAME?”。

- **reference：**可选参数。是要了解其信息的单元格。如果省略，则为计算时info_type单元格返回参数中指定的信息。如果Reference参数是单元格区域，则CELL函数返回所选区域的活动单元格的信息。

示例：使用CELL函数提取当前工作表的名称。

选择B1单元格，输入公式“=CELL("filename")”，按Enter键确认，即可提取当前工作表路径与名称，如图10-1所示。选择B2单元格，输入公式“=RIGHT(CELL("filename"),LEN(CELL("filename"))−FIND("]",CELL("filename")))”，按Enter键确认，即可提取当前工作表的名称，如图10-2所示。

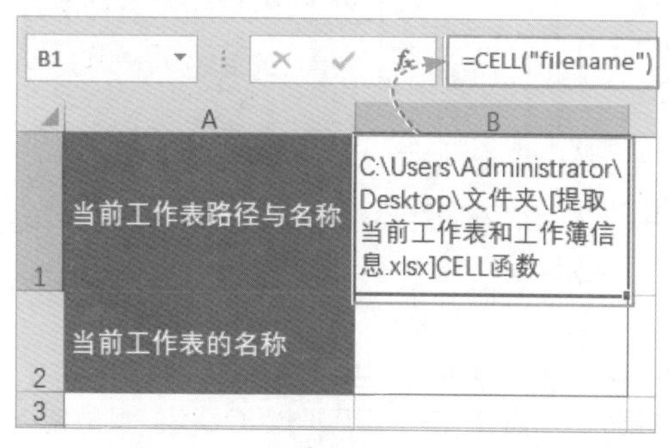

图 10-1

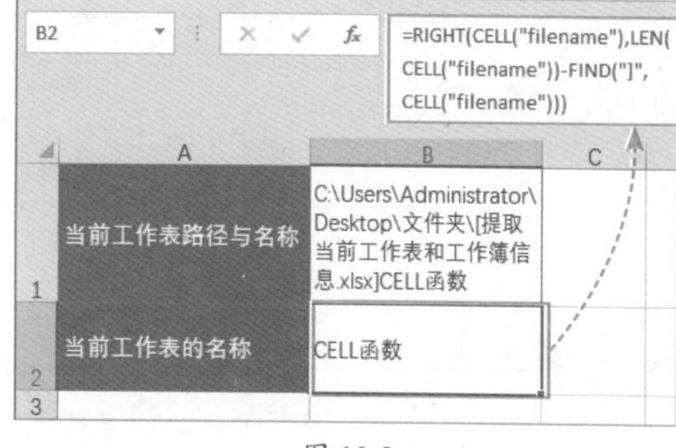

图 10-2

10.1.2 判断错误类型

ERROR.TYPE函数用于返回与错误值对应的数字，其语法格式为：

ERROR.TYPE(error_val)

参数说明：error_val是需要辨认其类型的错误值，可以为实际错误值或对包含错误值的单元格的引用，如表10-2所示。

表 10-2

如果error_val为	返回值
#NULL!	1
#DIV/0!	2
#VALUE!	3
#REF!	4
#NAME?	5
#NUM!	6
#N/A	7
#GETTING_DATA	8
其他值	#N/A

示例：使用ERROR.TYPE函数判断错误类型。

选择B2单元格，输入公式“=LOOKUP(ERROR.TYPE(A2),ROW($1:$8),{"区域没有交叉";"除数为0";"参数类型不正确";"无效引用";"无法识别的文本";"无效数值";"无法返回有效值"})”，如图10-3所示。按Enter键确认，即可判断出错误类型，然后将公式向下填充，如图10-4所示。

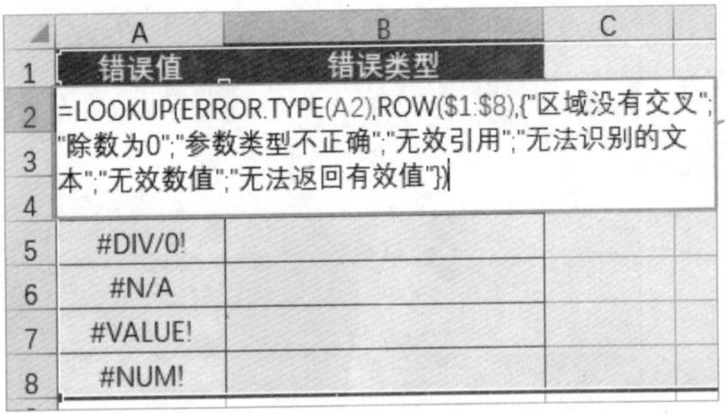

	A	B	C
1	错误值	错误类型	
2	=LOOKUP(ERROR.TYPE(A2),ROW($1:$8),{"区域没有交叉";"除数为0";"参数类型不正确";"无效引用";"无法识别的文本";"无效数值";"无法返回有效值"})		
3			
4			
5	#DIV/0!		
6	#N/A		
7	#VALUE!		
8	#NUM!		

图 10-3

	A	B
1	错误值	错误类型
2	#NULL!	区域没有交叉
3	#NAME?	无法识别的文本
4	#REF!	无效引用
5	#DIV/0!	除数为0
6	#N/A	无法返回有效值
7	#VALUE!	参数类型不正确
8	#NUM!	无效数值

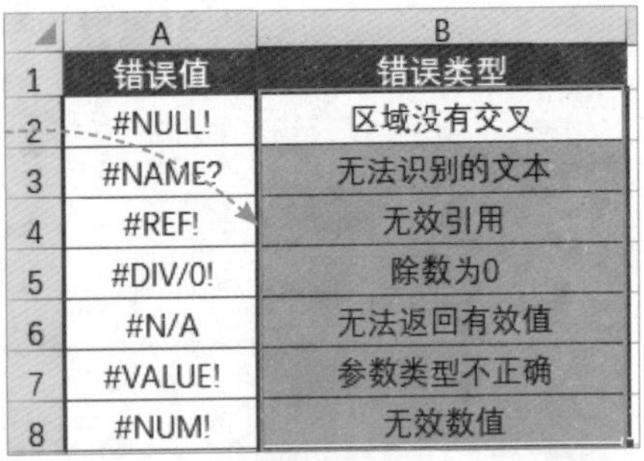

图 10-4

知识点拨

上述公式中首先利用ERROR.TYPE计算A2单元格的错误值代码，然后通过LOOKUP函数将代码转换成错误值的汉字描述。

10.1.3 按类别单独设置序号

N函数用于将参数中指定的不是数值形式的值转换为数值形式，其语法格式为：

N(value)

参数说明： value为要进行转换的值，如表10-3所示。

表 10-3

数据类型	返回值
数字	数字
日期	该日期的序列号
逻辑值TRUE	1
逻辑值FALSE	0
错误值	错误值
其他值	0

示例：使用N函数按类别单独设置序号。

选择A2单元格，输入公式“=IF(B2="合计","",N(A1)+1)”，如图10-5所示。按Enter键确认，即可显示序号，然后将公式向下填充，如图10-6所示。

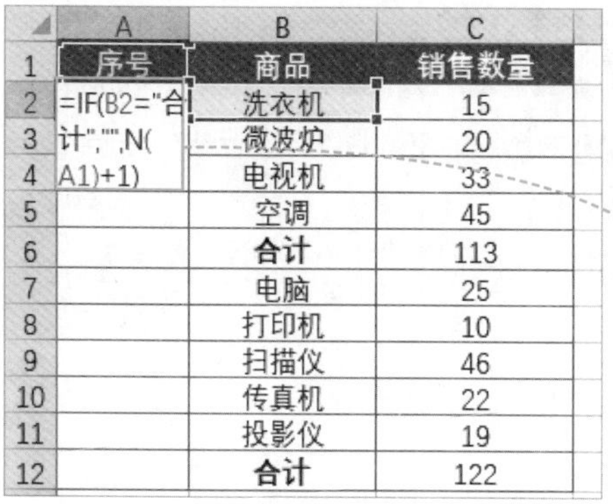

	A	B	C
1	序号	商品	销售数量
2	=IF(B2="合计","",N(A1)+1)	洗衣机	15
3		微波炉	20
4		电视机	33
5		空调	45
6		**合计**	113
7		电脑	25
8		打印机	10
9		扫描仪	46
10		传真机	22
11		投影仪	19
12		**合计**	122

图 10-5

A2 =IF(B2="合计","",N(A1)+1)

	A	B	C	D	E
1	序号	商品	销售数量		
2	1	洗衣机	15		
3	2	微波炉	20		
4	3	电视机	33		
5	4	空调	45		
6		**合计**	113		
7	1	电脑	25		
8	2	打印机	10		
9	3	扫描仪	46		
10	4	传真机	22		
11	5	投影仪	19		
12		**合计**	122		

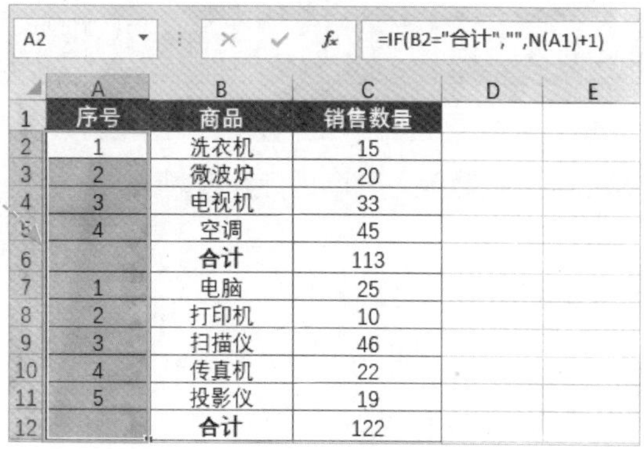

图 10-6

动手练 判断成绩等级

扫码看视频

假设考试成绩大于或等于60，为及格，否则为不及格，“缺考”的统一为不及格。如果使用IF函数判断成绩等级，则“缺考”成绩会显示“及格”，如图10-7所示。此时需要和N函数嵌套使用，才能判断出正确的结果，如图10-8所示。

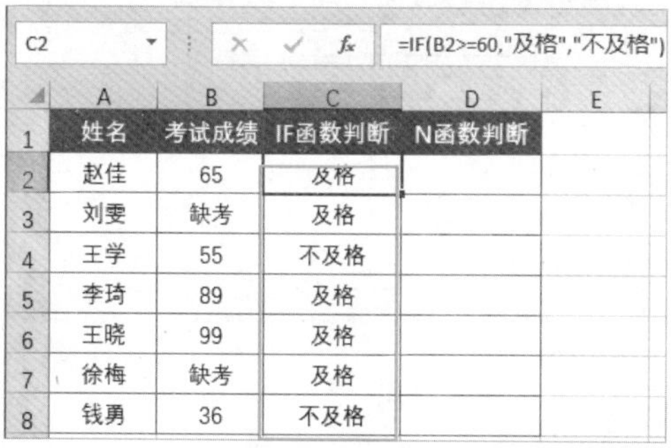

C2 =IF(B2>=60,"及格","不及格")

	A	B	C	D	E
1	姓名	考试成绩	IF函数判断	N函数判断	
2	赵佳	65	及格		
3	刘雯	缺考	及格		
4	王学	55	不及格		
5	李琦	89	及格		
6	王晓	99	及格		
7	徐梅	缺考	及格		
8	钱勇	36	不及格		

图 10-7

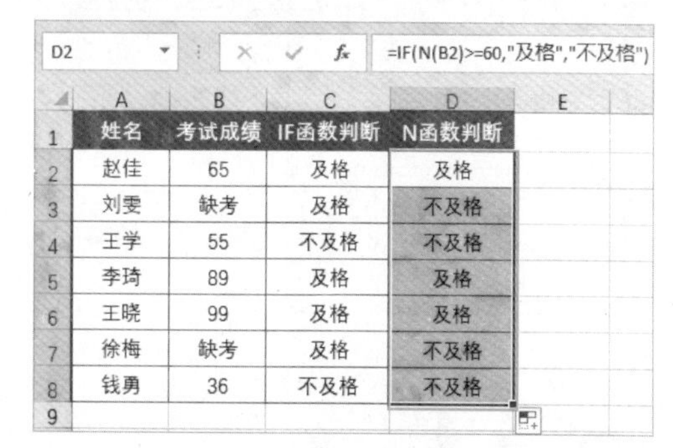
D2 =IF(N(B2)>=60,"及格","不及格")

	A	B	C	D	E
1	姓名	考试成绩	IF函数判断	N函数判断	
2	赵佳	65	及格	及格	
3	刘雯	缺考	及格	不及格	
4	王学	55	不及格	不及格	
5	李琦	89	及格	及格	
6	王晓	99	及格	及格	
7	徐梅	缺考	及格	不及格	
8	钱勇	36	不及格	不及格	
9					

图 10-8

选择D2单元格，输入公式“=IF(N(B2)>=60,"及格","不及格")”，如图10-9所示。按Enter键确认，即可判断出成绩等级，然后将公式向下填充，如图10-10所示。

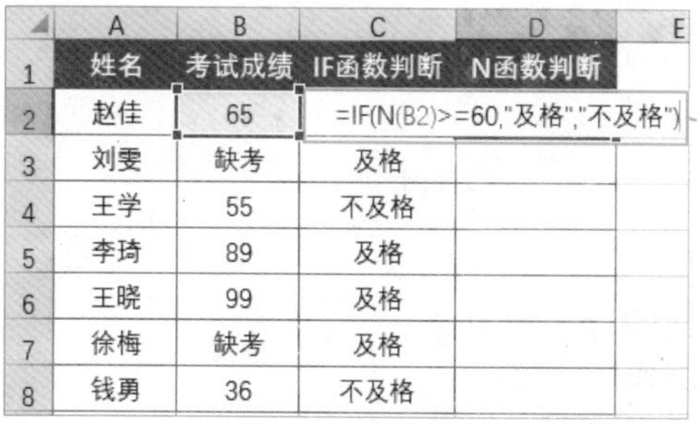

	A	B	C	D	E
1	姓名	考试成绩	IF函数判断	N函数判断	
2	赵佳	65	=IF(N(B2)>=60,"及格","不及格")		
3	刘雯	缺考	及格		
4	王学	55	不及格		
5	李琦	89	及格		
6	王晓	99	及格		
7	徐梅	缺考	及格		
8	钱勇	36	不及格		

图 10-9

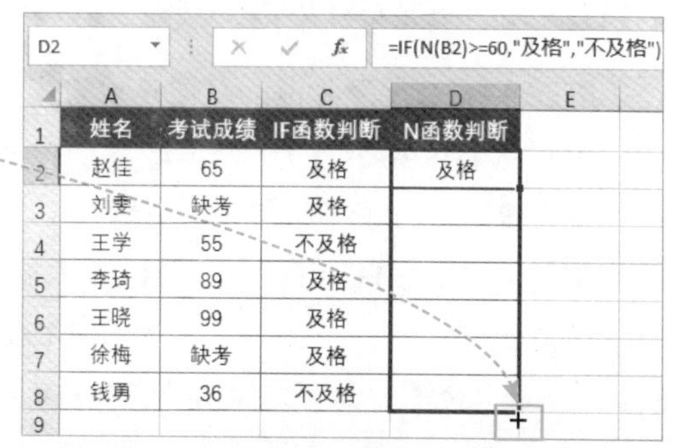
D2 =IF(N(B2)>=60,"及格","不及格")

	A	B	C	D	E
1	姓名	考试成绩	IF函数判断	N函数判断	
2	赵佳	65	及格	及格	
3	刘雯	缺考	及格		
4	王学	55	不及格		
5	李琦	89	及格		
6	王晓	99	及格		
7	徐梅	缺考	及格		
8	钱勇	36	不及格		
9					

图 10-10

10.2 使用IS函数进行各种判断

用户通过ISBLANK函数、ISTEXT函数、ISEVEN函数、ISODD函数、ISERR函数、ISERROR函数等，可以进行各种判断。

10.2.1 统计缺勤人数

ISBLANK函数用于判断测试对象是否为空单元格，其语法格式为：

ISBLANK(value)

参数说明： value为要检查的单元格或单元格名称。

示例：使用ISBLANK函数统计缺勤人数。

选择D2单元格，输入公式“=SUM(ISBLANK(B2:B8)*1)”，如图10-11所示。按Ctrl+Shift+Enter组合键，即可根据员工签到统计出缺勤人数，如图10-12所示。

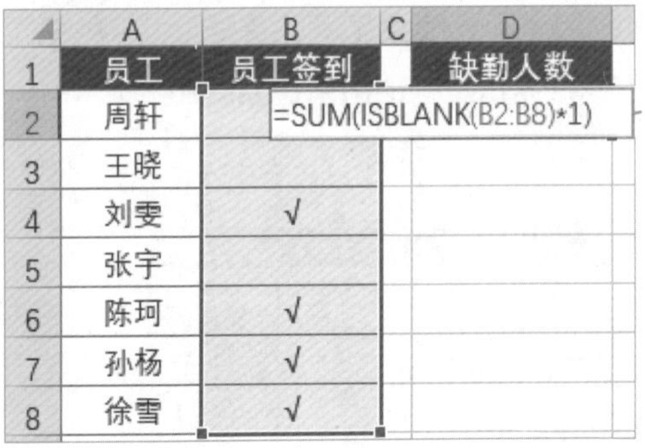

	A	B	C	D
1	员工	员工签到		缺勤人数
2	周轩	=SUM(ISBLANK(B2:B8)*1)		
3	王晓			
4	刘雯	√		
5	张宇			
6	陈珂	√		
7	孙杨	√		
8	徐雪	√		

图 10-11

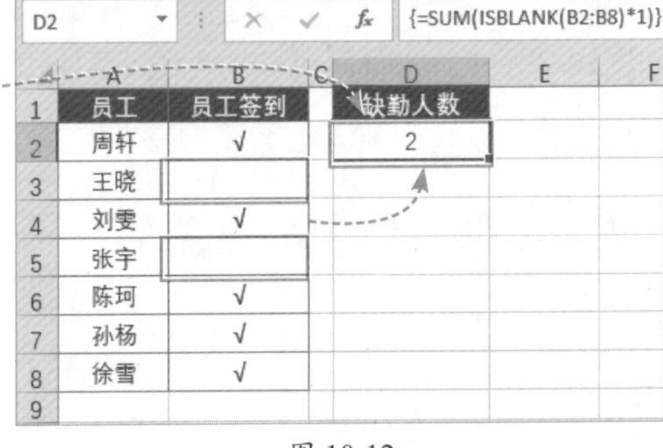

图 10-12

ISBLANK函数测试对象为空单元格时，返回逻辑值TRUE，否则返回FALSE。

10.2.2 统计缺考人数

ISTEXT函数用于检测一个值是否为文本，返回TRUE或FALSE，其语法格式为：

ISTEXT(value)

参数说明： value为检测值，可以是一个单元格、公式或数值的名称。

示例：使用ISTEXT函数统计缺考人数。

选择D2单元格，输入公式“=SUM(ISTEXT(B2:B8)*1)”，如图10-13所示。按Ctrl+Shift+Enter组合键，即可统计出缺考人数，如图10-14所示。

	A	B	C	D
1	姓名	考试成绩		缺考人数
2	赵佳	6=SUM(ISTEXT(B2:B8)*1)		
3	刘雯	缺考		
4	王学	55		
5	李琦	89		
6	王晓	99		
7	徐梅	缺考		
8	钱勇	36		

图 10-13

D2 {=SUM(ISTEXT(B2:B8)*1)}

	A	B	C	D	E
1	姓名	考试成绩		缺考人数	
2	赵佳	65		2	
3	刘雯	缺考			
4	王学	55			
5	李琦	89			
6	王晓	99			
7	徐梅	缺考			
8	钱勇	36			

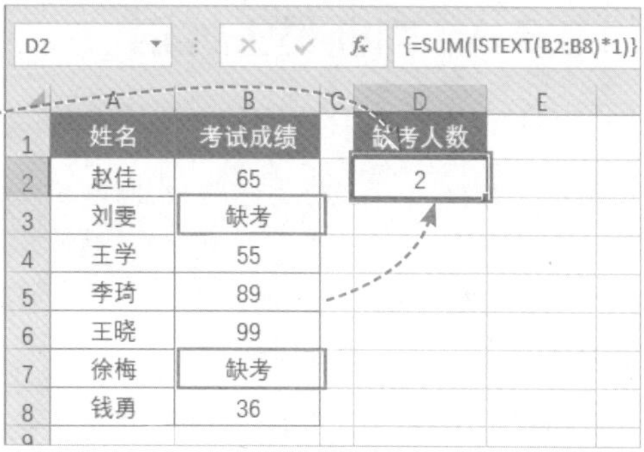

图 10-14

知识点拨

上述公式中“ISTEXT(B2:B8)*1”是将逻辑值转换为数值型。

10.2.3 判断数值是否为偶数

ISEVEN函数用于检测一个值是否为偶数，如果数字为偶数则返回TRUE，其语法格式为：

ISEVEN(number)

参数说明： number为要测试的值。如果number不是整数，将被截尾取整。

示例：使用ISEVEN函数判断数值是否为偶数。

选择B2单元格，输入公式“=IF(ISEVEN(A2),"偶数","奇数")”，如图10-15所示。按Enter键确认，即可判断出数值是否为偶数，如图10-16所示，然后将公式向下填充，如图10-17所示。

	A	B	C
1	数值	是否为偶数	
2	=IF(ISEVEN(A2),"偶数","奇数")		
3	123		
4	436		
5	875		
6	289		
7	336		
8	271		

图 10-15

	A	B
1	数值	是否为偶数
2	458	偶数
3	123	
4	436	
5	875	
6	289	
7	336	
8	271	

图 10-16

	A	B
1	数值	是否为偶数
2	458	偶数
3	123	奇数
4	436	偶数
5	875	奇数
6	289	奇数
7	336	偶数
8	271	奇数

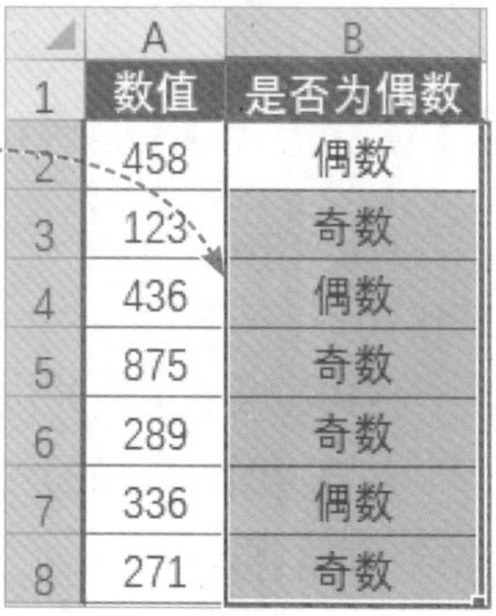

图 10-17

10.2.4 判断员工性别

ISODD函数用于检测一个值是否是奇数，如果数字为奇数则返回TRUE，其语法格式为：

ISODD(number)

参数说明： number为要测试的值。如果number是非数字的，则ISODD返回#VALUE!错误值。

示例：使用ISODD函数判断员工性别。

选择C2单元格，输入公式“=IF(ISODD(MID(B2,17,1)),"男","女")”，如图10-18所示。按Enter键确认，即可判断出性别，然后将公式向下填充，如图10-19所示。

	A	B	C
1	员工	身份证号码	性别
2	赵佳	341313198510083121	=IF(ISODD(MID(B2,17,1)),"男","女")
3	钱勇	322414199106120435	
4	王晓	311113199304304327	
5	曹兴	300131197912097639	
6	张玉	330132198809104661	
7	赵亮	533126199306139871	
8	王学	441512199610111282	
9	李欣	132951198808041147	

图 10-18

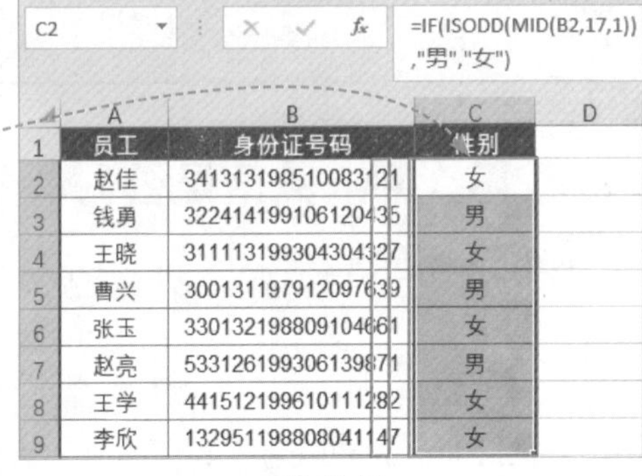
C2 =IF(ISODD(MID(B2,17,1)),"男","女")

	A	B	C	D
1	员工	身份证号码	性别	
2	赵佳	341313198510083121	女	
3	钱勇	322414199106120435	男	
4	王晓	311113199304304327	女	
5	曹兴	300131197912097639	男	
6	张玉	330132198809104661	女	
7	赵亮	533126199306139871	男	
8	王学	441512199610111282	女	
9	李欣	132951198808041147	女	

图 10-19

知识点拨

根据身份证号码判断性别的依据是判断身份证号码的第17位数是奇数还是偶数，奇数为男性，偶数为女性。

10.2.5 屏蔽单元格中数值的错误

ISERR函数用于检测一个值是否为#N/A以外的错误值，返回TRUE或FALSE，其语法格式为：

ISERR（value）

参数说明： value是要测试的值。该值可以是一个单元格、公式，也可以是引用单元格或值的名称。

示例：使用ISERR函数屏蔽单元格中数值的错误。

用户在B2单元格中输入公式“=A2*100”，用销量乘以单价计算“总额”，在B列中出现错误值，如图10-20所示。此时可以选择C2单元格，输入公式“=IF(ISERR(B2),"",B2)”，按Enter键确认，即可屏蔽单元格中的错误值，然后将公式向下填充，如图10-21所示。

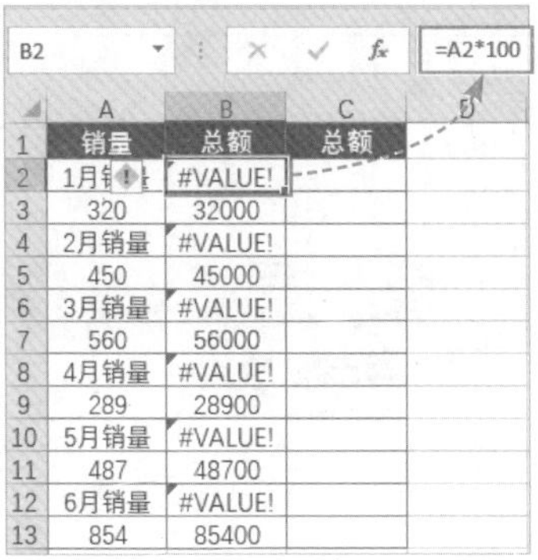

B2 =A2*100

	A	B	C
1	销量	总额	总额
2	1月销量	#VALUE!	
3	320	32000	
4	2月销量	#VALUE!	
5	450	45000	
6	3月销量	#VALUE!	
7	560	56000	
8	4月销量	#VALUE!	
9	289	28900	
10	5月销量	#VALUE!	
11	487	48700	
12	6月销量	#VALUE!	
13	854	85400	

图 10-20

C2 =IF(ISERR(B2),"",B2)

	A	B	C
1	销量	总额	总额
2	1月销量	#VALUE!	
3	320	32000	32000
4	2月销量	#VALUE!	
5	450	45000	45000
6	3月销量	#VALUE!	
7	560	56000	56000
8	4月销量	#VALUE!	
9	289	28900	28900
10	5月销量	#VALUE!	
11	487	48700	48700
12	6月销量	#VALUE!	
13	854	85400	85400

图 10-21

知识点拨

#N/A以外的错误值有#VALUE!、#NAME?、#NUM!、#REF!、#DIV/0和#NULL!。

10.2.6 计算项目的完成率

ISERROR函数用于检测一个值是否为错误值，返回TRUE或FALSE，其语法格式为：

ISERROR(value)

参数说明：value是要测试的值，可以是一个单元格、公式，也可以是引用单元格或值的名称。

示例：使用ISERROR函数计算项目的完成率。

在D2单元格中输入公式“=C2/B2”，计算完成率，此时在D列中出现错误值，如图10-22所示。用户可以将公式更改为“=IF(ISERROR(C2/B2),"",C2/B2)”，即可屏蔽错误的完成率，如图10-23所示。

D2 =C2/B2

	A	B	C	D
1	项目类型	目标	已完成	完成率
2	项目1	1744	1600	92%
3	项目2	1500	0	0%
4	项目3		25	#DIV/0!
5	项目4	2500	1890	76%
6	项目5		30	#DIV/0!
7	项目6	1480	1480	100%

图 10-22

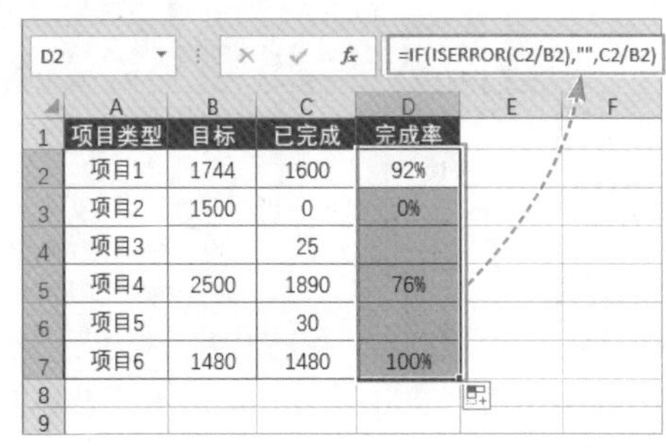

D2 =IF(ISERROR(C2/B2),"",C2/B2)

	A	B	C	D
1	项目类型	目标	已完成	完成率
2	项目1	1744	1600	92%
3	项目2	1500	0	0%
4	项目3		25	
5	项目4	2500	1890	76%
6	项目5		30	
7	项目6	1480	1480	100%

图 10-23

注意事项 错误值共有7种，分别是#N/A、#VALUE!、#NAME?、#NUM!、#REF!、#DIV/0和#NULL!。

知识点拨

上述公式中先使用ISERROR函数判断C2/B2的结果是否为错误值。然后使用IF函数根据ISERROR的判断结果返回不同的值，如果是错误值，则返回空格，如果不是，则返回C2/B2的结果。

动手练 计算男、女员工人数

扫码看视频

当需要统计公司男、女员工人数时，用户可以根据身份证号码使用ISODD和ISEVEN函数，直接进行计算，如图10-24所示。

	A	B	C	D	E
1	员工	身份证号码		男员工人数	2
2	赵佳	341313198510083121		女员工人数	4
3	钱勇	322414199106120435			
4	王晓	311113199304304327			
5	张玉	330132198809104661			
6	赵亮	533126199306139871			
7	王学	441512199610111282			

图 10-24

选择E1单元格，输入公式“=SUM(--ISODD(MID(B2:B7,17,1)))”，如图10-25所示。按Ctrl+Shift+Enter组合键，即可计算出男员工人数。

	A	B	C	D	E	F
1	员工	身份证号码		男员工	=SUM(--ISODD(MID(B2:B7,17,1)))	
2	赵佳	341313198510083121		女员工		
3	钱勇	322414199106120435				
4	王晓	311113199304304327				
5	张玉	330132198809104661				
6	赵亮	533126199306139871				
7	王学	441512199610111282				

图 10-25

选择E2单元格，输入公式“=SUM(--ISEVEN(MID(B2:B7,17,1)))”，如图10-26所示。按Ctrl+Shift+Enter组合键，即可计算出女员工人数。

	A	B	C	D	E	F
1	员工	身份证号码		男员工人数	2	
2	赵佳	341313198510083121		女员工	=SUM(--ISEVEN(MID(B2:B7,17,1)))	
3	钱勇	322414199106120435				
4	王晓	311113199304304327				
5	张玉	330132198809104661				
6	赵亮	533126199306139871				
7	王学	441512199610111282				

图 10-26

知识点拨

上述公式中“ISEVEN(MID(B2:B7,17,1))”前面加--，是把公式得出的结果转为数值型。

案例实战：提取某运动员比赛成绩

在一个表格中记录了某运动员6次的比赛成绩，其中打钩的单元格表示该次比赛取得的成绩，用户需要将6次的成绩罗列出来，如图10-27所示。

	A	B	C	D	E	F	G	H
1	比赛	冠军	亚军	季军	无名次		比赛	成绩
2	第一届	√					第一届	冠军
3	第二届			√			第二届	季军
4	第三届		√				第三届	亚军
5	第四届				√		第四届	无名次
6	第五届		√				第五届	亚军
7	第六届	√					第六届	冠军

图 10-27

Step 01 选择H2单元格，输入公式“=INDEX($1:$1,MAX(ISTEXT(B2:E2)*COLUMN(B:E)))”，如图10-28所示。

	A	B	C	D	E	F	G	H
1	比赛	冠军	亚军	季军	无名次		比赛	成绩
2	第一届	√					第一届	=INDEX($1:$1,MAX(ISTEXT(B2:E2)*COLUMN(B:E)))
3	第二届			√			第二届	
4	第三届		√				第三届	
5	第四届				√		第四届	
6	第五届		√				第五届	
7	第六届	√					第六届	

图 10-28

Step 02 按Ctrl+Shift+Enter组合键，即可提取出第一届的比赛成绩，然后将公式向下填充，如图10-29所示。

H2　{=INDEX($1:$1,MAX(ISTEXT(B2:E2)*COLUMN(B:E)))}

	A	B	C	D	E	F	G	H
1	比赛	冠军	亚军	季军	无名次		比赛	成绩
2	第一届	√					第一届	冠军
3	第二届			√			第二届	
4	第三届		√				第三届	
5	第四届				√		第四届	
6	第五届		√				第五届	
7	第六届	√					第六届	

图 10-29

知识点拨

上述公式中首先用ISTEXT函数判断成绩区域的每个单元格是否有文本，生成一个由TRUR和FALSE组成的数组，然后将该数组乘以各自的列号并取出最大值，该值即对应成绩的列号，最后使用INDEX函数在第一行中提取成绩。

新手答疑

1. Q：如何筛选数据？

A：选择表格中任意单元格，在“数据”选项卡中单击“筛选”按钮，即可进入筛选状态，单击“性别”右侧的下拉按钮，在弹出的列表中取消“全选”复选框的勾选，然后勾选“男”单选按钮，单击“确定”按钮，如图10-30所示，即可将性别是“男”的数据筛选出来，如图10-31所示。

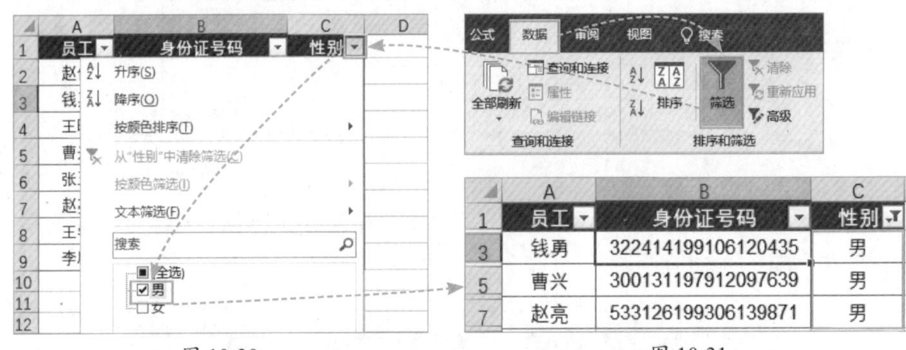

图 10-30　　　　图 10-31

2. Q：如何创建图表？

A：选择表格，在“插入”选项卡中单击“插入柱形图或条形图”下拉按钮，在弹出的列表中选择“簇状柱形图”选项，如图10-32所示，即可插入一个柱形图图表，如图10-33所示。

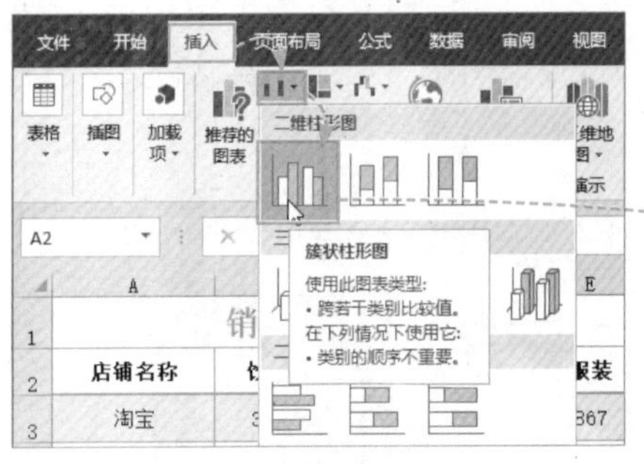

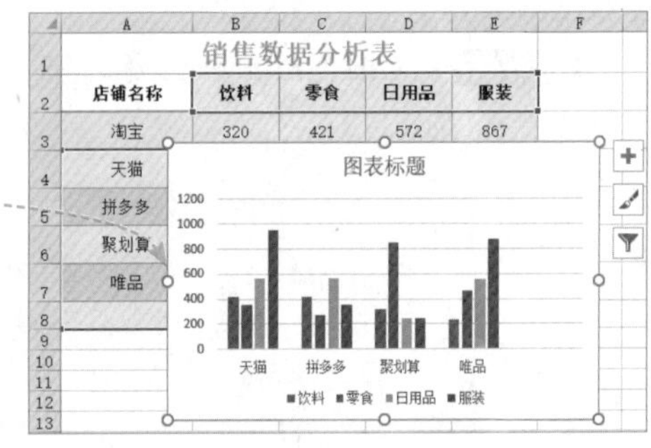

图 10-32　　　　图 10-33

3. Q：如何更改表格中数据方向？

A：选择单元格，在“开始”选项卡中单击“方向”下拉按钮，在弹出的列表中根据需要进行选择，即可更改单元格中数据的方向。

第11章 函数在条件格式和数据验证中的应用

使用公式与函数不仅可以在单元格中计算出需要的结果，还可以直接或间接作为引用数据源、限制条件等，与条件格式和数据验证等Excel功能一起使用，发挥意想不到的效果。本章将以案例的形式介绍函数在条件格式和数据验证中的应用。

11.1 函数在条件格式中的应用

通过在条件格式中使用函数，可以实现标记重复数据、突出显示需要的数据等操作。

11.1.1 标记重复数据

一张表格中记录了员工的工号、姓名、部门和身份证号码，其中输入了重复的数据，现在需要将重复的数据标记出来。

选择A2:D12单元格区域，在“开始”选项卡中单击“条件格式”下拉按钮，在弹出的列表中选择“新建规则”选项，如图11-1所示。打开“新建格式规则”对话框，在“选择规则类型”列表框中选择“使用公式确定要设置格式的单元格”选项，在“为符合此公式的值设置格式”文本框中输入公式“=COUNTIF($A$2:$D$12,$A2)>1”，单击“格式”按钮，如图11-2所示。

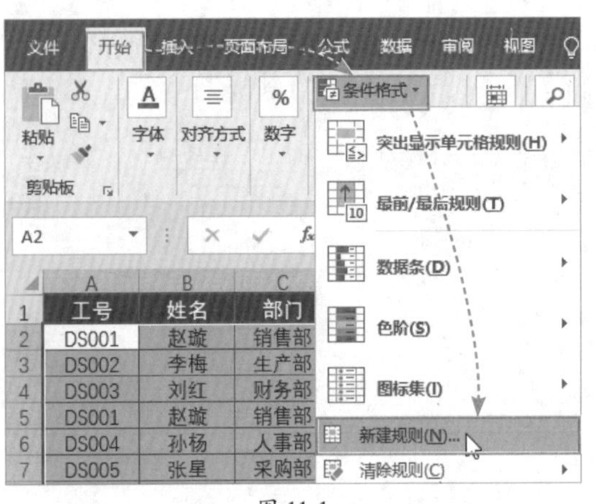

图 11-1

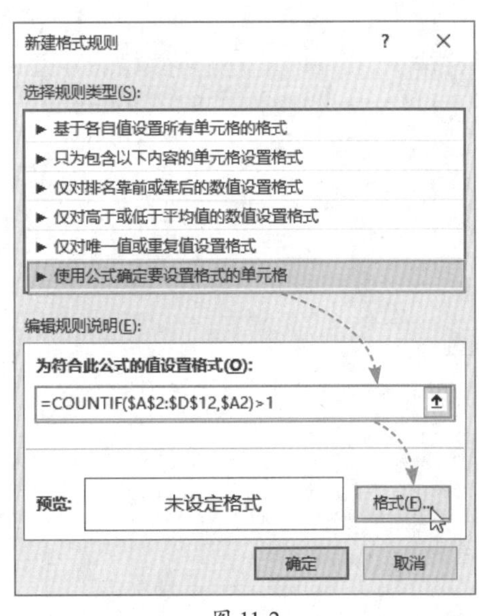

图 11-2

弹出“设置单元格格式”对话框，在“填充”选项卡中选择合适的背景颜色，这里选择“红色”选项，单击“确定”按钮，返回“新建格式规则”对话框，直接单击“确定”按钮，即可将表格中重复的数据用红色底纹标记出来，如图11-3所示。

知识点拨

公式“=COUNTIF($A$2:$D$12,$A2)>1”的意思是A2单元格中的文本在A2:D12单元格区域中出现的次数是否大于1，即是否重复。

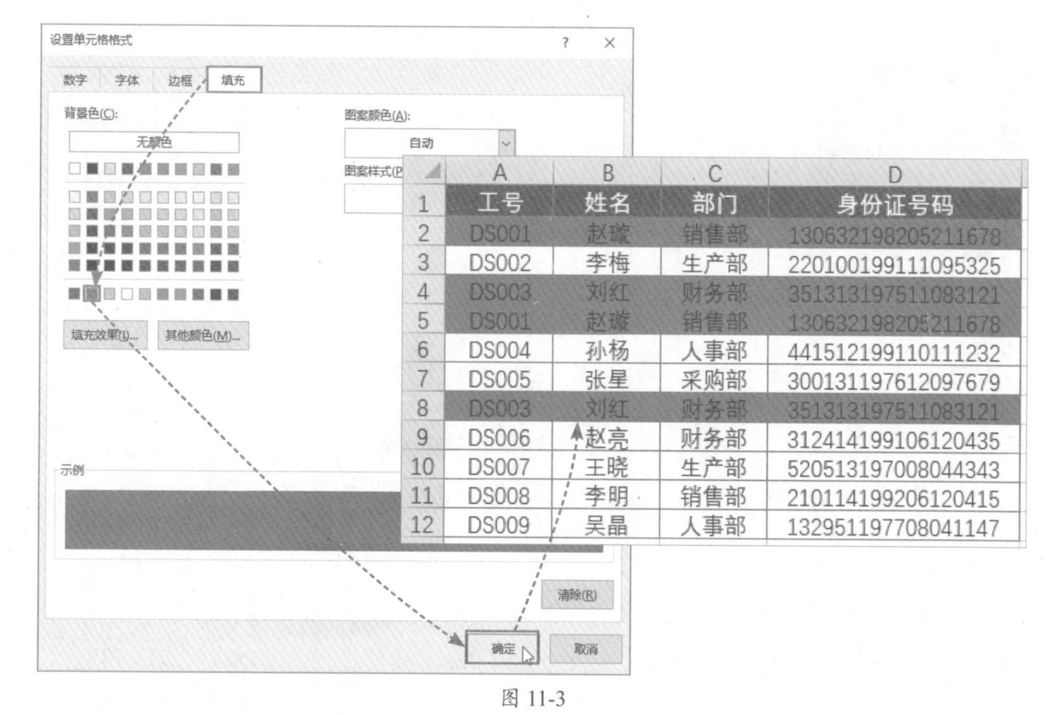

	A	B	C	D
1	工号	姓名	部门	身份证号码
2	DS001	赵璇	销售部	130632198205211678
3	DS002	李梅	生产部	220100199111095325
4	DS003	刘红	财务部	351313197511083121
5	DS001	赵璇	销售部	130632198205211678
6	DS004	孙杨	人事部	441512199110111232
7	DS005	张星	采购部	300131197612097679
8	DS003	刘红	财务部	351313197511083121
9	DS006	赵亮	财务部	312414199106120435
10	DS007	王晓	生产部	520513197008044343
11	DS008	李明	销售部	210114199206120415
12	DS009	吴晶	人事部	132951197708041147

图 11-3

11.1.2 突出显示每个商品最高销售量

表格中记录了每个商品上半年的销售量，现在需要将商品的最高销售量突出显示出来。

选择B2:G7单元格区域，在“开始”选项卡中单击“条件格式”下拉按钮，在弹出的列表中选择“新建规则”选项，如图11-4所示。

	A	B	C	D	E	F	G
1	商品	1月	2月	3月	4月	5月	6月
2	洗衣机	2014	3210	1234	2387	7895	6810
3	冰箱	2234	1345	2786	3374	1203	8854
4	空调	6632	3352	7541	1102	2578	3687
5	微波炉	1125	8874	6321	2104	1557	3201
6	电视机	3698	1235	2014	9587	7542	3369
7	消毒柜	8326	2870	4568	7569	2358	5841

数据条(D)
色阶(S)
图标集(I)
新建规则(N)...
清除规则(C)
管理规则(R)...

图 11-4

打开“新建格式规则”对话框，在“选择规则类型”列表框中选择“使用公式确定要设置格式的单元格”选项，在“为符合此公式的值设置格式”文本框中输入公式“=B2=MAX($B2:$G2)”，单击“格式”按钮，如图11-5所示。打开“设置单元格格式”对话框，在“填充”选项卡中选择合适的颜色，如图11-6所示，单击“确定”按钮。

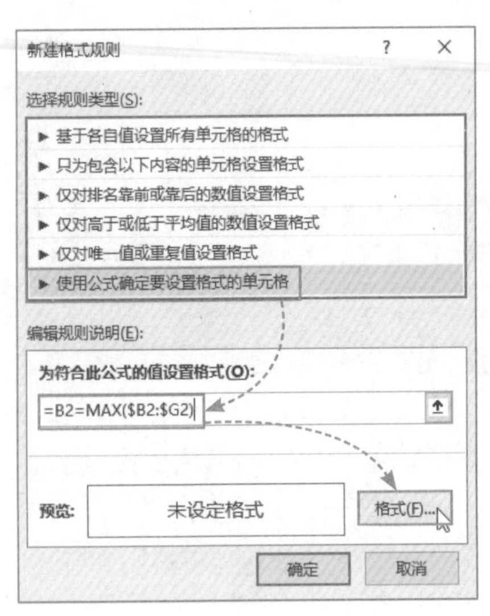

图 11-5

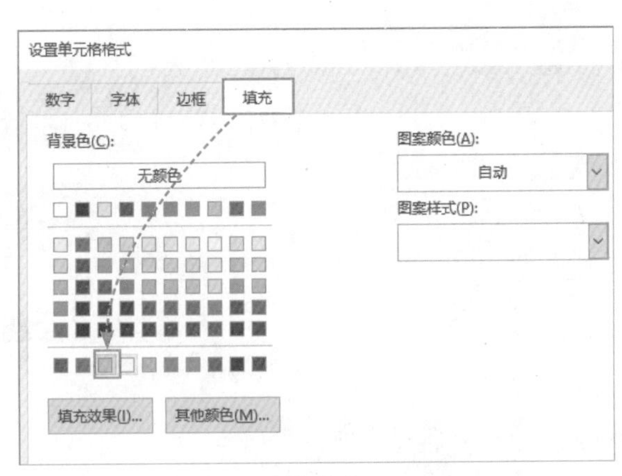

图 11-6

返回“新建格式规则”对话框，直接单击“确定”按钮，即可将表格中每个商品的最高销售量突出显示出来，如图11-7所示。

	A	B	C	D	E	F	G
1	商品	1月	2月	3月	4月	5月	6月
2	洗衣机	2014	3210	1234	2387	7895	6810
3	冰箱	2234	1345	2786	3374	1203	8854
4	空调	6632	3352	7541	1102	2578	3687
5	微波炉	1125	8874	6321	2104	1557	3201
6	电视机	3698	1235	2014	9587	7542	3369
7	消毒柜	8326	2870	4568	7569	2358	5841

图 11-7

注意事项 如果需要将商品的最低销售量突出显示出来，则在“新建格式规则”对话框中输入公式“=B2=MIN($B2:$G2)”即可。

11.1.3 突出显示不达标业绩

表格中记录了1～6月份的业绩，如果业绩低于目标业绩，则视为不达标。现在需要将不达标业绩突出显示出来。

选择A2:D7单元格区域，在“开始”选项卡中单击“条件格式”下拉按钮，在弹出的列表中选择“新建规则”选项，如图11-8所示。打开“新建格式规则”对话框，选择“使用公式确定要设置格式的单元格”选项，在下方的文本框中输入公式“=$D2="不达标"”，单击“格式”按钮，如图11-9所示。

图 11-8

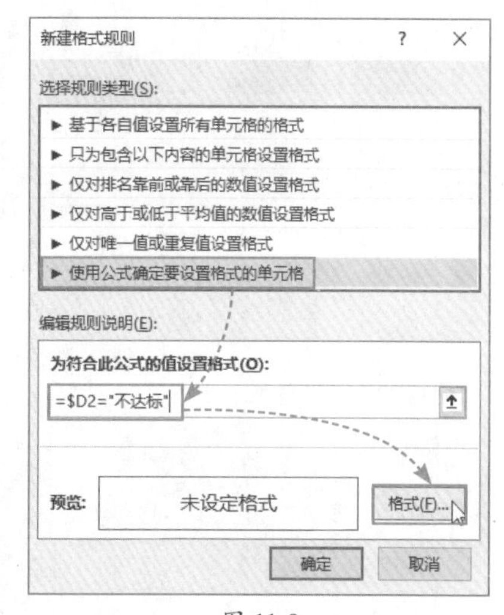

图 11-9

弹出“设置单元格格式”对话框，在“填充”选项卡中选择合适的底纹颜色，单击“确定”按钮，可以将表格中不达标的业绩突出显示出来，如图11-10所示。

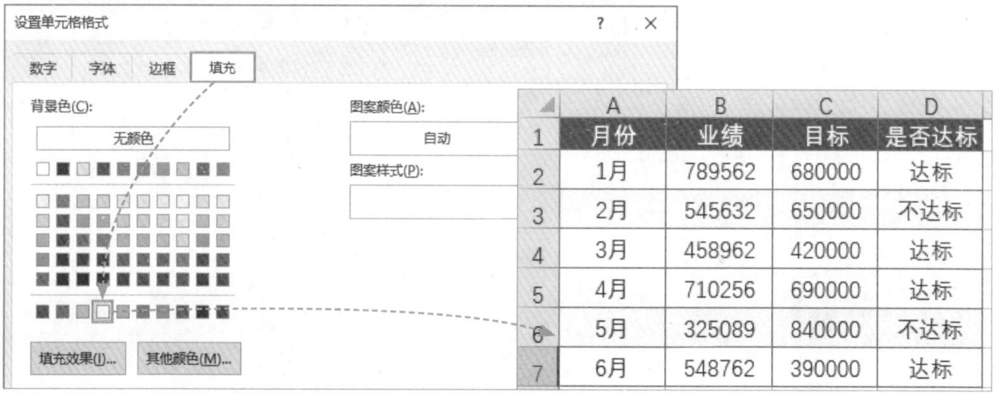

设置单元格格式

数字 字体 边框 填充

背景色(C): 无颜色 图案颜色(A): 自动 图案样式(P):

填充效果(I)... 其他颜色(M)...

	A	B	C	D
1	月份	业绩	目标	是否达标
2	1月	789562	680000	达标
3	2月	545632	650000	不达标
4	3月	458962	420000	达标
5	4月	710256	690000	达标
6	5月	325089	840000	不达标
7	6月	548762	390000	达标

图 11-10

11.1.4 突出显示周末日期

表格中记录了2020年4月份的日期、星期及日程安排。现在需要将周末日期，即星期六和星期日突出显示出来。

选择A2:C31单元格区域，打开“新建格式规则”对话框，选择“使用公式确定要设置格式的单元格”选项，在下方的文本框中输入公式“=WEEKDAY($A2,2)>5”，单击“格式”按钮，如图11-11所示。

知识点拨

公式“=WEEKDAY($A2,2)>5”使用WEEKDAY函数计算A2单元格中的日期是星期几，如果数值大于5，则表示该日期为周六或周日。

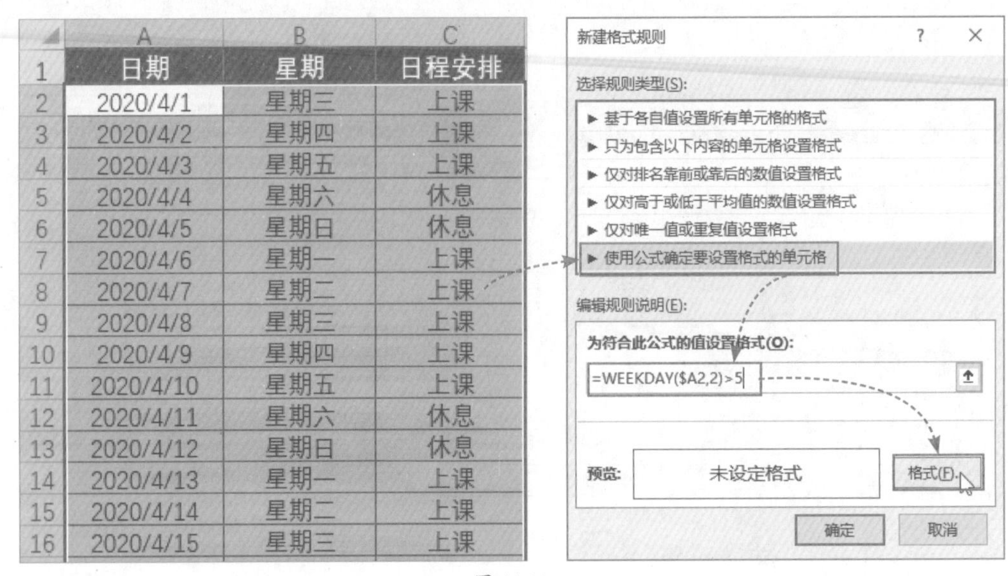

图 11-11

打开“设置单元格格式”对话框，在“填充”选项卡中选择合适的底纹颜色，单击“确定”按钮，表格中的周末日期就会突出显示出来，如图11-12所示。

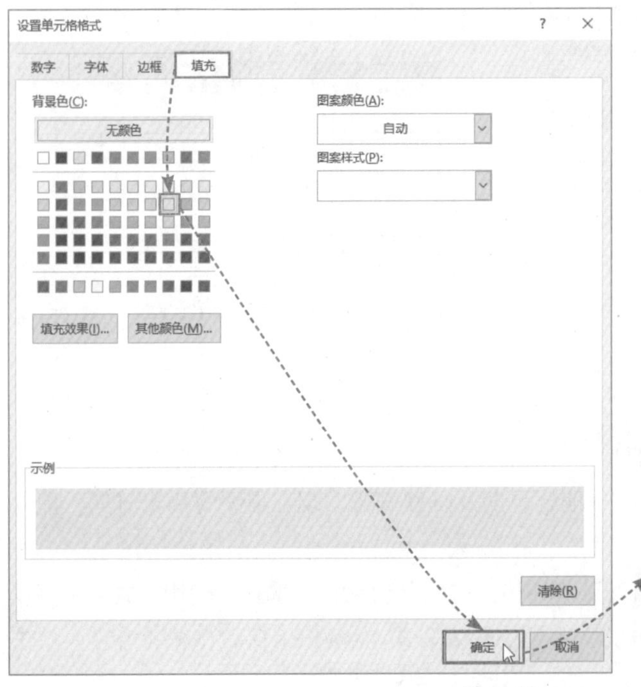

	A	B	C
1	日期	星期	日程安排
2	2020/4/1	星期三	上课
3	2020/4/2	星期四	上课
4	2020/4/3	星期五	上课
5	2020/4/4	星期六	休息
6	2020/4/5	星期日	休息
7	2020/4/6	星期一	上课
8	2020/4/7	星期二	上课
9	2020/4/8	星期三	上课
10	2020/4/9	星期四	上课
11	2020/4/10	星期五	上课
12	2020/4/11	星期六	休息
13	2020/4/12	星期日	休息
14	2020/4/13	星期一	上课
15	2020/4/14	星期二	上课
16	2020/4/15	星期三	上课
17	2020/4/16	星期四	上课
18	2020/4/17	星期五	上课
19	2020/4/18	星期六	休息
20	2020/4/19	星期日	休息
21	2020/4/20	星期一	上课
22	2020/4/21	星期二	上课
23	2020/4/22	星期三	上课
24	2020/4/23	星期四	上课
25	2020/4/24	星期五	上课
26	2020/4/25	星期六	休息
27	2020/4/26	星期日	休息
28	2020/4/27	星期一	上课
29	2020/4/28	星期二	上课
30	2020/4/29	星期三	上课
31	2020/4/30	星期四	上课

图 11-12

动手练 将低于60分的考核成绩标为“不合格”

扫码看视频

在绩效考核表中记录了每个员工各项的考核成绩，如图11-13所示。现在需要将低于60分的考核成绩标为“不合格”，如图11-14所示。

	C	D	E	F
1	员工	工作能力得分	责任感得分	积极性得分
2	赵璇	89	78	71
3	王晓	65	59	90
4	刘雯	70	75	85
5	孙杨	54	63	75
6	李艳	79	93	45
7	钱勇	71	68	89
8	徐雪	59	73	88

图 11-13

	C	D	E	F
1	员工	工作能力得分	责任感得分	积极性得分
2	赵璇	89	78	71
3	王晓	65	不合格	90
4	刘雯	70	75	85
5	孙杨	不合格	63	75
6	李艳	79	93	不合格
7	钱勇	71	68	89
8	徐雪	不合格	73	88

图 11-14

Step 01 选择D2:F8单元格区域，在“开始”选项卡中单击“条件格式”下拉按钮，在弹出的列表中选择“新建规则”选项，如图11-15所示。

Step 02 打开“新建格式规则”对话框，选择“使用公式确定要设置格式的单元格”选项，在下方的文本框中输入公式“=D2<60”，单击“格式”按钮，如图11-16所示。

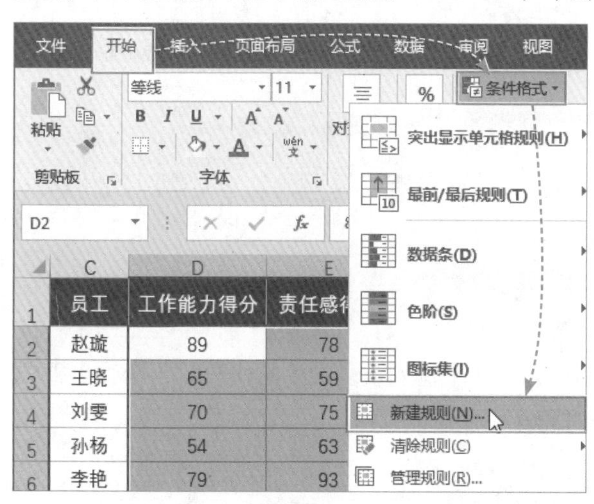

图 11-15

图 11-16

Step 03 弹出“设置单元格格式”对话框，在“数字”选项卡中选择“自定义”分类，然后在“类型”文本框中输入“"不合格"”，如图11-17所示，单击“确定”按钮即可。

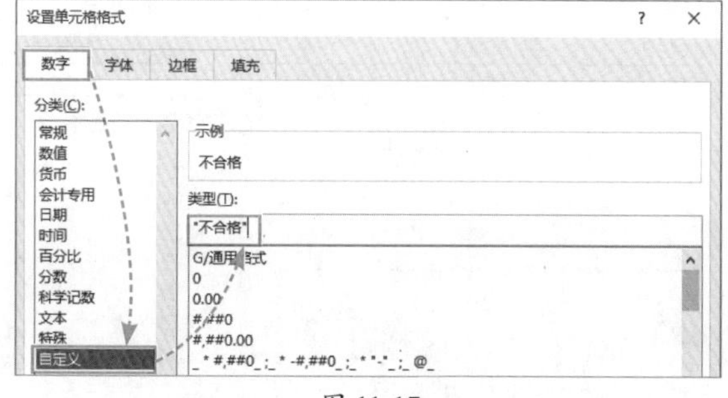

图 11-17

11.2 使用函数设置数据验证

用户在数据验证中使用函数，可以实现禁止输入重复值、禁止对指定区域数据进行修改、禁止在单元格中输入空格等操作。

11.2.1 禁止输入重复值

通常情况下，表格中的数据不能出现重复，例如，在商品代码表中每个商品对应唯一的商品代码。为了防止输入重复的数据，可以设置禁止输入重复值。

选择A2:A10单元格区域，在“数据”选项卡中单击“数据验证”按钮，如图11-18所示。打开“数据验证”对话框，在“设置”选项卡中将“允许”设置为“自定义”，在“公式”文本框中输入“=COUNTIF($A$2:A2,A2)=1”，如图11-19所示。

图 11-18

图 11-19

打开“出错警告”选项卡，将“样式”设置为“警告”，在“标题”文本框中输入“警告”，在“错误信息”文本框中输入“禁止输入重复数据！！”，单击“确定”按钮，如图11-20所示。此时，在“商品代码”列中输入重复的商品代码时，会弹出警告信息，如图11-21所示，用户根据需要进行相关操作即可。

图 11-20

图 11-21

11.2.2 禁止在单元格中输入空格

有时为了使数据看起来整齐、美观，会在录入数据时使用空格，例如，录入“姓名”信息。然而空格会影响数据分析，因此，需要禁止在单元格中输入空格。

选择A2:A10单元格区域，在“数据”选项卡中单击“数据验证”按钮，如图11-22所示。打开“数据验证”对话框，在“设置”选项卡中将“允许”设置为“自定义”，在“公式”文本框中输入“=ISERROR(FIND("",A2))”，如图11-23所示。

图 11-22

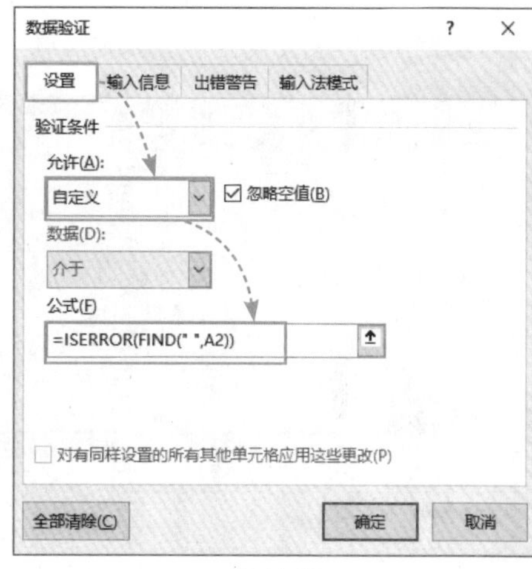

图 11-23

打开“出错警告”选项卡，将“样式”设置为“信息”，在“标题”文本框中输入“提醒”，在“错误信息”文本框中输入“输入的内容有空格!”，单击“确定”按钮，如图11-24所示。此时，在“姓名”列中输入带空格的姓名时会弹出提示信息，如图11-25所示。单击“确定”按钮，确认输入，单击“取消”按钮，则取消输入。

图 11-24

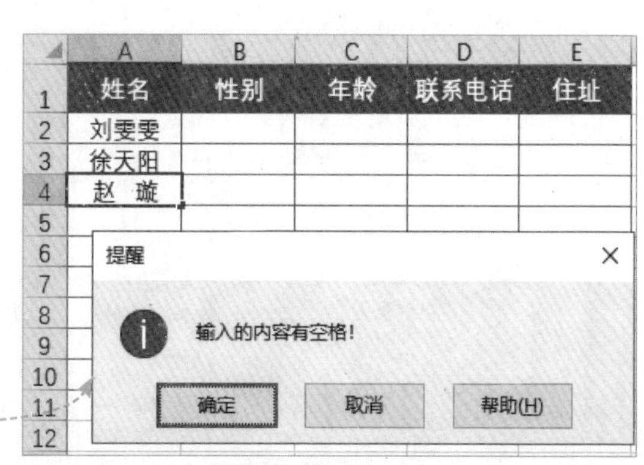

图 11-25

第11章 函数在条件格式和数据验证中的应用

11.2.3 禁止修改指定区域数据

表格中的一些数据，例如，身份证号码、学历、基本工资等信息是不能随意修改的，因此，用户可以设置禁止修改指定区域的数据。

选择E2:E10单元格区域，在“数据”选项卡中单击“数据验证”按钮，如图11-26所示。打开“数据验证”对话框，在“设置”选项卡中将“允许”设置为“自定义”，在“公式”文本框中输入“=ISBLANK(E2:E10)”，如图11-27所示。

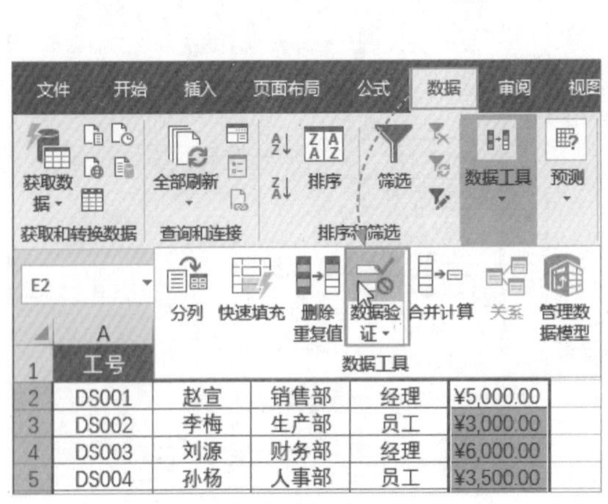

图 11-26

图 11-27

打开“出错警告”选项卡，将“样式”设置为“停止”，在“标题”文本框中输入“禁止操作”，在“错误信息”文本框中输入“禁止修改数据！！”，单击“确定”按钮，如图11-28所示。此时，如果修改“基本工资”列中的数据，则会弹出“禁止操作”对话框，提示用户禁止修改数据，如图11-29所示。

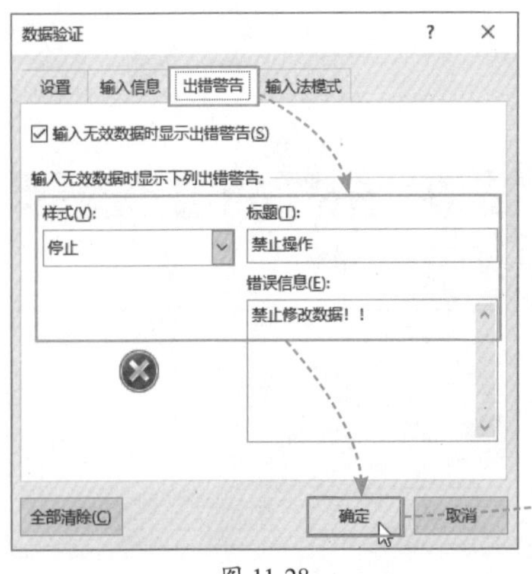

图 11-28

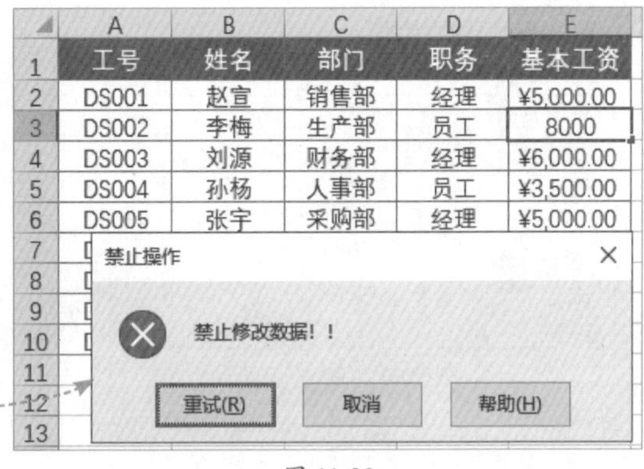

图 11-29

动手练 保证输入的银行卡号位数正确

通常情况下，储蓄卡的卡号为19位，为了防止用户多输入一位或少输入一位，可以设置只能输入19位的银行卡号，如图11-30所示。

Step 01 选择D2:D9单元格区域，在“数据”选项卡中单击“数据验证”按钮，如图11-31所示。

	A	B	C	D
1	工号	姓名	实发工资金额	银行卡号
2	SK001	刘雯	¥ 5,879.17	6063517603300343236
3	SK002	刘佳	¥ 6,237.95	6063517603300343756
4	SK003	李明	¥ 4,215.50	6063517603300343423
5	SK004	王晓	¥ 7,791.50	6063517603300343123
6	SK005	周勇	¥ 5,304.50	6063517603300345520
7	SK006	徐雪	¥ 4,179.97	6063516789542016461
8	SK007	周丽	¥ 5,783.90	6063517603398643512
9	SK008	张艳	¥ 6,971.00	6063513158792013167

图 11-30

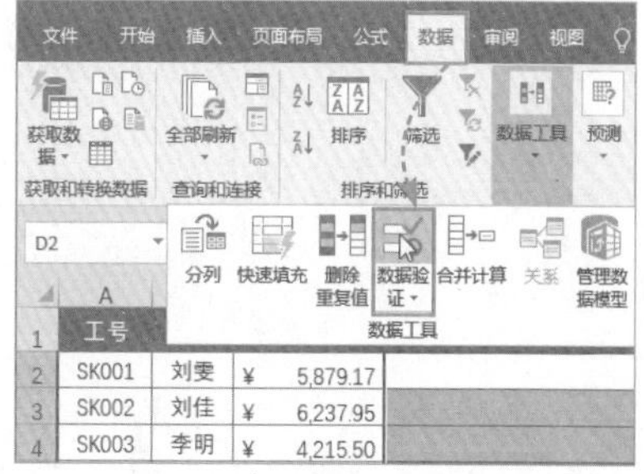

图 11-31

Step 02 打开“数据验证”对话框，在“设置”选项卡中将“允许”设置为“自定义”，在“公式”文本框中输入“=AND(LEN(D2)=19,COUNTIF(D2:D9,D2)=1)”，如图11-32所示。

Step 03 打开“出错警告”选项卡，将“样式”设置为“警告”，在“标题”文本框中输入“提示”，在“错误信息”文本框中输入“请输入19位的银行卡号！”，单击“确定”按钮，如图11-33所示。

图 11-32

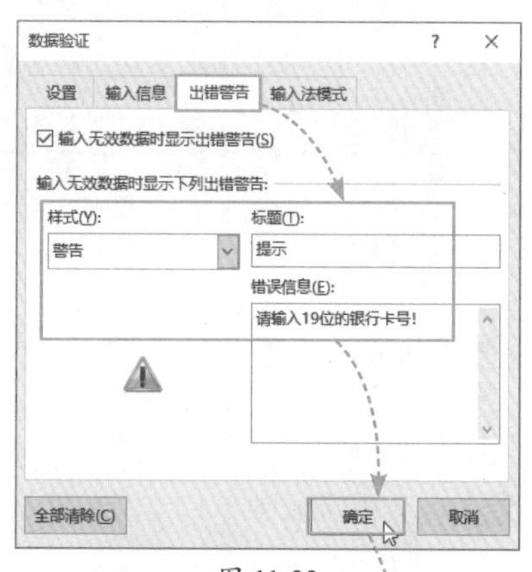

图 11-33

Step 04 此时，用户输入银行卡号信息，当输入的银行卡号不是19位时，则会弹出提示信息，提示用户输入19位的银行卡号，如图11-34所示。

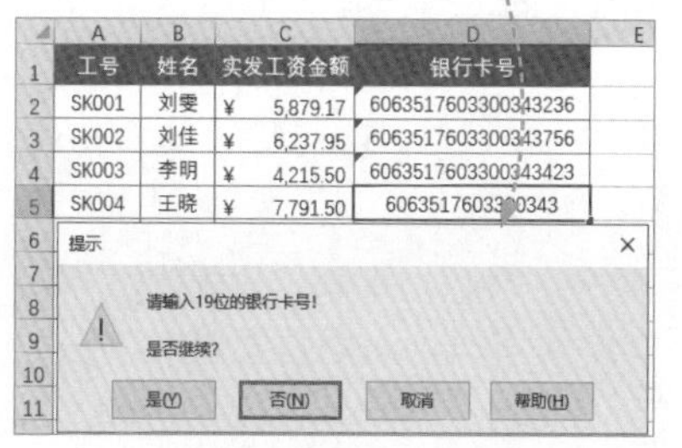

图 11-34

案例实战：制作多级下拉菜单

在日常工作中，会遇到二级分类或多级分类，如果做成二级或多级下拉菜单，就会使输入变得既方便又快捷。用户可以制作一个二级下拉菜单，通过第一个下拉菜单中的内容，控制另一个下拉菜单中所显示的内容，如图11-35所示。

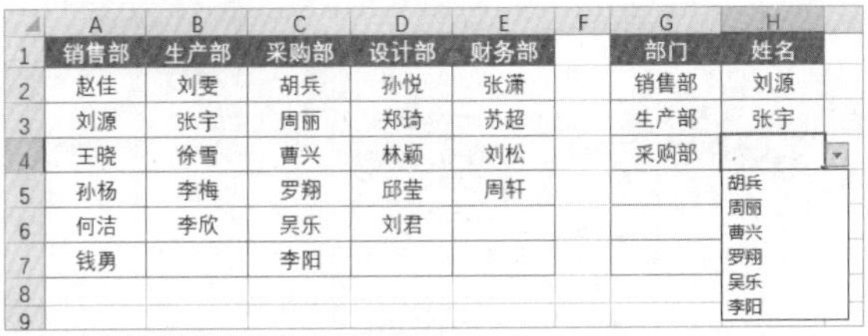

	A	B	C	D	E	F	G	H
1	销售部	生产部	采购部	设计部	财务部		部门	姓名
2	赵佳	刘雯	胡兵	孙悦	张潇		销售部	刘源
3	刘源	张宇	周丽	郑琦	苏超		生产部	张宇
4	王晓	徐雪	曹兴	林颖	刘松		采购部	
5	孙杨	李梅	罗翔	邱莹	周轩			胡兵
6	何洁	李欣	吴乐	刘君				周丽 曹兴
7	钱勇		李阳					罗翔 吴乐
8								李阳
9								

图 11-35

Step 01 选择需要生成二级菜单的数据区域，即A1:E7单元格区域，按Ctrl+G组合键，打开“定位”对话框，单击“定位条件”按钮，如图11-36所示。

Step 02 打开“定位条件”对话框，选择“常量”单选按钮，单击“确定”按钮，如图11-37所示。

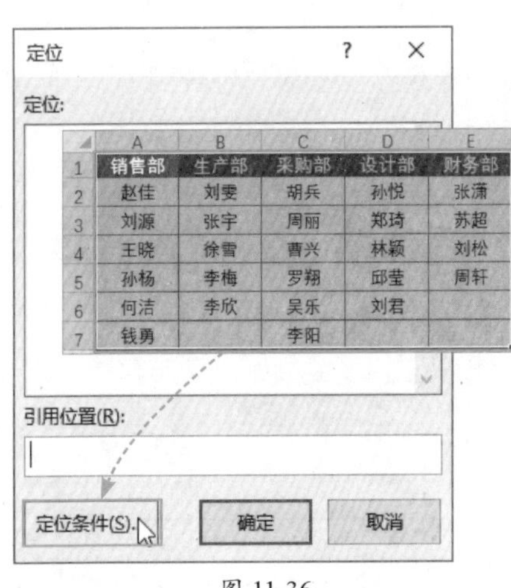

图 11-36

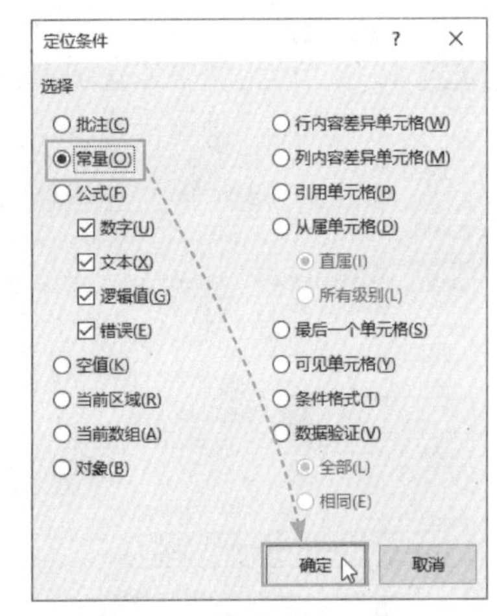

图 11-37

Step 03 将数据区域中不是空白单元格的数据选中，接着打开“公式”选项卡，单击“根据所选内容创建”按钮，如图11-38所示。

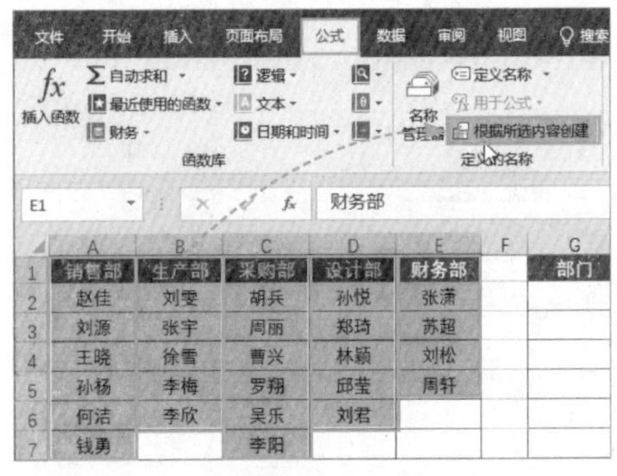

图 11-38

Step 04 打开“根据所选内容创建名称”对话框，勾选“首行”复选框，单击“确定”按钮，如图11-39所示。

Step 05 选择需要建立一级菜单的单元格区域，即G2:G7单元格区域，在“数据”选项卡中单击“数据验证”按钮，如图11-40所示。

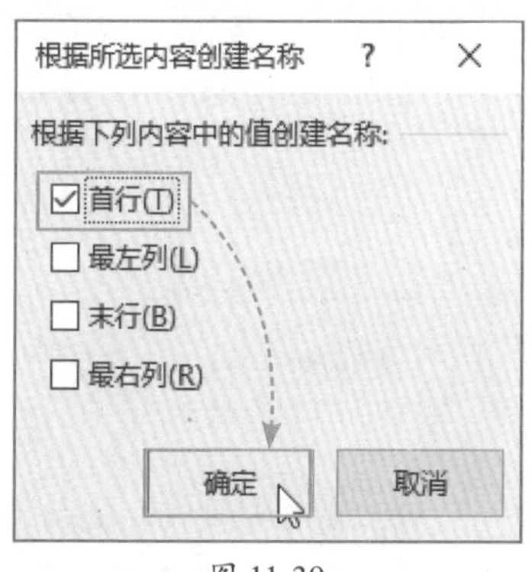

图 11-39

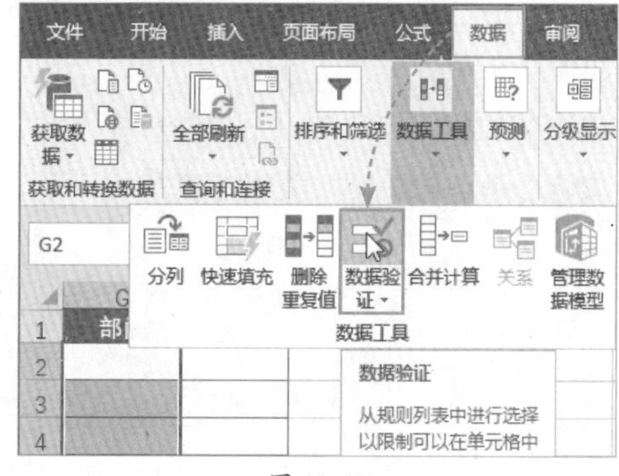

图 11-40

Step 06 打开“数据验证”对话框，在“设置”选项卡中将“允许”设置为“序列”，在“来源”文本框中输入“=$A $1:$E$1”，单击“确定”按钮，如图11-41所示。

Step 07 选择需要建立二级菜单的单元格区域，即H2:H7单元格区域，打开“数据验证”对话框，在“设置”选项卡中将“允许”设置为“序列”，在“来源”文本框中输入“=INDIRECT($G2)”，单击“确定”按钮，如图11-42所示。

图 11-41

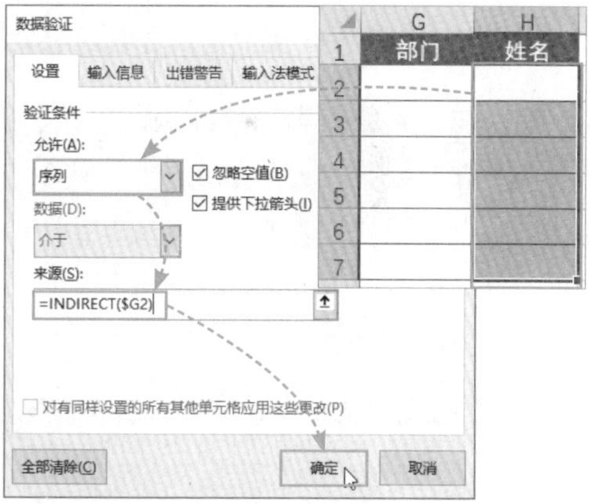

图 11-42

Step 08 此时，在G2单元格的下拉菜单中选择“生产部”，H2姓名下拉菜单中只显示生产部下方的员工，如图11-43所示。

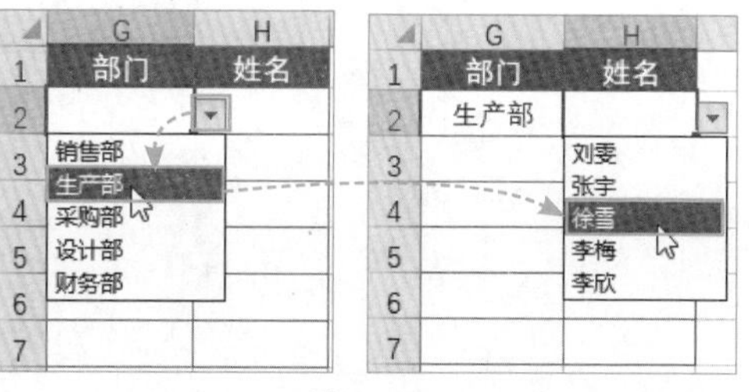

图 11-43

新手答疑

1. Q：如何删除重复值？

A：选择表格中任意单元格，在“数据”选项卡中单击“删除重复值”按钮，如图11-44所示。打开“删除重复值”对话框，单击“全选”按钮，选择多个包含重复值的列，单击“确定”按钮，弹出提示对话框，提示已删除重复值，直接单击“确定”按钮即可，如图11-45所示。

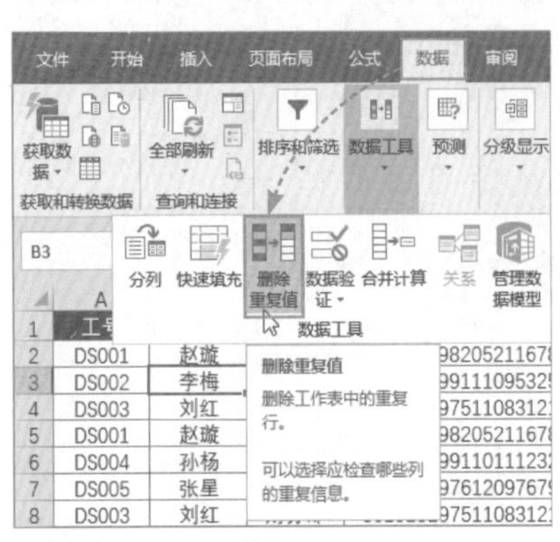

图 11-44

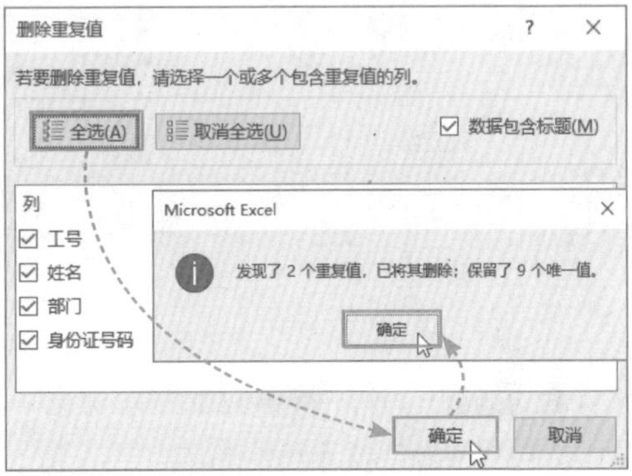

若要删除重复值，请选择一个或多个包含重复值的列。
全选(A)
取消全选(U)
数据包含标题(M)
列
工号
姓名
部门
身份证号码
Microsoft Excel
发现了 2 个重复值，已将其删除；保留了 9 个唯一值。
确定
取消

图 11-45

2. Q：如何查看定义的所有名称？

A：打开“公式”选项卡，单击“名称管理器”按钮，弹出“名称管理器”对话框，在该对话框中可以查看到定义的所有名称，如图11-46所示。

3. Q：如何为数据添加数据条、色阶、图标集等？

A：选择数据区域，在“开始”选项卡中单击“条件格式”下拉按钮，在弹出的列表中根据需要选择合适的选项即可，如图11-47所示。

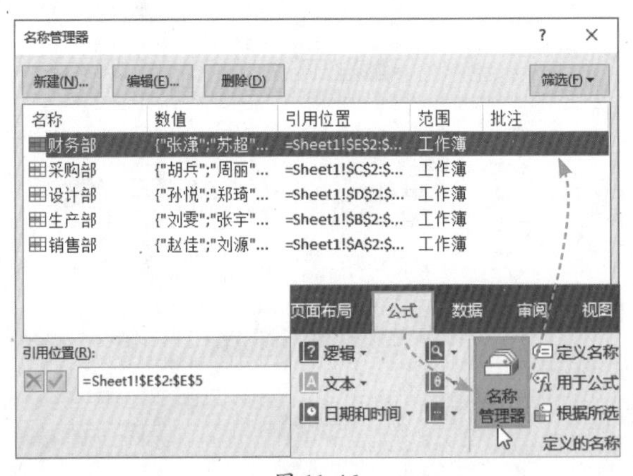

图 11-46

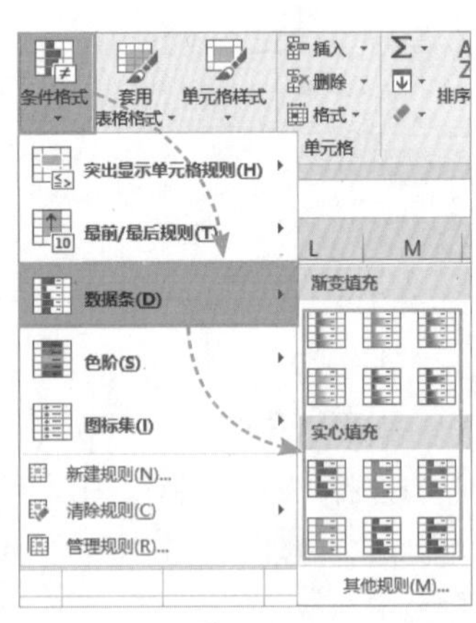

图 11-47